食品科学与工程系列教材

U0266777

# 食品标准与法规

艾志录　主编

科 学 出 版 社

北　京

# 内 容 简 介

本书内容包括绪论和正文7章，以食品标准、法规、合格评定（认证）为主线，分别介绍了标准法规及合格评定程序的基本概念、食品企业标准化实务、我国和国际食品标准与法律法规体系、食品安全监管体系与食品认证审核等。

在本书的编写过程中力求理论性、系统性、实用性、时效性兼顾，以标准与法规概念、体系为基础，同时吸纳国内外最新研究成果和标准化工作案例，突出现行有效版本兼顾历史脉络。

本书既可作为高等院校食品类专业教材，也可作为食品相关从业人员技术参考书。

图书在版编目（CIP）数据

食品标准与法规/艾志录主编. —北京：科学出版社，2016.3（2023.2重印）

食品科学与工程系列教材

ISBN 978-7-03-047917-4

Ⅰ. ①食… Ⅱ. ①艾… Ⅲ. ①食品标准－中国－教材 ②食品卫生法－中国－教材 Ⅳ. ①TS207.2 ②D922.16

中国版本图书馆 CIP 数据核字（2016）第 060725 号

责任编辑：刘 琳/责任校对：彭 映
责任印制：罗 科/封面设计：墨创文化

科学出版社 出版

北京东黄城根北街 16 号
邮政编码：100717
http://www.sciencep.com

成都锦瑞印刷有限责任公司印刷
科学出版社发行 各地新华书店经销

\*

2016 年 3 月第 一 版 开本：787×1092 1/16
2023 年 2 月第七次印刷 印张：24 1/4
字数：570 000

定价：49.00 元

（如有印装质量问题，我社负责调换）

# 前　言

食品标准与法规是高等学校食品科学与工程、食品质量与安全、食品营养与检验教育、食品营养与卫生学等食品类本科专业的核心课程和专业主干课程，是研究"从农田到餐桌"，即食品与农产品生产、加工、贮运、销售和配送等生产流通全过程的法律法规、标准和合格评定程序的一门综合性学科。随着国际国内食品消费和贸易行为的日渐扩大，现代食品工业快速发展，食品的品质与安全问题成为人们普遍关注的世界问题。食品标准与法规作为政府、产业、消费者三方共同遵守的行为准则和食品安全保障体系的基石，对保持食品行业的可持续发展具有极为重要的意义。

本书是科学出版社推出的普通高等教育"十二五"规划教材《食品科学与工程系列教材》之一，以食品标准、法规、合格评定（认证）为主线，分别介绍了标准法规及合格评定程序的基本概念、食品企业标准化实务、我国和国际食品标准与法律法规体系、食品安全监管体系与食品认证审核等。

全书共分七章，编写分工为：绪论艾志录，第一章杨慧萍，第二章王越男、乌云达来，第三章邵威平，第四章赵利（第1～4节）、任红涛（第5～8节），第五章吴澎、柳四敏，第六章郭东起，第七章赵勤。审核分工为：第一章赵利，第二章赵勤，第三章吴澎，第四章任红涛、邵威平，第五章杨慧萍，第六章乌云达来、王越男，第七章郭东起。全书由艾志录、任红涛统稿。

本书由各参编单位食品标准与法规课程负责人和管理人员编写而成，在编写过程中我们力求理论性、系统性、实用性、时效性兼顾，以标准与法规概念、体系为基础，同时吸纳国内外最新研究成果和标准化工作案例，突出现行有效版本兼顾历史脉络。本书既可作为高等院校食品类专业教材，也可作为食品相关从业人员技术参考书。

食品标准与法规是一门涉及许多学科的基础课程，内容体系庞大复杂，且处在不断变化发展之中，尤其是我国正处在食品生产、监管体制不断变革之时，标准与法规的更新较快，加之编者知识和视角所限，书中难免疏漏和不当之处，期望同行专家和读者不吝赐教，以期本书能够不断完善提高。

本书的编写得到了科学出版社和河南农业大学教务处的鼎力支持，得到了各编者所在学校的指导和帮助，在此谨致衷心的感谢！参考文献中仅列出了编写过程中参阅的部分重要图书、期刊文献及网络资源，篇幅所限没能全部列举更多文献，在此谨向原文献作者表示感谢！

编　者

2016 年 1 月

# 目 录

# 绪　论

**导读**

食品标准与法规是从事食品生产、贮运、销售、配送、食品资源开发与利用、食品监督检测以及食品质量管理与合格评估认证必须遵守的行为准则，是规范市场经济秩序、实现食品安全监督管理的重要依据，是设置和打破国际技术性贸易壁垒的基准，也是食品行业持续健康发展的根本保证。

食品质量安全问题是一个世界性的难题，它关乎人民群众的切身利益以及社会的和谐稳定，世界各国均对其十分重视。随着我国综合国力的增强，人民生活水平由"温饱型"转向"小康型"，人们对食品质量安全的要求也在不断提高。食品工业的快速发展，特别是新技术、新工艺的应用、新资源食品的开发、集约化和工业化生产进程的加快、国际贸易的持续增加；与此同时国内外食品质量安全问题层出不穷，影响范围越来越大。例如，1996 年英国爆发的疯牛病、1997 年香港的禽流感、1999 年比利时等国发生的二噁英事件、2005 年的苏丹红 1 号事件以及转基因食品可能对人体产生的潜在危害引起的众多争议；国内的辽宁海城豆奶事件、安徽大头娃娃事件、2008 年三鹿奶粉事件、2011 年的瘦肉精事件和金黄色葡萄球菌事件、2012 年的酒类塑化剂事件等。食品质量安全保障体系所暴露出的问题已引起了全世界的普遍关注。如何有效缓解愈演愈烈的食品安全形势、提高食品质量安全监管能力和监管效率、及时发现隐患、有效保障人民群众的生命健康安全和食品行业的可持续发展，就成为摆在我们面前的一项紧迫任务。作为食品质量安全保障体系的基石，食品标准与法律法规的建设与研究至关重要。

## 第一节　标准与法规概述

## （一）　标准

### 1. 标准及标准化的定义

我国国家标准中规定：标准是为了在一定范围内获得最佳秩序，经协商一致制定，并由公认机构批准，共同使用和重复使用的一种规范性文件。标准宜以科学、技术的综合成果为基础，以促进最佳的共同效益为目的。

标准化是指：为在一定范围内获得最佳秩序，对现实问题或潜在问题制定共同使用和重复使用的条款的活动。该活动主要包括编制、发布和实施标准的过程。标准化的主要作用在于为了其预期目的改进产品、过程或服务的适用性，防止贸易壁垒并促进技术合作。

世界贸易组织（WTO）《技术性贸易壁垒协定》（TBT 协定）规定：标准是经公认

机构批准的、非强制性的、为了通用或反复使用的目的，为产品或其加工或生产方法提供规则、指南或特性的文件。该文件还可包括适用于产品、工艺或生产方法的专业术语、符号、包装、标志或标签要求。

标准从本质上属于技术规范范畴。标准同其他规范一样都是调整社会秩序的规范，但标准调整的重点是人与自然规律的关系，它规范人们的行为，使之尽量符合客观的自然规律和技术法则，其目的是要建立起有利于社会发展的技术秩序。

## 2. 标准的特点

### 1) 非强制性

《TBT 协定》明确规定了标准的非强制性的特性，非强制性也是标准区别于技术法规的一个重要特点。标准虽是一种规范，但它本身并不具有强制力。即使所谓的强制标准，其强制性质也是法律授予的，如果没有法律支持，它也是无法强制执行的。因为标准中不规定行为主体的权利和义务，也不规定不行使义务应承担的法律责任，标准与其他规范制定的程序完全不同。

多数国家的标准是经国家授权的民间机构制定的，即使由政府机构颁发的标准，它也不是像法律、法规那样由象征国家的权力机构审议批准，而是由各方利益的代表审议，政府行政主管部门批准。因此，标准是通过利益相关方之间的平等协商达成的，是协调的产物，不存在一方强加于另一方的问题，更不具有代表国家意志的属性，它更多的是以科学合理的规定，为人们提供一种适当的选择。

值得注意的是，标准本身不具有强制性，但是一旦出于自愿原则而选定执行则带有强制性和约束力，必须为相关方共同遵守。

### 2) 应用的广泛性和通用性

标准的应用非常广泛、影响面大，涉及各种行业和领域。食品标准中除了大量的产品标准以外，还有生产方法标准、试验方法标准、术语标准、包装标准、标志或标签标准、卫生安全标准以及合格评定标准、制定标准的标准、质量管理标准等，广泛涉及人类生产、生活的方方面面。

### 3) 标准对贸易的双向作用

对市场贸易而言，标准是把双刃剑，设计良好的标准可以提高生产效率、确保产品质量、促进国际贸易、规范市场持秩序，但同时人们也可以利用标准技术水平的差异设置国际贸易壁垒、保护本国市场和利益。

标准对产品及其生产过程的技术要求是明确的、具体的，一般都是量化的。因此，其对进入国际贸易的货物的影响也是显而易见的，即显形的贸易壁垒。与之比较，技术法规的技术要求虽然明确，但通常是非量化的，有很大的演绎和延伸的余地。因此，技术法规对进入国际贸易的货物的壁垒作用是隐性的。

### 4) 标准的制定出于合理目标

除去恶意的、针对特定国家、特定产品而制定的歧视性标准外，标准的制定是出于保证产品质量、保护人类（或动物、植物）的生命或健康、保护环境、防止欺诈行为等合理目标。

5）标准对贸易的壁垒作用可以跨越

标准对国际贸易的壁垒作用多是由于各国经济技术发展水平的差异造成的，甚至可以认为是一种"客观"的壁垒。这种壁垒由于其制定初衷的合理性不能"打破"，而只能通过提高产品生产的技术水平、增加产品的技术含量、改善产品的质量以达到标准的要求等方式予以"跨越"。

### 3. 标准的功能

1）获得最佳秩序

标准是以科学性和先进性为基础的，制定标准的过程，就是将科学技术成果与实践积累的先进经验结合起来，经过分析、比较、选择并加以综合，这是一个归纳和提炼的优化过程。由于其为最佳秩序，才使人们无须任何强制力而自愿遵守。

2）实现规模生产

标准的制定减少了产品种类，使得产品品种呈系列化，促进了专业化生产，实现产品生产的规模经济，从而降低生产成本，提高生产效率。

3）保证产品质量安全

技术标准不仅对产品性能做出具体要求，而且还对产品的卫生安全、规格、检验方法及包装和储运条件等做出明确规定，严格按照标准组织生产，依据标准进行检验，产品的质量安全就能得到可靠的保障。

标准还是生产需求的正确反映，只有将消费者的功能诉求转化为标准中的质量安全特性，再通过执行标准将质量安全特性转化为产品的固有特性，才能保证产品的质量符合消费者的需求。

4）促进技术创新

一项科研成果，如新产品、新工艺、新材料和新技术，开始只能在较小的范围内应用，一旦纳入标准，则能迅速得以推广和应用。目前，国际上很重视通过标准来大力推进先进技术。

5）确保产品的兼容性

许多产品如果单独使用则没有任何价值。例如，若一台电脑仅有主机，没有显示器、键盘或鼠标、软件等与之匹配的产品将毫无用处。而这些相关产品一般又是由不同的生产商生产的，标准确保了产品与部件的兼容与匹配，使消费者能享用更多的可用产品。

6）减少市场中的信息不对称，为消费者提供必要的信息

对于产品的属性和质量，消费者所掌握的信息远少于生产者，由此产生了信息不对称。这使消费者在交易前了解和判断产品的质量变得十分困难，但是借助于标准，就可以表示出产品所满足的最低要求，帮助消费者正确认识产品的质量，提高消费者对产品的信任度。

7）降低生产对环境的负面影响

现代工业的发展对环境的负面影响越来越大，环境污染也日益严重，人们已经认识到良好的环境对提高生存质量和保证可持续发展极其重要，各国政府也纷纷采取多种手段加强对环境相关问题的监管力度，实践证明标准是降低生产对环境负面影响的有效手

段之一。

## （二） 法规

### 1. 法与法规

法是指由国家制定或认可并由国家强制保障实施的，反映由特定物质生活条件所决定的统治阶级意志，以权利和义务为内容，以确认、保护和发展有利于统治阶级实现阶级统治的社会关系和社会秩序为目的的行为规范体系。

当代中国法的渊源分为宪法、法律、行政法规、地方性法规、规章、国际条约。宪法是国家的根本法，具有综合性、全面性和根本性。法律（狭义的）指全国人民代表大会及其常务委员会制定的规范性文件，地位和效力仅次于宪法。行政法规是国务院制定的关于国家行政管理的规范性文件，地位和效力仅次于宪法和法律。地方性法规是地方国家权力机关根据本行政区域的具体情况和实际需要依法制定的本行政区域内具有法律效力的规范性文件。民族自治法规是民族自治地方的自治机关根据宪法和法律的规定，依照当地的政治、经济和文化特点制定的自治条例和单行条例。规章是国务院的组成部门及其直属机构在它们的职权范围内制定的规范性文件，省、自治区、直辖市人民政府也有权依照法定程序制定规章。国际条约是我国作为国际法主体同外国缔结的双边、多边协议和其他条约、协定性质的文件。

法规是法律、法令、条例、规则、章程等的总称。食品法律法规体系是以法律或政令形式颁布的，对全社会有约束力的权威性规定，既包括法律规范，也包含以技术规范为基础所形成的各种食品法规。如食品卫生法、标准化法、产品质量法、各类食品生产加工技术规范等。

### 2. 技术法规

"技术法规"是《TBT 协定》中使用的概念，用以界定对国际货物贸易产生壁垒作用的一类技术性贸易措施。WTO/TBT 协定附录 I 中将技术法规定义为：规定强制执行的产品特性或其相关工艺和生产方法、包括适用的管理规定在内的文件。该文件还可包括适用于产品、工艺或生产方法的专门术语、符号、包装、标志和标签要求。技术法规必须符合三条标准才能确定为属于《TBT 协定》中技术法规的范畴。即文件必须适用于某个可确认的产品或某类可确认的产品；文件必须制定产品的一个或多个特性；文件必须是强制性的。

### 3. 技术法规的特点

1）强制性

技术法规是由立法机构、政府部门或其授权的其他机构制定的并强制执行的法律法规或其他形式的文件，技术法规管辖范围内的产品都必须符合技术法规的相关要求。

2）约束范围广

技术法规既可以规定产品特性，还可以对适用于产品的相关过程或生产方法，包括适用的管理规定进行约束。

3）表现形式多样

技术法规是有法律约束力的强制性技术文件的总称，具有多种表现形式，包括国家法律、政府法令、部门规章、条例、指令以及其他强制性文件。

4）对贸易的影响最大

由于技术法规的强制性属性、广泛适用性、在一定时期内的延续性，技术法规对市场贸易的影响最大。

5）壁垒作用隐蔽性强

有时，技术法规对贸易的壁垒作用不像标准那样明确和直截了当，但其壁垒作用更为深远。受其影响的往往不止是一种产品，甚至是一个行业或多个行业。

## 4. 技术法规的类型

1）规定性技术法规

规定性技术法规是指确定了达到特定结果方法的一类技术法规。规定性技术法规确定了要达到特定结果的方法，其核心集中在达到目标的唯一途径上。因此，规定性技术法规的最大特点是其具有方法学上的确定性。由于规定性技术法规为被调控者和调控者提供了确定性，所以很容易将执行者拘泥在单一解决方案上，而没有机会采取其他既可以达到目标又具有经济性的方案，从而成为抑制创新和采纳新技术的障碍，对贸易和经济的发展产生不利影响。但是，在实现目标的途径非常有限或要处理的问题处于静止的情况下，采用规定性技术法规又具有很多优点，如具有相同的法规评价标准等。在这种情况下，确定性要优于灵活性。

2）功能导向型技术法规

功能导向型技术法规以精确的术语规定了要达到的目标，但允许通过对实体本身进行调控来确定其达到结果的方法，这一类技术法规被称为功能导向型技术法规。功能导向型技术法规允许为被调控的实体设计最有效率和效果最佳的达标方法。只要最终结果相同，可以采用多种技术途径。因此，功能导向型技术法规的最大特点是具有方法学上的灵活性。

3）不同类型技术法规对企业的影响

规定性技术法规和功能导向型技术法规对企业发展的影响尚有争议。一般认为，功能导向型法规会使一些中小型企业处于不利地位，这些企业在国内和国际市场上可能需要更多的指导以达到技术法规的要求。比起功能导向型技术法规带来的法律咨询和责任保险的成本，中小企业可能更偏好于方法确定的规定性技术法规。

为了解决这个问题，调控者在提供功能导向型法规的同时，也可以提供一些可选择的规定性技术法规。既可通过使用被确定好的规定性技术法规达标，也可以通过使用证明是可以达到法律要求的其他方法达标。这种解决办法既提供了功能导向型技术法规适应市场的灵活性和效率，又给愿意使用规定性技术法规者提供了确定性。

## 5. 技术法规的作用

根据技术法规应用的目的不同，技术法规可以起到以下不同的作用。

1）保护人类、动植物生命或健康及保护环境，防止欺诈

技术法规通过对产品安全、卫生、环保等方面的强制性要求，保障人类、动植物的生命和健康，保护环境和防止欺诈。

2）保证产品的质量

不符合技术法规要求的产品被拒绝入境或上市，从而迫使制造商生产出合格产品、销售商销售合格产品，保证了入境或上市产品的质量。

3）推动技术进步

一个国家的技术法规对产品的技术要求反映了该国的技术水平，反之，通过不断提高技术法规对产品的技术要求，也可以推动技术的进步。

4）贸易壁垒和促进贸易的手段

技术法规已成为技术性贸易措施的一种重要形式，苛刻的、有针对性的技术法规常被作为合理合法的贸易保护手段加以使用。相互不一致、不协调的技术法规会增加生产和贸易的成本从而对贸易产生阻碍作用，过于严格的技术法规对国际贸易有很强的壁垒作用。相反，协调一致的技术法规会极大地拓宽市场、促进和便利生产和贸易。

## （三）合格评定程序

"合格评定程序"的概念是由"产品认证"发展而来的。20 世纪 60 年代，随着国际贸易的飞速发展，对出入境货物已经无法逐批检验，只能进行抽检，而抽检的前提是贸易产品的质量有基本的保证，这个保证就来自于"产品认证"。后来产品认证从对产品本身的认证发展到对生产商质量体系的认证、对检测实验室的认证、对质量审核员的认证等，而检验检测的手段日新月异，管理模式层出不穷，产品认证逐渐演变为"合格评定程序"，成为国际贸易中的技术性贸易措施。

### 1. 合格评定程序

《TBT 协定》中对合格评定程序的定义是指任何直接或间接用来确定是否达到技术法规或标准的相关要求的任何程序。合格评定程序的概念常包括：规定如何进行合格评定活动的程序化文件；检查产品是否符合技术法规与标准要求的相关合格评定活动的总合。合格评定程序包括九项内容：取样、检验、检测、认可、注册、批准、符合性评估、符合性验证和符合性保证。在检验检疫领域，符合性评定制度主要表现形式为检验监督管理制度和认证认可制度。ISO9000 质量管理体系认证、ISO14000 环境质量标准认证、ISO22000 食品安全管理体系、HACCP 体系认证以及 GMP 认证等都属于合格评定程序内容。

### 2. 合格评定程序的分类

合格评定程序分检验程序、认证、认可和注册批准程序四个层次。

检验程序：包括取样、检测、检验、符合性验证等，它直接检查产品特性或与其有关的工艺和生产方法与技术法规、标准要求的符合性，属于直接确定是否满足技术法规或标准有关要求的程序。

认证：分为产品认证和体系认证。产品认证包括安全认证和合格认证等，体系认证包括质量管理体系认证、环境管理体系认证、职业安全和健康体系认证以及信息安全体系认证等。

认可：世贸组织鼓励成员国通过相互认可协议（MRAs）来减少多重测试和认证，以便利国际贸易。

注册批准：注册批准程序更多的是政府贸易管制的手段，体现了国家的权力、政策和意志。

按照合格评定程序的实施部门可划分为三类：供应商的符合性声明是以他们的自我评估为基础，此为第一方评定；第二方评定是由买方或者代表买方的测试和检验机构完成；第三方评定应该是独立于买方和卖方的第三方完成，它既可能是由认证机构完成，也可能由受认证机构或监管部门委托的检验和测试机构完成。

## （四）　标准、法规与合格评定程序的关系

### 1. 标准和技术法规的关系

技术法规和标准都是对产品的特性、过程（或工艺）或生产方法做的规定，也都可包括或专门关于术语、符号、包装、标志或标签要求，这是二者的共同之处。

技术法规并不是一个纯粹的法律概念，其表现形式也不是纯粹法理意义上的一个法律层次，它只是围绕产品这个中心，有着强制性技术要求，包括适用的管理规定的一类文件的统称。对产品的技术性要求是联系技术法规与标准的纽带。

技术法规往往以某种方式采纳标准作为其技术要素。《TBT 协定》鼓励使用国际标准作为技术法规的基础。

### 2. 技术法规和标准的区别

#### 1）技术法规和标准的制定主体不同、法律效力不同

技术法规是由国家立法机关、政府部门或其授权的其他机构制定并强制执行的文件，既可以是国家法律、政府法令，也可以是部门规章或其他强制性文件，虽然技术法规不是国家法律法规体系中的一个独立层次但却是其重要组成部分。而标准则是由标准化机构自行或组织制定的，由公认机构批准的供通用或重复使用的非强制执行文件。

技术法规是强制性的，从本质上说，技术法规是政府运用技术手段对市场进行干预和管理，是政府控制市场的一种严厉措施，因而它对贸易的影响较大。而标准是自愿性的，对贸易的影响相对较小。

需要注意的是，根据《TBT 协定》标准是自愿性的，没有给出强制性标准的定义。但实际上，包括我国在内的一些 WTO 成员曾经或仍在使用强制性标准的概念。对此目前学术界有两种看法，一种认为强制性标准符合《TBT 协定》中关于技术法规的定义，因此它是技术法规的一种形式，我国的标准化管理部门就是基于这种认识来履行《TBT协定》项下的透明度义务，将新拟定的强制性标准作为技术法规向 WTO 秘书处通报；另一种看法认为，强制性标准本身还是标准，只不过在特定情况下，由于法律法规的引

用而赋予其强制性属性。

2）技术法规和标准的制定目的不同

技术法规的制定主要是出于"人本"主义，技术法规对产品的要求主要是为了保护人身安全健康、防止欺诈行为、保护环境等目的，体现为对公共利益的维护。而制定标准则是出于"物本"主义，偏重于指导生产、保证产品质量、提高产品的通用性、提高劳动生产率。

3）技术法规和标准的内容不同

技术法规作为强制性规定是为了保持其内容的稳定性和连续性，一般多侧重于规定产品的基本要求。另外除了关于产品特性或其相关过程和生产方法的规定之外，技术法规还包括适用的管理规定。而标准则为了规范生产，大多规定了产品从设计到生产全过程具体的技术细节。

标准一般只针对某种产品、某项工艺，而技术法规不仅可针对某种产品，还可针对某一类产品甚至覆盖某一行业或领域。

4）技术法规和标准对国际贸易的影响不同

技术法规的强制性和法律约束力使其对国际贸易的影响更大、更直接，成为最重要的技术性贸易措施之一。不符合技术法规要求的产品，禁止进口及在市场上销售；而不符合标准的产品可以进口或在市场上销售，只是由于与当地的标准不符，难以得到消费者的认同，可能影响其销量。

随着世界经济的不断发展，各经济体的科学技术水平也在不断提高，特别是自东京回合《TBT 协定》鼓励各缔约方采用国际标准作为其自行制定的标准的基础以来，标准在国际贸易中的壁垒作用在逐渐弱化。与此同时，各经济体以安全、健康、环保为目标，以强制性技术要求为手段制定出形式多样的技术法规，通过一些复杂的管理措施对其他经济体的产品贸易构成壁垒。由于标准对产品及其生产过程的技术要求是明确的、具体的，而且一般都是量化的，因此，其对进入国际贸易的产品的影响也是显而易见的。而技术法规的技术要求虽然明确，但通常是非量化的、宏观的，有很大的演绎和延伸的余地，因此其对进入国际贸易的产品的壁垒作用是隐性的。

5）技术法规和标准的透明度要求不同

由于技术法规与标准相比对国际贸易影响大得多，因而《TBT 协定》对技术法规的规制比对标准的规制要严得多。《TBT 协定》对带有强制性的技术法规要求符合透明度原则，并制定了详细的通报咨询制度，同时各成员在履行透明度义务的同时，也享有咨询和评议权。根据委员会的建议：各成员国应在草案阶段即将技术法规向 WTO 做出通报，并应给予其他成员国不少于 60 天的评议期；自法规批准到生效，还应给予其他成员国不少于 180 天的过渡期，以尽量减少甚至避免技术法规对贸易的影响。而对于非强制性的标准，WTO 则将相关工作委托给了 ISO，仅要求各成员的中央标准化机构接受并遵守"关于制定、采纳和实施标准的良好行为规范"，至少每 6 个月公布一次工作计划，并且也未要求给出评议期和过渡期。

6）技术法规和标准的可协调性不同

标准具有相对统一的、固定的特性，在理论上是可协调的。而技术法规缺乏这种统一的、固定的特性，常因国家之间文化特性的差异而不同且涉及国家主权问题，因此，追求国家之间技术法规的一致性难度极大，除非国家之间出于政治目的需要联合，如欧洲各国组成的欧洲联盟等。

7）技术法规和标准的知识产权不同

根据《伯尔尼公约》，技术法规作为经济体（或国家）的官方文件是没有版权的，而标准则受到版权保护。这也是技术法规可以并应该向社会公众和任何利益相关方免费提供，而标准则收取一定费用的原因。

### 3. 合格评定程序与技术法规和标准的关系

技术法规、标准与合格评定程序是以产品及其生产过程为纽带紧密联系在一起的。

技术法规和标准规定了对产品的要求，而合格评定程序则规定了如何确定产品符合这种要求，是检验产品是否符合技术法规或标准的具体方法。通过合格评定程序，一方面可以引导生产商自觉遵守技术法规或标准；另一方面，可以增强消费者对产品的信任。可以说合格评定程序是技术法规和标准的延伸。

在形式上，合格评定程序的内容一般也都是以法规或标准的形式存在的。换句话说，以法规形式出现的、包含有合格评定程序内容的技术法规，既是合格评定程序，也是技术法规，具有强制性，因此其合格评定活动的执行是强制性的，执行的主体是政府机构或其授权机构，是政府行为（如我国的 CCC 认证与 QS 认证、欧盟的 CE 标志认证、日本的 S 标志和 Q 标志认证等）；以标准形式出现的、包含有合格评定程序内容的标准，既是合格评定程序，也是标准，是自愿性的，因此其合格评定活动的执行是非强制性的，执行的主体是社会化的合格评定机构（检验机构、认证机构等），是商业行为（如我国的绿色食品标志、美国的 UL 标志和日本的 GS 标志等）。总之，技术法规是强制性的，标准是自愿性的，而合格评定程序既可是强制性的也可是自愿性的，这取决于其出现的形式，以技术法规形式出现的合格评定程序就是强制性的，以标准形式出现的合格评定程序就是自愿性的。

## （五）　技术性贸易措施体系

### 1. 技术性贸易措施体系概述

技术法规、标准与合格评定程序是保证产品满足消费者需求的基本技术性措施，当其用作国际货物贸易中产品市场准入的尺度时，则构成技术性贸易措施。世界各国或地区都是围绕着本国进出口贸易产品的特点，以此三种基本措施构建自己的技术性贸易措施体系，以实现对内保护和对外防御目的。

技术性贸易措施是一国或地区社会经济发展水平、科学技术发展水平、法规体系建设水平与政策取向、过程监控理论与应用水平在国际货物贸易中的体现。其内涵包括两个方面，一方面是对产品本身的技术要求及验证和保障措施，另一方面是对产品生产过程的技术要求及验证和保障措施；其外延表现为体现科学技术发展水平的技术标准、体现法规体系建设水平与政策取向的技术法规、体现过程监控理论与应用水平的合格评定程序。技术性贸易措施具有推动经济发展、加速科技成果转化成现实生产力、提升产业技术水平、保证产品质量、保护环境和保障人民生命安全等作用，也能起到调控贸易、维护国家正当经济利益的作用。只有当其被不适当地用于国际贸易中的保护主义工具时才构成技术性贸易壁垒（TBT）。

技术性贸易措施体系是技术法规、技术标准与合格评定程序三者相互联系、相互支撑、共同构成的具有协同作用的有机整体。其整体性和协同作用表现为：

技术法规规定基本要求，标准予以细化、量化；技术法规是制定技术标准的法律依据，技术标准是技术法规的技术支撑。

技术标准规定量化指标、操作方法等，合格评定程序验证对其的符合性，技术标准是合格评定程序的技术依据。合格评定程序的载体可以是归类为技术标准的检验方法或操作手册等，据之进行的合格评定则是非强制性的。

技术法规规定基本要求，合格评定程序验证对其的符合性；技术法规是制定合格评定程序的法律依据，技术法规、技术标准是静态措施，而合格评定程序是动态措施。合格评定程序的载体可以是归类为技术法规的规范性文件或规章制度，据之进行的合格评定则是强制性的。

**2. 技术性贸易措施的规制**

技术性贸易措施即技术法规、技术标准与合格评定程序，对国际贸易的影响具有双面性，为避免各成员利用这些措施构筑技术性贸易壁垒，《TBT协定》中专门规定了对WTO成员在制定、采用和实施技术法规、技术标准与合格评定程序等措施时的原则要求。

1）贸易最小影响原则

贸易最小影响原则包含三层含义：①对贸易的限制不得超过为实现合法目标所必需的限度；②在导致采用有关技术性贸易措施的情况或预期要达到的目标已不存在，或者如果情况或目标发生变化后，则应该取消这些限制；③在一般情况下，如果技术性贸易措施是依据有关国际标准制定的，或采纳了有关国际标准，则可以认为该措施未对贸易造成不必要的障碍，除非提出反证。

2）非歧视原则

给予任一成员国（地区）产品的待遇应不低于给予任何其他成员国（地区）产品的待遇；给予任一成员国（地区）产品的待遇应不低于给予本国同类产品的待遇。

3）协调一致原则

由于不同国家在技术发展水平、收入和生活水平以及历史文化背景和地理状况等方面存在着不同程度的差异，这些差异可能导致各国所制定和实施的技术性贸易措施的千差万别，甚至形成国际贸易中的技术性贸易壁垒。要抑制或消除各成员之间的这种技术性贸易壁垒，就必须实现各国间技术法规、标准与合格评定程序的协调统一，而采纳国际标准是协调技术性贸易措施最简便、最有效的办法之一。

4）等效原则

等效原则也称等同性原则或对等性原则。《TBT协定》规定，各成员应积极考虑将其他成员的技术法规、标准与合格评定程序等效接受。只要这些措施足以实现与自己相同的目标，就应该将其作为等效的技术性措施加以接受。

5) 透明度原则

透明度原则是WTO最为重要的基础性原则之一，为了使各成员能够预先了解其他成员对技术法规、标准与合格评定程序的制定情况，使其能够按照进口国的要求对自己的出口商品进行调整，从而事先就达到进口国的要求，尽量减少贸易摩擦，《TBT协定》要求其成员必须保证技术措施透明，如技术法规的通报评议制度。

目前WTO框架中，《TBT协定》和《实施卫生与植物卫生措施协定》（SPS协定）是专门针对技术性贸易壁垒的多边协定，是WTO关于技术性贸易壁垒的基本规则。

《TBT协定》的基本规则为：①各国应尽量采用国际标准：要求有关技术法规、标准、合格评定程序应以国际标准化机构制定的国际标准、准则或建议为基础，它们的制定、采纳和实施均不应给国际贸易造成不必要的障碍。如国际标准化组织（ISO）、食品法典委员会（CODEX）、国际兽医组织（OIE）等组织制定的相关标准；②在涉及国家安全、防止欺诈行为、保护人类健康和安全、保护动植物生命和健康以及保护环境等情况下，允许各国实施的标准超出国际标准，但必须提前向WTO通报；③各国认证制度相互认可，并以国际标准化机构颁布的有关标准作为制定本国技术性措施的基础；④实施最惠国待遇和国民待遇原则；⑤贸易争端进行磋商和仲裁，遵守WTO《关于争端处理规则和程序的谅解协定》。

《SPS协定》的主要目标是防止各国的动植物卫生检疫措施对国际贸易造成不必要的消极影响，并防止各国滥用动植物卫生检疫措施设置贸易壁垒。按照《SPS协定》宗旨，各国有权采取"保护人类、动物及植物的生命或健康"的措施，在必要时可以采取限制贸易措施，但需要遵循三项原则：①科学证据原则：《SPS协定》规定各成员有权采取为保护人类、动物或植物的生命或健康所必需的卫生与植物卫生措施，但必须以科学依据为标准，也允许各国采取的措施高于国际标准、指南和建议，但这些措施必须以科学为依据。②风险评估和适度保护原则：《SPS协定》允许各国在风险评估基础上，根据本国可承受的危险程度，制定本国的标准和法规，同时还须考虑国际组织制定的风险评估技术。要求各国在进行风险评估时，应考虑可获得的科学证据、加工与生产方法、相关生态和环境条件等因素。③国际协调原则：《SPS协定》要求各国采取的卫生或动植物检验检疫措施应该依据国际标准、准则和建议，并应尽可能参与相关的国际组织及其附属机构以促进在卫生和动植物检疫方面的国际协调。这些组织包括，保护食品安全性的国际食品法典委员会（CODEX）、保护动物健康的国际兽医组织（OIE）和维护生物多样性的《国际植物保护公约》（IPPC）秘书处三个国际性组织。《SPS协定》认为，如果采用国际标准就可将其视为符合《关税与贸易总协定》（GATT1994）有关规定。

显然《TBT协定》和《SPS协定》实际上规定，为防止经济欺诈，各成员国（地区）所采取的技术性贸易措施即使超出国际标准也是合理的。目前发达国家正是利用这一点设置了名目繁多、条件苛刻的技术性贸易壁垒，从表面上看基本都符合《TBT协定》和《SPS协定》的条款，但实际上则成为许多发展中国家最难逾越的贸易障碍。因此，现有的WTO规则还难以有效解决技术性贸易壁垒对农产品贸易的限制和因此而引发的贸易争端。

# 第二节  食品标准与法规的研究内容与学习方法

## （一）  食品标准与法规的研究内容

食品标准与法规是研究食品与农产品生产、加工、贮运、销售和配送等全过程相关的法律法规、标准和合格评定程序的一门综合性学科。

食品标准与法规的研究对象是"从农田到餐桌"的食品与农产品相关产业链，目的是为了确保人类和动植物生命健康安全、保护自然环境、促进市场贸易、规范企业生产。

食品标准与法规是政府管理监督的依据，是食品生产者、经营者的行为准则，是消费者保护自身合法利益的武器，是国际贸易的共同行为准则。

食品标准与法规的主要内容有：标准、法规与合格评定程序的概念、功能和相互关系；标准的编写与标准化工作基础；我国的食品标准体系和食品企业标准化工作方法；食品法律法规体系与国内外标准、法规；主要的食品质量管理体系标准法规与食品认证。

## （二）  食品标准与法规的学习方法

食品标准与法规是一门综合性管理学科。它既涉及食品与农产品的各个种类，又贯穿于食品与农产品生产流通全过程即"从农田到餐桌"；既包括法律法规与标准的制定、实施过程，又涵盖对其进行监督监测和评定认证体系；既规范协调企业和消费者双方又涉及政府、行业组织等管理机构和监督检测、合格评定等第三方中性机构。因此食品标准与法规的学习不只是简单地记忆，更应该注意其复杂性、动态发展性、系统性。

复杂性是指食品法律法规与标准研究对象、主体、过程极其复杂，涉及了食品与农产品从"农田到餐桌"整个过程的方方面面，包括作物生产、食品保藏、食品工艺、食品流通、食品质量管理与安全控制、食品分析与监督检测、资源与环境、生物技术、贸易、法学学科等众多自然与人文学科，因此必须对这些学科进行系统的学习与理解。

动态发展性是指食品法律法规与标准等都只是现实社会经济与科学技术发展到一定阶段的产物，又随着现实社会经济与科学技术的不断发展而变化。如我国的食品标准由原来的单纯质量和卫生标准，扩展到涉及农产品生产、食品安全、质量管理与认证等的标准化体系。《食品安全法》颁布后，对食用农产品质量安全标准、食品卫生标准、食品质量标准和有关食品的行业标准中强制执行的标准予以整合，统一整合为食品安全国家标准。食品标准与法规的发展是其产生（调查、研究、形成草案、批准发布）、实施（宣传、普及、监督、咨询）、反馈与更新（信息反馈、评估评价、重新制修订）的三阶段螺旋式上升过程。每一个新标准法规的产生都标志着某一领域或某项活动的经验和成果被规范化，制定标准法规的过程实际上就是总结和积累人类社会实践经验和科学技术成果的过程；标准法规的实施过程，实际上就是推广和普及已被规范化的实践经验和科学技术成果的过程；标准与法规的更新则是以新经验和成果取代旧经验和成果，是社会经济、自然与社会科学技术的深化、提高过程。人类社会是一个永不止息的活动，标准与法规也是一个永无止境的变化发展过程。由于经济的发展、技术的进步、市场的变化以及需求方的要求发生变化，使原有的标准法规不能适用时，如果不依据环境的要求及时应变，标准与法规要么失效（自愿性标准），要么会产生负效应（强制性标准与法规）。因此当出现这种要求时或者当已经预见到这种趋势时，必须立即组织标准与法规的修订或对标准系统进行调整，这就是标准与法规的动态发展性。我国食品标准中的修改单、《食品安全法》的颁布、《农产品质量安全法》的制定出台及相关配套法规条例的制定都说明了这一问题。另外我国正处在食品安全监管体制变革时期，2013 年国务院启动新一轮机构改革，备受争议的食品生产、流通、餐饮环节分段监管职能得到整合。同时，国家确立了食品安全标准制定与执行分立的格局，明确由国家卫计委负责食品安全国家标准的制定和公布，新组建的国家食品药品安全监督管理总局负责除种植、屠宰环节以外、食品安全从生产线到餐桌的整链条监管。与此相应，相关的食品标准与法规亦将逐步整合调整。因此我们在学习食品标准与法规的时候应该学会采取发展的观点来看问题，本书中介绍的内容可能在出版时和出版后已经发生了变化，我们应该不断追踪其前后变化来看待和理解相关的食品标准与法规。

系统性是指食品法律法规与标准不是以孤立的形式存在和作用，而是以相互联系相互影响的系统性形式存在和作用。在标准法规的初级阶段，人们常为解决某一具体的问题而制定标准与法规，不仅其内容单一，其存在方式也是个别的、零散的。而现在世界上绝大多数国家的标准法规都积累了几百年以上的成就，无论是企业标准法规还是地方、国家和国际性标准法规，都已形成了调整和规范食品与农产品各个方面的较为完整的体系，并以系统的方式作用于对象。例如，为规范某种产品的质量，企业制定了一个该产品的质量标准，在标准中对产品应满足的质量要求做了明确规定。有了这个标准，可以明确这种产品的质量管理目标，同时也为最终的质量检验提供判定合格的准则。但是企业只有一个孤立的产品质量标准是远远不够的，还必须制定对实现产品最终质量要求起保证作用的原辅材料、零部件、工艺装备、环境、安全以及作业管理、监督检验等标准，共同发挥作用。当我们对标准法规中的任何现象进行分析研究时，都不可能割裂这种客观存在的内在联系，而将某一项标准法规孤立起来进行分析，必须把它放到它所在的系统中，视其为系统的一个要素。这是现代食品标准法规的一个基本观念即系统观。因此，食品标准与法规的作用归根到底是一个系统效应，必须采用相互影响、相互联系的系统观来看待和解决问题。

## 思考题

1. 简述标准与法规的概念、特点与作用？
2. 什么是合格评定程序？合格评定程序分哪几类？其实施形式由哪三方构成？
3. 技术性贸易措施的三要素是什么？三要素间各有什么关系？如何理解三要素之间的关系？
4. 何谓技术性贸易壁垒？WTO 的《TBT 协定》是如何对其进行规制的？
5. 《TBT 协定》的基本规则有哪些？
6. 《SPS 协定》要遵循的三项原则是什么？
7. 食品标准与法规研究的内容有哪些？如何理解食品标准与法规的复杂性、系统性、动态发展性？

# 第 1 章　标准及标准化概述

**导读**

标准是实践经验的总结，具有重复性特征的事物才能把以往的经验加以积累，对重复事物制定标准的目的就是总结以往的经验，选择最佳方案，作为今后实践的目标和依据。标准化活动主要是制定标准、实施标准进而修订标准的过程。标准化过程是人类实践经验不断积累与不断深化的过程。标准化是国民经济建设和社会发展的重要基础工作之一，是各行各业实现管理现代化的基本前提。搞好标准化工作，对于参与国际经济大循环，促进科学技术转化为生产力，使国民经济走可持续发展道路都有重要的意义。

## 1.1　标准和标准化

### 1.1.1　标准和标准化的概念

标准与标准化是标准化概念体系中最基本的概念，是人们在生产实践中对标准化活动有关范畴、本质特征的概括。研究标准化的概念，对于标准化学科的建设和发展以及开展和传播标准化的活动都有重要意义。标准化是以科学、技术与实践的综合成果为依据。它不仅奠定了当前的基础，而且还决定了将来的发展，它始终和社会发展的步伐保持一致。由于标准化在人们日常生活和社会经济发展中具有非常重要的作用，国际标准化组织（ISO）1969 年决定把每年的 10 月 14 日定为世界标准化日。我国于 2001 年 10 月 11 日成立了国家标准化管理委员会，英文名称 "Standardization Administration of the People's Republic of China"（简称：SAC），统一管理全国标准化工作。

#### 1.1.1.1　标准

由于世界各国社会、经济发展的不平衡，人们对标准与标准化的认识也各不相同。

我国国家标准 GB/T 20000.1—2002《标准化工作指南 第 1 部分：标准化和相关活动的通用词汇》对"标准"所下的定义是："为了在一定范围内获得最佳秩序，经协商一致制定并由公认机构批准，共同使用和重复使用的一种规范性文件"（标准宜以科学、技术的综合成果为基础，以促进最佳的共同效益为目的）。该定义是等同转化 ISO/IEC（国际标准化组织/国际电工委员会）第 2 号指南的定义，所以它又是 ISO/IEC 给"标准"所下的定义。

WTO/TBT 协议（世界贸易组织技术性贸易壁垒协议）规定："标准是被公认机构批准的、非强制性的、为了通用或反复使用的目的，为产品或其加工或生产方法提供规则、指南或特性的文件。"这可被视为 WTO 给"标准"所下的定义。

上述定义，各从不同侧面揭示了标准这一概念的含义，归纳起来主要有以下几点。

1）制定标准的出发点

"获得最佳秩序""促进最佳共同效益"，这是制定标准的出发点。这里所说的"最佳秩序"，指的是通过制定和实施标准，使标准化对象的有序化程度达到最佳状态；这里所说的"最佳共同效益"，指的是相关方的共同效益，而不是仅仅追求某一方的效益，这是作为"公共资源"的国际标准、国家标准所必须做到的。当然，最佳是不易做到的，这里的"最佳"有两重含义：一是努力方向、奋斗目标，要在现有条件下尽最大努力争取做到；二是要有整体观念、局部服从整体，追求整体最佳。"建立最佳秩序""取得最佳共同效益"集中地概括了标准的作用和制定标准的目的，同时又是衡量标准化活动、评价标准的重要依据。

2）标准产生的基础

每制定一项标准，都必须踏踏实实地做好两方面的基础工作：① 将科学研究的成就、技术进步的新成果同实践中积累的先进经验相互结合，纳入标准，奠定标准科学性的基础。这些成果和经验，不是不加分析地纳入标准，而是要经过分析、比较、选择以后再加以综合。它是对科学、技术和经验加以消化、融会贯通、提炼和概括的过程。标准的社会功能，总的来说就是将截至时间的某一点为止，对社会所积累的科学技术和实践的经验成果予以规范化，以促成对资源更有效的利用和为技术的进一步发展搭建一个平台并创造稳固的基础。② 标准中所反映的不应是局部的、片面的经验，也不能仅仅反映局部的利益。这就不能凭少数人的主观意志，而应该同有关人员、有关方面（如用户、生产方、政府、科研及其他利益相关方）进行认真的讨论，充分地协商一致，最后要从共同利益出发作出规定。这样制定的标准才能既体现出它的科学性，又体现出它的民主性和公正性。

3）标准化对象的特征

制定标准的对象，已经从技术领域延伸到经济领域和人类生活的其他领域，其外延已经扩展到无法枚举的程度。因此，对象的内涵便缩小为有限的特征，即"重复性事物"。

"重复"指的是同一事物反复多次出现的性质。例如，成批大量生产的产品在生产过程中的重复投入、重复加工、重复检验、重复出产；同一类技术活动（如某零件的设计）在不同地点、不同对象上同时或相继发生；某一种概念、方法、符号被许多人反复应用等。

标准是实践经验的总结。一个新标准的产生是这种积累的开始（当然，在此以前也有积累，那是通过其他方式），标准的修订是积累的深化，是新经验取代旧经验。标准化过程就是人类实践经验不断积累与不断深化的过程。

事物具有重复出现的特性，标准才能重复使用，才有制定标准的必要。对重复事物制定标准的目的是总结以往的经验，选择最佳方案，作为今后实践的目标和依据。这样既可最大限度地减少不必要的重复劳动，又能扩大"最佳方案"的重复利用次数和范围。标准化的技术经济效果有相当一部分就是从这种重复中得到的。

4）由公认的权威机构批准

国际标准、区域性标准以及各国的国家标准，是社会生活和经济技术活动的重要依据，是人民群众、广大消费者以及标准各相关方利益的体现，并且是一种公共资源，它必须由能代表各方面利益，并为社会所公认的权威机构批准，才能为各方所接受。

5）标准的属性

ISO/IEC 将其定义为"规范性文件"；WTO 将其定义为"非强制性的""提供规则、指南和特性的文件"。这其中虽有微妙的差别，但本质上标准是为公众提供一种可共同使用和反复使用的最佳选择，或为各种活动或其结果提供规则、导则、规定特性的文件（即公共物品）。企业标准则不同，它不仅是企业的私有资源而且在企业内部是具有强制力的。

## 1.1.1.2　标准化

国家标准 GB/T 20000.1—2002《标准化工作指南第 1 部分：标准化和相关活动的通用词汇》对"标准化"给出了如下定义："为在一定范围内获得最佳秩序，对现实问题或潜在问题制定共同使用和重复使用的条款的活动"（活动主要包括编制、发布和实施标准的过程。标准化的主要作用在于为了其预期目的改进产品、过程或服务的适用性，防止贸易壁垒，并促进技术合作）。该定义是等同采用 ISO/IEC 第 2 号指南的定义，所以这也可以说是 ISO/IEC 给出的"标准化"定义。

上述定义揭示了"标准化"这一概念有如下含义。

1）标准化不是一个孤立的事物，而是一个活动过程

标准化活动主要是制定标准、实施标准进而修订标准的过程。这个过程也不是一次就完结了，而是一个不断循环、螺旋式上升的运动过程。每完成一个循环，标准的水平就提高一步。

标准是标准化活动的产物。标准化的目的和作用，都是要通过制定和实施具体的标准来体现的。所以，标准化活动不能脱离制定、修订和实施标准，这是标准化的基本任务和主要内容。

标准化的效果只有当标准在社会实践中实施以后，才能表现出来，绝不是制定一个标准就可以了事的。有了再多、再好的标准，没有被运用，那就什么效果也收不到。因此，标准化的"全部活动"中，实施标准是个不容忽视的环节。

2）标准化是一项有目的的活动

标准化可以有一个或更多特定的目的，以使产品、过程或服务具有适用性。这样的目的可能包括品种控制、可用性、兼容性、互换性、健康、安全、环境保护、产品防护、相互理解、经济效益、贸易等。标准化的主要作用，除了为达到预期目的改进产品、过程或服务的适用性外，还包括防止贸易壁垒、促进技术合作等。

3）标准化活动是建立规范的活动

定义中所说的"条款"，即规范性文件内容的表述方式。标准化活动所建立的规范具有共同使用和重复使用的特征。条款或规范不仅针对当前存在的问题，而且针对潜在的问题，这是信息时代标准化的一个重大变化和显著特点。

### 1.1.1.3　标准化的作用

标准化是国民经济建设和社会发展的重要基础工作之一，是各行各业实现管理现代化的基本前提。搞好标准化工作，对于参与国际经济大循环、促进科学技术转化为生产力、使国民经济走可持续发展道路等都有重要的意义。我国多年的社会主义建设实践证明，标准化在经济发展中起着不可替代的重要作用，主要表现在以下几方面。

1）标准化是现代化大生产的必要条件

现代化大生产是以先进的科学技术和生产的高度社会化为特征的。前者表现为生产过程的速度加快、质量提高、生产的连续性和节奏性等要求增强；后者表现为社会分工越来越细，各部门生产之间的经济联系日益密切。随着科学技术的发展，生产的社会化程度越来越高，生产规模越来越大，技术要求越来越严格，分工越来越细，生产协作也越来越广泛。许多产品加工和工程建设往往涉及几十个、几百个，甚至上千个企业，协作点遍布全国乃至世界各地。市场经济越发展，越要求扩大企业间的横向联系，形成统一的市场体系和四通八达的经济网络。这种社会化大生产，单靠行政安排是行不通的，必定要以技术上高度的统一与广泛的协调为前提，才能确保质量水平和目标的实现。要实现这种统一与协调，就必须制定和执行一系列统一的标准，使得各个生产部门和生产环节在技术上有机地联系起来，保证生产有条不紊地进行。

2）标准化是实行科学管理和现代化管理的基础

要实现科学管理，必须做到管理机构的高效化、管理工作和管理技术的现代化。标准化在现代化管理中的地位和作用日益重要，其主要表现如下：① 标准为管理提供目标和依据。产品标准是企业管理目标在质量方面的具体化和定量化；各种期量标准是生产经营活动在时间和数量方面的规律性反映。有了这些标准，便可为企业编制计划、设计和制造产品提供科学依据。② 在企业内各子系统之间，通过制定各种技术标准和管理标准建立生产技术上的统一性，以保证企业整个管理系统功能的发挥。尤其是通过开展管理业务标准化，可把各管理子系统的业务活动内容、相互间的业务衔接关系、各自承担的责任、工作的程序等用标准的形式加以确定，这不仅是加强管理的有效措施，而且可使管理工作经验规范化、程序化、科学化，为实现管理自动化奠定基础。③ 标准化使企业管理系统与企业外部约束条件相协调，不仅有利于企业解决原材料、配套产品、外购件等的供应问题，而且可以使企业具有适应市场变化的应变能力，并为企业实行精益生产方式、供应链管理等先进管理模式创造条件。

3）标准化是不断提高产品质量和安全性的重要保证

标准化活动不仅促进企业内部采取一系列的保证产品质量的技术和管理措施，而且使企业在生产的过程中对所有生产原料、零部件、生产设备、工艺操作、检测手段、组织机构形式都按照标准化要求进行，就可从根本上保证生产质量。安全卫生和环境质量标准现在已越来越引起世界各国的重视，各国都制定了大量的安全卫生和环境质量标准，有效地保护了人类的安全和卫生。如食品安全标准，在其制定的过程中充分考虑了食品可能存在的有害因素和潜在的不安全因素，通过规定食品的微生物指标、理化指标、检验方法、保质期等一系列技术要求，保证食品具有安全性。

4）标准化是推广应用科技成果和新技术的桥梁

标准化的发展历史证明，标准是科研、生产和应用三者之间的一个重要桥梁。一项科技成果，包括新产品、新工艺、新材料和新技术，开始只能在小范围进行示范推广与应用。只有在经过中试成功以后，并经过技术鉴定，制定标准后，才能进行有效的大面积的推广与应用。一个企业要根据企业的发展，把标准化工作纳入企业的总体规划，有计划、有目的地发展企业的技术优势、管理优势和产品优势，从而对企业发展和经济效益的提高起到促进作用。

5）标准化是国家对企业产品进行有效管理的依据

国务院有关行政管理部门和各级人民政府，为了保证国民经济的快速稳定持续发展，就必须加强对各种产品质量的监督管理，维护消费者、生产者和企业的合法权利，不断打击假冒伪劣产品，维护社会的安定团结。食品是关系到人民生命安全的必需品，国家对此行业的管理，就离不开食品安全标准。近年来，国家和地方各级质量技术监督检查部门对食品行业的某些品种进行定期的质量抽查、质量跟踪，以促进产品质量的提高，并根据有关产品的质量情况，进一步确定行业管理的方向。抽查、跟踪都是以食品标准为依据，并对伪劣产品进行整顿处理，促进食品质量的不断改进。

6）标准化可以消除贸易障碍，促进国际贸易的发展

要使产品在国际市场上具有竞争力，增加出口贸易额，就必须不断提高产品质量。要提高产品质量，就离不开标准化工作。世界上各个国家几乎都有产品的质量认证等质量监督管理制度，其实质就是对产品进行具体的标准化管理。如在经济比较发达的国家，家用电器产品上如果没有安全认证标志就很难在市场上销售，有些产品如果没有合格认证标志也是难以大规模进入国际市场的。只要产品通过了相关质量认证，产品就会得到世界上多数国家的认可，从而顺利进入市场，消除贸易障碍。我国已经加入了WTO，更要求企业积极地实施质量体系认证和产品认证，以适应国际贸易的新形势，为我国产品走向世界创造条件。

## 1.1.2　标准和标准化的基本特征

### 1.1.2.1　经济性

标准和标准化的经济性，是由其目的所决定的。因为标准化就是为了获得最佳的、全面的经济效果，最佳的秩序和社会效益，并且经济效果应该是"全面"的，而不是"局部"的或"片面"的，不能仅考虑某一方面的经济效果，或某一个部门、某一个企业的经济效果等。在考虑标准化的效果时，经济效果在一些行业是主要的，如电子行业、食品行业、纺织行业等。但在某些方面，如国防的标准化、环境保护的标准化、交通运输的标准化、安全卫生的标准化等，应该主要考虑最佳的秩序和其他社会效益。

### 1.1.2.2　科学性

标准化是科学、技术与实验的综合成果发展的产物。它不仅奠定了当前的基础，而且还决定了将来的发展，它始终和社会发展的步伐保持基本一致。说明了标准化活动是

以生产实践和科学实验的经验总结为基础的。标准来自实践，反过来又指导实践，标准化奠定了当前生产活动的基础，还促进了未来的发展，可见，标准化活动具有严格的科学性和规律性。

### 1.1.2.3　民主性

标准化活动是为了所有有关方面的利益，在所有有关方面的协作下进行的"有秩序的特定活动"。这就充分体现了标准化的民主性。各方面的不同利益是客观存在的，为了更好地协调各方面的利益，就必须进行协商与相互协作，这是标准化工作最基本的要求。"一言堂"，少数人作决定不可能制定出符合大多数人认同的标准，缺乏民主性的标准在实际贯彻执行中也很难被社会接受。

### 1.1.2.4　法规性

没有明确的规定，就不能成为标准。标准要求对一定的事物（标准化对象）做出明确的、统一的规定，不允许有任何含糊不清的解释。标准不仅有"质"的要求，而且还有"量"的规定，标准的内容应有严格规定，同时又对形式和生效范围做出明确规定。标准一旦由国家、企业或组织发布实施就必须严格按标准组织生产、产品检验和验收，也会成为合同、契约、协议的条件和仲裁检验的依据，说明标准具有法规性。

## 1.1.3　标准化的形式

标准化的形式是标准化内容的存在方式。标准化有多种形式，每种形式都表现不同的标准化内容，针对不同的标准化任务，达到不同的目的。

主要的标准化形式有简化、统一化、系列化、通用化、组合化、模块化等。

### 1.1.3.1　简化

1）简化的基本概念

简化就是在一定范围内缩减标准化对象的类型和数目，使之在一定时间内既能满足一般需要，又能达到预期标准化效果的标准化形式。

一般来说，简化是事后进行的，也就是事物的多样化已经发展到一定规模以后，出现了多余的、低功能的和不必要的类型时，才对事物的类型和数目加以缩减。当然，这种缩减是有条件的，它是在一定的时间和空间范围内进行的，其结果应能保证满足一般需要。它不仅能简化目前的复杂性，而且还能预防将来产生不必要的复杂性。

2）简化的一般原则

简化不是对客观事物进行任意的缩减，更不能认为只要把对象的类型和数目加以缩减就会产生效果。简化的实质也是对客观系统的结构加以调整使之优化的一种有目的的标准化活动。因此，必须遵循标准化原理（尤其是结构优化原理）以及从实践中确立的原则。

（1）对客观事物进行简化时，既要对不必要的多样化加以压缩，又要防止过分压缩。为此，简化方案必须经过比较、论证，并以简化后事物的总体功能是否最佳作为衡量简化是否合理的标准。

（2）对简化方案的论证应以特定的时间、空间范围为前提。在时间范围里，既要考虑到当前的情况，也要考虑到今后一定时期的发展要求，以保证标准化成果的生命力和系统的稳定性。

（3）简化的结果必须保证在既定的时间内足以满足一般需要，不能因简化而损害消费者的利益。

（4）对产品规格的简化要形成系列，其参数组合应尽量符合数值分级制度。

### 1.1.3.2　统一化

#### 1）统一化的基本概念

统一化是把同类事物两种以上的表现形态归并为一种或限定在一个范围内的标准化形式。

统一化的实质是使对象的形式、功能（效用）或其他技术特征具有一致性，并把这种一致性通过标准确定下来。因此，统一化的概念同简化的概念是有区别的。前者着眼于取得一致性，即从个性中提炼共性；后者肯定某些个性同时共存，故着眼于精练。在简化过程中往往保存若干合理的品种，并非简化为只有一种；而统一就是要取得一致性。

统一化的目的是消除由于不必要的多样化而造成的混乱，为人类的正常活动建立共同遵循的秩序。由于社会生产的日益发展，各生产环节和生产过程之间的联系日益复杂，特别是国际交往日益扩大的情况下，需要统一的对象越来越多，统一的范围也越来越大。

#### 2）统一化的一般原则

（1）适时原则。所谓适时，就是指统一的时机要选准，既不能过早，也不能过迟。如果统一过早，特别是已经出现的类型并不理想，而新的更优秀的、更适宜的类型正在酝酿过程中，这时强行统一，就有可能使低劣的类型合法化，不利于优异的类型产生；如果统一过迟，就是说必要的类型早已出现，并且重复的、低功能的类型也已大量产生的时候才进行统一，这时虽然能选择出较为合适的类型，但在淘汰低劣类型过程中必定会造成较大的经济损失，增加统一化的难度。

（2）适度原则。对客观事物进行的统一化，既要有定性的要求（质的规定），又要有定量的要求。所谓适度，就是要合理地确定统一化的范围和指标水平。

（3）等效原则。所谓等效指的是把同类事物两种以上的表现形态归并为一种（或限定在某一范围）时，被确定的"一致性"与被取代的事物之间必须具有功能上的可替代性。就是说，当从众多的标准化对象中确定一种而淘汰其余时，被确定的对象所具备的功能应包含被淘汰的对象所具备的必要功能。

（4）先进性原则。等效原则只是对统一化提出了基本要求，但统一化的目标绝非仅仅为了实现等效替换，而是要使建立起来的统一性具有比被淘汰的对象更高的功能，在生产和使用过程中取得更大的效益。

### 1.1.3.3　系列化

系列化是对同一类产品中的一组产品通盘规划的标准化形式。

系列化是通过对同一类产品国内外产需发展趋势的预测，结合自己的生产技术条件，经过全面的技术经济比较，将产品的主要参数、型式、功能、基本结构等作出合理的安排与规划，使某一类产品系统的结构优化、功能最佳。工业产品的系列化一般可分为制定产品基本参数系列标准、编制系列型谱和开展系列设计三方面内容。

1）产品基本参数系列的意义和作用

产品的基本参数是产品基本性能或基本技术特征的标志，是选择或确定产品功能范围的基本依据。产品的基本参数按其特性可分为性能参数与几何尺寸参数两种。性能参数是表征产品基本技术特性的参数；几何尺寸参数是表征产品规格的参数。

在一个产品的若干基本参数中，起主导作用的参数称为主参数。主参数能反映产品最基本的特性。产品的性能参数与几何尺寸参数之间、主参数与其他参数之间，一般都存在某种内在的联系。

由产品的基本参数构成的基本参数系列，是指导生产企业发展品种，指导用户选用产品的基本依据。产品的基本参数系列确定得是否合理，不仅直接关系到该产品与相关产品之间的配套协调，而且在很大程度上影响企业的经济效益乃至国民经济效益。

制定基本参数系列标准的方法步骤是：① 选择主参数和基本参数；② 确定主参数和基本参数的上下限；③ 确定参数系列。

2）编制系列型谱的必要性

社会对产品的需要是多方面的，对参数分级分档，划分不同的规格，还不能满足需要，还要同一规格的产品有不同的型式，以满足不同的特殊要求。系列型谱是根据市场和用户的需要，依据对国内外同类产品生产状况的分析，对基本参数系列所限定的产品进行型式规划，把基型产品与变型产品的关系以及品种发展的总趋势，用图表反映出来，形成一个简明的品种系列表。

一种产品的系列型谱，实际上是该产品的品种发展规划的一种表现形式，它是一种具有战略意义的基础性标准，对整个企业未来产品的发展有着重要的指导意义。因此，编制型谱是一件很复杂、很细致又很慎重的工作，要以大量的调查资料和科学的分析预测为基础。

3）产品的系列设计

系列设计是以基型为基础，对整个系列产品所进行的总体设计或详细设计。系列设计的做法是：① 首先在系列内选择基型。基型应该是系列内最有代表性、规格适中、用量较大、生产较稳定、结构较先进，经过长期生产和使用考验，结构和性能都比较可靠，又很有发展前途的型号。② 在充分考虑系列内产品之间，以及与变型产品之间的通用化的基础上，对基型产品进行总体设计或详细设计。③ 向横的方向扩展，设计全系列的各种规格。这时要充分利用结构典型化和零部件通用化等方法，扩大通用化程度；或者对系列内的产品的主要零部件确定几种结构型式（叫做基础零部件），在具体设计时，从这些基础件中选择合适的。④ 向纵的方向扩展，设计变型系列或变型产品。变型与基型要最大限度地通用，尽量做到只增加少数专用件即可发展一个变型产品或变型系列。

系列设计是最有效的统一化，也是最广泛的选型定型工作，它能有效地防止同类产品型式、规格的杂乱。系列设计可以最大限度地发挥出企业的设计优势，能以最快的速度开发出市场急需的新产品，并能显著降低开发成本，做到最大限度地节约设计力量，还可防止企业盲目设计落后产品。系列设计的产品，基础件通用性好，它能根据市场的动向和消费者的特殊要求，采用发展变型产品的经济合理的办法，机动灵活地发展新品种，既能及时满足市场的需求，又可保持企业生产组织的稳定。系列设计便于组织专业化协作生产，便于维修配套。

### 1.1.3.4　通用化

1）通用化的基本概念

通用化要以互换性为前提。互换性指的是不同时间、不同地点制造出来的产品或零件，在装配、维修时不必经过修整就能任意替换使用的性质。互换性概念有两层含义：一是功能互换性，指产品的功能可以互换；二是尺寸互换性，当两个产品的线性尺寸相互接近到能够保证互换时，就达到了尺寸互换性。

这样，可以给通用化下一个广义的定义：在互相独立的系统中，选择和确定具有功能互换性或尺寸互换性的子系统或功能单元的标准化形式叫通用化。

2）通用化的目的和作用

零部件通用化的目的是最大限度地减少零部件在设计和制造过程中的重复劳动，此外还能简化管理，缩短设计试制周期，扩大生产批量，提高专业化水平，为企业带来一系列经济效益。在同一类型不同规格或不同类型的产品或装备之间，总会有相当一部分零部件的用途相同、结构相近，或者用其中的某一种可以完全代替时，经过通用化，使之具有互换性。

对于具有功能互换性的复杂产品来说，它的通用化的意义更为突出。例如，一个生产柴油机的企业，如果它所设计的柴油机，既可用于拖拉机，又可用于汽车、装运机、推土机和挖掘机等，即它的通用性越强，产品的销路就越广，生产的机动性越大，对市场的适应性越强。

### 1.1.3.5　组合化

组合化是按照统一化、系列化的原则，设计并制造出若干组通用性较强的单元，根据需要拼合成不同用途的物品的一种标准化形式。

组合化是受积木式玩具的启发而发展起来的，所以也有人称它为"积木化"。组合化的特征是通过统一化的单元组合为物体，这个物体又能重新拆装，组合新的结构，而统一化单元则可以多次重复利用。

### 1.1.3.6　模块化

1）模块

模块通常是由元件或零部件组合而成的、具有独立功能的、可成系列单独制造的标准化单元，通过不同形式的接口与其他单元组成产品，且可分、可合、可互换。

2）模块化

模块化是以模块为基础，综合了通用化、系列化、组合化的特点，解决复杂系统类型多样化、功能多变的一种标准化形式。

3）模块化的技术经济意义

（1）模块化基础上的新产品开发，实际上就是研制新模块，取代产品中功能落后（不足）的模块，有利于缩短周期、降低开发成本、保证产品的性能和可靠性（基本不变部分占绝大比重），为实行大规模定制生产创造了前提。

（2）模块化设计、制造是以最少的要素组合最多产品的方法，它能最大限度地减少不必要的重复，又能最大限度地重复利用标准化成果（模块、标准元件）。

（3）产品维修和更新换代都可通过更换模块来实现，不仅快捷方便，而且减少用户损失，节约资源。

（4）模块化产品的可分解性，模块的兼容性、互换性和可回收再利用等，均属绿色产品的特性。这种产品具有广阔的发展前景和强大的市场竞争力。

## 1.1.4　标准化活动的基本原则

### 1.1.4.1　超前预防的原则

标准化的对象不仅要在依存主体的实际问题中选取，而且更应从潜在问题中选取，以避免该对象非标准化造成的损失。标准的制定是依据科学技术与实验成果为基础的，对于复杂问题如安全、卫生和环境等方面，在制定标准时必须进行综合分析考虑，以避免不必要的人身财产安全问题和经济损失。

### 1.1.4.2　协商一致的原则

标准化的成果应建立在各相关方协商一致的基础上。标准化活动要得到社会的接受和执行，就要坚持标准化民主性，经过标准使用各方进行充分的协商讨论，最终形成一致的标准，这个标准才能在实际生产和工作中得到顺利的贯彻实施。

### 1.1.4.3　统一有度的原则

在一定范围、一定时期和一定条件下，对标准化对象的特性和特征应做出统一规定，以实现标准化的目的。这一原则是标准化的技术核心，技术指标反映标准水平，要根据科学技术的发展水平和产品、管理等方面的实际情况来确定技术指标，必须坚持统一有度的原则。如食品中有毒有害元素的最高限量，农药残留的最高限量，食品营养成分的最低限量等。

### 1.1.4.4　动变有序的原则

标准应依据其所处环境的变化而按规定的程序适时修订，才能保证标准的先进性和适用性。

一个标准制定完成之后，绝不是一成不变的，随着科学技术的不断发展、社会的不断进步和人们生活水平的提高，要适时地对标准进行修订，国家标准一般每 5 年修订一次，企业标准每 3 年修订一次。标准的制定是一项严肃的工作，在制定的过程中必须谨慎从事，充分论证，不允许朝令夕改。

### 1.1.4.5　互相兼容的原则

标准应尽可能使不同的产品、过程或服务实现互换和兼容，以扩大标准化的经济效益和社会效益。在制定标准时，必须坚持互相兼容的原则，在标准中要统一计量单位、统一制图符号，对一个活动或同一类的产品在核心技术上应制定统一的技术要求，达到资源共享的目的。如集装箱的外形尺寸应一致，以方便使用；食品加工机械与设备及其零配件等都应有统一的规格，以达到互相兼容的要求。

### 1.1.4.6　系列优化的原则

标准化的对象应优先考虑其所依存主体系统能获得最佳的经济效益。在标准制定中尤其是系列标准的制定中，如通用检测方法标准、不同档次的产品标准和管理标准、工作标准等一定要坚持系列优化的原则，减少重复，避免人力、物力、财力和资源的浪费，提高经济效益和社会效益。如食品中微生物的检测方法就是一个比较通用的方法，不同种类的食品都可以引用该方法，也便于测定结果的相互比较，保证产品质量。

### 1.1.4.7　阶梯发展的原则

标准化活动过程是一个阶梯状的上升发展过程。随着科学技术的发展和进步以及人们认识水平的提高，对标准化的发展有明显的促进作用，也使得标准的修订不断满足社会生活的要求，标准水平就会像人们攀登阶梯一样不断发展。如我国标准 GB/T 1.1—2009《标准化工作导则 第 1 部分：标准的结构和编写》已经过了四次大的修订，其发展过程就是最好的例证。

### 1.1.4.8　滞阻即废的原则

当标准制约或阻碍依存主体的发展时，应进行更正、修订或废止。任何标准都有二重性，当科学技术和科学管理水平提高到一定阶段后，现行的标准由于制定时的科技水平和认识水平的限制，该标准已经成为阻碍生产力发展和社会进步的因素，就要立即更正、修订或废止，重新制定新标准以适应社会经济发展的需要。为了保持标准的先进性，国家标准化行政主管部门或企业标准的批准和发布者，要定期对使用的标准进行审订或修订，以发挥标准应有的作用。

## 1.2　标准分类和标准体系

### 1.2.1　标准的分类

分类是人们认识事物和管理事物的一种方法。人们从不同的目的和角度出发，依据不同的准则，可以对标准进行不同分类，由此形成不同的标准种类。

世界各国标准种类繁多，分类方法不尽统一。根据我国标准分类的现行做法，同时参照国际上最普遍使用的标准分类方法，本书对标准种类进行如下划分。

### 1.2.1.1　按标准制定的主体划分的标准种类

按标准制定的主体，标准分为国际标准、区域标准、国家标准、行业标准、地方标准和企业标准。

**1. 国际标准**

1）国际标准的定义

国际标准是指国际标准化组织（ISO）、国际电工委员会（IEC）和国际电信联盟（ITU）制定的标准，以及国际标准化组织确认并公布的其他国际组织制定的标准。即国际标准包括两大部分：第一部分是三大国际标准化机构制定的标准，分别称为 ISO 标准、IEC 标准和 ITU 标准；第二部分是其他国际组织制定的标准。

所谓"国际标准化组织确认并公布的其他国际组织制定的标准"有两方面含义：第一，可以制定国际标准的"其他国际组织"必须经过 ISO 认可并公布。目前，ISO 通过其网站公布认可的"其他国际组织"共有 39 个；第二，并非这 39 个组织制定的标准都是国际标准，只有经过 ISO 确认并列入 ISO 国际标准年度目录中的标准才是国际标准。

2）国际标准的种类

按制定标准的组织划分种类：包括 ISO 标准、IEC 标准、ITU 标准；其他国际组织的标准，如 CAC（食品法典委员会）标准、OIML（国际法制计量组织）标准等。

3）事实上的国际标准

在上述正式的国际标准以外，一些国际组织、专业组织和跨国公司制定的标准在国际经济技术活动中客观上起着国际标准的作用，人们将其称为"事实上的国际标准"。这些标准在形式上、名义上不是国际标准，但在事实上起着国际标准的作用。

例如，欧洲的 OKO-TEX100 标准是各国普遍承认的生态纺织品标准，在国际贸易中作为产品检验和授予"生态纺织品"标志的依据。美国率先提出的 HACCP 食品危害分析和关键控制点标准已发展成为国际食品行业普遍采用的食品安全管理标准，作为食品企业质量安全体系认证的依据。英国标准协会（BSI）、挪威船级社（DNV）等 13 个组织提出的 OHSAS 职业健康安全管理体系标准，作为企业职业健康安全体系认证的依据。

目前国际上权威性行业（或专业）组织的标准主要有：美国材料与试验协会标准（ASTM）、美国石油协会标准（API）、美国保险商实验室标准（UL）、美国机械工程师协会标准（ASME）、英国石油协会标准（IP）、英国劳氏船级社《船舶入级规范和条例》（LR）、德国电气工程师协会标准（VDE）等。

跨国公司或国外先进企业标准若能成为"事实上的国际标准"，一定是能在某个领域引领世界潮流的产品标准、技术标准或管理标准，其标准水平的先进性得到国际公认和普遍采用，如微软公司的计算机操作系统软件标准、施乐公司的复印机标准、诺基亚公司的移动电话机标准等。

## 2. 区域标准

区域标准是指由区域标准化组织或区域标准组织通过并公开发布的标准。

区域标准的种类通常按制定区域标准的组织进行划分。目前有影响的区域标准主要有：欧洲标准化委员会（CEN）标准，欧洲电工标准化委员会（CEN-ELEC）标准，欧洲电信标准学会（ETSI）标准，欧洲广播联盟（EBU）标准，独联体跨国标准化、计量与认证委员会（EASC）标准，太平洋地区标准会议（PASC）标准，亚太经济合作组织/贸易与投资委员会/标准与合格评定分委员会（APEC/CTI/SCSC）标准，东盟标准与质量咨询委员会（ACCSQ）标准，泛美标准委员会（COPANT）标准，非洲地区标准化组织（ARSO）标准，阿拉伯标准化与计量组织（ASMO）标准等。

## 3. 国家标准

国家标准是指由国家标准机构通过并公开发布的标准。

我国的国家标准是指对在全国范围内需要统一的技术要求，由国务院标准化行政主管部门制定并在全国范围内实施的标准。

各国的国家标准有自己不同的分类方法，其中比较普遍使用的方法是按专业划分标准种类，我国国家标准的种类就是采用了按专业划分的方法。

## 4. 行业标准

行业标准是指由行业组织通过并公开发布的标准。

工业发达国家的行业协会属于民间组织，他们制定的标准种类繁多、数量庞大，通常称为行业协会标准。

我国的行业标准是指由国家有关行业行政主管部门公开发布的标准。根据我国现行标准化法的规定，对没有国家标准而又需要在全国某个行业范围内统一的技术要求，可以制定行业标准；行业标准由国务院有关行政主管部门制定。我国的行业标准类别见表1-1。

表 1-1　我国的行业标准类别

| 序号 | 行业标准代号 | 行业标准类别 | 序号 | 行业标准代号 | 行业标准类别 |
|---|---|---|---|---|---|
| 1 | JY | 教育 | 12 | QC | 汽车 |
| 2 | YY | 医药 | 13 | JC | 建材 |
| 3 | MT | 煤炭 | 14 | SH | 石油化工 |
| 4 | CY | 新闻出版 | 15 | HG | 化工 |
| 5 | CH | 测绘 | 16 | SY | 石油天然气 |
| 6 | DA | 档案 | 17 | FZ | 纺织 |
| 7 | HY | 海洋工作 | 18 | YS | 有色金属 |
| 8 | YC | 烟草 | 19 | YB | 黑色冶金 |
| 9 | MZ | 民政工作 | 20 | SJ | 电子 |
| 10 | DZ | 地质矿产 | 21 | GY | 广播电影电视 |
| 11 | GA | 公共安全 | 22 | TB | 铁路运输 |

| 序号 | 行业标准代号 | 行业标准类别 | 序号 | 行业标准代号 | 行业标准类别 |
|---|---|---|---|---|---|
| 23 | MH | 民用航空 | 37 | WH | 文化 |
| 24 | LY | 林业 | 38 | TY | 体育 |
| 25 | JT | 交通 | 39 | WB | 物资管理 |
| 26 | JB | 机械 | 40 | CJ | 城镇建设 |
| 27 | QB | 轻工 | 41 | JG | 建筑工业 |
| 28 | CB | 船舶 | 42 | NY | 农业 |
| 29 | YD | 通信 | 43 | SC | 水产 |
| 30 | JR | 金融系统 | 44 | SL | 水利 |
| 31 | LD | 劳动和劳动安全 | 45 | DL | 电力 |
| 32 | WJ | 兵工民品 | 46 | HB | 航空工业 |
| 33 | EJ | 核工业 | 47 | QJ | 航天工业 |
| 34 | TD | 土地管理 | 48 | ZY | 中医药 |
| 35 | XB | 稀土 | 49 | SB | 商业 |
| 36 | HJ | 环境保护 | 50 | BB | 包装 |

注：该行业标准类别不包括军用标准，军用标准采用单独的分类方法。

**5. 地方标准**

地方标准是在国家的某个地区通过并公开发布的标准。

我国的地方标准是指由省、自治区、直辖市标准化行政主管部门公开发布的标准。根据我国现行标准化法的规定，对没有国家标准和行业标准而又需要在省、自治区、直辖市范围内统一的工业产品的安全、卫生要求，可以制定地方标准。

**6. 企业标准**

企业标准是由企业制定并由企业法人代表或其授权人批准、发布的标准。

企业生产的产品在没有相应的国家标准、行业标准和地方标准时，应当制定企业标准，作为组织生产的依据；在有相应的国家标准、行业标准和地方标准时，国家鼓励企业在不违反相应强制性标准的前提下，制定充分反映市场、顾客和消费者要求的，严于国家标准、行业标准和地方标准的企业标准，在企业内部适用。

企业标准与国家标准有着本质的区别。首先，企业标准是企业独占的无形资产；其次，企业标准如何制定，在遵守法律的前提下，完全由企业自己决定；第三，企业标准采取什么形式、规定什么内容，以及标准制定的时机等，完全依据企业本身的需要和市场及客户的要求，由企业自己决定。

### 1.2.1.2　按标准化对象的基本属性划分的标准种类

按标准化对象的基本属性，标准分为技术标准、管理标准和工作标准。

**1. 技术标准**

技术标准是指对标准化领域中需要协调统一的技术事项所制定的标准。

技术标准的形式可以是标准、技术规范、规程等文件，以及标准样品实物。

技术标准是标准体系的主体，量大、面广、种类繁多，其中主要有：

1）基础标准

基础标准是具有广泛的适用范围或包含一个特定领域的通用条款的标准。基础标准可直接应用，也可作为其他标准的基础。

（1）标准化工作导则，包括标准的结构文件格式要求、标准编写的基本规定、标准印刷的规定等。这些标准是标准化工作的指导性标准。

（2）通用技术语言标准，包括术语标准，符号、代号、代码、标志标准，技术制图标准等。这些标准是为使技术语言统一、准确、便于相互交流和正确理解而制定的标准。

（3）量和单位标准。

（4）数值与数据标准。

（5）公差、配合、精度、互换性、系列化标准。

（6）健康、安全、卫生、环境保护方面的通用技术要求标准。

（7）信息技术、人类工效学、价值工程和工业工程等通用技术方法标准。

（8）通用的技术导则。

2）产品标准

产品标准是规定产品应满足的要求以确保其适用性的标准。

产品标准除了包括适用性的要求外，还可直接或通过引用间接的包括诸如术语、抽样、测试、包装和标签等方面的要求，有时还可包括工艺要求。

产品标准的主要作用是规定产品的质量要求，包括性能要求、适应性要求、使用技术条件、检验方法、包装及运输要求等。

产品标准可以是一个标准，也可以由若干个标准组成（如产品技术条件（要求）、产品检验标准、产品包装标准等）。一个完整的产品标准在内容上应包括产品分类（型式、尺寸、参数）、质量特性及技术要求、试验方法及合格判定准则、产品标志、包装、运输、储存、使用等方面的要求。

为了使产品满足不同的使用目的或适应不同经济水平的需要，产品标准中可以规定产品的分等分级。

3）设计标准

设计标准是指为保证与提高产品设计质量而制定的技术标准。

设计的质量从根本上决定产品的质量。设计标准通过规定设计的过程、程序、方法、技术手段，保证设计的质量。

4）工艺标准

工艺标准是指依据产品标准要求，对产品实现过程中原材料、零部件、元器件进行加工、制造、装配的方法，以及有关技术要求的标准。

工艺标准的主要作用在于规定正确的产品生产、加工、装配方法，使用适宜的设备和工艺装备，使生产过程固定、稳定，以生产出符合规定要求的产品。

5）检验和试验标准

检验是指通过观察和判断，适当结合测量、试验所进行的符合性评价。检验的目的是判断是否合格。针对不同的检验对象，检验标准分为进货检验标准、工序检验标准、产品检验标准、设备安装交付验收标准、工程竣工验收标准等。

检验和试验标准通常分为两类：检验和试验方法标准；检验、试验、监视和测量设备标准。

检验和试验方法标准：包括抽样方法，试样采制，试剂和标准样品，检验和试验使用的仪器以及试验条件，检验和试验的程序，检验和试验的结果，统计和数值计算方法，合格判定的准则，质量水平评价的方法等。

检验、试验、监视和测量设备标准：包括这些设备、仪器、装置的性能、量程、偏移、精密度、稳定性、使用的环境条件等质量要求，设备操作规程和安装及使用程序，计量仪器的检定、校准、校准状态、标识、调整、修理，以及搬运和储存等方面的技术要求。

6）信息标识、包装、搬运、储存、安装、交付、维修、服务标准

7）设备和工艺装备标准

设备和工艺装备标准是指对产品制造过程中所使用的通用设备、专用工艺装备（包括刀具、夹具、模具、工位器具）、工具及其他生产器具的要求制定的技术标准。

设备和工艺装备标准的作用主要是保证设备的加工精度，以满足产品质量要求，维护设备使之保持良好状态，以满足生产要求。

8）基础设施和能源标准

这类标准是指对生产经营活动和产品质量特性起重要作用的基础设施，包括生产厂房、供电、供热、供水、供压缩空气、产品运输及储存设施等制定的技术标准。

基础设施和能源标准的主要作用是保证生产技术条件、环境和能源满足产品生产的质量要求。

9）医药卫生和职业健康标准

医药卫生与人类健康直接相关，这方面的标准是标准化的重点内容，其中主要的有：药品、医疗器械、环境卫生、劳动卫生、食品卫生、营养卫生、卫生检疫、药品生产以及各种疾病诊断标准等。

职业健康标准是指为消除、限制或预防职业活动中危害人身健康的因素而制定的标准，其目的和作用是保护劳动者的健康，预防职业病。

10）安全标准

安全标准是指为消除、限制或预防产品生产、运输、储存、使用或服务提供中潜在的危险因素，避免人身伤害和财产损失而制定的标准。

11）环境标准

按环境范围不同，可分为社会环境与企业环境。社会环境标准是个庞大的标准体系，总的可分为基础标准、环境质量标准、污染物排放标准和分析测试方法标准等；企业环境标准分为工作场所环境（小环境）标准和企业周围环境（大环境）标准。环境标准的目的和作用是保证产品质量，保护工作场所内工作人员的职业健康安全，以及履行企业的社会责任。

## 2. 管理标准

管理标准是指对标准化领域中需要协调统一的管理事项所制定的标准。

企业管理活动中所涉及的"管理事项"包括经营管理、开发与设计管理、采购管理、生产管理、质量管理、设备与基础设施管理、安全管理、职业健康管理、环境管理、信息管理、人力资源管理和财务管理等。

通常，企业中的管理标准种类和数量都很多，其中与管理现代化，特别是与企业信息化建设关系最密切的标准，主要有管理体系标准、管理程序标准、定额标准和期量标准。

1) 管理体系标准

管理体系标准通常是指 ISO 9000 质量管理体系标准、ISO 14000 环境管理体系标准、OHSAS 18000 职业健康安全管理体系标准，以及其他管理体系标准。

2) 管理程序标准

管理程序标准通常是在管理体系标准的框架结构下，对具体管理事务（事项）的过程、流程、活动、顺序、环节、路径、方法的规定，是对管理体系标准的具体展开。

3) 定额标准

定额标准指在一定时间、一定条件下，对生产某种产品或进行某项工作消耗的劳动、成本或费用所规定的数量限额标准。定额标准是进行生产管理和经济核算的基础。

4) 期量标准

期量标准是生产管理中关于期限和数量方面的标准。在生产期限方面，主要有流水线节拍、节奏，生产周期、生产间隔期、生产提前期等标准；在生产数量方面，主要有批量、在制品定额等标准。

## 3. 工作标准

工作标准是为实现整个工作过程的协调，提高工作质量和工作效率，对工作岗位所制定的标准。

通常，企业中的工作岗位大体上可以分为生产岗位和管理岗位两大类。工作标准也可分为如下两类：①管理工作标准；②作业标准。

### 1.2.1.3　按标准实施的约束力划分的标准种类

## 1. 我国的强制性标准和推荐性标准

按标准实施的约束力，我国标准分为"强制性标准"和"推荐性标准"。

1) 强制性标准

根据我国标准化法的规定，强制性标准是指国家标准和行业标准中保障人体健康和人身、财产安全的标准，以及法律、行政法规规定强制执行的标准。

此外，由省、自治区、直辖市标准化行政主管部门制定的工业产品的安全和卫生要求的地方标准，在本行政区域内是强制性标准。

2）推荐性标准

强制性标准以外的标准是推荐性标准。推荐性标准是倡导性、指导性、自愿性的标准。通常，国家和行业主管部门积极向企业推荐采用这类标准，企业则完全按自愿原则自主决定是否采用。

企业一旦采用了某推荐性标准作为产品出厂标准，或与顾客商定将某推荐性标准作为合同条款，那么该推荐性标准就具有了相应的约束力。

**2. 世界贸易组织的技术法规和标准**

在世界贸易组织的《贸易技术壁垒协议》（WTO/TBT）中，"技术法规"指强制性文件，"标准"仅指自愿性标准。"技术法规"体现国家对贸易的干预，"标准"则反映市场对贸易的要求。

**3. 欧盟的指令和标准**

欧盟在建立和维持市场技术秩序方面采用了"新方法指令"和"协调标准"这两种技术手段。

1）新方法指令

欧盟对涉及产品安全、工业安全、人体健康、保护消费者和保护环境方面的技术要求制定"新方法指令"。"新方法指令"的性质是技术法规，各成员国依法强制实施。

欧盟"新方法指令"的特点是只针对少数关键的共性问题制定，内容限定为规定"基本要求"，不规定具体技术细节；技术细节由相关标准来规定。

2）协调标准

协调标准指"不同标准化机构各自针对同一标准化对象批准的具有下列特性的若干标准，按照这些标准提供的产品、过程或服务具有互换性，提供的试验结果或资料能相互理解。"

欧洲区域标准化组织 CEN、CENELEC、ETSI 作为欧洲"协调标准"的主管机构，负责批准与其专业范围相关的指令所涉及的"协调标准"。这些"协调标准"均属于欧洲标准（EN）。

欧洲"协调标准"与"新方法指令"相对应，"协调标准"的目录依据"新方法指令"的要求提出。"协调标准"围绕"新方法指令"展开，为达到"新方法指令"规定的"基本要求"，规定具体技术细节，起到技术支持和保证的作用。标准中如有超出指令"基本要求"的条款，应将这些条款与基本条款区别开来；标准在内容上如果未能全部覆盖指令"基本要求"时，应采用相应的技术规范，以满足指令规定的所有"基本要求"。

欧洲"协调标准"尽管与强制性"新方法指令"相对应，但其性质仍然是自愿性标准，企业按自愿原则采用。

### 1.2.1.4　按标准信息载体划分的标准种类

按标准信息载体，标准分为标准文件和标准样品。标准文件的作用主要是提出要求或作出规定，作为某一领域的共同准则；标准样品的作用主要是提供实物，作为质量检验、鉴定的对比依据，测量设备检定、校准的依据，以及作为判断测试数据准确性和精确度的依据。

### 1. 标准文件

1）不同形式的文件

标准文件有不同的形式，包括标准、技术规范、规程，以及技术报告、指南等。

2）不同介质的文件

标准文件有纸介质的文件和电子介质的文件。

### 2. 标准样品

标准样品是具有足够均匀的一种或多种化学的、物理的、生物学的、工程技术的或感官的等性能特征，经过技术鉴定，并附有说明有关性能数据证书的一批样品。

标准样品作为实物形式的标准，按其权威性和适用范围分为内部标准样品和有证标准样品。

1）内部标准样品

内部标准样品是在企业、事业单位或其他组织内部使用的标准样品，其性质是一种实物形式的企业内控标准。内部标准样品可以由组织自行研制，也可以从外部购买。

2）有证标准样品

有证标准样品是具有一种或多种性能特征，经过技术鉴定附有说明上述性能特征的证书，并经国家标准化管理机构批准的标准样品。

有证标准样品的特点是经过国家标准化管理机构批准并发给证书，并由经过审核和准许的组织生产和销售。有证标准样品既广泛用于企业内部质量控制和产品出厂检验，又大量用于社会上或国际贸易中的质量检验、鉴定，测量设备检定、校准，以及环境监测等方面。

## 1.2.2　标准的编号

标准的编号由标准代号、标准发布的顺序号和标准发布的年号等 3 部分构成。

国家标准的代号，用"国标"两个字汉语拼音的第一个字母"G"和"B"表示。强制性国家标准的代号为"GB"，推荐性国家标准的代号为"GB/T"。

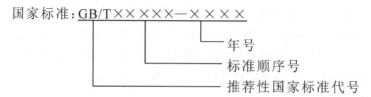

国家标准: GB/T××××× — ××××
年号
标准顺序号
推荐性国家标准代号

行业标准的代号，由国务院标准化行政主管部门规定，例如：农业 NY 、粮食 LS、水产 SC、林业 LY、商业 SB 、轻工 QB 、化工 HG 、医药 YY 等。

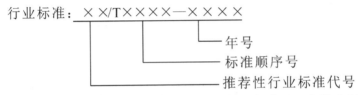

地方标准的代号，由汉语拼音字母"DB"加上省、自治区、直辖市行政区划代码前两位数（表 1-2）、再加斜线组成。2011 年公布的《食品安全地方标准管理办法》规定今后食品安全地方标准编号为：DBS××/×××—××××。

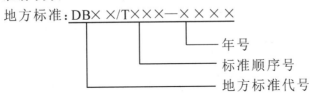

企业标准的代号，由企业法人代表授权的部门统一规定。2009 年公布的《食品安全企业标准备案办法》规定今后食品安全企业标准编号为：Q/（企业代号）（四位顺序号）S-（年号）。

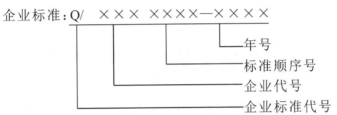

**表 1-2　各省、自治区、直辖市代码**

| | | | |
|---|---|---|---|
| 北京 11 | 天津 12 | 河北 13 | 山西 14 |
| 内蒙古 15 | 辽宁 21 | 吉林 22 | 黑龙江 23 |
| 上海 31 | 江苏 32 | 浙江 33 | 安徽 34 |
| 福建 35 | 江西 36 | 山东 37 | 河南 41 |
| 湖北 42 | 湖南 43 | 广东 44 | 广西 45 |
| 海南 46 | 重庆 50 | 四川 51 | 贵州 52 |
| 云南 53 | 西藏 54 | 陕西 61 | 甘肃 62 |
| 青海 63 | 宁夏 64 | 新疆 65 | |

## 1.2.3　标准体系

### 1.2.3.1　标准体系

GB/T 13016—2009 对标准体系的定义是"一定范围内的标准按其内在联系形成的科学的有机整体"。我国的标准体系包括国家标准体系、行业标准体系、专业标准体系与企业标准体系四个层次，它反映了我国标准化的水平。我国标准体系的层次结构见图 1-1。

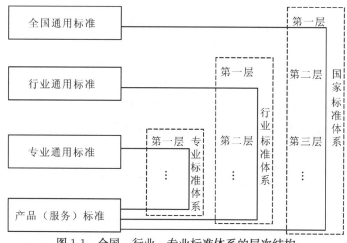

图 1-1　全国、行业、专业标准体系的层次结构

### 1.2.3.2　标准体系表

GB/T 13016—2009 对标准体系表的定义是"一定范围的标准体系内的标准按其内在联系排列起来的图表",它是标准体系的表达形式。标准体系表是编制标准制、修订规划和计划的依据之一;是一定范围内包括现有、应有和预计制定标准的蓝图,它将随着科学技术的发展而不断更新和充实。编制标准体系表是标准化工作的一项重要基础性工作。

第一部分:全国通用综合性基础标准体系表(图 1-2)。这是全国标准体系表的第一层次标准。

第二部分:各行业标准体系表。包括全国标准体系表的第二层次到第五层次。全国标准体系表第二层次到第五层次标准是:第二层次——行业基础标准;第三层次——专业基础标准;第四层次——门类通用标准;第五层次——产品、作业、管理标准。

第三部分:企业标准体系表(图 1-3)。企业标准体系以技术标准为主体,还应包括管理标准和工作标准。

| 全国标准体系表第一层次标准 全国通用综合性基础标准体系表 |||||
| --- | --- | --- | --- | --- |
| 分类号 | 内容名称 | | 分类号 | 内容名称 |
| A00 | 标准化法规和通用管理标准体系表 | | A40 | 价值工程标准体系表 |
| | | | A42/43 | 通用理化分析标准体系表 |
| A00 | 质量管理(非数学方法)标准体系表 | | A51 | 量和单位标准体系表 |
| A02 | 动作和时间分析标准 | | A80/90 | 包装标准体系表 |
| A12 | 保护消费者利益标准体系表 | | C50/61 | 卫生标准体系表 |
| A20 | 优先数与优先数系标准 | | C65/79 | 职业安全和工业卫生标准体系表 |
| A21 | 环境条件与试验方法标准体系表 | | F00/09 | 能源基础和管理(含水资源)标准体系表 |
| A22 | 术语标准体系表 | | | |
| A22 | 图形符号标准体系表 | | J04 | 机械制图与工程制图标准 |
| A25 | 人类工效标准体系表 | | J05 | 互换性和结构要素标准体系表 |
| A40 | 系统工程(含信息技术)标准体系表 | | P41 | 统计方法标准体系表 |
| | | | Z00/70 | 环境保护标准体系表 |

| 全国标准体系表　第二层次到第五层次各行业标准体系表 ||||||
| --- | --- | --- | --- | --- | --- |
| 分类号 | 行业标准体系表 | 分类号 | 行业标准体系表 | 分类号 | 行业标准体系表 |

| A10 | 商业 | D20/29 | 煤炭 | N00/99 | 仪器、仪表 |
| A14 | 文献 | E00/99 | 石油 | P00/99 | 工程建设 |
| A42 | 声学 | F55/59 | 水利、水电 | Q00/99 | 建材 |
| B00/09 | 农业 | F20/29 | 电力 | R00/99 | 交通 |
| B20/29 | 粮食 | F40/99 | 核工业 | S00/99 | 铁路 |
| B40/49 | 畜牧 | G00/99 | 化工 | T00/99 | 车辆 |
| B50/59 | 水产、渔业 | H00/99 | 冶金 | U00/99 | 船舶 |
| B60/79 | 林业 | J00/99 | 机械 | V00/99 | 航天、航空 |
| C10/29 | 医药 | K00/99 | 电工 | W00/99 | 纺织 |
| C30/49 | 医疗器械、医疗仪器与设备 | L00/99 | 电子 | X00/99 | 食品 |
| D00/19 D80/99 | 矿业、地质 | M00/99 | 通讯、邮政、广播、电视 | Y00/99 | 轻工 |

图 1-2　中华人民共和国标准体系总结构

　　企业标准体系的组成标准包括企业所贯彻和采用的国际标准、国家标准、行业标准和地方标准以及本企业制定的企业标准。企业标准体系应贯彻和采用上层国家或行业基础标准，在上层基础标准的指导下，制定本企业的企业标准。企业标准应在上级标准化法规和本企业的方针目标及各种相关国际、国家法律和法规指导下形成。

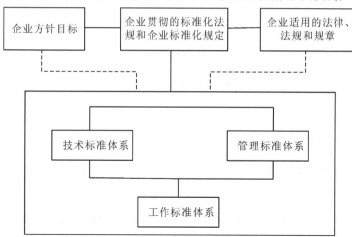

图 1-3　企业标准体系组成形式

## 1.2.3.3　标准体系表的编制原则

### 1）目标明确

　　标准体系表的编制，应首先明确建立标准体系的目标。不同的目标，可以编制出不同的标准体系表。

　　编制标准体系表可以促进一定标准化工作范围内的标准组成达到科学合理。企业围绕质量建立的标准体系，目的是改进企业的质量管理；围绕信息化建设而建立的标准体系，目的是实现数据共享、应用系统集成等目标。

### 2）全面成套

　　标准体系表的全面成套应围绕着标准体系的目标展开，体现在体系的系统整体性，即体系的子体系及子子体系的全面成套和标准明细表所列标准的全面成套。

3）层次适当

列入标准明细表内的每一项标准都应安排在适当的层次上，从一定范围内的若干个标准中，提取共性特征并制定成共性标准。然后将此共性标准安排在标准体系内的被提取的若干个标准之上，这种提取出来的共性标准构成标准体系中的一个层次。基础标准宜安排在较高层次上，即扩大其通用范围以利于一定范围内的统一。应注意同一标准不要同时列入2个以上体系或子体系内，以避免同一标准由2个或以上部门重复修订。

4）划分清楚

标准体系表内的子体系或类别的划分，主要应按行业、专业或门类等标准化活动性质的同一性，而不宜按行政机构的管辖范围而划分。

## 1.3  标准制定程序

标准是对重复性的技术事项在一定范围内所做的统一规定。它以科学、技术和实践经验的综合成果为基础，经有关方面协调一致，由公认机构批准，以特定形式发布，作为社会生产、建设及商品流通中共同遵守的技术准则和依据。技术标准是目前数量最多、具有重要意义和广泛影响的一类标准。下面以技术标准为例介绍标准的制定。

## 1.3.1  标准制定的法律及技术依据

为了保证技术标准的质量和水平，在制定技术标准时，必须严格遵循下述各项基本原则。

### 1.3.1.1  贯彻国家有关政策和法律法规

制定技术标准是一项技术复杂、政策性很强的工作，它直接关系到国家、企业和广大人民群众的利益。国家的法律法规是维护全体人民利益的根本保证。因此，凡属国家颁布的有关法律法规都应贯彻，技术标准中的所有规定均不得与有关法律法规相违背。

（1）必须遵循《中华人民共和国标准化法》的规定，这是标准制定工作总的指导原则。

（2）必须遵循《标准化工作导则》（GB/T 1.1—2009）、《标准化工作指南》（GB/T 20000）和《标准编写规则》（GB/T 20001）等的规定。

（3）必须遵循国家《计量法》对法定计量单位的规定要求。

### 1.3.1.2  积极采用国际标准

这是我国的一项重要技术经济政策，是促进对外开放的一项重大技术措施。国际标准通常是反映全球工业界、研究人员、消费者和法规制定部门经验的结晶，包含了各国的共同需求。采用国际标准也是消除贸易技术壁垒的重要基础之一。这一点已在世界贸易组织的《技术性贸易壁垒协定》（WTO/TBT）中被明确认可。出于保护国家安全、保护人身健康和安全、保护环境以及基本气候、地理或技术问题的原因，在任何情况下完全采用国际标准也是不切合实际的。WTO/TBT 也承认这些是国家标准与国际标准存在差异的正当理由。

### 1.3.1.3　合理利用国家资源

资源是发展经济最基本的物质基础。由于矿产资源大都不可再生，未来经济的发展将依靠提高资源的利用效率。因此，在制定技术标准时，必须密切结合自然资源情况，注意节约资源和提高资源的利用效率，以及珍稀资源的替代。

### 1.3.1.4　充分考虑使用要求

社会生产的根本目的，是为了满足用户和广大消费者的需要，改善人们生活和提高全社会的经济效益。在制定技术标准时，要把提高使用价值和使用户满意作为主要目标，正确处理好生产和使用的关系。因此，对各种技术事项的规定，要从社会需要出发，充分考虑使用要求。

### 1.3.1.5　技术先进，经济合理

制定技术标准应力求反映科学、技术和生产的先进成果，因为只有先进的技术标准才能促进生产、推动技术进步。但任何先进技术的采用和推广又都受经济条件的制约。因此，制定技术标准，既要适应科学技术发展的要求，也要充分考虑经济上的合理性；既能适应参与国际市场竞争的需要，也要考虑当前生产的实际可能，把提高技术标准水平、提高产品实物质量和取得良好的经济效益统一起来。当局部利益与全局利益之间发生矛盾时，应从全局利益的长远利益出发做出决策。

### 1.3.1.6　有关技术标准协调配套

技术标准的许多对象经常构成一个系统，彼此间有着密切联系，相互之间需要配合。例如，产品的尺寸参数与性能参数之间、产品的连接尺寸与安装尺寸之间、整机与零部件或元器件之间都应协调。因此，一定范围内的技术标准都是互相联系、互相衔接、互相补充、互相制约的。有关技术标准间实现相互协调、衔接配套，才能保证科研、生产、流通、使用等各环节之间协调一致。此外，不仅产品标准本身必须统一，同时要与其相关的各种基础标准以及原材料和配套件标准相互协调，还要与配套使用的包装、运输、储存标准相衔接。原材料、半成品、成品、试验方法、检测设备、检验规则、工装、工艺等相互有关的技术标准都应衔接配套。有的还应有包装、储存、运输标准，以保证产品在储运销售过程中的质量和安全。这样才能保证生产的正常进行和技术标准的有效实施。

### 1.3.1.7　充分调动各方面积极性

技术标准要以科学技术和实践经验的综合成果为基础，必须充分调动各方面的积极性，发挥行业协会、科研机构和学术团体、生产企业的作用，广泛吸收有关专家和有实际经验的人参加技术标准的起草和审查工作，广泛听取各相关方的意见，充分发扬民主，

力求经过协商达成一致。

### 1.3.1.8　适时制定，适时复审

技术标准的制定必须适时。在有些情况下，如果过早地制定技术标准，可能因缺乏科学依据而脱离实际，甚至妨碍技术的发展；反之，如果错过时机、既成事实以后，对技术标准的制定和实施都会带来许多困难，高新技术领域的许多产品都有这样的特点。因此，一定要加强项目论证，通过调查研究，掌握生产技术的发展动向和社会需求，不失时机地开展工作。技术标准制定后，应保持相对稳定。技术标准实施后，应当根据科学技术的发展和经济建设的需要，尤其是市场和消费者要求的变化，适时进行复审，以确认技术标准继续有效或者予以修订、废止。

## 1.3.2　标准制定的对象

一般而言，技术标准的对象十分广泛。凡是在社会生产、建设及商品流通等领域中，具有多次重复使用特征和具有多样性以及相关性特征，需要协调统一的技术事项，都可以成为技术标准的对象。但是否制定技术标准，还要看这一事项所起的作用大小和社会需要程度。人们往往只对一些必须在大范围或较大范围内统一的技术事项制定技术标准。这些技术事项主要包括：①工业产品的品种、规格、质量、等级或者安全、卫生要求；②工业产品的设计、生产、试验、检验、包装、储存、运输、使用的方法，或者生产、储存、运输过程中的安全、卫生要求；③有关环境保护的各项技术要求和检验方法；④建设工程的勘察、设计、施工、验收的技术要求和方法；⑤有关工业生产、工程建设和环境保护的技术术语、符号、代号、制图方法、互换配合要求；⑥农业（含林业、牧业、渔业）、产品（含种子、种苗、种畜、种禽）的品种、规格、质量、等级、检验、包装、储存、运输以及生产技术、管理技术的要求；⑦信息、能源、资源、交通运输的技术要求。

根据上述不同对象制定的技术标准还可以细分为基础标准、产品标准、方法标准、安全卫生标准和环境保护标准等。

## 1.3.3　制定标准的目的

制定技术标准的目的，从根本上讲，是为了适应社会主义市场经济发展的要求，促进技术进步，改进产品质量，提高社会经济效益等。具体目的则因不同类型的技术标准而有所区别，主要可以概括为以下几点。

1）保证适用性

它要求标准要能适应科技进步的需要，满足国际贸易、产业发展、市场竞争的要求和经济可持续发展的要求。

2）促进相互理解

为了便于信息交流，增进相互理解，提高工作效率，促进生产协作，通常需要对技术要求中的术语下定义，对符号和标志予以说明，以保证互相沟通；对有关的技术要求确定抽样和试验方法，以保证评价与判定具有共同的准则和依据。

3）保证健康、安全、保护环境或合理利用资源

有关保证健康、安全、保护环境或合理利用资源等方面的技术要求在许多国家都通过政府发布技术法规的方式强制执行。

4）保证接口、互换性、兼容性或相互配合

由于这些技术要求可能成为影响产品能否正常使用的决定性因素，所以必要时应将这些技术要求制定技术标准。如果制定技术标准的目的是保证互换性，则关于该产品的尺寸互换性和功能互换性两个方面都应加以考虑。

5）实现品种控制

从经济或安全角度考虑，对于广泛使用的物资、材料或机械零部件、电子元器件和电线电缆等，应对产品的品种包括尺寸和其他特性制定技术标准，以实现品种控制。在这类技术标准中应提供可选择的值（通常给出一系列数据）并规定其公差。

## 1.3.4　标准制定的工作程序

### 1.3.4.1　制定技术标准的组织形式

制定标准是标准化工作三大任务之一。要使标准制定工作落到实处，制定标准就应有计划、有组织地按一定的程序进行。制定技术标准有大量的组织协调工作，必须采取有效形式，把各方面专家组织起来，严格按照统一规定的程序和要求开展工作，才能保证和提高制定技术标准的质量和水平，加快制定技术标准的速度。

专业标准化技术委员会是在一定专业领域内从事标准化工作的技术工作组织。其主要任务是组织本专业技术标准的起草、技术审查、宣讲、咨询等技术服务工作。技术委员会是一个以科技人员为主体组成的有权威的专家组织，通常包括生产、使用、经销、科研、教学和监督检验等方面具有较高理论水平和较丰富实践经验、熟悉和热心技术标准工作的科技人员。

### 1.3.4.2　制定技术标准的一般程序（A 程序）

根据 ISO/IEC 导则第 1 部分：技术工作程序（1995 年版）及 GB/T16733—1997《国家标准制定程序的阶段划分及代码》，标准的制定（修订）程序一般可分为 9 个阶段（A 程序）。为了适应现代科学技术的飞速发展，加快技术标准的制定速度，可以根据实际情况，在保证质量的前提下，简化各阶段的某些环节或步骤（B 程序或 C 程序）。对企业而言，这些程序仅供其参考，企业可自行规定标准制定程序。

1）预备阶段（00 阶段）

阶段任务：提出新工作项目建议。对将要立项的新工作项目进行研究和论证，提出新工作项目建议，包括标准草案或标准大纲（如标准的范围、结构、相互关系等）。

每项技术标准的制定，都是按一定的标准化工作计划进行的。技术委员会根据需要，对将要立项的新工作项目进行研究及必要的论证，并在此基础上提出新工作项目建议，包括技术标准草案或技术标准的大纲，如拟起草的技术标准的名称和范围，制定该技术标准的依据、目的、意义及主要工作内容，国内外相应技术标准及有关科学技术成就的

简要说明，工作步骤及计划进度，工作分工，制定过程中可能出现的问题和解决措施，经费预算等。

2）立项阶段（10 阶段）

阶段任务：提出新工作项目。对新工作项目建议进行审查、汇总、协调、确定，下达计划。

主管部门对有关单位提出的新工作项目建议进行审查、汇总、协调、确定，直至列入技术标准制定计划并下达给负责起草单位。

3）起草阶段（20 阶段）

阶段任务：提出标准草案征求意见稿。组织标准起草工作直至完成标准草案征求意见稿。

负责起草单位接到下达的计划项目后，即应组织有关专家成立起草工作组，通过调查研究，起草技术标准草案征求意见稿。

各类技术资料是起草技术标准的依据，是否充分掌握有关资料，直接影响技术标准的

质量。因此，必须进行广泛的调查研究，这是制定好技术标准的关键环节。主要应收集下述资料：①试验验证资料；②与生产制造有关的资料；③国内外有关标准资料；④起草征求意见稿。

编制说明的内容一般包括：工作简况，任务来源、协作单位、主要过程等；技术标准编制原则和确定技术内容的论据，主要试验（或验证）的分析、综述报告，技术经济论证，预期的经济效果；与国内、国外同类技术标准水平的对比情况，或与测试的国外样品、样机的有关数据对比情况；与现行法律、法规和相关技术标准的关系；重大分歧意见的处理经过和依据；实施技术标准的要求和措施建议等。

4）征求意见阶段（30 阶段）

阶段任务：提出标准草案送审稿。对标准征求意见稿征求意见，根据返回意见完成意见汇总处理表和标准草案送审稿。

征求意见应广泛，还可以对一些主要问题组织专题讨论，直接听取意见。工作组对反馈意见要认真收集整理、分析研究、归并取舍，完成意见汇总处理对征求意见稿及编制说明进行修改，完成技术标准草案送审稿。

5）审查阶段（40 阶段）

阶段任务：提出标准草案报批稿。对标准草案送审稿组织审查（可采取会审和函审），形成会议纪要（或函审结论）和标准草案报批稿。

送审稿的审查，由技术委员会组织进行。对技术经济意义重大、涉及面广、分歧意见较多的技术标准，送审稿应组织会审，其余的函审。要在审查协商一致的基础上，由负责起草单位形成技术标准草案报批稿和审查会议纪要或函审结论。

6）批准阶段（50 阶段）

阶段任务：提供标准出版稿。主管部门对标准草案报批稿及材料进行审核；国家标准审查部对标准草案报批稿及材料进行审查；国务院标准化行政主管部门批准、发布。

主管部门对技术标准草案报批稿及报批材料进行程序、技术审核，完成必要的协调

和完善工作。报批稿经主管部门复核后批准，并统一编写、发布。

7）出版阶段（60 阶段）

阶段任务：提供标准出版物。

技术标准出版稿统一由指定的出版机构负责印刷、出版和发行。

8）复审阶段（90 阶段）

阶段任务：定期复审。对实施周期达 5 年的标准进行复审，以确定是否确认、修改、修订或废止。

为了保证技术标准的适用性，在其实施一段时间后，必须根据科学技术的发展和经济建设的需要对技术标准的内容及其中规定的要求是否仍能适应当前的科学技术和生产先进性的要求进行审查，这种定期审查称为复审。复审工作由该项技术标准的主管部门或标准化专业技术委员会组织有关单位进行。

9）废止阶段（95 阶段）

对复审后确定为无必要存在的标准，经主管部门审核同意后发布，予以废止。

### 1.3.4.3　标准制定的快速程序（B 程序、C 程序）

快速程序适用于已有成熟标准草案的项目，特别适用于变化快的技术领域。

1）B 程序

省略起草阶段（20），直接由立项阶段进入征求意见阶段。适用于等同、修改采用国际标准或国外先进标准的标准。

2）C 程序

省略起草阶段（20）和征求意见阶段（30），直接由立项阶段进入审查阶段。适用于现有国家标准的修订项目或我国其他各级标准的转化项目。申请列入快速程序的标准在预备阶段和立项阶段应严格审查，并履行相关手续。

申请列入快速程序的技术标准在预备阶段和立项阶段应严格协调和审查。审查通过后，方可列入项目计划。对等同采用、修改采用国际标准或国外先进标准的技术标准制修订项目可直接由立项阶段进入征求意见阶段，即省略了起草阶段，将该国际标准或国外先进标准作为标准草案征求意见稿分发征求意见。对现有国家标准的修订项目或其他各级标准的转化项目可直接由立项阶段进入审查阶段，即省略了起草阶段和征求意见阶段，将该现有标准作为技术标准草案送审稿组织审查。

## 1.4　标准的基本结构

## 1.4.1　标准的内容要素

标准以特定形式出现，这是它区别于其他任何文件的重要特点。所谓特定形式，是指其体裁格式、章条编号、文字结构与表达方式等方面都有统一的规定和要求。

不同标准之间在内容上有很大的差异，因此，任何一种标准内容划分的规则都不可能适合各种标准。要想确立一个适合各种标准的，能被普遍接受的标准内容划分的规则是十分困难的。但是，就一般标准的内容划分，还必须遵守通常使用的规则。

### 1.4.1.1　单独标准

一般情况下，应针对每个标准化对象编制一项单独的标准，并作为整体出版。任何一项标准的内容都是由多种要素构成的。

按要素的规范性或资料性的性质及其在标准中的位置来划分，可分为资料性概述要素、规范性一般要素和技术要素、资料性补充要素。各要素之间的关系以及所包含的具体内容见图1-4。

（1）资料性概述要素（封面、目次、前言、引言）；

（2）规范性一般要素（名称、范围、规范性引用文件）；

（3）规范性技术要素（术语和定义、符号和缩略语、要求…规范性附录）；

（4）资料性补充要素（资料性附录、参考文献、索引）。

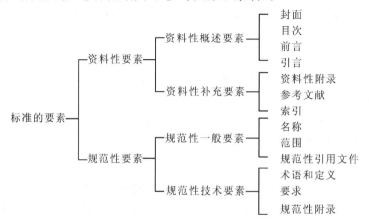

图1-4　标准各要素之间的关系与内容

按要素的必备或可选状态来划分，可分为必备要素、可选要素：必备要素（封面、前言、名称、范围）；可选要素（目次、引言、要求、资料性附录、参考文献、索引）。

### 1.4.1.2　系列标准

在标准篇幅过长、后续部分的内容相互关联、标准的某些部分可能被法规引用或用作认证时，可在相同的标准顺序号下将一项标准分成若干个单独的部分；如果产品的不同方面会分别引起各方（如生产者、认证机构、立法机关等）的关注，则这些不同方面可以编制成一项标准的若干部分或若干项单独的标准。如食品理化检验方法标准GB/T5009系列标准目前有220个部分；食品微生物检验方法标准GB4789系列标准目前有38个部分。

部分的编号应位于标准顺序号之后，使用阿拉伯数字从1开始编号。部分的编号与标准顺序号之间用下脚点相隔。如5009.1，5009.2；4789.1，4789.2等。

系列标准中部分的划分按GB/T 1.1—2000的要求有两种方式：

（1）每个部分涉及标准化对象的一个特定方面，并且能够单独使用。

**示例：**

第 1 部分：术语和定义

第 2 部分：要求

第 3 部分：试验方法

第 4 部分：…

（2）标准化对象具有通用和特殊两个方面，通用方面作为第一部分，特殊方面（可修改或补充通用方面，因此不能单独使用）应作为其他部分。

**示例：**

第 1 部分：一般要求

第 21 部分：电熨斗的特殊要求

第 22 部分：洗碗机的特殊要求

第 23 部分：旋转脱水机的特殊要求

## 1.4.2　标准的要素编排

### 1.4.2.1　资料性概述要素

资料性概述要素包括标准的封面、目次、前言、引言。

1）封面

为必备要素，包括上部内容（标准的分类号和备案号、类别和标志、编号和代替标准号）、中部内容（中文和英文名称、与国际标准一致性程度的标识）、下部内容（发布日期、实施日期、发布部门等）。

（1）分类号、备案号。①国际标准分类号（ICS）号：国家标准、行业标准应标注国际标准分类（International Classification for Standard，简称 ICS）编号。企业标准不标注。②中国标准文献分类号：应给出一级类目和二级类目编号。分类号的选择应符合《中国标准文献分类法》的规定。

示例（石油甲苯）：

ICS75.160

E 30

③备案号：除国家标准外，行业标准、地方标准、企业产品标准应注明备案号。组成为：顺序编号，年号。例如：2760—2011。

（2）标准的类别和标志。国家标准（GB）、行业标准（XX）、地方标准（DB XX/）、企业标准（Q/XXX）。

（3）标准的编号和代替标准号。①标准的编号：由标准代号（国家标准（GB）、行业标准（XX）、地方标准（DB XX/）、企业标准（Q/XXX）、标准顺序号、标准年号（4位）组成。如果等同采用了国际标准（不包括国外先进标准），应给出国际标准的标准代号、标准顺序号、标准年号。例如：GB/T XXXXX—2000/ISO 14050：1998。②代替标准编号：仅限于在同类标准中使用。每一项被代替的标准均应标出，如被代替的标准很多，可用"代替 GB/TXXXXX—XXXX 等"表示。

（4）标准名称。①中文名称：最多包括三个要素（表1-3），即引导要素、主体要素、补充要素。主体要素是必备要素，其余是可选要素。引导要素表示标准所属的领域，主体要素表示所属领域的标准化对象，补充要素表示标准化对象的特定方面。②英文名称：应尽量从相应国际标准的名称中选取，避免直译标准的中文名称。在采用国际标准时，应直接采用原标准的英文名称。三段式为每一段头一个单词的头一个字母大写，其余小写。

（5）与国际标准一致性程度的标识。当所制定的标准有对应的国际标准（不包括国外先进标准）时，应在封面的标准英文名称之下标明与国际标准一致性程度的标识。一致性程度的标识由对应的国际标准编号（含代号、顺序号、年代号）、国际标准名称（使用英文）、一致性程度代号等内容组成。如我国标准的英文名称与国际标准名称相同时，则不标出国际标准名称。例如，标准的英文名称与国际标准名称相同"ISO/IEC 10728：1993，IDT"，标准的英文名称与国际标准名称不相同"ISO/IEC 9834-1：1993，Adoption of international standards as regional or national standards，MOD"。

**表1-3　中文名称的要素**

| 要素 | 引导要素 | 主体要素 | 补充要素 |
|---|---|---|---|
| 一个 | | 石油甲苯 | |
| 两个 | 汽车操纵稳定性试验方法 | 转向回正性试验 | |
| 三个 | 工业碳酸钠 | 水分含量的测定 | 重量法 |

2）目次

为可选要素，如果需要（标准的页码在15页以上时）可以设置。目次的功能为：层次结构框架、引导阅读、检索。其中应列出完整的标题及所在页码。

目次中所列的内容及次序如下：前言；引言；章的编号、标题；带有标题条的编号、标题（需要时才列出）；附录编号、附录性质（即在圆括号中注明"规范性附录"或"资料性附录"）、标题；附录章的编号、标题（需要时才列出）；附录条的编号、标题（需要时才列出，并且只能列出带有标题的条）；参考文献；索引；图的编号、图题（需要时才列出）；表的编号、表题（需要时才列出）。

3）前言

为必备要素，不应包含图、表、要求。前言由特定部分和基本部分组成。

特定部分用于说明系列标准或多个部分组成的标准的结构，与对应国际标准的一致性程度，代替或废除的其他文件，与标准前一版本相比的重大技术变化，与其他文件的关系，标准中附录的性质等。

基本部分用于说明该项标准的提出单位、批准部门、归口单位、起草单位、主要起草人和所代替标准的历次版本发布情况等。

4）引言

为可选要素，不应包含要求。引言是对"前言"中有关内容的特殊补充或对标准中有关技术内容的特殊说明、解释，以及制定该标准原因的特殊信息或说明。

引言位于标准前言之后，一般不分条，也不编号。

### 1.4.2.2　规范性一般要素

规范性一般要素包括名称、范围、规范性引用文件，用于对标准内容做一般性介绍。

1）名称

为必备要素，名称应力求简练，既能毫不含糊地明确标准的主题，又能使之与其他标准相区别。

2）范围

为必备要素，范围应明确说明标准的对象和所涉及的各个方面，由此指明标准或其特定部分的适用界限。

3）规范性引用文件

为可选要素，其中列出在标准中规范性引用的文件一览表（该一览表不应包括：非公开的文件、资料性引用文件、在标准编制过程中参考过的文件）。这些文件一经引用便成为该项标准实施时不可缺少的内容。对于注日期的引用文件，应给出其年号以及完整的名称。

### 1.4.2.3　规范性技术要素

这是标准所要规定的实质性内容，也是标准的主体。其中的各项内容应根据各类标准的不同特点和需要编写，并遵循有关的编写方法。

1）术语和定义、符号和缩略语

均为可选要素。为了理解一项标准，对其中使用的某些术语尚无统一规定时，应加以必要的定义或给出说明，对其中使用的某些符号和缩略语可以列出它们的一览表，并对所列符号、缩略语的功能、意义、具体使用场合给出必要的说明。

2）要求

为可选要素，包括：直接或以引用方式给出标准涉及的产品、过程或服务等方面的所有特性；可量化特性所要求的极限值；直接或以引用方式对每项要求明确测定或检验特性值的试验方法。

3）抽样、试验方法

均为可选要素。抽样用于规定抽样（取样、采样）的条件和方法，以及样品保存方法。试验方法用于给出与测定特性值、检查是否符合要求以及保证结果再现性有关的程序细节。根据内容的多少，试验方法可以作为单独的一章，也可以与要求部分合并，或者作为附录，以及作为标准的单独部分。当一种试验方法有可能被多个技术标准所引用时，应将其作为单独的技术标准。

4）分类和标记

为可选要素，用于为符合规定要求的产品、过程或服务建立一个分类、标记和（或）编码体系。

5）标志、标签和包装

为可选要素，用于规定如何标注产品的标志，如生产者或销售商的商标、型式或型号等；也可以包含对产品标签和（或）包装的要求，如储运说明、危险警告、生产者名称和地址、生产日期等。

6) 规范性附录

标准中的附录根据性质分为规范性附录和资料性附录。规范性附录为可选要素，用于给出技术标准正文的附加条款，从而成为技术标准不可分割的一部分，与正文具有同等效力。

### 1.4.2.4　资料性补充要素

资料性补充要素包括资料性附录、参考文献、索引。

1) 资料性附录

为可选要素，只提供对理解和使用标准起辅助作用的附加信息。它是标准中附录的另一种形式，不包含任何为符合标准而要遵守的条款。

2) 参考文献

为可选要素，如果有，应置于最后一个附录之后。

3) 索引

为可选要素，如果有，则应作为标准最后一个部分。

### 1.4.2.5　其他资料性要素

标准中的注（条文的注和脚注、图注和图的脚注、表注和表的脚注）和示例只提供对理解或使用标准起辅助作用的附加信息，而不包含任何为符合标准而要遵守的条款。

### 1.4.2.6　一般规则和要素

此外还有文字要求、图、表、引用、数和公式、量、单位、符号等。

标准中应使用规范文字，标点符号应符合通常的使用习惯。对要求的表述应容易识别，并使其与可选择的条款相区分，以便使用者实施标准时，能了解哪些条款必须遵守，哪些条款可以选择。

如果用图、表提供信息更有利于对标准的理解，则最好使用图、表。每个图、表都应在条文中明确提及。

通常，应采用引用文件中特定条文的方法，而不要重复抄录需引用的具体内容，这样可避免由于重复可能产生的错误或矛盾，也可避免增加篇幅。如果认为有必要重复抄录有关内容则应准确标明出处。

表示物理量的数值应使用后跟法定计量单位符号的阿拉伯数字。表示非物理量的数，一至九宜用汉字表示，大于九的数字一般用阿拉伯数字表示。小数点符号用圆点。小于1的数值写成小数形式时，应在小数点符号左侧补零。对于任何数，应从小数点符号起，向左或向右每三位数字一组，组间空四分之一个字的间隙，但表示年号的四位数除外。为清晰起见，数和数值相乘应使用乘号而不用圆点。

标准中的公式尽量用量关系式，特殊情况下才用数值关系式。

标准中应使用法定计量单位，尽可能从相关标准中选择量的符号和数学符号。表示量值时，应写出其单位。度、分和秒（平面角度）的单位符号应紧随数值后，所有其他单位符号前应空四分之一个字的间隙。

### 1.4.2.7　标准的终结线

在标准的最后一个要素之后，应有标准的终结线，以示标准完结。标准的终结线为居中的粗实线，长度为版面宽度的四分之一。

## 1.4.3　标准的层次编排

每项单独标准或系列标准的单独部分中可能出现的层次包括：章、条、段、列项和附录等。

### 1.4.3.1　章

章是标准内容划分的基本单元，是标准或部分中划分出的第一层次，因而构成了标准结构的基本框架。每项标准中的章都用阿拉伯数字连续编号，从范围做第 1 章开始，一直连续到附录之前。每一章都要有标题，置于编号之后，并与其后的条文分行。

### 1.4.3.2　条

条是对章的细分，凡是章以下有编号的层次均称为"条"。同一层次中有两个或两个以上的条时才可设条。条的设置是多层次的，它可以逐层细分，第一层次的条可分成第二层次的条，第二层次的条可分成第三层次的条，需要时，一直可分到第五层次。

### 1.4.3.3　段

段是对章或条的细分。段没有编号，这是段与条的最明显的区别标志。也可以说段是章或条中不编号的层次。

### 1.4.3.4　列项

在标准条文中，常常使用列项的方法阐述标准的内容。列项由一段后跟冒号的文字引出，在列项的各项之前应使用列项符号（"破折号"或"圆点"）。列项中的项如需要识别，应使用字母编号（后带半圆括号的小写拉丁字母）在各项前标示。列项可以由两种形式引出：

1）使用一个句子

有下列情形之一者应进行型式检验：①出口菜籽油、产品评优、国家质量监督机构或行业主管部门提出型式检验要求；②前后两次抽样检验结果差异过大；③因人为或自然因素使工艺、原材料等方面发生较大变化。

2）使用一个句子的前半部分

该句子由列项中的各项来完成，如产品标志的基本内容包括：①执行的标准号；②生产许可证批准号；③产品名称，质量等级；④制造厂名和地址；⑤净含量，规格；⑥生产日期。

### 1.4.3.5　附录

附录是标准中层次的表现形式之一。由于下述原因常需要使用附录形式：①为了合理安排标准的整体结构，突出标准的主要技术内容；②为了方便标准使用者对标准中部分技术内容的进一步理解；③采用国际标准时，为了给出与国际标准的详细差异。

附录的编排是根据在标准正文中出现的先后顺序进行的，并用 A、B、C、D、E、F、G 等英文字母编号，如"附录 A""附录 B"等。

## 1.5　标准的贯彻实施

制定和实施标准是标准化过程中互相联系、互相制约的两个有机环节和最基本的工作。标准化活动主要围绕制定和实施标准而展开，标准化的作用也要通过制定和实施标准来实现。在整个标准化活动中，制定出先进合理的标准是建立最佳秩序、获得最佳社会经济效益的前提。在标准制定后，实施成为标准化活动的中心任务，也是标准能否取得成效、实现其预定目的的关键。

标准的贯彻实施就是将标准的技术内容在生产和社会实践中付诸实施，使之变成现实生产力，并产生社会效益和经济效益的一系列活动。标准的贯彻实施是整个标准化活动中最重要的一环，也是标准化活动的根本目的。

### 1.5.1　标准贯彻实施的一般程序

标准的实施是一项复杂而细致的工作，涉及生产、使用、经营、管理等许多部门，在企业内部涉及科研、设计、工艺、生产、检验、供销、财务、计划等各个方面。因此，标准的实施必须有计划地做好安排，各个方面协调一致地进行。一般来说，标准的实施可分为计划、准备、实施、检查、总结 5 个步骤。

#### 1.5.1.1　计划

标准发布以后，根据该项标准的性质和使用范围，有关部门、地区和企业，应拟定标准的实施计划或方案。从总体上分析影响标准贯彻实施的因素与相关条件，选择合适的贯彻方式和方法、选定贯彻标准的时机、人力安排及经费。

#### 1.5.1.2　准备

准备工作是标准实施的重要环节。通过提供标准文本和有关的宣贯材料，使有关各方知道标准，了解标准，并能正确地认识和理解其中规定的内容和各项要求，同时做好技术咨询工作，解答各方面提出的问题；通过对标准中各项重要内容及其实施意义的说明，使有关各方提高对实施标准意义的认识，取得各方的支持和理解；通过编写新旧标准内容对照表，新旧标准更替注意事项和参考资料，以及有关实施的一些合理化建议等，使有关各方做好各种准备，保证标准的顺利实施。准备工作大致有四个方面，即思想准备、组织准备、技术准备和物资准备。

（1）思想准备：首先要从思想上对贯彻标准有一个正确的认识，作好宣传讲解，争取得到各方面的支持。

（2）组织准备：标准的贯彻往往涉及计划、技术、检验、供销、财务等部门，需要全盘考虑，统一领导。

（3）技术准备：提供有关资料，并对标准贯彻实施过程中存在的难题，组织力量进行攻关。

（4）物质准备：实施标准最后需落实到生产技术活动中去，常需要有一定的物资条件。如生产设备是否满足要求，生产监控用仪器仪表、检验用量具、仪器及装置等是否配套，甚至需要落实外部协作生产厂等。

### 1.5.1.3　实施

实施就是把标准规定的内容在生产、流转和使用等环节中加以执行，有关人员应严格按照标准的要求进行设计，按符合标准要求的图纸和技术文件组织生产，按符合标准要求的试验方法对产品进行检验，以及按标准要求进行包装和标志等。

### 1.5.1.4　检查

检查图样、工艺规程、检验规程等文件是否符合标准的要求，以及这些文件实施的情况，也就是对各个环节中是否贯彻了有关标准进行认真检查。

### 1.5.1.5　总结

包括技术上的总结、方法上的总结，以及各种文件、资料的收集、整理、归档，还包括对下一步工作提出意见和建议。及时总结经验，组织交流，推动标准的全面实施。

## 1.5.2　强制性标准的贯彻实施

我国标准化法规定："强制性标准必须执行，不符合强制性标准的产品，禁止生产、销售和进口"。为了保证强制性标准得到贯彻执行，企业研制新产品、生产老产品，进行技术改造，从国外引进设备和技术时，必须充分考虑，符合有关强制性标准中规定的各项内容，不得擅自更改或降低强制性标准规定的各项要求。一切工程建设的设计和施工都必须按照强制性标准进行，不符合强制性标准的工程设计不得施工、不得验收。任何单位和个人凡涉及有关强制性标准，必须贯彻实施，否则就是违法，就要受到法律的制裁。下面介绍常用的两个强制性国家标准。

### 1.5.2.1　GB7718—2011《食品安全国家标准　预包装食品标签通则》

1985 年，我国成立了"食品标签通用标准"起草小组，通过调查研究等大量工作，于 1987 年 5 月由当时的国家技术监督局批准发布了 GB7718—1987《食品标签通用标准》，该标准经过 5 年之久的实施实践后，于 1992 年进行了修订，之后于 1994 年颁布了 GB7718—1994《食品标签通用标准》。标准的实施，对规范我国食品标签，正确指导食品消费，保护消费者身体健康，引导食品生产、销售业的健康发展起到了重要作用。

2004 年 5 月 9 日，国家质检总局、国家标准化管理委员会批准发布了 GB7718—2004《预包装食品标签通则》，这是对《食品标签通用标准》的第二次修订。2011 年 4 月 20 日，国家卫生部又批准发布了 GB7718—2011《食品安全国家标准　预包装食品标签通则》，于 2012 年 4 月 20 日起正式实施。

GB7718—2011《食品安全国家标准　预包装食品标签通则》的内容主要包括"范围"、"规范性引用文件"、"术语和定义"、"基本要求"及"标示内容"。下面重点介绍预包装食品标签的"术语和定义"、"基本要求"和"标示内容"。

1) 术语和定义

(1) 预包装食品。预先定量包装或者制作在包装材料和容器中的食品，包括预先定量包装以及预先定量制作在包装材料和容器中，并且在一定量限范围内具有统一的质量或体积标识的食品。

(2) 食品标签。食品包装上的文字、图形、符号及一切说明物。食品标签是对食品质量特性、安全特性、食（饮）用说明的描述。

(3) 配料。在制造或加工食品时使用的，并存在（包括以改性的形式存在）于产品中的任何物质，包括食品添加剂。

(4) 生产日期（制造日期）。食品成为最终产品的日期，也包括包装或罐装日期，即将食品装入（灌入）包装物或容器中，形成最终销售单元的日期。

(5) 保质期。预包装食品在标签指明的贮存条件下，保持品质的期限。在此期限内，产品完全适于销售，并保持标签中不必说明或已经说明的品质。

(6) 规格。同一预包装内含有多件预包装食品时，对净含量和内含件数关系的表述。

(7) 主要展示版面。预包装食品包装物或包装容器上容易被观察到的版面。

2) 基本要求

(1) 预包装食品标签的所有内容，应符合法律、法规的规定，并符合相应食品安全标准的规定。

(2) 不应直接或以暗示性的语言、图形、符号，误导消费者将购买的食品或食品的某一性质与另一产品混淆。

(3) 应使用规范的汉字（商标除外），具有装饰作用的各种艺术字，应书写正确，易于辨认。可以同时使用拼音或少数民族文字，但拼音不得大于相应汉字；可以同时使用外文，但应与中文有对应关系（商标、进口食品的制造者和地址，国外经销者的名称和地址、网址除外）。所有外文不得大于相应的汉字（商标除外）。

(4) 包装物或包装容器最大表面面积大于 35cm² 时，强制标示内容的文字、符号、数字的高度不得小于 1.8mm。

(5) 若外包装易于开启识别或透过外包装物能清晰地识别内包装物（容器）上的所有强制标示内容或部分强制标示内容，可不在外包装物上重复标示相应的内容；否则应在外包装物上按要求标示所有强制标示内容。

3) 标示内容

(1) 食品名称：应在食品标签的醒目位置，清晰地标示反映食品真实属性的专用名称。当国家标准、行业标准或地方标准中已规定了某食品的一个或几个名称时，应选用其中的一个或等效的名称。

(2) 配料表：各种配料应按"食品名称"的规定标示具体名称。当加工过程中所用的原料已改变为其他成分（如酒、酱油、食醋等发酵产品）时，可用"原料"或"原料与辅料"代替"配料"或"配料表"，并按要求标示各种原料、辅料和食品添加剂。加工助剂不需要标示。各种配料应按制造或加工食品时加入量的递减顺序——排列（加入量不超过 2％的配料可以不按递减顺序排列）。食品添加剂应当标示其在 GB2760 中规定的通用名称。

(3) 配料的定量标示：如果在食品标签或食品说明书上特别强调添加了某种或数种有价值、有特性的配料或成分，应标示所强调配料或成分的添加量或在成品中的含量。

(4) 净含量和规格：净含量的标示应由净含量、数字和法定计量单位组成。净含量应与食品名称在包装物或容器的同一展示版面标示。

净含量字符的最小高度应符合的规定，如表 1-4 所示。

(5) 生产者、经销者的名称、地址和联系方式：生产者名称和地址应当是依法登记注册、能够承担产品安全质量责任的生产者的名称、地址。

(6) 日期标示：应清晰标示预包装食品的生产日期和保质期。日期标示不得另外加贴、补印或篡改。日期的标示顺序为年、月、日。

(7) 贮存条件：预包装食品标签应标示贮存条件。如：常温（或冷冻，或冷藏，或避光，或阴凉干燥处）保存等。

(8) 食品生产许可证编号：预包装食品标签应标示食品生产许可证编号的，按照有关规定执行。

(9) 产品标准代号：在国内生产并在国内销售的预包装食品（不包括进口预包装食品），应标示产品所执行的标准代号和顺序号。

(10) 其他标示内容：①辐照食品，经电离辐射线或电离能量处理过的食品，应在食品名称附近标示"辐照食品"，经电离辐射线或电离能量处理过的任何配料，应在配料表中标明。②转基因食品，转基因食品的标示应符合相关法律、法规的规定。③营养标签，特殊膳食类食品和专供婴幼儿的主辅类食品，应当标示主要营养成分及其含量，标示方式按照 GB13432 执行。其他预包装食品如需标示营养标签，标示方式参照相关法规标准执行。④质量（品质）等级，食品所执行的相应产品标准已明确规定质量（品质）等级的，应标示质量（品质）等级。

表 1-4　净含量字符的最小高度规定

| 净含量 $Q$ 范围 | 字符的最小高度/mm |
|---|---|
| $Q \leqslant 50mL$ | 2 |
| $Q \leqslant 50g$ | |
| $50mL < Q \leqslant 200mL$ | 3 |
| $50g < Q \leqslant 200g$ | |
| $200mL < Q \leqslant 1L$ | 4 |
| $200g < Q \leqslant 1kg$ | |
| $Q > 1kg$ | 6 |
| $Q > 1L$ | |

4）标示内容的豁免

（1）免除标示保质期：可以免除标示保质期的预包装食品有：酒精度大于等于 10%
的饮料酒；食醋；食用盐；固态食糖类；味精。

（2）可以免除的其他内容：当预包装食品包装物或包装容器的最大表面面积小于
10cm² 时（最大表面面积计算方法参见 GB7718 附录 A），可以只标示产品名称、净含量、
生产者（或经销商）的名称和地址。

进口预包装食品应标示原产国的国名或地区区名（指香港、澳门、台湾），以及在中
国依法登记注册的代理商、进口商或经销商的名称和地址；免除制造者的名称和地址。

5）推荐标示内容

（1）批号：根据产品需要，可以标示产品的批号。

（2）食用方法：根据产品需要，可以标示容器的开启方法、食用方法、烹调方法、
复水再制方法等对消费者有帮助的说明。

（3）致敏物质：对可能导致过敏反应的食品及其制品（如：含有麸质的谷物及其制
品，甲壳纲类动物及其制品、鱼类、蛋类、花生、大豆及其制品，乳及其乳制品，坚果
及其果仁类制品等），如果用作配料，宜在配料表中使用易辨识的名称，或在配料表临近
位置加以提示。

### 1.5.2.2　GB2760—2011《食品安全国家标准 食品添加剂使用标准》

我国食品添加剂使用卫生标准最早制定于 20 世纪 70 年代，GB 2760—1996《食品添
加剂使用卫生标准》为 1996 年修订后颁布实施，标准规定了食品中允许使用的食品添加
剂品种、使用范围和使用量。标准实施以来，对规范食品添加剂的使用，保障食品安全
发挥了重要作用。但随着食品工业的快速发展，GB2760 出现了一些不适应食品工业发展
和食品添加剂使用需求的问题，卫生部于 2003 年、2007 年和 2011 年组织修订 GB 2760，
根据《中华人民共和国食品安全法》和《食品安全国家标准管理办法》的规定，经食品
安全国家标准审评委员会审查通过，于 2011 年 4 月 20 日发布 GB 2760—2011《食品安全
国家标准　食品添加剂使用标准》。

GB 2760—2011《食品安全国家标准　食品添加剂使用标准》规定了食品添加剂的使
用原则、允许使用的食品添加剂品种、使用范围及最大使用量或残留量。修订后的标准
与前一版做了较多改动，如大幅度修改了允许使用的食品添加剂种类和使用范围、限量；
明确给出了允许使用的食品用天然香料和食品用合成香料名单，还特别列出了包含 27 类
食品的"不得添加食用香料、香精的食品名单"；并增加了食品工业用加工助剂的使用原
则，调整了食品工业用加工助剂名单，而且要求加工助剂应在达到预期目的的前提下尽
可能降低使用量等。此外，修改了食品添加剂的标示方式，食品中常用的乳化剂、增稠
剂等类别的食品添加剂，必须明确标注用到的该功能类别某种食品添加剂的具体名称。

我国《食品安全法》要求：生产经营和使用食品添加剂，必须符合食品添加剂使用
卫生标准和卫生管理办法的规定；不符合卫生标准和卫生管理办法的食品添加剂，不得
经营、使用。使用食品添加剂的基本原则：①严格控制使用范围和用量，尽可能不用或
少用；②婴幼儿食品除按规定加入营养强化剂外，不得加入人工甜味剂、色素、香精、

谷氨酸钠及不适宜的添加剂；③不得以掩盖食品腐败变质或伪造、掺伪、掺假为目的而使用；④不得使用污染或变质等不合质量要求的食品添加剂；⑤使用食品添加剂不得有夸大或虚伪的宣传内容。

## 1.5.3　推荐性标准的贯彻实施

推荐性标准是由有关各方自愿采用的标准，不强制要求执行，但可以采取多种措施鼓励有关方面贯彻执行。为了促进推荐性标准更广泛地被采用，我国实行了自愿性的产品质量认证制度，对国家制定了推荐性标准的产品进行认证，并对获得认证的产品和企业实行法定的监督检验。

在下列情况下则应严格执行推荐性标准：一是被法规、规章所引用时，便成为相关法规、规章的一部分，在该法规、规章约束范围内成为必须贯彻执行的技术标准；二是被合同、协议所引用时，由于合同、协议受相关法律约束，推荐性标准一经引入合同、协议便相应具有了法律约束力，不贯彻执行有关规定，便要承担相应的法律责任；三是被使用者声明其产品符合某项推荐性标准时。

在食品标准中涉及安全、卫生的要求，均属于强制性标准，其他标准属于推荐性标准，如试验方法标准等。在制定产品标准时，涉及某些试验方法标准属于推荐性标准，需要引用，以利于评价产品质量时具有可比性。如果不引用，而另外规定试验方法，则不同的试验方法其结果没有可比性。例如：GB/T22699—2008《膨化食品》中引用 GB/T5009.3—2003 食品中水分的测定；GB/T23586—2009《酱卤肉制品》中引用 GB/T9695.15—2008《肉与肉制品　水分含量测定》。

## 1.5.4　标准实施的意义

标准的实施，就是要将标准规定的各项要求，通过一系列具体措施予以贯彻执行。只有通过实施，才能实现制定标准的各项目的，充分发挥标准化的作用。标准实施的意义主要表现在以下方面。

### 1.5.4.1　实现制定标准的目的

任何一项标准只有认真实施，在社会生产实践中加以运用，才会显示出它的作用和效果。实际上，在与标准有关的企业、事业单位中组织实施标准，就是要把科学技术和实践经验的综合成果运用到社会生产实践中去，转化为直接的生产力。

### 1.5.4.2　检验标准的适用性

实践是检验真理的唯一标准。标准制定得是否科学合理，只有在实践中得到验证。虽然标准要求以科学技术和实践经验的综合成果为基础，在制定过程中，又进行了广泛的意见征求以及许多新的试验验证工作，但任何人的经验和认识都可能有其局限性，尤其是在特定条件下进行的一些局部试点验证，很难保证反映了全面情况。因此，标准在实施时难免会出现许多在起草制定过程中未能考虑周全的问题。将这些问题反映出来，有助于标准的进一步修改和完善，使其更好地实现预定的目的。

### 1.5.4.3　促进标准的发展

标准的制定和实施，本质上是依据人们对事物的现有认识和经验去指导今后的实践。而人类社会是在不断进步的。随着生产建设的发展、科学技术的进步，在标准实施过程中，人们会发现和认识现有标准中存在的问题，同时收集到解决这些问题的办法和建议，认识也会不断提高。到一定时候，就会对现有标准提出许多更新更高的要求。最后，在标准实施的基础上，废止旧的标准，制定新的标准，促进标准的水平不断从低级向高级发展。

**案例分析**

#### 严格执行强制性国家标准

GB 2760—2011《食品安全国家标准　食品添加剂使用标准》规定了食品添加剂的使用原则、允许使用的食品添加剂品种、使用范围及最大使用量或残留量。我国《食品安全法》要求：生产经营和使用食品添加剂，必须符合食品添加剂使用卫生标准和卫生管理办法的规定；不符合卫生标准和卫生管理办法的食品添加剂，不得经营、使用。

目前我国批准使用的食品添加剂有 22 个品类 1500 多种，正确使用这些添加剂可以改进产品的色香味等。但是一些企业在生产过程中，超量使用添加剂，甚至将化工用品用在食品生产中。刀无罪，以刀伤人就有罪。食品添加剂"无罪"，但过量或将化工用品代替食品添加剂掺加在食品中就是"有罪"。近两年国家对食品的抽查结果显示，食品添加剂已经成为产品不合格的重要因素。近年来发生的几起食品安全事件，大多也都是由于食品添加剂的不当使用造成的。有关人士指出，目前食品添加剂已经成为食品安全的最大威胁。

食品添加剂用于食品行业，其安全性至关重要。不管是天然的还是人工合成的产品，对人体无毒、无害是食品添加剂的基本特性。食品添加剂大多有毒，"天然"也不等于无毒，若超量使用，更可引起中毒。因此，任何用于食品的添加剂产品都要经过严格的毒理学试验和评价，也要进行严格的质量和卫生指标的评估。当确实证明这个产品品种是安全的和有效的，经过全国食品添加剂标准化技术委员会的审评，通过后才能被列入 GB2760 的名单中，即成为我国允许生产和使用的食品添加剂。然后，生产某种食品添加剂的企业必须按照国家的质量标准生产，产品经检测合格后才能销售和使用。使用食品添加剂的各食品加工企业必须严格按照 GB2760 中规定的使用范围和最大使用限量。因此，只要是我国批准允许使用的食品添加剂品种，按照质量要求生产、执行 GB2760 中的使用范围和最大使用限量，才是安全和有效的，从而保障消费者的切身利益。

**思考题**

1. 标准与标准化概念。
2. 标准与标准化区别和联系。
3. 标准化的对象。
4. 标准化的主要形式。
5. 标准化对发展社会主义市场经济的作用和意义。
6. 标准化与企业经营管理的关系。
7. 标准化与人民生活的关系。
8. 标准的分类方式。
9. 我国标准的编号。
10. 中国的"强制性标准"和"推荐性标准"、WTO/TBT 的"技术法规"和"标准"、欧盟的

"新方法指令"和"协调标准"这三种划分的区别。

　11. 制定标准的目的。

　12. 制定标准要遵循的原则。

　13. 制定标准的程序。

　14. 标准的要素构成及内容。

　15. 标准的层次编排。

　16. 实施标准的一般程序。

　17. 强制性标准的实施原则。

　18. 推荐性标准的实施原则。

# 第2章 企业标准化实务

**导读**

企业标准化是一切标准化的支柱和基础,搞好企业标准化对于提高企业质量管理水平具有重要意义。通过实施标准化管理,能够把企业生产全过程的各个要素和环节组织起来,使各项工作活动达到规范化、科学化、程序化,建立起生产、经营的最佳秩序。企业标准体系的构成,以技术标准为主体,包括管理标准和工作标准。随着全球经济一体化和贸易自由化的进一步加深,中国加入WTO后,企业拥有更多的机会参与国际竞争,但是参与竞争的条件之一就是遵循国际上现行的技术和贸易标准。同时,大量的跨国集团公司进入中国市场,也为企业起到了采用和制定先进技术标准的示范作用。中国作为世界贸易组织的成员之一,我国企业有机会了解国际上相关产业发展的最新动向,参与国际标准化活动和参与国际机构标准的制定工作,从而为突破他国的技术壁垒提供了途径。

在我国,已有国家标准、行业标准和地方标准的产品,原则上企业不必再制定企业标准。一般只要贯彻上级标准即可。但上级标准适用面广(指通用技术条件等,不是属于单个产品标准或技术条件),企业应针对具体产品制定企业标准,并经省卫生厅批准备案。

## 2.1 企业标准体系

企业为实现确定的目标,将其生产(服务)、经营、管理全过程需要实施的标准,运用系统管理的原理和方法将相互关联、相互作用的标准化要素加以识别,制定标准,建立标准体系并进行系统管理,有利于发挥标准化的系统效应,有助于企业提高实现目标的有效性和效率。

企业应按GB/T 15496—2003《企业标准体系 要求》、GB/T 15497—2003《企业标准体系 技术标准体系》、GB/T 15498—2003《企业标准体系 管理标准和工作标准体系》的要求建立企业标准体系,加以实施,并持续评审与改进其有效性。建立企业标准体系应符合以下要求:①企业标准体系应以技术标准体系为主体,与管理标准体系和工作标准体系相配套;②应符合国家有关法律、法规,实施有关国家标准、行业标准和地方标准;③企业标准体系内的标准应能满足企业生产、技术和经营管理的需要;④企业标准体系应在企业标准体系表的框架下制定;⑤企业标准体系内的标准之间应相互协调;⑥管理标准体系、工作标准体系应能保证技术标准体系的实施;⑦企业标准体系应与其他管理体系相协调并提供支持。

## 2.1.1　企业标准化基本要求

### 2.1.1.1　基本概念

企业标准：为在企业的生产、经营、管理范围内获得最佳秩序，对实际的或潜在的问题制定共同的和重复使用的规则的活动。上述活动尤其要包括建立和实施企业标准体系，制定、发布企业标准和贯彻实施各级标准的过程。标准化的显著好处是改进产品、过程和服务的适用性，使企业获得更大的成功。

企业标准体系：企业内的标准按其内在联系形成的科学的有机整体。

企业标准体系表：企业标准体系的标准按一定形式排列起来的图表。

### 2.1.1.2　企业标准化工作的基本要求

重视标准化管理是维护企业利益的需要。标准是企业在参与市场竞争中扬己之长、克己之短的有效技术手段，是国际贸易中激烈竞争的"技术壁垒"。没有标准，或标准出现偏差，或有标准但不严格执行，不仅会使企业蒙受巨大的经济损失，更会影响到产品的声誉和国家的国际形象。重视标准化管理是维护消费者合法权益的需要。保障产品质量实质上就是维护消费者的切身利益。重视标准化管理是支撑技术创新的需要。技术创新要真正取得实效，离不开标准和标准化工作。技术创新的根本目的是要使具有自主知识产权的核心技术、专利技术实现产业化、商品化。在此过程中制定相应的标准并保证标准的贯彻与落实是必要条件之一。否则，创新成果在转化过程中就会变形、走样，就无法实现产业化。

企业的标准化活动可使企业生产、经营、管理活动的全过程保持高度统一和高效率地运行，从而实现获得最佳秩序和经济效益的目的。企业开展标准化活动的主要内容是建立、完善和实施标准体系，制定、发布企业标准，组织实施企业标准体系内的有关国家标准、行业标准、地方标准和企业标准，并对标准体系的实施进行监督、合格评价和评定并分析改进。推行标准化管理，使每一项工作、指标、制度、方案、细则，都能在质量保证的前提下具有可行性和可操作的量化指标，从而使我们的管理更加系统化、规范化，最终建立品牌。

根据《中华人民共和国标准化法》、《企业标准化管理办法的规定》和《食品安全企业标准备案办法》，企业标准化工作的基本任务是制定企业标准、组织实施标准和对标准的实施进行监督检查。结合企业标准化工作的特点，企业标准化工作的基本要求包括：

（1）贯彻执行国家和地方有关标准化的法律、法规、方针政策。

（2）建立并实施企业标准体系。

（3）实施国家标准、行业标准和地方标准。

（4）制定和实施企业标准。

（5）对标准的实施进行监督检查。

（6）采用国际标准和国外先进标准。

（7）参加国内、国际有关标准化活动。

## 2.1.2　企业标准体系的建立

　　为促进企业管理的有序化，实现企业生产、经营管理目标，对企业需要的标准按其内在联系形成科学的有机整体就是企业标准体系。标准体系在企业最主要的作用是利用它对企业实行系统管理。因为，企业本身是一个充满纵横交错关系的复杂系统，经常面临一些难于解决的系统管理问题。例如，企业的经营方针、目标怎样才能迅速准确地传达给企业的每一个成员，并且变为大家统一自觉的行动，在此期间既不靠层层开会，又不要使各级领导忙于事务；企业各级领导之间，各职能部门之间都有分工，但是，怎样才能解决横向协调问题，使得在工作中既不产生互相推诿，又不互相排斥、重复；企业关于产品质量、经济效益、生产效率、物质消耗、生产成本等一些目标，如何能持续稳定阶梯式地提高水平等。要解决上述一类问题，必须对企业实行全面系统的管理。企业的总目标是生产出符合标准要求的合格产品，不断提高经济效益。企业管理系统是围绕着产品生产为中心形成的。系统结构中的每个环节都是在总目标下相互联系的环节。各环节相互衔接、相互联系、相互依赖，成为总体目标串起来的统一整体。每个环节都包含着人、财、物、事等要素，有着任务、要求、手段、方法、程序等彼此联系的重复性活动。各个环节的任务、要求都是由企业的总目标层层分解而来的。将各环节相互联系、相互依赖的重复性活动制定成标准（即法律规范的一种形式），用标准的形式相对固定，形成企业标准体系，用标准体系中每一个环节的标准对企业实行系统的管理，这样可以有效地保证企业的总目标的实现。所以，建立企业标准体系有利于对企业实行全面和系统的管理，用标准体系管理企业是对企业实行整体管理的基本手段。

### 2.1.2.1　企业标准体系总要求

　　企业标准化是一个制定标准、实施标准、合格评定、分析改进，以及再修订标准的动态过程，这个过程是通过持续改进来实现的。持续改进是企业标准化追求的永恒目标，为了实现这个目标，需要采用全球普遍采用的 PDCA（戴明循环）科学管理模式和方法，即计划→执行→检查→处理，周而复始地顺序运作，从而实现对企业标准体系持续改进的目的。

　　企业标准体系具有目的性、集成性、层次性和动态性等基本特征。与企业标准体系建立和运行相关的国家标准有 GB/T 15496—2003《企业标准体系　要求》、GB/T 15497—2003《企业标准体系　技术标准体系》、GB/T 15498—2003《企业标准体系　管理标准和工作标准体系》、GB/T 19273—2003《企业标准体系　评价与改进》和 GB/T 13017—2008《企业标准体系表编制指南》。

　　建立和运行企业标准体系，确保产品的质量，应符合以下几方面的要求。

　　（1）企业标准体系应以技术标准体系为主体，与管理标准体系和工作标准体系相配套。

　　（2）应符合国家有关法律、法规，实施有关国家标准、行业标准和地方标准。

　　（3）企业标准体系内的标准应能满足企业生产、技术和经营管理的需要。

　　（4）企业标准体系应在企业标准体系表的框架下制定。

（5）企业标准体系内的标准之间相互协调。

（6）管理标准体系、工作标准体系应能保证技术标准体系的实施。

（7）企业标准体系应与其他管理体系相协调并提供支持。

## 2.1.2.2　企业标准体系的组成

企业标准体系包含技术标准、管理标准和工作标准 3 个子体系。企业标准体系是企业其他各管理体系（如经营管理、质量管理、生产管理、技术管理、财务成本管理、环境管理、职业健康安全管理、信息管理体系等）的基础。建立企业标准体系，应根据企业的特点充分满足其他管理体系的要求，并促进企业形成一套完整、协调配合、自我完善的管理体系和运行机制。企业标准体系内的所有标准都要在本企业方针、目标和有关标准化法律法规的指导下形成，包括企业贯彻、采用的上级标准和本企业制定的标准。

系统工程的特点之一就是从总体出发，设计内部系统。在系统设计时，必须对总体系统进行分解，即把一个系统分解成若干个子系统，然后对子系统进行技术设计和评价。因此，研究企业标准体系的组成，首先对企业标准体系进行分解，即研究企业标准体系应该由哪些子系统组成或者说应该分成几个子系统，各个子系统又如何分成若干个更小的子系统，直至分解到若干单项标准企业标准体系组成形式见图 1-3（第 1 章）所示。

1）技术标准体系

技术标准体系是企业组织生产、技术和经营管理的技术依据。国家标准 GB/T 15497—2003《企业标准体系　技术标准体系》为了与企业建立的质量体系相协调，将技术标准体系分为两部分：一部分是与质量有关的技术标准，包括原材料、设计、工艺、设备、检验等技术标准；另一部分是安全、卫生、能源、环保、定额等技术标准。

（1）技术标准体系的定义。技术标准体的定义是指技术范围内的标准按其内在联系形成的科学的有机整体。它是企业标准体系的组成部分。

（2）技术标准体系的结构形式。企业技术标准体系是由"企业技术标准体系表"表达的。因此，研究企业技术标准体系的组成首先要研究和确定企业技术标准体系表的结构。企业技术标准体系的空间是由纵向结构和横向结构统一起来的科学有机整体。纵向结构代表技术标准体系的层次，横向结构代表技术标准体系的领域。

企业技术标准体系表的结构一般分为"层次结构"和"序列结构"。

（1）层次结构：层次结构是以系统科学观点和系统分析方法，对一定范围内的标准进行全局分析和合理安排后而产生的结构。它有 2 个优点：①经过通盘研究相对标准作了"层次恰当"和"划分明确"安排以后，可以使体系内的标准避免重复、遗漏，避免该统一的不统一或不该统一的统一等不科学不合理的结构，达到以最少的制定工作量获得最多的标准化效果；②通过层次结构的建立，可使各项标准覆盖范围明确，标准之间关系清晰，便于安排标准的宣贯程序，明确标准实施范围。当企业生产 2 个以上行业的产品时，可以采用层次结构（图 2-1）。

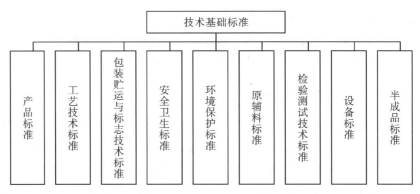

图 2-1　企业技术标准体系的层次结构形式

注1：本体系表中的各类技术标准均表示企业内生产的各类产品所涉及的该类技术标准的总和。

注2：层次结构的技术标准体系第一层是技术基础标准，其覆盖面是企业的产品标准、产品实现过程中所有综合性的技术基础标准。技术基础标准是指导企业产品标准和产品实现过程中技术标准制定的基础。

注3：第二层产品实现过程中的技术标准是以产品质量形成过程为顺序的技术标准和能源、安全、职业健康、环境、信息等技术标准。

技术基础标准是一大类，可以分为产品标准、工艺技术标准、检验测试技术标准、包装贮运与标志技术标准、设备标准、原辅料标准、半成品标准、安全卫生标准、环境保护标准等，技术标准应在标准化法律法规和各种相关法规指导下形成。技术基础标准是在一定范围内作为其他标准的基础，并普遍使用且具有广泛指导意义的标准。企业技术基础标准是在企业范围内作为企业制定技术标准、管理标准、工作标准的基础。

产品标准是指对产品结构性能、规格、质量特性和检验方法所作的技术规定，它可以规定一个产品或同一系列产品应满足的要求，以确定其对用途的适应性。

工艺技术标准是指产品实现过程中，对原材料和半成品进行加工、装配和设备运行与维护的技术要求以及服务提供而制定的标准。

检验测试技术标准是指对成品、半成品、原辅料等质量进行感官检验、理化检验、微生物检验、抽样检验和对生产过程控制指标进行分析检验或验收而制定的方法标准。

贮运与标志技术标准是指为保障产品在包装、贮运、运输、销售中的安全和管理需要，以包装、贮运、标志的有关事项为对象所制定的标准。

设备标准是指根据产品标准要求对企业生产设备和工艺装备的技术条件及设备维修保养后应达到的质量要求而制定的标准。

原辅料标准是指对企业产品生产过程中所使用的原料和辅助材料的质量要求而制定的标准。

半成品技术标准是指对产品在生产过程中已完成一个或几个生产阶段，经检验合格，尚待继续加工或装配的半成品应达到的质量要求而制定的标准。

安全卫生标准是指以保护人身健康和生命安全为目的而制定的标准。

环境保护标准是指为保护环境和有利于生态平衡，对大气、水、土壤等环境质量、污染源、检测方法及其他事项制定的标准。

（2）序列结构：虽然层次结构有上述优点，但由于其内容全面完整、篇幅较大，不便于专项或局部管理。序列结构标准体系表是将标准按产品形成过程顺序排列起来的图表（图 2-2）。这种结构是以产品标准为中心，由若干个相对应的方框与标准明细表所组成。因此，可采用以产品为中心的序列结构形式，以表示某一单项产品的标准配套情况和要求。它可以突出重点，不必面面俱到，这种结构主要适用于单品种生产。

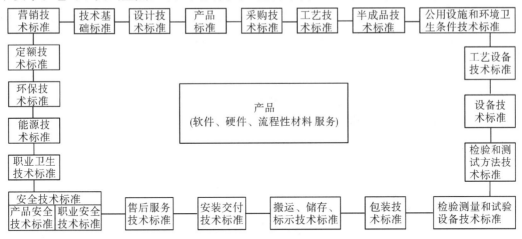

图 2-2 企业技术标准体系的序列结构形式

2）管理标准体系

管理标准体系既可作为企业标准体系中的一个分体系，也可单独作为管理标准体系存在。GB/T 15498—2003《企业标准体系管理标准和工作标准体系》对管理标准体系的定义是："企业标准体系中的管理标准按其内在联系形成的科学的有机整体。"对企业标准化领域中需要协调统一的管理事项所制定的标准被称为管理标准。

管理标准主要是针对管理目标、管理项目、管理程序和管理组织所作的规定。管理标准可以分为管理基础标准、技术管理标准、经济管理标准、行政管理标准、生产经营管理标准。对于企业来讲，管理事项主要包括企业管理活动中所涉及的经营管理、设计开发管理与创新管理、质量管理、设备与基础设施管理、人力资源管理、职业健康管理、环境管理、信息管理等与技术标准相关的重复性事物和概念。

管理标准体系采用层次结构。当企业管理层次较多时，可采用多层结构，上一管理层次的管理标准与下一层次标准体系的标准，应确保相互协调，同层次的技术标准与管理标准也应确保相互协调。管理标准体系的层次结构形式见图 2-3。

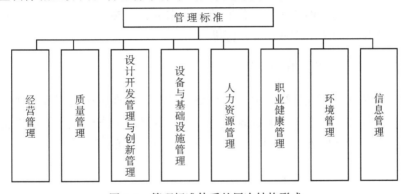

图 2-3 管理标准体系的层次结构形式

3) 工作标准体系

企业的工作标准是企业标准的一个重要组成部分。企业的工作标准与企业的技术标准和管理标准共同构成企业标准体系，对技术标准和管理标准的实施可起保证作用。

（1）工作标准体系的构成。工作标准体系以与生产经营有关的岗位工作（作业）标准为主体，包括为保证技术标准和管理标准的实施而制定的其他工作标准。工作标准主要是本企业自行制定的。

工作标准是对工作责任、权力、范围、质量要求、程序、效果、检验方法、考核办法等所制定的标准。工作标准可以分成决策层工作标准、管理层工作标准和操作人员工作标准。工作标准体系的结构形式见图 2-4。

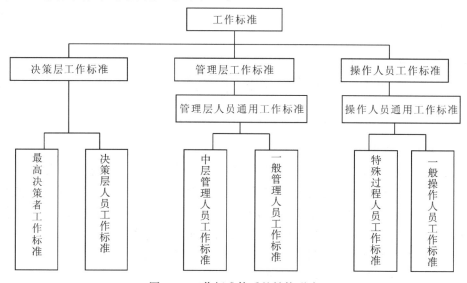

图 2-4　工作标准体系的结构形式

（2）工作标准的数量范围。对一个企业来说，工作标准的数量范围一般应满足下列要求：①决策层管理人员，每种职务都应制定工作标准；②中层管理人员，一般只制定正职工作标准，副职可不制定工作标准；③一般不制定部门工作标准对部门工作的考核可用部门正职管理人员工作标准代替；④一般管理人员的工作标准应按岗位制定，不按现时分工制定，这样可以避免因工作分工改变而修订标准；⑤操作人员岗位工作（作业）标准应按工种制定，同工种的实际工作有特殊要求的，可在标准中加以明确规定，也可以针对特殊要求单独制定工作（作业）标准。

## 2.1.3　企业标准体系的实施

标准的实施是整个标准化活动中十分重要的环节，标准实施的好坏直接关系到标准化的经济效果。标准实施是一项有计划、有组织、有措施的贯彻执行标准的活动，是将标准贯彻到企业生产（服务）、技术、经营、管理工作中去的过程。

### 2.1.3.1　标准实施的重要性

企业标准化工作最主要的任务是实施标准，不仅要实施本企业制定的各类标准，还要实施与本企业有关的各级标准。而且，实施标准的工作涉及企业生产、技术、经营、管理等各方面和管理者、操作者等各类人员。应让企业全体职工都能认识到实施标准的重要性，实施标准能给企业带来效益，以增强员工实施标准的主动性。

（1）标准在实践中实施，才能产生作用和效益。标准化的目的是为了获得最佳秩序和社会效益，如果制定出大量标准而不去认真实施，标准是不可能获取最佳秩序和社会效益的。

（2）标准的质量和水平，只有经过实施才能做出正确的评价。标准规定的内容、指标是否科学合理，只能通过实践来检验。

（3）标准只有经过实施才能发现存在的问题，为修订标准提供依据。标准化过程是制定标准、实施标准、修订标准这样一个循环向上发展的过程。在实施环节或是发现问题和积累有关信息的过程中，为评价和修订标准提供可靠的依据，通过修订，把新的科学技术补充到标准中去，纠正标准中的不足之处，才能使标准水平不断提高。

## 2.1.3.2　实施标准的基本原则

（1）国家标准、行业标准和地方标准中的强制性标准和强制性条款，企业必须严格执行；不符合强制性标准的产品，禁止生产、销售和进口。我国强制性标准制定的范围和对象，符合 WTO / TBT（贸易技术壁垒协定）的基本原则，贸易技术壁垒协定在避免不必要的贸易技术壁垒原则的第一条规定为：成员国对贸易有保护作用的措施不应超过正当目标所需的范围，即国家安全、防止欺诈行为、保护人类健康和安全、保护动植物生命或健康、保护环境、保证出口产品质量，这些范围的内容可以制定技术法规。所以，实施强制性标准，是国内和国际的共同要求。

（2）推荐性标准，企业一经采用，应严格执行。国家标准、行业标准中的推荐标准，很大一部分是采用的国际标准，标准的水平是比较高的。大量推荐性标准可供企业实施，采用推荐性标准是加快企业标准化工作的有效途径。

推荐性标准，企业是自愿采用。但是，企业一经采用、纳入企业标准体系就应严格执行，同时受到"经济合同法"或"产品质量法"的约束，其他推荐性标准一旦编入企业标准体系，也应严格执行。

（3）纳入企业标准体系的标准都应严格执行。

（4）出口产品的技术要求，依照进口国（地区）的法律、法规、技术标准或合同约定执行。

## 2.1.3.3　实施标准的程序

实施标准是一项复杂而细致的工作，涉及生产、使用、经营、管理等许多部门，在企业内涉及科研、工艺、生产、检验、供销、财务、计划等各个方面。因此，实施标准必须有组织、有计划，各方面协调一致地进行。一般来说，标准实施工作大致可分为计划、准备、实施、检查、总结五个步骤进行。

1）编制实施标准计划

在实施标准之前，根据实施标准的具体领域或单位的实际情况，制定出实施标准的计划。实施标准的计划包括：实施标准的方式、内容、步骤、负责人员、起止时间、应达到的要求。

在编制标准实施计划时，应考虑以下问题：

（1）从总体上分析实施标准的有利因素和不利因素，确定实施的先后顺序和应采取的措施。

（2）将实施标准的项目分解成若干项具体任务和要求，分配给有关部门、单位或个人，明确其职责，规定起止时间以及相互配合的内容和要求。

（3）根据所要实施标准项目的难易程度和涉及面的大小，选择合适的实施方式，有些标准可一次铺开，全面贯彻；有些涉及面广，又有一定难度的标准，可先行试点，然后分期组织实施。

（4）要合理地组织人力，安排经费开支，既要保证工作顺利进行，又不造成浪费。

2）实施标准的准备

准备工作是贯彻标准过程中的一个重要环节，是顺利实施标准的保证。如果准备工作不好或过于简单，一旦标准实施过程中出现问题，就不能及时解决，还会影响标准实施工作。

实施标准的准备工作一般是从思想、组织、技术和物资四个方面去完成。

（1）思想准备：任何一个标准的实施，都需要投入一定的人力、技术和物资，甚至涉及技术改造、设备更新等事项。因此，首先要解决认识问题，当企业领导认识问题解决以后，其他重要问题都能顺利解决。首先要使企业领导认识、了解标准的作用和意义，使他们能够重视。其次，要使标准的使用人员充分了解标准的内容和要求，掌握标准的难点，可以通过宣传、培训，使有关人员熟悉和掌握标准，并在自己的工作中去实施标准。

（2）组织准备：建立相应的组织结构，负责对标准的实施进行协调。尤其重大标准的实施往往涉及面广，需要统筹安排和协调，须有专门的组织机构负责。对于简单标准的实施，至少也应有专人负责，如企业在实施《质量管理体系》标准时，需要由管理者代表负责，各部门负责人参加的贯标小组统一部署，指挥企业的贯标工作。

（3）技术准备：技术准备是标准实施工作全过程的关键，要根据已编制的实施标准计划来进行，重点做好如下工作：①为各类人员准备实施标准所需的标准文本、相关标准、简要介绍、宣贯教材、挂图及其他图片（影像）资料等；②有些标准要先搞试点，在少数单位先实施，取得经验，然后再推广；③对贯标中存在的技术难题，要组织力量解决，必要时进行技术改造和技术攻关。

（4）物资条件的准备：标准全面实施，需要有一定的物资条件作为后盾。例如，实施互换标准，要购买所需的刀具、量具、仪器；实施产品标准，为能生产出符合标准的产品，需要购置新的原材料、零部件、工具、工艺设备、测量装置等。

3）实施标准

依据技术标准、管理标准、工作标准的不同要求和特点，在做好准备工作的基础上，由各部门分别组织实施有关标准。企业各有关部门应严格实施标准。企业在贯彻实施国家标准、行业标准和地方标准中遇到的问题，应及时与标准批准发布部门或标准起草单位沟通。

4）标准实施的检查

检查工作是标准实施过程中不可缺少的环节。通过检查，可以发现标准实施中存在的问题，以便及时采取纠正措施；同时，通过检查，还可以发现标准本身存在的问题，为以后的标准修订工作积累依据。

5）实施标准的总结

在标准实施工作告一段落时，应对标准实施情况进行全面总结，特别是对存在的问题采取了哪些措施及取得的效果进行分析和评价，总结工作主要包括五个方面：技术方面、方法方面、标准实施过程中遇到的问题和意见、对下一步实施工作的改进和对标准的修改意见和建议。

在总结过程中，有关人员应深入实际了解情况，应对标准实施的重点部门、单位和环节加强联系，具体指导，及时交流情况，总结经验，以推动标准的全面实施。

### 2.1.3.4　标准实施的监督检查

对标准实施的监督是指对标准贯彻执行情况进行监督、检查和处理的活动，是促进标准贯彻执行的有效手段，也是提高产品（服务）质量和经济效益的一种措施，是标准化工作的重要组成部分。

标准实施监督检查主要包括：各级政府标准化行政主管部门及有关行政主管部门依法对标准贯彻执行情况的监督检查和企业自身的监督检查。GB/T 15496—2003《企业标准体系　要求》的第 12 章"标准实施的监督检查指的是企业自身的监督检查要求。企业对其标准实施的监督检查，是整个企业标准化工作的重要环节。通过监督检查可以全面了解标准实施情况，发现问题，以便对不执行标准的单位和个人进行督促，采取措施，及时加以处理。"

1）监督检查的内容

企业对标准实施的监督检查，应包括企业所实施的所有标准的监督检查，既包括新贯彻实施的标准，也包括正在企业执行的标准。企业监督检查的内容如下：①已实施的标准贯彻执行情况；②企业内技术标准、管理标准和工作标准贯彻执行情况；③企业研制新产品、改进产品、技术改造、引进技术和设备是否符合标准化法律、法规、规章和强制性标准的要求。

2）监督检查的管理体制

企业标准实施的监督检查还没有形成统一的管理体制，采取什么样的管理体制，对这项工作能不能顺利开展有很大的关系。目前，在企业内部对标准实施的监督检查工作没有普遍开展起来，这与缺乏健全的监督检查管理体制有很大的关系。为解决这个问题，企业内采用统一领导和分工负责相结合的管理体制。所谓统一领导，就是由经理（或厂长）直接领导标准实施监督检查工作，或由经理（或厂长）指定专人（总工或副厂长）领导，由标准化机构统一组织、协调、考核，分工负责，就是各有关部门按专业分工，对与本部门有关的标准实施情况进行监督检查。

3）监督检查的方式

企业在生产、经营、管理活动中贯彻执行各类标准，对这些标准实施监督检查的方式有以下几种做法。

（1）对产品标准（包括原材料、零部件、元器件、外构件、外协件、半成品等），由企业质量检验机构、采购部门等按照有关标准规定的技术要求、试验方法、检验规则进行监督检查和处理。通过监督检查，要做到企业生产的产品在出厂时全部达到相关的标准要求，做到不合格的产品不出厂。对原材料、零部件、元器件、外构件、外协件等，要按标准实施进厂检验，做到不符合标准的原材料、零部件、元器件、外构件、外协件等不投入生产。

（2）对生产过程和各项管理工作实施有关技术标准和管理标准情况的监督检查，可按专业分工和标准化机构的要求进行，并对违反标准的行为进行纠正和处理。

（3）对各部门工作标准执行情况的监督检查。工作标准由企业领导组织考核各类人员岗位工作标准执行情况，由所在部门的负责人组织考核工作标准，考核结果应与企业的奖罚制度挂钩。

（4）标准化审查。标准化审查是指对企业对新产品研制、老产品更新改进、技术改造以及技术引进和设备进口过程中是否认真贯彻了国家有关标准化法律、法规、规章和强制性标准的要求而进行的监督检查工作。标准化审查是标准实施监督检查的一项重要任务，应由企业标准化机构统一组织有关部门一起进行检查。

## 2.2　企业标准的编写

## 2.2.1　标准制定的基本要求

标准的制定是指对需要制定为标准的项目，编制制定计划、组织草拟、审批、编号、批准发布、出版等活动。制定标准是一项涉及面广，技术性、政策性很强的工作，必须以科学的态度，按照规定的程序进行。标准编写人员，在起草标准之前，必须清楚了解制定标准必须遵循的基本原则及有关法规要求。只有这样才能使制定出的标准真正起到应有的作用。

GB/T 1《标准化工作导则》与 GB/T 20000《标准化工作指南》、GB/T 20001《标准编写规则》和 GB/T 20002《标准中特定内容的起草》共同构成支撑标准制修订工作的基础性系列国家标准。

### 2.1.1.1　基本要求

1）要保证标准在其范围规定的界限内按需要力求完整

标准的范围一章划清了标准所适用的界限，在标准所划定的界限内，必须对所需要的内容规定力求尽量完整。不能只规定部分内容，其他需要规定的内容却没有规定进去。这样的标准，不利于标准的实施和监督，也可以说是标准制定工作的一大失误。如产品标准不能与管理标准混为一谈。

2）要清楚、准确、力求相互协调

标准的条文要做到逻辑性强，用词禁忌模棱两可，防止不同的人从不同的角度对标准内容产生不同的理解。起草标准时不仅要考虑标准本身的清楚、准确，还要考虑到与有关标准或一项标准的不同部分之间的相互协调。另外，还要考虑与国家有关法律法规或文件相协调。

3）充分考虑最新技术水平

在制定标准时，必须考虑科学技术发展的最新水平之后来规定标准的各种内容。这里的充分考虑并不是要求标准中所有规定的各种指标或要求都是最新的、最高的。但是，应在对最新技术发展水平进行充分考虑、研究之后确定。如在 20 世纪 60 年代的情况下，六六六、DDT 农药在控制农作物病虫害方面发挥了重要作用，提高了农作物产量。但随着科学技术的发展和进步，科学研究发现六六六、DDT 的残留量对人体危害性很大，国家在 1983 年已经禁止在农产品上使用六六六、DDT 等农药，因此，在农产品质量标准中应考虑其残留量的问题，确保农产品的安全，保护消费者的身心健康。

4）为未来技术发展提供框架

起草标准时，不但要考虑当今的"最新技术水平"，还要为将来的技术发展提供框架和发展余地。只有这样才不会阻碍相应技术的发展，并能为标准化提供充分的发展空间。

5）能被未参加标准编制的专业人员所理解

## 2.2.1.2 标准编制的统一性

统一性是标准编写及表达方式的最基本的要求。统一性是指在每项标准或每个系列标准内，标准的结构、文体和术语应保持一致。统一性强调的是内部的统一，即一项标准内部或一系列相关标准内部的统一。

（1）系列标准或同一标准的各部分，其标准结构、文体和术语应保持一致。对于类似的条款，要用类似的措辞表述；对于相同的条款，要用相同的措辞表述。对于系列标准，其结构应尽可能相同，即章、条的编号应尽量相同。

（2）在系列标准或同一标准的各部分，甚至扩大到同一个领域中的一个概念应用相同的术语表达，而尽可能避免使用同义词。而每个明确的术语应尽可能只有唯一的含义。

统一性有利于人们对标准的理解、执行，更有利于标准文本的计算机自动化处理，甚至计算机辅助翻译更加方便和准确。

## 2.2.1.3 标准间的协调性

协调性是针对标准之间的，目的是"为了达到所有的整体协调"。由于标准是一种成体系的技术文件，各有关标准之间存在着广泛的内在联系。各种标准之间只有相互协调、相辅相成，才能充分发挥标准系统的功能，获得良好的系统效应。要达到标准整体协调必须注意以下两个方面的问题。

（1）为了达到所有标准整体协调的目的，每项标准应遵循现有基础标准的有关条款，尤其涉及下列有关内容：①标准化原理和方法；②标准化术语；③术语的原则和方法；④量、单位及其符号；⑤符号、代号和缩略语；⑥参考文献的标引；⑦技术制图和简图；

⑧技术文件编制；⑨图形符号。

（2）对于特定技术领域，标准的编写还应遵守涉及下列内容的现行基础标准的有关条款：①极限、配合和表面特征；②尺寸公差和测量的不确定度；③优先数；④统计方法；⑤环境条件和有关试验；⑥安全；⑦电磁兼容；⑧符合性和质量。

### 2.2.1.4 不同语种的等效性

为了便于国际交往和对外技术交流，积极参与国际标准化工作，尤其是我国加入世界贸易组织后，用不同语种提供我国的标准已是必然趋势。特别是英文版本的我国标准将越来越多，在将我国标准作为国际标准提案时，还应该按照 ISO/IEC 导则规定的起草规则编写标准的英文版本。另外，随着社会经济的快速发展，还可能出版我国少数民族语种的版本，这些版本与中文版本应保证结构上和技术上的一致。

### 2.2.1.5 适应性

标准的适应性强调两方面的内容。

（1）标准内容应便于实施：组织实施标准是标准化三大任务之一。在标准的起草过程中，应时刻考虑到标准的实施问题。所制定的标准中每个条款都应考虑到可操作性，要便于标准的实施。如果标准中有些内容要用于认证，则应将它们编制成单独的章、条或编制成单独的部分。这样也有利于标准的实施和监督。

（2）标准内容应易于被其他文件所引用：标准内容不但要便于实施，还要考虑到易于被其他标准、法律法规和规章所引用。例如在起草无标志的列项时，应考虑到，这些列项是否会被其他标准所引用。如果可能就应该改为有标志的列项。同样对标准中的段，如果会被其他标准所引用，则应考虑改为条。

### 2.2.1.6 计划性

为保证一项标准或一系列标准的及时发布，制定标准时要严格按照标准的制定程序。针对某一个标准化对象制定标准之前，需要事先考虑标准结构的安排和内容划分，避免一边制定标准，一边确定结构和内容的情况。如制定的一项标准分为多个部分，则应将每部分的名称、内容、关系、顺序等事先做好安排。在制定的过程中不宜随意增加或删减内容，以保证标准的完整性和可操作性。

### 2.2.1.7 采用国际标准

当采用国际标准编制我国国家标准时，必须按照 GB/T 1.1—2009 的规定编制，执行 GB/T 20000.2—2009 的有关规定。

## 2.2.2 标准的结构

GB/T 1.1—2009《标准化工作导则 第 1 部分：标准的结构和编写》，是由国家质量监督检验检疫总局和国家标准化管理委员会于 2009 年 6 月 17 日批准发布的，代替了原 GB/T 1.1—2000 和 GB/T 1.2—2002。本部分适用于国家标准、行业标准和地方标准以及国家标准化指导性技术文件的编写，其他标准的编写可参照使用。

### 2.2.2.1　按内容划分

1) 通则

由于标准之间的差异较大，较难建立一个普遍接受的内容划分规则。

通常，针对一个标准化对象应编制成一项标准并作为整体出版，特殊情况下，可编制成若干个单独的标准或在同一个标准顺序号下将一项标准分成若干个单独的部分。标准分成部分后，需要时，每一部分可以单独修订。

2) 部分的划分

(1) 一项标准分成若干个单独的部分时，通常有诸如下列的特殊需要或具体原因：①标准篇幅过长；②后续的内容相互关联；③标准的某些内容可能被法规引用；④标准的某些内容拟用于认证。

(2) 标准化对象的不同方面有可能分别引起各相关方（例如：生产者、认证机构、立法机关等）的关注时，应清楚地区分这些不同方面，最好将它们分别编制成一项标准的若干个单独的部分。例如，这些不同方面可能有：①健康和安全要求；②性能要求；③维修和服务要求；④安装规则；⑤质量评定。

标准化对象的不同方面也可编制成若干项单独的标准，从而形成一组系列标准。

(3) 一项标准分成若干个单独的部分时，可使用下列两种方式：①将标准化对象分为若干个特定方面，各个部分分别涉及其中的一个方面，并且能够单独使用。

示例 1：

第 1 部分：词汇

第 2 部分：要求

第 3 部分：试验方法

第 4 部分：…

②将标准化对象分为通用和特殊两个方面，通用方面作为标准的第 1 部分，特殊方面（可修改或补充通用方面，不能单独使用）作为标准的其他各部分。

示例 2：

第 1 部分：一般要求

第 2 部分：热学要求

第 3 部分：空气纯净度要求

第 4 部分：声学要求

示例 3：

第 1 部分：通用要求

第 21 部分：电熨斗的特殊要求

第 22 部分：离心脱水机的特殊要求

第 23 部分：洗碗机的特殊要求

3) 单独标准的内容划分

标准由各类要素构成。一项标准的要素可按下列方式进行分类：

（1）按要素的性质划分，可分为：①资料性要素；②规范性要素。

（2）按要素的性质以及它们在标准中的具体位置划分，可分为：①资料性概述要素；②规范性一般要素；③规范性技术要素；④资料性补充要素。

（3）按要素的必备的或可选的状态划分，可分为：①必备要素；②可选要素。

各类要素在标准中的典型编排以及每个要素所允许的表述方式如表 2-1 所示。

表 2-1　标准中要素的典型编排

| 要素类型 | 要素①的编排 | 要素所允许的表述形式① |
|---|---|---|
| 资料性概述要素 | **封面** | **文字**（标示标准的信息） |
| | **目次** | 文字（自动生成的内容） |
| | **前言** | **条文** |
| | | 注 |
| | | 脚注 |
| 资料性概述要素 | *引言* | 条文 |
| | | 图 |
| | | 表 |
| | | 注 |
| | | 脚注 |
| 规范性一般要素 | **标准名称** | **文字** |
| | **范围** | **条文** |
| | | 图 |
| | | 表 |
| | | 注 |
| | | 脚注 |
| | 规范性引用文件 | 文件清单（规范性引用） |
| | | 注 |
| | | 脚注 |
| 规范性技术要素 | 术语和定义 | 条文 |
| | 符号、代号和缩略语 | 图 |
| | 要求 | 表 |
| | … | 注 |
| | 规范性附录 | 脚注 |
| 资料性补充要素 | *资料性附录* | 条文 |
| | | 图 |
| | | 表 |
| | | 注 |
| | | 脚注 |
| 规范性技术要素 | 规范性附录 | 条文 |
| | | 图 |
| | | 表 |
| | | 注 |
| | | 脚注 |

| 要素类型 | 要素①的编排 | 要素所允许的表述形式① |
|---|---|---|
| 资料性补充要素 | 参考文献 | 文件清单（资料性引用）<br>脚注 |
| | 索引 | 文字（自动生成的内容） |

注：①表中各类要素的前后顺序即其在标准中所呈现的具体位置。

②黑体表示"必备的"；正体表示"规范性的"；斜体表示"资料性的"。

一项标准不一定包括表 2-1 中的所有规范性技术要素，然而可以包含表 2-1 之外的其他规范性技术要素。规范性技术要素的构成及其在标准中的编排顺序根据所起草的标准的具体情况而定。

### 2.2.2.2　按层次划分

1）概述

一项标准可能具有的层次见表 2-2。层次的详细编号示例参见附录 B。

**表 2-2　层次及其编号示例**

| 层次 | 编号示例 |
|---|---|
| 部分 | ××××. 1 |
| 章 | 5 |
| 条 | 5.1 |
| 条 | 5.1.1 |
| 段 | ［无编号］ |
| 列项 | 列项符号；字母编号 a）、b）和下一层次的数字编号 1）、2） |
| 附录 | 附录 A |

2）部分

（1）应使用阿拉伯数字从 1 开始对部分编号。部分的编号应置于标准顺序号之后，并用下脚点与标准顺序号隔开，例如：9999.1、9999.2 等。部分可以连续编号，也可以分组编号。部分不应再分成分部分。

（2）部分的名称的组成方式应符合 2.2.3 的规定。同一标准的各个部分名称的引导要素（如果有）和主体要素应相同，而补充要素应不同，以便区分各个部分。在每个部分的名称中，补充要素前均应使用部分编号标明"第×部分："（×为与部分编号完全相同的阿拉伯数字）。

（3）编写标准的每个部分应遵守 GB/T 1 的本部分对编写单独标准所规定的规则。

3）章

章是标准内容划分的基本单元。应使用阿拉伯数字从 1 开始对章编号。编号应从"范围"一章开始，一直连续到附录之前。

每一章均应有章标题，并应置于编号之后。

4）条

条是章的细分。应使用阿拉伯数字对条编号（参见附录 B）。第一层次的条可分为第二层次的条，需要时，一直可分到第五层次。

一个层次中有两个或两个以上的条时才可设条，例如，第 10 章中，如果没有 10.2，就不应设 10.1。应避免对无标题条再分条。

第一层次的条宜给出条标题，并应置于编号之后。第二层次的条可同样处理。某一章或条中，其下一个层次上的各条，有无标题应统一，例如，第 10 章的下一层次，10.1 有标题，则 10.2、10.3 等也应有标题。

可将无标题条首句中的关键术语或短语标为黑体，以标明所涉及的主题。这类术语或短语不应列入目次。

5）段

段是章或条的细分。段不编号。

为了不在引用时产生混淆，应避免在章标题或条标题与下一层次条之间设段（称为"悬置段"）。

**示例**：下面左侧所示，按照隶属关系，第 5 章不仅包括所标出的"悬置段"，还包括 5.1 和 5.2。鉴于这种情况，在引用这些悬置段时有可能发生混淆。下面右侧示出避免混淆的方法之一：将左侧的悬置段编号并加标题"5.1 总则"（也可给出其他适当的标题），并且将左侧的 5.1 和 5.2 重新编号，依次改为 5.2 和 5.3。避免混淆的其他方法还有，将悬置段移到别处或删除。

| 不正确 | 正确 |
|---|---|
| 5　标记 | 5　标记 |
| 　　××××××××××× } | 5.1　总则 |
| 　　××××××××××× } 悬置段 | 　　　××××××××××× |
| 　　××××××××× } | 　　　××××××××××× |
| 5.1　××××××× | 　　　××××××××××× |
| 　　××××××××××× | 5.2　××××××× |
| 5.2　××××××× | 　　　××××××××××× |
| 　　×××××××××××× | 5.3　××××××× |
| 　　×××××××××××× | 　　　××××××××××××× |
| ××××××××××××× | 　　　××××××××××××× |
| ×××××× | ×××××× |
| 6 试验报告 | 6　试验报告 |

6）列项

列项应由一段后跟冒号的文字引出（见以下示例）。在列项的各项之前应使用列项符号（"破折号"或"圆点"）（见示例 1、示例 2），在一项标准的同一层次的列项中，使用破折号还是圆点应统一。列项中的项如果需要识别，应使用字母编号（后带半圆括号的小写拉丁字母）在各项之前进行标示。在字母编号的列项中，如果需要对某一项进一步细分成需要识别的若干分项，则应在各分项之前使用数字编号（后带半圆括号的阿拉伯数字）进行标示（见示例 3）。

在列项的各项中，可将其中的关键术语或短语标为黑体，以标明各项所涉及的主题。这类术语或短语不应列入目次；如果有必要列入目次，则不应使用列项的形式，而应采用条的形式，将相应的术语或短语作为条标题。

**示例 1：**

下列各类仪器不需要开关：

—— 在正常操作条件下，功耗不超过 10W 的仪器；

—— 在任何故障条件下使用 2min，测得功耗不超过 50W 的仪器；

—— 用于连续运转的仪器。

**示例 2：**

·仪器中的振动可能产生于：

·转动部件的不平衡；

·机座的轻微变形；

·滚动轴承；

·气动负载。

**示例 3：**

图形标志与箭头的位置关系遵守以下规则：

（1）图形标志与箭头采用横向排列：①箭头指左向（含左上、左下）时，图形标志应位于右侧；②箭头指右向（含右上、右下）时，图形标志应位于左侧；③箭头指上向或下向时，图形标志宜位于右侧。

（2）图形标志与箭头采用纵向排列：①箭头指下向（含左下、右下）时，图形标志应位于上方；②其他情况，图形标志宜位于下方。

7）附录

附录按其性质分为规范性附录和资料性附录。每个附录均应在正文或前言的相关条文中明确提及。附录的顺序应按在条文（从前言算起）中提及它的先后次序编排（前言中说明与前一版本相比的主要技术变化时，所提及的附录不作为编排附录顺序的依据）。

每个附录均应有编号。附录编号由"附录"和随后表明顺序的大写拉丁字母组成，字母从"A"开始，例如："附录 A""附录 B""附录 C"等。只有一个附录时，仍应给出编号"附录 A"。附录编号下方应标明附录的性质，即"（规范性附录）"或"（资料性附录）"，再下方是附录标题。

每个附录中章、图、表和数学公式的编号均应重新从 1 开始，编号前应加上附录编号中表明顺序的大写字母，字母后跟下脚点。例如：附录 A 中的章用"A.1"、"A.2"、"A.3"等表示；图用"图 A.1""图 A.2""图 A.3"等表示。

## 2.2.3　要素的起草

### 2.2.3.1　资料性概述要素

1）封面

封面为必备要素，它应给出标示标准的信息，包括：标准的名称、英文译名、层次（国家标准为"中华人民共和国国家标准"字样）、标志、编号、国际标准分类号（ICS 号）、中国标准文献分类号、备案号（不适用于国家标准）、发布日期、实施日期、发布部门等。

如果标准代替了某个或几个标准，封面应给出被代替标准的编号；如果标准与国际文件的一致性程度为等同、修改或非等效，还应按照 GB/T 20000.2 的规定在封面上给出一致性程度标识。

标准征求意见稿和送审稿的封面显著位置应按附录 C 中 C.1 的规定，给出征集标准是否涉及专利的信息。

2）目次

目次为可选要素。为了显示标准的结构，方便查阅，设置目次是必要的。目次所列的各项内容和顺序如下：①前言；②引言；③章；④带有标题的条（需要时列出）；⑤附录；⑥附录中的章（需要时列出）；⑦附录中的带有标题的条（需要时列出）；⑧参考文献；⑨索引；⑩图（需要时列出）；表（需要时列出）。

目次不应列出"术语和定义"一章中的术语。电子文本的目次应自动生成。

3）前言

前言为必备要素，不应包含要求和推荐，也不应包含公式、图和表。前言应视情况依次给出下列内容：

（1）标准结构的说明。对于系列标准或分部分标准，在第一项标准或标准的第 1 部分中说明标准的预计结构；在系列标准的每一项标准或分部分标准的每一部分中列出所有已经发布或计划发布的其他标准或其他部分的名称。

（2）标准编制所依据的起草规则，提及 GB/T 1.1。

（3）标准代替的全部或部分其他文件的说明。给出被代替的标准（含修改单）或其他文件的编号和名称，列出与前一版本相比的主要技术变化。

（4）与国际文件、国外文件关系的说明。以国外文件为基础形成的标准，可在前言中陈述与相应文件的关系。与国际文件的一致性程度为等同、修改或非等效的标准，应按照 GB/T 20000.2 的有关规定陈述与对应国际文件的关系。

（5）有关专利的说明。凡可能涉及专利的标准，如果尚未识别出涉及专利，则应按照 C.2 的规定，说明相关内容。

（6）标准的提出信息（可省略）或归口信息。如果标准由全国专业标准化技术委员会提出或归口，则应在相应技术委员会名称之后给出其国内代号，并加圆括号。使用下述适用的表述形式："本标准由全国××××标准化技术委员会（SAC/TC ×××）提出"；"本标准由××××提出"；"本标准由全国××××标准化技术委员会（SAC/TC ×××）归口"；"本标准由××××归口。

（7）标准的起草单位和主要起草人，使用以下表述形式："本标准起草单位：…"；"本标准主要起草人：…"

（8）标准所代替标准的历次版本发布情况。

针对不同的文件，应将以上列项中的"本标准…"改为"GB/T ××××的本部分…"、"本部分…"或"本指导性技术文件…"。

4）引言

引言为可选要素。如果需要，则给出标准技术内容的特殊信息或说明，以及编制该标准的原因。引言不应包含要求。

如果已经识别出标准涉及专利，则在引言中应有相应说明，详细内容请参照 GB/T 1.1—2009 附录 C.3。

引言不应编号。当引言的内容需要分条时，应仅对条编号，编为 0.1、0.2 等。

### 2.2.3.2　规范性一般要素

1）标准名称

标准名称为必备要素，应置于范围之前。标准名称应简练并明确表示出标准的主题，使之与其他标准相区分。标准名称不应涉及不必要的细节。必要的补充说明应在范围中给出。

标准名称应由几个尽可能短的要素组成，其顺序由一般到特殊。通常，所使用的要素不多于下述三种：

（1）引导要素（可选）：表示标准所属的领域（可使用该标准的归口标准化技术委员会的名称）；

（2）主体要素（必备）：表示上述领域内标准所涉及的主要对象；

（3）补充要素（可选）：表示上述主要对象的特定方面，或给出区分该标准（或该部分）与其他标准（或其他部分）的细节。

起草标准名称的详细规则请参照 GB/T 1.1—2009 附录 D。

如果标准名称中使用了"规范""规程""指南"等，则标准的技术要素的表述应符合 2.2.4 的规定。

2）范围

范围为必备要素，应置于标准正文的起始位置。范围应明确界定标准化对象和所涉及的各个方面，由此指明标准或其特定部分的适用界限。必要时，可指出标准不适用的界限。

如果标准分成若干个部分，则每个部分的范围只应界定该部分的标准化对象和所涉及的相关方面。

范围的陈述应简洁，以便能作内容提要使用。范围不应包含要求。

标准化对象的陈述应使用下列表述形式：

$$\text{"本标准规定了} \begin{cases} \cdots \text{的尺寸。"} \\ \cdots \text{的方法。"} \\ \cdots \text{的特征。"} \end{cases}$$

$$\text{"本标准确立了} \begin{cases} \cdots \text{的系统。"} \\ \cdots \text{的一般原则。"} \end{cases}$$

"本标准给出了…的指南"；"本标准界定了…的术语。"

标准适用性的陈述应使用下列表述形式："本标准适用于…"；"本标准不适用于…"。

针对不同的文件，应将上述列项中的"本标准…"改为"GB/T ××××的本部分…"、"本部分…"或"本指导性技术文件…"。

3) 规范性引用文件

规范性引用文件为可选要素，它应列出标准中规范性引用其他文件（见 2.2.5）的文件清单，这些文件经过标准条文的引用后，成为标准应用时必不可少的文件。文件清单中，对于标准条文中注日期引用的文件，应给出版本号或年号（引用标准时，给出标准代号、顺序号和年号）以及完整的标准名称；对于标准条文中不注日期引用的文件，则不应给出版本号或年号。标准条文中不注日期引用一项由多个部分组成的标准时，应在标准顺序号后标明"（所有部分）"及其标准名称中的相同部分，即引导要素（如果有）和主体要素（见附录 D）。

文件清单中，如列出国际标准、国外标准，应在标准编号后给出标准名称的中文译名，并在其后的圆括号中给出原文名称；列出非标准类文件的方法应符合 GB/T 7714 的规定。

如果引用的文件可在线获得，宜提供详细的获取和访问路径。应给出被引用文件的完整的网址（见 GB/T 7714）。为了保证溯源性，宜提供源网址。

示例：可从以下网址获得：＜ http：//www. abc. def/directory/filename-new. htm＞。

凡起草与国际文件存在一致性程度的我国标准，在其规范性引用文件清单所列的标准中，如果某些标准与国际文件存在着一致性程度，则应按照 GB/T 20000.2 的规定，标示这些标准与相应国际文件的一致性程度标识。具体标示方法见 GB/T 20000.2 的规定。

文件清单中引用文件的排列顺序为：国家标准（含国家标准化指导性技术文件）、行业标准、地方标准（仅适用于地方标准的编写）、国内有关文件、国际标准（含 ISO 标准、ISO/IEC 标准、IEC 标准）、ISO 或 IEC 有关文件、其他国际标准以及其他国际有关文件。国家标准、国际标准按标准顺序号排列；行业标准、地方标准、其他国际标准先按标准代号的拉丁字母和（或）阿拉伯数字的顺序排列，再按标准顺序号排列。

文件清单不应包含：①不能公开获得的文件；②资料性引用文件；③标准编制过程中参考过的文件。

上述文件根据需要可列入参考文献。

规范性引用文件清单应由下述引导语引出："下列文件对于本文件的应用是必不可少的。凡是注日期的引用文件，仅注日期的版本适用于本文件。凡是不注日期的引用文件，其最新版本（包括所有的修改单）适用于本文件。"

## 2.2.3.3 规范性技术要素

1) 技术要素的选择

（1）目的性原则。标准中规范性技术要素的确定取决于编制标准的目的，最重要的目的是保证有关产品、过程或服务的适用性。一项标准或系列标准还可涉及或分别侧重其他目的，例如：促进相互理解和交流，保障健康，保证安全，保护环境或促进资源合理利用，控制接口，实现互换性、兼容性或相互配合以及品种控制等。

在标准中，通常不指明选择各项要求的目的（尽管在引言中可阐明标准和某些要求的目的）。然而，最重要的是在工作的最初阶段（不迟于征求意见稿）确定这些目的，以便决定标准所包含的要求。

在编制标准时应优先考虑涉及健康和安全的要求（见 GB/T 20000.4、GB/T 20002.1 和 GB/T 16499）以及环境的要求（见 GB/T 20000.5 和 IEC 指南 106）。

（2）性能原则。只要可能，要求应由性能特性来表达，而不用设计和描述特性来表达，这种方法给技术发展留有最大的余地。如果采用性能特性的表述方式，要注意保证性能要求中不疏漏重要的特征。

（3）可证实性原则。不论标准的目的如何，标准中应只列入那些能被证实的要求。标准中的要求应定量并使用明确的数值（表示方法见 2.2.5）表示。不应仅使用定性的表述，如"足够坚固"或"适当的强度"等。

2）术语和定义

术语和定义为可选要素，它仅给出为理解标准中某些术语所必需的定义。术语宜按照概念层级进行分类和编排，分类的结果和排列顺序应由术语的条目编号来明确，应给每个术语一个条目编号。

对某概念建立有关术语和定义之前，应查找在其他标准中是否已经为该概念建立了术语和定义。如果已经建立，宜引用定义该概念的标准，不必重复定义；如果没有建立，则"术语和定义"一章中只应定义标准中所使用的并且是属于标准的范围所覆盖的概念，以及有助于理解这些定义的附加概念；如果标准中使用了属于标准范围之外的术语，可在标准中说明其含义，而不宜在"术语和定义"一章中给出该术语及其定义。

如果确有必要重复某术语已经标准化的定义，则应标明该定义出自的标准。如果不得不改写已经标准化的定义，则应加注说明。

**示例 1：**

> 3.2
>
> 规程 code of practice
>
> 为设备、构件或产品的设计、制造、安装、维护或使用而推荐惯例或程序的文件。
>
> ［GB/T 20000.1—2002，定义 2.3.5］

**示例 2：**

> 3.3
>
> 采用 adoption
>
> 〈国家标准对国际标准〉以相应国际标准为基础编制，并标明了与其之间有差异的国家规范性文件的发布。
>
> 注：改写 GB/T 20000.1—2002，定义 2.10.1

定义既不应包含要求，也不应写成要求的形式。定义的表述宜能在上下文中代替其术语。附加的信息应以示例或注的形式给出。适用于量的单位的信息应在注中给出。

术语条目应包括：条目编号、术语、英文对应词、定义。根据需要可增加：符号、概念的其他表述方式（例如：公式、图等）、示例、注等。

术语条目应由下述适当的引导语引出：

（1）仅仅标准中界定的术语和定义适用时，使用："下列术语和定义适用于本文件。"

（2）其他文件界定的术语和定义也适用时（例如，在一项分部分的标准中，第 1 部分中界定的术语和定义适用于几个或所有部分），使用："…界定的以及下列术语和定义适用于本文件。"

（3）仅仅其他文件界定的术语和定义适用时，使用："…界定的术语和定义适用于本文件。"

3）符号、代号和缩略语

符号、代号和缩略语为可选要素，它给出为理解标准所必需的符号、代号和缩略语清单。

除非为了反映技术准则需要以特定次序列出，所有符号、代号和缩略语宜按以下次序以字母顺序列出：

（1）大写拉丁字母置于小写拉丁字母之前（$A$、$a$、$B$、$b$ 等）；

（2）无角标的字母置于有角标的字母之前，有字母角标的字母置于有数字角标的字母之前（$B$、$b$、$C$、$C_m$、$C_2$、$c$、$d$、$d_{ext}$、$d_{int}$、$d_1$ 等）；

（3）希腊字母置于拉丁字母之后（$Z$、$z$、$\Lambda$、$a$、$B$、$\beta$、…、$\Lambda$、$\lambda$ 等）；

（4）其他特殊符号和文字。

为了方便，该要素可与要素"术语和定义"合并。可将术语和定义、符号、代号、缩略语以及量的单位放在一个复合标题之下。

4）要求

要求为可选要素，它应包含下述内容：

（1）直接或以引用方式给出标准涉及的产品、过程或服务等方面的所有特性；

（2）可量化特性所要求的极限值；

（3）针对每个要求，引用测定或检验特性值的试验方法，或者直接规定试验方法。

要求的表述应与陈述和推荐的表述有明显的区别。该要素中不应包含合同要求（有关索赔、担保、费用结算等）和法律或法规的要求。

5）分类、标记和编码

分类、标记和编码为可选要素，它可为符合规定要求的产品、过程或服务建立一个分类、标记（见附录 E）和（或）编码体系。为便于标准的编写，该要素也可并入要求。

如果包含有关标记的要求，应符合附录 E 的规定。

6）规范性附录

规范性附录为可选要素，它给出标准正文的附加或补充条款。附录的规范性的性质（相对资料性附录而言，见 2.2.3）应通过下述方式加以明确：①条文中提及时的措辞方式，例如"符合附录 A 的规定""见附录 C"等；②目次中和附录编号下方标明。

## 2.2.3.4　资料性补充要素

1）资料性附录

（1）资料性附录为可选要素，它给出有助于理解或使用标准的附加信息。除了下面

（2）所描述的内容外，该要素不应包含要求。附录的资料性的性质（相对规范性附录而言，见 2.2.3）应通过下述方式加以明确：①条文中提及时的措辞方式，例如"参见附录 B"；②目次中和附录编号下方标明。

（2）资料性附录可包含可选要求。例如，一个可选的试验方法可包含要求，但在声明符合标准时，并不需要符合这些要求。

2）参考文献

参考文献为可选要素。如果有参考文献，则应置于最后一个附录之后。

文献清单中每个参考文献前应在方括号中给出序号。文献清单中所列的文献（含在线文献）以及文献的排列顺序等均应符合规范性引用文件的相关规定。然而，如列出国际标准、国外标准和其他文献无须给出中文译名。

3）索引

索引为可选要素。如果有索引，则应作为标准的最后一个要素。电子文本的索引宜自动生成。

## 2.2.4　要素的表述

### 2.2.4.1　通则

1）条款的类型

不同类型条款的组合构成了标准中的各类要素。标准中的条款可分为：①要求型条款；②推荐型条款；③陈述型条款。

2）条款表述所用的助动词

标准中的要求应容易识别，因此包含要求的条款应与其他类型的条款相区分。表述不同类型的条款应使用不同的助动词，各类条款所使用的助动词见附录 F 中表 F.1 至表 F.4 的第一栏。只有在特殊情况下由于措辞的原因不能使用第一栏的表述形式时，才可使用第二栏给出的等效表述形式。

3）技术要素的表述

标准名称中含有"规范"，则标准中应包含要素"要求"以及相应的验证方法；标准名称中含有"规程"，则标准宜以推荐和建议的形式起草；标准名称中含有"指南"，则标准中不应包含要求型条款，适宜时，可采用建议的形式。

在起草上述标准的各类技术要素时，应使用附录 F 中适当的助动词，以明确区分不同类型的条款。

4）汉字和标点符号

标准中应使用规范汉字。标准中使用的标点符号应符合 GB/T 15834 的规定。

### 2.2.4.2　条文的注、示例和脚注

1）条文的注和示例

条文的注和示例的性质为资料性。在注和示例中应只给出有助于理解或使用标准的附加信息，不应包含要求或对于标准的应用是必不可少的任何信息。

**示例：**

下列"注"的起草不正确，因为它包含了要求（请注意黑体字和示例后括号内的解释），明显不构成"附加信息"。

注：**选择在…载荷下试验。**（此处用祈使句表达的指示是一个要求）

注和示例宜置于所涉及的章、条或段的下方。

章或条中只有一个注，应在注的第一行文字前标明"注："。同一章（不分条）或条中有几个注，应标明"注1："注2："注3："等。

章或条中只有一个示例，应在示例的具体内容之前标明"示例："。同一章（不分条）或条中有几个示例，应标明"示例1："示例2："示例3："等。

2）条文的脚注

条文的脚注的性质为资料性，应尽量少用。条文的脚注用于提供附加信息，不应包含要求或对于标准的应用是必不可少的任何信息。

条文的脚注应置于相关页面的下边。脚注和条文之间用一条细实线分开。细实线长度为版心宽度的四分之一，置于页面左侧。

通常应使用阿拉伯数字（后带半圆括号）从1开始对条文的脚注进行编号，条文的脚注编号从"前言"开始全文连续，即1）、2）、3）等。在条文中需注释的词或句子之后应使用与脚注编号相同的上标数字[1]、[2]、[3]等标明脚注。

某些情况下，例如为了避免和上标数字混淆，可用一个或多个星号，即 *、**、*** 代替条文脚注的数字编号。

## 2.2.4.3　图

1）用法

如果用图提供信息更有利于标准的理解，则宜使用图。每幅图在条文中均应明确提及。

2）形式

应采用绘制形式的图，只有在确需连续色调的图片时，才可使用照片。应提供准确的制版用图，宜提供计算机制作的图。

3）编号

每幅图均应有编号。图的编号由"图"和从1开始的阿拉伯数字组成，例如"图1"、"图2"等。只有一幅图时，仍应给出编号"图1"。图的编号从引言开始一直连续到附录之前，并与章、条和表的编号无关。

分图的编号见2.2.4。附录中图的编号见2.2.2。

4）图题

图题即图的名称。每幅图宜有图题。标准中的图有无图题应统一。

5）字母符号、字体和序号

一般情况下，图中用于表示角度量或线性量的字母符号应符合 GB 3102.1 的规定，必要时，使用下标以区分特定符号的不同用途。

图中表示各种长度时使用符号系列 $l_1$、$l_2$、$l_3$ 等，而不使用诸如 $A$、$B$、$C$ 或 $a$、$b$、$c$

等符号。

图中的字体应符合 GB/T 14691 的规定。斜体字应该用于：①代表量的符号；②代表量的下标符号；③代表数的符号。

正体字应该用于所有其他情况。

在插图中，应使用零、部件序号（参见 GB/T 4458.2）或脚注代替文字描述，文字描述的内容在说明的序号含义或脚注中给出。

如果所有量的单位均相同，宜在图的右上方用一句适当的陈述（例如"单位为毫米"）表示。

**示例：**

单位为毫米

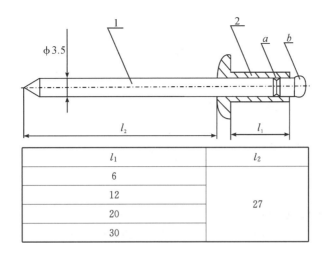

| $l_1$ | $l_2$ |
|---|---|
| 6 | |
| 12 | 27 |
| 20 | |
| 30 | |

说明：

1——钉芯；2——钉体。

钉芯的设计应保证：安装时，钉体变形、胀粗之后钉芯抽断。

注：此图所示为开口型平圆头抽芯铆钉。

a 断裂槽应滚压成型。b 钉芯头的形状与尺寸由制造者确定。

图 X　抽芯铆钉

6）技术制图、简图和图形符号

技术制图应按照 GB/T 17451 等有关标准绘制。电气简图，诸如电路图和接线图（例如：试验电路）等，应按照 GB/T 6988 绘制。

设备用图形符号应符合 GB/T 5465.2、GB/T 16273 和 ISO 7000 的规定。电气简图和机械简图用图形符号应符合 GB/T 4728、GB/T 20063 等标准的规定。

参照代号和信号代号应分别符合 GB/T 5094 和 GB/T 16679 的规定。

**示例：**

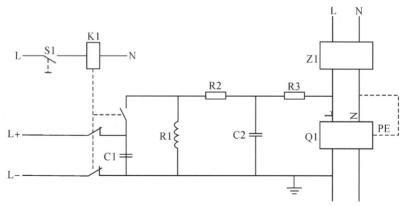

元件：

C1——电容器 C=0.5 μF；

C2——电容器 C=0.5 nF；

K1——继电器；

Q1——测试的 RCCB（具有终端 L，N 和 PE）；

R1——电感器 $L$=0.5 μH；

R2——电阻器 $R$=2.5 Ω；

R3——电阻器 $R$=25 Ω；

S1——手控开关；

Z1——滤波器。

引线和电源：

L，N——无极电源电压；

L＋，L——测试电路的直流电源。

a 如果被测试的对象具有 PE 端子，则需引线。

图 X　校验误断路电阻的测试电路示例

7）图的接排

如果某幅图需要转页接排，在随后接排该图的各页上应重复图的编号、图题（可选）和"（续）"，如下所示：

图 X　　（续）

续图均应重复关于单位的陈述。

8）图注

图注应区别于条文的注。图注应置于图题之上，图的脚注之前。图中只有一个注时，应在注的第一行文字前标明"注："；图中有多个注时，应标明"注1:""注2:""注3:"等。每幅图的图注应单独编号。

图注不应包含要求或对于标准的应用是必不可少的任何信息。关于图内容的任何要求应在条文、图的脚注或图和图题之间的段中给出。

9）图的脚注

图的脚注应区别于条文的脚注。图的脚注应置于图题之上，并紧跟图注。应使用上标形式的小写拉丁字母从"a"开始对图的脚注进行编号，即[a]、[b]、[c]等。在图中需注释的位置应以相同上标形式的小写拉丁字母标明图的脚注。每幅图的脚注应单独编号。

图的脚注可包含要求。因此，起草图的脚注的内容时，应使用附录 F 中适当的助动词，以明确区分不同类型的条款。

10）分图

（1）用法。分图会给标准的编排和管理增加麻烦，通常宜避免使用。当分图对理解标准的内容必不可少时，才可使用。

零、部件不同方向的视图、剖面图、断面图和局部放大图不应作为分图。

（2）编号和编排。只准许对图作一个层次的细分。分图应使用字母编号（后带半圆括号的小写拉丁字母）［例如：图 1 可包含分图 a）、b）、c）等］，不应使用其他形式的编号（例如：1.1，1.2，…，1-1，1-2，…，等）。

如果每个分图中均包含了各自的说明、图注或图的脚注，则不应作为分图处理，而应作为单独编号的图。

## 2.2.4.4　表

1）用法

如果用表提供信息更有利于标准的理解，则宜使用表。每个表在条文中均应明确提及。不准许表中有表，也不准许将表再分为次级表。

2）编号

每个表均应有编号。表的编号由"表"和从 1 开始的阿拉伯数字组成，例如"表 1"、"表 2"等。只有一个表时，仍应给出编号"表 1"。表的编号从引言开始一直连续到附录之前，并与章、条和图的编号无关。

附录中表的编号见 2.2.2。

3）表题

表题即表的名称。每个表宜有表题，标准中的表有无表题应统一。

**示例：**

表 X　表题

| ×××× | ×××× | ×××× | ×××× |
|------|------|------|------|
|      |      |      |      |

4）表头

每个表应有表头。表栏中使用的单位一般应置于相应栏的表头中量的名称之下。

**示例 1：**

| 类型 | 线密度<br>kg/m | 内圆直径<br>mm | 外圆直径<br>mm |
|------|------|------|------|
|      |      |      |      |

使用时，表头中可用量和单位的符号表示。需要时，可在提及表的陈述中或在表注中对相应的符号予以解释。如果表中所有单位均相同，宜在表的右上方用一句适当的陈述（例如"单位为毫米"）代替各栏中的单位。

表头中不准许使用斜线，正确表头的形式见示例 2。

**示例 2：**

| 尺寸 | 类型 | | |
|------|------|------|------|
|      | A | B | C |
|      |   |   |   |

5）表的接排

如果某个表需要转页接排，则随后接排该表的各页上应重复表的编号、表题（可选）和"（续）"，如："表 X　　（续）"。

续表均应重复表头和关于单位的陈述。

6）表注

表注应区别于条文的注。表注应置于表中，并位于表的脚注之前。表中只有一个注时，应在注的第一行文字前标明"注："；表中有多个注时，应标明"注 1："、"注 2："、"注 3："等。每个表的表注应单独编号。

**示例：**

单位为毫米

| 类型 | 长度 | 内圆直径 | 外圆直径 |
|---|---|---|---|
| | $l_1^a$ | $d_1$ | |
| | $l_2$ | $d_2^{b,c}$ | |

段（可包含要求）
注 1：表注的内容
注 2：表注的内容
ᵃ表的脚注的内容
ᵇ表的脚注的内容

表注不应包含要求或对于标准的应用是必不可少的任何信息。关于表的内容的任何要求应在条文、表的脚注或表内的段中给出。

7）表的脚注

表的脚注应区别于条文的脚注。表的脚注应置于表中，并紧跟表注。应用上标形式的小写拉丁字母从"a"开始对表的脚注进行编号，即ᵃ、ᵇ、ᶜ等。在表中需注释的位置应以相同的上标形式的小写拉丁字母标明表的脚注。每个表的脚注应单独编号。

表的脚注可包含要求。因此，起草表的脚注的内容时，应使用附录 F 中适当的助动词，以明确区分不同类型的条款。

## 2.2.5　其他规则

### 2.2.5.1　引用

1）通则

编写标准时，经常需要在条文中重复标准本身的或其他文件的内容，以便给使用者提供参考或指示使用者需要符合的其他条款。这时，为了避免标准间的不协调、标准篇幅过大以及抄录错误等，通常不应抄录需重复的具体内容，而应采取引用的方式。然而，特殊情况下，如果认为有必要重复抄录其他文件中的少量内容，则应在所抄录的内容之后的方括号中准确地标明出处。

引用应使用以下 2）至 4）所示的方式，而不应使用页码。引用其他文件的详细规则见 GB/T 20000.3。

2）提及标准本身的内容

（1）提及标准本身。标准条文中将标准本身作为一个整体提及时，应使用下述适用的表述形式：①"本标准…"（提及单独的标准）；②"本指导性技术文件…"（提及国家标准化指导性技术文件）。

标准分为多个单独的部分时，如果其中某个部分的条文中提及本身的部分时，应使用下述表述形式：①"GB/T 20501 的本部分…"；②"本部分…"。

如果分部分标准中的某部分提及其所在标准的所有部分时，应与提及其他标准的方式相同，表述形式为："GB 3102…"。

上述表述形式不适用于"规范性引用文件"和"术语和定义"章中的引导语，也不适用于有关专利内容的说明（见附录 C）。

（2）提及标准本身的具体内容。规范性提及标准中的具体内容，应使用诸如下列表述方式："按第 3 章的要求"；"符合 3.1.1 给出的细节"；"按 3.1 b）的规定"；"按 B．2 给出的要求"；"符合附录 C 的规定"；"见公式（3）"；"符合表 2 的尺寸系列"。

资料性提及标准中的具体内容，以及提及标准中的资料性内容时，应使用下列资料性的提及方式："参见 4.2.1"；"相关信息参见附录 B"；"见表 2 的注"；"见 6.6.3 的示例 2"；"（参见表 B．2）"；"（参见图 3）"。

3）引用其他文件

（1）通则。原则上，被引用的文件应是国家标准、行业标准、国家标准化指导性技术文件或国际标准。然而，其他正式出版的文件，只要经过相关标准（即需引用这些文件的标准）的归口标准化技术委员会或该标准的审查会议确认符合下列条件，则允许以规范性方式加以引用：①具有广泛可接受性和权威性，并且能够公开获得；②作者或出版者（知道时）已经同意该文件被引用，并且当函索时，能从作者或出版者那里得到这些文件；③作者或出版者（知道时）已经同意，将他们修订该文件的打算以及修订所涉及的要点及时通知相关标准的归口标准化技术委员会或归口单位。

引用其他文件可注日期，也可不注日期。标准中所有被规范性引用的文件，无论是注日期，还是不注日期，均应在"规范性引用文件"一章中列出。标准中被资料性引用的文件，如需要，宜在"参考文献"中列出。在标准条文中，规范性引用文件和资料性引用文件的表述应明确区分。

（2）注日期引用。注日期引用是指引用指定的版本，用年号表示。凡引用了被引用文件中的具体章或条、附录、图或表的编号，均应注日期。

对于注日期引用，如果随后被引用的文件有修改单或修订版，适用时，引用这些文件的标准可发布其本身的修改单，以便引用被引用文件的修改单或修订版的内容。

注日期引用时，使用下列表述方式："…GB/T 2423.1—2001 给出了相应的试验方法，…"（注日期引用其他标准的特定部分）；"…遵守 GB/T 16900—2008 第 5 章…"（注日期引用其他标准中具体的章）；"…应符合 GB/T 10001.1—2006 表 1 中规定的…"（注日期引用其他标准的特定部分中具体的表）。

引用其他文件中的段或列项中无编号的项，使用下列表述方式："…按 GB/T ××××—2005，3.1 中第二段的规定"；"…按 GB/T ××××—2003，4.2 中列项的第二项规定"；"…按 GB/T ××××. 1—2006，5.2 中第二个列项的第三项规定"。

（3）不注日期引用。不注日期引用是指引用文件的最新版本（包括所有的修改单），具体表述时不应提及年号或版本号。

对于规范性的引用，根据引用某文件的目的，在可接受该文件将来所有改变时，才可不注日期引用文件。为此，引用时应引用完整的文件（包括标准的某个部分），或者不提及被引用文件中的具体章或条、附录、图或表的编号。

对于资料性的引用，只要引用完整的文件（包括标准的某个部分），或者不提及被引用文件中的具体章或条、附录、图或表的编号，即可不注日期。

不注日期引用时，使用下列表述方式："…按 GB/T 4457.4 和 GB/T 4458 规定的…"；"…参见 GB/T 16273…"。

4）部分之间的引用

对于分部分标准内部的不同部分之间的引用，应注意从一个部分引用另一个部分的准确性。因此，一般情况下应遵守引用其他文件的规定。在保证一个标准的不同部分中相应的改变能同步进行时，允许不注日期引用。

注：一个标准的不同部分通常由同一个标准化技术委员会管理，因此，不同部分的同步修订是可能的。

### 2.2.5.2　全称、简称和缩略语

标准中使用的组织机构的全称和简称（或外文缩写）应与这些组织机构所使用的全称和简称（或外文缩写）相同。

如果在标准中某个词语需要使用简称，则在条文中第一次出现该词语时，应在其后的圆括号中给出简称，以后则应使用该简称。

如果标准中未给出缩略语清单，则在标准的条文中第一次出现某缩略语时，应先给出完整的中文词语或术语，在其后的圆括号中给出缩略语，以后则使用该缩略语。

应慎重使用由拉丁字母组成的缩略语，只有在不引起混淆的情况下才使用。仅仅在标准中随后需要多次使用某缩略语时，才应规定该缩略语。

一般的原则为，缩略语由大写拉丁字母组成，每个字母后面没有下脚点（例如：DNA）。特殊情况下，来源于字词首字母的缩略语由小写拉丁字母组成，每个字母后有一个下脚点（例如：a. c.）。

### 2.2.5.3　商品名

应给出产品的正确名称或描述，而不应给出产品的商品名（品牌名）。特定产品的专用商品名（商标），即使是通常使用的，也宜尽可能避免。如果在特殊情况下不能避免使用商品名，则应指明其性质，例如，用注册商标符号®注明。

示例：最好用"聚四氟乙烯（PTFE）"，而不用"特氟纶®"。

如果适用某标准的产品目前只有一种，则在该标准的条文中可以给出该产品的商品名，但应附上具有如下内容的脚注：

"x）…［产品的商品名］…是由…［供应商］…提供的产品的商品名。给出这一信

息是为了方便本标准的使用者，并不表示对该产品的认可。如果其他等效产品具有相同的效果，则可使用这些等效产品。"

如果由于产品特性难以详细描述，而有必要给出适用某标准的市售产品的一个或多个实例，则可在具有如下内容的脚注中给出这些商品名。

"x) …〔产品（或多个产品）的商品名（或多个商品名）〕…是适合的市售产品的实例（或多个实例）。给出这一信息是为了方便本标准的使用者，并不表示对这一（这些）产品的认可。"

### 2.2.5.4　专利

标准中与专利有关的事项应遵守 GB/T 1.1—2009 附录 C 的规定。

### 2.2.5.5　数值的选择

1）极限值

根据特性的用途可规定极限值〔最大值和（或）最小值〕。通常一个特性规定一个极限值，但有多个广泛使用的类型或等级时，则需要规定多个极限值。

2）可选值

根据特性的用途，特别是品种控制和某些接口的用途，可选择多个数值或数系。适合时，数值或数系应按照 GB/T 321（进一步的指南参见 GB/T 19763 和 GB/T 19764）给出的优先数系，或者按照模数制或其他决定性因素进行选择。

当试图对一个拟定的数系进行标准化时，应检查是否有现成的被广泛接受的数系。

采用优先数系时，宜注意非整数（例如：数 3.15）有时可能带来不便或要求不必要的高精度。这时，需要对非整数进行修约（参见 GB/T 19764）。宜避免由于同一标准中同时包含了精确值和修约值，而导致不同使用者选择不同的值。

### 2.2.5.6　数和数值的表示

（1）任何数，均应从小数点符号起，向左或向右每三位数字为一组，组间空四分之一个汉字的间隙，但表示年号的四位数除外。

示例：23 456　2 345　2.345　2.345 6　2.345 67　2008（年号）

（2）为了清晰起见，数和（或）数值相乘应使用乘号"×"，而不使用圆点。

示例：写作 $1.8 \times 10^{-3}$（不写作 $1.8 \cdot 10^{-3}$）

（3）表示物理量的数值，应使用后跟法定计量单位符号（见 GB 3100~3102 和 IEC 60027）的阿拉伯数字。

（4）标准中数字的用法应符合 GB/T 15835 的规定。

### 2.2.5.7　量、单位及其符号

应使用 GB 3101、GB 3102 规定的法定计量单位。只要可能，就应从 GB 3101、GB 3102、GB/T 13394、GB/T 14559 和 IEC 60027 中选择量的符号。进一步的应用规则见 GB 3100。

表示量值时，应写出其单位。度、分和秒（平面角）的单位符号应紧跟数值后；所有其他单位符号前应空四分之一个汉字的间隙，参见 GB/T 1.1—2009 附录 G。数学符号应符合 GB 3102.11 的规定。标准中使用的量和单位参见 GB/T 1.1—2009 附录 G。

### 2.2.5.8　数学公式

1）公式的类型

（1）在量关系式和数值关系式之间应首选前者。公式应以正确的数学形式表示，由字母符号表示的变量，应随公式对其含义进行解释，但已在"符号、代号和缩略语"一章中列出的字母符号除外。

示例 1 所示为量关系式的式样：

**示例 1**：

$$v = \frac{l}{t}$$

式中：$v$——匀速运动质点的速度；

$l$——运行距离；

$t$——时间间隔。

示例 2 给出了特殊情况下使用数值关系式的式样：

**示例 2**：

$$v = 3.6 \times \frac{l}{t}$$

式中：$v$——匀速运动质点的速度的数值，单位为千米每小时（km/h）；

$l$——运行距离的数值，单位为米（m）；

$t$——时间间隔的数值，单位为秒（s）。

一项标准中同一符号绝不应既表示一个物理量，又表示其对应的数值。例如，在同一项标准内既使用示例 1 的公式，又使用示例 2 的公式，就会意味着 1＝3.6，这显然不正确。

公式不应使用量的名称或描述量的术语表示。量的名称或多字母缩略术语，不论正体或斜体，亦不论是否含有下标，均不应用来代替量的符号。

**示例 3**：

写作

$$\rho = \frac{m}{V}$$

而不写作

$$密度 = \frac{质量}{体积}$$

**示例 4**：

写作

$$t_i = \sqrt{\frac{S_{ME,i}}{S_{MR,i}}}$$

式中：$t_i$ 为系统 $i$ 的统计量；$S_{ME,i}$ 为系统 $i$ 的残差均方；$S_{MR,i}$ 为系统 $i$ 由于回归产生的均方。

而不写作

$$t_i = \sqrt{\frac{MSE_i}{MSR_i}}$$

式中：$t_i$ 为系统 $i$ 的统计量；$MSE_i$ 为系统 $i$ 的残差均方；$MSR_i$ 为系统 $i$ 由于回归产生的均方。

（2）在曲线图的坐标轴上和表的表头中尤其适合使用如下数值表示法：

$$\frac{\upsilon}{km/h} \text{、} \frac{l}{m} \text{和} \frac{t}{s} \text{或} \upsilon/(km/h) \text{、} l/m \text{和} t/s$$

2）公式的表示

在条文中应避免使用多于一行的表示形式（示例 1）。在公式中应尽可能避免使用多于一个层次的上标或下标符号（示例 2），还应避免使用多于两行的表示形式（示例 3）。

**示例 1：** 在条文中，$a/b$ 优于 $\dfrac{a}{b}$。

**示例 2：** $D_{1,\max}$ 优于 $D_{1\max}$。

**示例 3：** 在公式中，使用

$$\frac{\sin[(N+1)\varphi/2]\sin(N_\varphi/2)}{\sin(\varphi/2)}$$

而不写作

$$\frac{\sin\left[\dfrac{(N+1)}{2}\varphi\right]\sin\left(\dfrac{N}{2}\varphi\right)}{\sin\dfrac{\varphi}{2}}$$

**示例 4：**

质量分数用以下表达式是充分的

$$\omega = \frac{m_\upsilon}{m_s}$$

然而，以下等式也可以接受

$$\omega = \frac{m_D}{m_S} \times 100\%$$

但需注意，"质量分数"宜避免表达为"质量百分数"。

3）编号

如果为了便于引用，需要对标准中的公式进行编号，则应使用从 1 开始的带圆括号的阿拉伯数字。

**示例：**　　　　　　　　　　$\chi^2 + y^2 < z^2$ ·········································· (1)

公式的编号应从引言开始一直连续到附录之前，并与章、条、图和表的编号无关。附录中公式的编号见 2.2.2。不准许对公式进行细分［例如：（2a）、（2b）等］。

## 2.2.5.9　尺寸和公差

尺寸应以无歧义的方式表示（示例 1）。

**示例 1：** 80 mm×25 mm×50 mm［不写作 80×25×50 mm 或（80×25×50）mm］

公差应以无歧义的方式表示，通常使用最大值、最小值，带有公差的中心值（示例2～示例4）或量的范围（示例5、示例6）表示。

**示例**2：80 $\mu$F$\pm$2 $\mu$F 或（80$\pm$2）$\mu$F（不写作 80$\pm$2 $\mu$F）。

**示例**3：$80^{+2}_{0}$mm（不写作 $80\pm^{2}_{0}$mm）。

**示例**4：10 kPa～12 kPa（不写作 10～12 kPa）。

为了避免误解，百分数的公差应以正确的数学形式表示（示例5、示例6）。

**示例**5：用"63％～67％"，表示范围。

**示例**6：用"（65$\pm$2）％"表示带有公差的中心值，不应使用"65$\pm$2％"或"65％$\pm$2％"的形式。

平面角宜用单位度（°）表示，例如，写作 17.25°不写作 17°15′。

仅仅作为资料提及的值或尺寸应与作为要求的值或尺寸明确区分。

### 2.2.5.10　重要提示

特殊情况下，如果需要给标准使用者一个涉及整个文件内容的提示，以便引起使用者注意，则可在标准名称之后，要素"范围"之前以"重要提示"或"警告"开头，用黑体字给出相关内容。

重要提示经常涉及人身安全或健康的内容，或者在涉及安全或健康的标准中给出。

## 2.2.6　编排格式

### 2.2.6.1　通则

出版标准的纸张应采用 A4 幅面，即 210 mm×297 mm，允许公差$\pm$1 mm。在特殊情况下（例如，图、表不能缩小时），标准幅面可根据实际需要延长和（或）加宽，倍数不限，此时，书眉上的标准编号的位置应做相应调整。

标准出版的格式应符合本章的规定。标准报批稿的格式宜按本章的规定编排。

标准条文编排示例参见附录 H。附录 I 给出了标准不同页面的格式。标准中各个位置的文字的字号和字体应符合附录 J 的规定。

### 2.2.6.2　封面

1）格式

国家标准、行业标准和地方标准的封面格式分别见 GB/T 1.1—2009 附录图 I.1-3。

2）标准名称

标准名称由多个要素组成时，各要素之间应空一个汉字的间隙。标准名称也可分为上下多行编排，行间距应为 3 mm。

标准名称的英文译名各要素的第一个字母大写，其余字母小写，各要素之间的连接号为一字线。

3）与国际标准的一致性程度标识

我国标准与国际标准的一致性程度标识置于标准名称的英文译名之下，并加上圆括号。

4）标准编号和被代替标准编号

封面上标准的编号中，标准代号与标准顺序号之间空半个汉字的间隙，标准顺序号与年号之间的连接号为一字线。如果有被代替的标准，则在本标准的编号之下另起一行编排被代替标准的编号。被代替标准的编号之前编排"代替"二字，本标准的编号和被代替标准的编号右端对齐。

5）ICS 号和中国标准文献分类号

封面上的 ICS 号和中国标准文献分类号应分为上下两行编排，左端对齐。

### 2.2.6.3　目次

目次格式见 GB/T 1.1—2009 附录图 I.4。目次中所列的前言、引言、章、附录、参考文献、索引等各占一行半。图或表的目次与其前面的内容均空一行编排。目次中所列的前言、引言、章、附录、参考文献、索引、图、表等均应顶格起排，第一层次的条以及附录的章均空一个汉字起排，第二层次的条以及附录的第一层次的条均空两个汉字起排，依此类推。

章、条、图、表的目次应给出编号，后跟完整的标题。附录的目次应给出附录编号，后跟附录的性质并加圆括号，其后为附录标题。章、条、图、表的编号以及附录的性质与其后面的标题之间应空一个汉字的间隙。前言、引言、各类标题、参考文献、索引与页码之间均用"……"连接。页码不加括号。

### 2.2.6.4　前言和引言

前言和引言均应另起一面，其格式见 GB/T 1.1—2009 附录图 I.5。

### 2.2.6.5　正文

1）正文首页

正文首页应从单数页起排，其格式见 GB/T 1.1—2009 附录图 I.6。正文首页中标准名称由多个要素组成时，各要素之间应空一个汉字的间隙，标准名称也可分成上下多行编排。

2）规范性引用文件

规范性引用文件中所列文件均应空两个汉字起排，回行时顶格编排，每个文件之后不加标点符号。所列标准的编号与标准名称之间空一个汉字的间隙。

3）术语和定义

标准中的"术语和定义"一章不应采用表的形式编排。除条目编号外，其余各项均应另行空两个汉字起排，并按下列顺序给出：

（1）条目编号（黑体）顶格编排；

（2）术语（黑体）后空一个汉字的间隙接排英文对应词（黑体），英文对应词的第一个字母小写（除非原文本身要求大写）；

（3）符号；

（4）术语的定义或说明，回行时顶格编排；

（5）概念的其他表述形式；

（6）示例；

（7）注。

### 2.2.6.6　附录

每个附录均应另起一面，其格式见 GB/T 1.1—2009 附录图 I. 7。

附录编号、附录的性质［即"（规范性附录）"或"（资料性附录）"］以及附录标题，每项各占一行，置于附录条文之上居中位置。

### 2.2.6.7　参考文献和索引

参考文献和索引均应另起一面，其格式见 GB/T 1.1—2009 附录图 I. 8 和图 I. 9。

参考文献中所列文件均应空两个汉字起排，回行时顶格编排，每个文件之后不加标点符号。所列标准的编号与标准名称之间空一个汉字的间隙。

### 2.2.6.8　单数页、双数页和封底

标准单数页、双数页和封底的格式见 GB/T 1.1—2009 附录图 I. 10、图 I. 11 和图 I. 12。

### 2.2.6.9　其他

1）章、条、段

章、条的编号应顶格编排。章的编号与其后的标题，条的编号与其后的标题或文字之间空一个汉字的间隙。

章的编号和章标题应占三行，条的编号和条标题应占两行。

段的文字空两个汉字起排，回行时顶格编排。

2）列项

每一项之前的破折号、圆点或字母编号均应空两个汉字起排，其后的文字以及文字回行均应置于距版心左边五个汉字的位置。

字母编号下一层次列项的破折号、圆点或数字编号均应空四个汉字起排，其后的文字以及文字回行均应置于距版心左边七个汉字的位置。

3）注和脚注

标明注、图注和表注的"注："或"注×："均应另起一行空两个汉字起排，其后接排注的内容，回行时与注的内容的文字位置左对齐。

脚注编号应另起一行空两个汉字起排，其后脚注内容的文字以及文字回行均应置于距版心左边五个汉字的位置。

图的脚注编号应另起一行空两个汉字起排，其后脚注内容的文字以及文字回行均应置于距版心左边四个汉字的位置。

表的脚注编号应另起一行空两个汉字起排，其后脚注内容的文字以及文字回行均应

置于距表的左框线四个汉字的位置。

　　4）示例

　　每个示例应另起一行空两个汉字起排。"示例:"或"示例×:"宜单独占一行。文字类的示例回行时宜顶格编排。

　　5）公式

　　标准中的公式应另起一行居中编排，较长的公式宜在等号（＝）后回行，或者在加号（＋）、减号（－）等运算符号后回行。公式中的分数线、长横线和短横线应明确区分，主要的横线应与等号取平。

　　公式的编号应右端对齐，公式与编号之间用"……"连接。

　　公式之下的"式中:"应空两个汉字起排，单独占一行。公式中需要解释的符号应按先左后右，先上后下的顺序分行说明，每行空两个汉字起排，并用破折号与释文连接，回行时与上一行释文的文字位置左对齐。各行的破折号对齐。

　　6）图和表

　　每幅图与其前面的条文，每个表与其后面的条文均宜空一行。

　　图题和表题均应置于其编号之后，与编号之间空一个汉字的间隙。

　　图的编号和图题应置于图的下方，占两行居中；表的编号和表题应置于表的上方，占两行居中。

　　表的外框线、表头的下框线、表注和（或）表内的段的上框线均应为粗实线，仅有表的脚注时其上框线也为粗实线。

　　7）终结线、书眉和页码

　　在标准的最后一个要素之后，应有标准的终结线。终结线为居中的粗实线，长度为版心宽度的四分之一。终结线应排在标准的最后一个要素之后，不准许另起一面编排（见 GB/T 1.1—2009 附录图 I. 9）。

　　从标准的目次开始在每页书眉位置应给出标准编号，单数页排在书眉右侧（见 GB/T 1.1—2009 附录图 I. 10），双数页排在书眉左侧（见 GB/T 1.1—2009 附录图 I. 11）。

　　从目次页到正文首页前用正体大写罗马数字从 I 开始编页码；正文首页起用阿拉伯数字从 1 开始另编页码。页码单数页排在右下侧（见 GB/T 1.1—2009 附录图 I. 10），双数页排在左下侧（见 GB/T 1.1—2009 附录图 I. 11）。

## 2.3　食品安全企业标准的制定与备案

### 2.3.1　食品安全企业标准制定

　　企业生产的食品没有食品安全国家标准或者地方标准的，应当制定食品安全企业标准（以下简称企业标准），作为组织生产的依据。国家鼓励食品生产企业制定严于食品安全国家标准或者地方标准的企业标准。企业标准包括食品原料（包括主料、配料和使用的食品添加剂）、生产工艺以及与食品安全相关的指标、限量、技术要求。企业标准编写规则见本章 2.1 和 2.2 相关内容。

## 2.3.2　食品安全企业标准备案

### 2.3.2.1　需要提交的材料

企业标准应当报省级卫生行政部门备案。为规范企业标准备案，根据《食品安全法》，卫生部组织制定了《食品安全企业标准备案办法》（卫政法发〔2009〕54号）。《食品安全企业标准备案办法》规定，企业标准备案时须提交下列材料：企业标准备案登记表（见表2-2）；企业标准文本及电子版；企业标准编制说明；省级卫生行政部门规定的其他资料。企业标准编制说明应详细说明企业标准制定过程和与相关国家标准、地方标准、国际标准、国外标准的比较情况。企业应确保备案的企业标准的真实性和合法性，确保根据备案的企业标准所生产的食品的安全性，并对其实施后果承担全部法律责任。

**表 2-2　企业标准备案登记表——封面**

| |
|---|
| 接收编号：企标（　　）第　　号 |
| 接收日期：　　　　年　　月　　日 |
| 备案号： |
| 备案日期：　　　　年　　月　　日 |

## 食品安全企业标准
## 备案登记表

企业名称＿＿＿＿＿＿＿＿＿＿＿＿＿＿＿＿＿＿

标准名称＿＿＿＿＿＿＿＿＿＿＿＿＿＿＿＿＿＿

标准编号＿＿＿＿＿＿＿＿＿＿＿＿＿＿＿＿＿＿

卫生厅（局）制

**表 2-2　企业标准备案登记表——保证书**

| 食品标准名称 | | | |
|---|---|---|---|
| | 制定（　　） 修订（　　） | | |
| 适用的食品 | | | |
| 食品生产企业名称 | | | |
| 地址 | | | |
| 电话 | | 邮编 | |
| 传真 | | 联系人 | |

# 备案单位保证书

本食品安全企业标准备案单位保证：

一、本备案登记表中所填写的内容、所附的资料（包括研究和检验数据）均为真实，并符合《食品安全法》。如有不实之处，本单位愿承担全部法律责任。

二、按照本备案标准生产的食品不含有未经许可的食品（包括原料）、食品添加剂和法律法规禁止使用的食品（包括原料）、食品添加剂。

三、本单位将按照备案标准组织生产，并保证所生产的食品符合《食品安全法》。

备案单位（盖章）　　　　　　　　　备案单位主要负责人（签字）
　年　　月　　日　　　　　　　　　　　年　　月　　日

**表 2-2　企业标准备案登记表——企业标准主要内容对比情况**

|  | 企业标准 | 相同产品或同类产品国家标准 | 相同产品或同类产品地方标准（包括本地和其他地方） | 相同产品或同类产品国际和国外标准 |
|---|---|---|---|---|
| 标准名称（标准号） |  |  |  |  |
| 原料要求 |  |  |  |  |
| 食品添加剂品种和使用量 |  |  |  |  |
| 生产工艺要求 |  |  |  |  |
| 终产品要求 |  |  |  |  |
| 其他内容 |  |  |  |  |

**表 2-2　企业标准备案登记表——企业标准应符合的基本要求**

本备案单位保证所备案的企业标准符合以下基本要求：（确认后在各项前的□内打"√"）

□1. 以本企业标准为依据生产的食品符合食品安全法及相关法规规定的要求。

□2. 所提交的备案标准内容符合食品安全法及相关法规规定的要求。

□3. 食品原料符合相关质量安全要求，未使用非食用食品原料，未添加食品添加剂以外的化学物质和其他可能危害人体健康的物质。

□4. 未使用未经卫生部批准的新的食品原料和食品添加剂。食品添加剂的使用量、使用范围符合相应国家标准的规定。

□5. 生产工艺安全可靠，不会对食品产品造成危害人体健康的污染。

□6. 用于食品的包装材料和容器、工具和设备、洗涤剂和消毒剂符合相应国家标准的规定。

□7. 如为专供婴幼儿和其他特定人群的主辅食品，其营养成分符合相应食品安全国家标准的规定。

其他需要说明的问题

食品安全企业标准文本一式八份附在企业标准备案登记表后，其中二份备案后退回企业，省级卫生行政部门留存二份，同级农业行政、质量监督、工商行政管理、食品药品监督管理部门各留存一份。

### 2.3.2.2　受理与材料审核

对收到的提交材料是否齐全等进行核对，并根据以下情况分别作出处理：

（1）企业标准依法不需要备案的，应当即时告知当事人不需备案；

（2）提交的材料不齐全或者不符合规定要求的，应当立即或在5个工作日内告知当事人补正；

（3）提交的材料齐全，符合规定要求的，受理其备案。

省级卫生行政部门受理企业标准备案后，应当在受理之日起10个工作日内在备案登记表上标注备案号并加盖备案章。标注的备案号和加盖的备案章作为企业标准备案凭证。备案号编排格式为：（省、自治区、直辖市行政区划代码前两位）（四位顺序号）S—（年代号）。顺序号由省级卫生部门自行编排。省级卫生行政部门应在发给企业备案凭证之日起20个工作日内向社会公布备案的企业标准，并同时将备案的企业标准文本发送同级农业行政、质量监督、工商行政管理、食品药品监督管理部门。

### 2.3.2.3　企业标准复审

有下列情形之一的，企业应当主动对企业标准进行复审：有关法律、法规、规章和食品安全国家标准、地方标准发生变化时；企业生产工艺或者食品原料（包括主料、配料和使用的食品添加剂）及配方发生改变时；其他应当进行复审的情形。

### 2.3.2.4　企业标准延续备案

企业标准备案有效期为三年。有效期届满需要延续备案的，企业应当对备案的企业标准进行复审，并填写企业标准延续备案表（见表2-3），到原备案的卫生行政部门办理延续备案手续。企业在规定的期限内仍未办理延续备案手续的，原备案的卫生行政部门应当注销备案，并向社会公布延续或者注销情况。

表2-3　企业标准延续备案表

## 企业标准延续备案表

标准名称和编号：

企业名称：

| 企业标准备案号： | |
|---|---|
| 企业标准备案时间： | 年　　月　　日 |
| 标准延续备案时间： | 年　　月　　日 |
| 结果（在相应栏中划"√"） | 继续有效（　　）<br>修订并重新备案（　　）<br>废止（　　），原因： |

备案单位（盖章）　　　　　　　　　　　　　　备案单位主要负责人（签字）

年　　月　　日　　　　　　　　　　　　　　　年　　月　　日

# 2.4 企业标准实例

ICS
备案号：

Q/XXXX

XXXX 有限公司企业标准

Q/XXXX—2003
代替 Q/XXXX—1999

速冻面米食品

quick-frozen food made of wheat flour and rice

（本稿完成日期：2003-06-20）

2003-08-10 发布                                                                 2003-09-10 实施

XXXXXXXXX 有限公司　发布

## 前　言

根据我厂生产和销售情况，为保证产品质量，加强生产过程质量控制，特修订补充本企业标准，以适应市场变化需求。本标准根据 GB/T 1.1—2000《标准化工作导则 第 1 部分：标准的结构和编写规则》、GB/T 13494—1992《食品标准编写规定》及 GB 19295—2003《速冻预包装面米食品卫生标准》的规定进行起草。技术标准部分利用国内外先进技术指标。

本标准从 2003 年 9 月 10 起实施。

本标准由 XXXX 食品有限公司提出。

本标准由 XXXX 食品有限公司起草并技术归口。

本标准主要起草人：XXX。

## 速冻米面食品

### 1 范围

本标准规定了速冻面米食品的术语和定义、产品分类、技术要求、试验方法、检验规则、标志、包装与储存的要求。

本标准适用于以面粉、大米、杂粮等粮食为主要原料，并由肉、禽、蛋、水产品、蔬菜、果料、糖、油、调味品分别组成的馅料，采用速冻工艺加工制成的各种食品，并在速冻条件下运输贮存及销售。

## 2　规范性引用文件

下列标准所包含的条款通过本标准的引用而成为本标准的条款。凡是注日期的引用文件，其随后所有的修改单（不包括勘误的内容）或修订版均不适用于本标准。凡是不注日期的应用文件，其最新版本适用于本标准。

GB 2760—1996 食品添加剂使用卫生标准

GB/T 4789.33—1994 食品卫生微生物学检验　粮谷、果蔬类食品检验

GB/T 5009.11—2003 食品中总砷及无机砷的测定

GB/T 5009.12—2003 食品中铅的测定

GB/T 5009.22—2003 食品中黄曲霉毒素 $B_1$ 的测定

GB/T 5009.44—2003 肉与肉制品卫生标准的分析方法

GB/T 5009.56—2003 糕点卫生标准的分析方法

GB/T 5009.3—2003 食品中水分的测定

GB/T 5009.5—2003 食品中蛋白质的测定

GB/T 5009.6—2003 食品中脂肪的测定

GB 7718　食品标签通用标准

## 3　术语的定义

下列术语与定于适用于本标准

### 3.1　速冻　quick-freezing

将预处理的食品放在 $-30\sim-40℃$ 的装置中，一般在 30min 内通过最大冰晶生成带使食品中心温度从 $-1℃$ 降到 $-5℃$，其所形成的冰晶直径小于 $100\mu m$。速冻后的食品中心温度要达到 $-18℃$ 以下。

### 3.2　速冻面米食品　quick-freezing food made of wheat flour and rice

以米面、大米、杂粮等粮食为主要原料，也可以配以肉、禽蛋、水产品、蔬菜、果料、糖、油、调味品等为馅料经加工成型（或熟制）速冻并定型包装而成的食品。

### 3.3　生制冻结　frozen without cooking

产品冻结前未经加热成熟。

### 3.4　熟制冻结　cooked before freezing

产品冻结经加热成熟。

## 4　产品分类

### 4.1　产品根据馅料的原料组成分为四类

#### 4.1.1　肉类

馅料完全由畜肉、禽肉、水产品等原料加调味品组成。

#### 4.1.2　含肉类

馅料中含有畜肉、禽肉、水产品等原料加调味品组成。

#### 4.1.3　无肉类

馅料中不含畜肉、禽肉、水产品等可食肉类原料。

#### 4.1.4　无馅类

以面粉、大米、杂粮为主要原料，不含馅料的产品。

### 4.2　产品根据工艺类型分为两类，生制和熟制。

## 5　技术要求

### 5.1　原、辅料

原、辅料必须新鲜且符合相应的标准和有关规定。

### 5.2　感官要求

感官要求应符合表 1 的规定。

**表 1　感官要求**

| 项目 | 要求 |
|------|------|
| 组织形态 | 外观完整，具有该品种应有的形态，不变形，不破损，表面不结霜 |
| 色泽 | 具有该品种应有的色泽 |
| 滋味气味 | 具有该品种应有的滋味和气味，无异味 |
| 杂质 | 外表及内部均无肉眼可见杂质 |

### 5.3　净含量

单件包装净含量负偏差应符合表 2 的规定，且平均净含量不得低于标签标示量。

**表 2　偏差表**

| 净含量 | 负偏差 | |
|--------|--------|---|
| | $Q$ 的百分比 | g |
| 50g～100g | | 4.5 |
| 100g～200g | 4.5 | |
| 200g～300g | | 9 |
| 300g～500g | 3 | |
| 500g～1kg | | 15 |
| 1kg～10kg | 1.5 | |

### 5.4　理化指标

理化指标应符合表 3 的规定。

**表 3　理化指标**

| 项目 | 肉类 | 含肉量 | 无肉类 | 无馅类 |
|------|------|--------|--------|--------|
| 馅料含量，%≥ | | 表明在销售包装上 | | — |
| 水分，%≤ | 65 | 70 | 60 | 45 |
| 蛋白质，%≥ | 6 | 2.5 | — | — |
| 脂肪，%≤ | 14 | 14 | — | — |
| 总砷（以 As 计），mg/kg≤ | 0.5 | 0.5 | 0.5 | 0.5 |
| 铅（Pb），mg/kg≤ | 0.5 | 0.5 | 0.5 | 0.5 |
| 酸价（以脂肪计）（KOH），mg/g≤ | 3 | 3 | 3 | — |
| 过氧化值（以脂肪计），%≤ | 0.15 | 0.15 | 0.15 | — |
| 挥发性盐基氮，mg/100g≤ | 15 | 15 | — | — |
| 黄曲霉毒素 $B_1$，$\mu g/kg$≤ | 5 | 5 | 5 | 5 |

### 5.5　微生物指标

微生物指标应符合表 4 的规定。

**表 4　微生物指标**

| 项目 | 指标 | |
|------|------|---|
| | 生制 | 熟制 |
| 菌落总数，cfu/g≤ | 300000 | 100000 |
| 大肠菌群，MPN/100g≤ | — | 230 |
| 致病菌（沙门氏菌、金黄色葡萄球菌、志贺式菌） | 不得检出 | |
| 霉菌计数，cfu/g≤ | 150 | 50 |

6　食品添加剂

6.1　食品添加剂质量应符合相应的标准和有关规定

6.2　食品添加剂的品种和使用量应符合 GB 2760—1996 的规定

7　实验方法

7.1　感官

按 GB/T 5009.56—2003 规定的感官检验方法检查，并可将试样包装上标明的使用方法进行复热或承受，分别用品、嗅，检查其口感、气味。

7.2　净含量、馅料含量

取以销售包装的样品计为一件，除必须符合 GB7718 的要求外，还应按照冻结前是否加热成熟标明生制或熟制字样，此外，含馅产品必须标明馅料含量占净含量的百分比。将样品除去包装，用精度为 0.1g 的秤，称取净含量，然后将样品置于清洁盘中，用刀将馅料全部分离，称取分离出的馅料重量。

7.3　水分

取样品，不打开包装自然解冻后制样，按 GB/T 5009.3—2003 中常压干燥法测定。

7.4　蛋白质

按 GB/T 5009.5—2003 规定方法测定。

7.5　脂肪

按 GB/T 5009.6—2003 规定方法测定。

7.6　砷

按 GB/T 5009.11—2003 规定方法测定。

7.7　铅

按 GB/T 5009.12—2003 规定方法测定。

7.8　酸价、过氧化物

按 GB/T 5009.56—2003 规定方法测定。

7.9　挥发性盐基氮

按 GB/T 5009.44—2003 规定方法测定。

7.10　黄曲霉毒素 $B_1$

按 GB/T 5009.22—2003 规定方法测定。

7.11　微生物指标

菌落总数、大肠菌群、致病菌、霉菌计数按 GB/T 4789.33—1994 规定的方法检验。

7.12　食品添加剂

按有关规定测定。

8　检验规则

8.1　检验分类

检验分为出厂检验和型式检验两类。

8.2　出厂检验

8.2.1　产品出厂前，须由品管部门按标准进行检验，合格后方可出厂销售

8.2.2　出厂检验项目包括：感官要求、净含量、菌落总数、大肠菌群

8.3　型式检验

8.3.1　型式检验每半年进行一次。有下列情况之一时，也应进行：

(1) 季节性或断续生产的在停产恢复生产时；

(2) 新产品投入生产时；

(3) 工艺有重大改变可能影响产品质量时；

(4) 质量监督部门提出要求时。

8.3.2　型式检验项目包括：指标要求中全部项目

8.4　组批

一次投料、同班次为一批。

8.5　抽样

8.5.1　在成品库内抽样，抽样单位以袋计

8.5.2　每批按箱抽取，100 箱以内取 3 箱，每增加 100 箱（包括不足 100 箱）增抽 1 箱，每箱至少抽取 3 袋，每批不应少于 10 件，其中 3 件测感、净含量、馅料含量，3 件用于理化指标检验，3 件用于微生物检验。

8.6　判定规则

8.6.1　出厂检验

8.6.1.1　所检项目全部符合标准要求，判为合格。

8.6.1.2　所检项目如有一项不符合标准要求，可以加倍抽样复验，复验后如仍不符合标准要求，判为不合格。

8.6.1.3　微生物项目有一项不符合标准要求，判为不合格，不得复验。

8.6.2　型式检验

8.6.2.1　所检项目全部符合标准要求，判为合格。

8.6.2.2　所检项目不超过二项不符合标准要求，可以加倍抽样复验，复验后有一项不符合标准要求，判为不合格。

8.6.2.3　微生物项目有一项不符合标准要求，判为不合格，不得复验。

9　标签与标志

9.1　标签

标签按 GB 7718 规定标注，除产品名称、配料、净含量、制造者名称和地址、生产日期、保质期、贮藏条件、食用方法、产品标准号外，还需标明工艺类型、馅料含量。

9.2　标志

运输包装应标明：产品名称、生产日期、制造者名称和地址、规格、数量以及"小心轻放"等。

10　包装

10.1　包装容器

包装容器应有足够支撑强度，包装材料必须符合有关食品卫生标准要求。

10.2　包装形式

包装形式分为盒装、袋装、箱装等。

11　运输

运输产品的厢体必须符合卫生要求，厢内温度不得高于−15℃。

12　贮存和保质期

12.1　产品贮存在−18℃以下的冷藏库内，温度波动要求控制在 2℃以内。不得与有毒、有害、有异味的物品或其他杂物混存

12.2　符合上述条件，产品保质期 12 个月

## 思考题

1. 食品企业标准体系由哪几个部分组成？各部分包含哪些内容？
2. 食品企业标准体系表编制的总要求是什么？
3. 实施企业标准体系的基本原则是什么？
4. 企业标准体系实施监督检查的主要内容包括什么？
5. 参照企业标准制定规范制定一个食品企业标准。

# 第3章 中国食品标准

**导读**

随着社会的发展和生活质量的不断提高，人们对食品质量安全的要求越来越高，食品安全成为当今世界人们所关注的焦点问题之一。科学合理、先进实用的食品标准是保证食品安全的前提，直接关系到人们的身体健康。苏丹红事件、三聚氰胺毒奶粉事件、蒙牛特仑苏 OMP 事件、地沟油事件、红牛饮料事件等食品安全事件的发生，反映了食品标准在食品安全监管中的重要作用，也暴露出我国现行食品标准中存在的一些亟待解决的突出问题。《食品安全法》的颁布实施是中国食品标准体系建设的一个转折点，以食品安全风险评估为基础，借鉴国际经验，加快我国食品标准清理整合，完善符合我国国情的以食品安全标准为核心的中国食品标准体系，是保障人民身体健康、保证食品安全的基础工作。

## 3.1 概述

中国食品标准经过 50 年的发展，已初步形成门类齐全、结构相对合理、具有一定配套性、基本完整的体系，有力地促进了我国食品工业的发展和食品质量的提高。但是，与国际水平和国际食品贸易发展新形势的要求相比，还存在很大差距。目前应以《食品安全法》《食品安全法实施条例》及相关法规和配套规章为基础，全面清理整合现行食品标准，努力提高标准的科学性和实用性，鼓励采用国际标准，积极参与国际食品法典委员会（Codex Alimentarius Commission，CAC）工作，学习和借鉴国际食品标准管理经验，同时参与国际食品法典标准制定、修订工作，维护我国食品贸易利益，保证我国的食品安全，从而保障我国消费者的身体健康。

### 3.1.1 中国食品标准现状

中国食品标准工作经过几十年的发展已取得了显著的成就，基本建立了以国家标准为核心，行业标准、地方标准和企业标准为补充的食品标准体系，已发布食品、食品添加剂、食品相关产品国家标准近 1900 项，食品行业标准 3100 余项，地方标准 1200 余项。其中，454 项食品卫生标准中，食品污染物、食品添加剂、真菌毒素、农药残留、包装材料用添加剂使用卫生标准等基础标准 8 项；涉及动物性食品、植物性食品、辐照食品、食（饮）具消毒产品、包装材料等食品及相关产品标准 128 项；检验方法标准 275 项，包括理化检验方法标准 219 项、微生物检验方法标准 35 项、毒理学安全评价程序和方法标准 21 项；食品企业卫生规范类标准 22 项，包括食品生产企业通用卫生规范和各类食品企业的卫生规范或良好生产规范；食物中毒诊断标准 19 项。上述标准涵盖了粮食、油料、水果、蔬菜、畜禽、水产品等 18 大类农产食品，罐头食品、食糖、焙烤食品、糖果（巧克力）、调味品、乳及乳制品、食品添加剂等 19 类加工产品和食品卫生（包括农兽药残留、有毒有害物质限量等）标准。这些标准为保证我国食品安全发挥了重要作用。

但也应看到，由于受食品产业发展水平、风险评估能力和食品标准研制条件等因素制约，现行食品标准还存在一些突出问题，主要表现在以下方面：

一是标准体系有待进一步完善。《食品安全法》颁布前，各部门依职责分别制定各类食品标准，如：卫生行政部门组织制定的食品卫生标准；质量监督部门组织制定的食品质量标准；农业行政部门组织制定的食用农产品质量安全标准；环保部门组织制定的有机食品标准；认证认可监督管理部门为了认证工作的需要制定的认证标准；国务院食品相关性的行政主管部门组织制定的各类食品行业标准等。虽然标准总体数量多，但标准间既有交叉重复、又有脱节，标准间的衔接协调程度不高。

二是个别重要标准或者重要指标缺失，尚不能满足食品安全监管需求。例如部分配套检测方法、食品包装材料等标准缺失。

三是标准的科学性和合理性有待提高。目前现行标准总体上标龄较长，食品产品安全标准通用性不强，部分标准指标欠缺风险评估依据，不能适应食品安全监管和行业发展需要。

四是标准宣传培训和贯彻执行有待加强。食品安全标准指标多、技术性强、强制执行要求高、社会关注度高，标准管理制度和工作程序需要进一步完善。

《食品安全法》的颁布实施是我国食品标准体系建设的一个转折点。该部法律明确要求食品安全标准作为唯一强制执行的标准，国务院卫生行政部门会同相关部门积极开展食品安全标准清理和制修订工作，对现行的食用农产品质量安全标准、食品卫生标准、食品质量标准和有关食品的行业标准中强制执行的标准予以整合，统一公布为食品安全国家标准。因此，在食品标准化工作中，需要克服一些制约因素，如食品安全国家标准的基础研究滞后，风险评估工作尚处于起步阶段，食品安全暴露评估等数据储备不足，监测评估技术水平有待提高等，进一步完善我国食品标准体系。

## 3.1.2 中外食品标准对比

### 3.1.2.1 中外食品标准差异

我国与美国等世界发达国家相比，由于经济发展水平与具体国情不同，在食品标准技术水平、管理体制和政策措施等方面存在着一定的差异。主要表现在：

（1）我国食品标准中，农（兽）药残留限量指标不仅少于国际标准和世界发达国家标准，而且指标设置不科学，不能与国际接轨。世界发达国家和地区的食品安全标准非常复杂，如在农药残留上，几乎涉及所有的农产品，数量庞大，指标很细，一种农药在不同的作物上都有详细规定。特别是近年来，欧盟的农药残留指标不断修订和增加，指标量已达到近 3 万，而且对很多低毒、低残留的农药也制定了很严格的限量，很大一部分是以最先进的仪器检测限作为限量标准，给一些发展中国家农产品出口欧盟造成了很大障碍。与此相比，我国制定的标准数量和种类与发达国家相差悬殊，并且我国现有的农药和兽药残留限量标准数量远远不够，相关检测方法标准也少，残留限量标准体系不健全。如国际食品法典委员会（CAC）对176种食品中规定了2439项农药和兽药最高残留限量标准，我国蔬菜农残限量指标只是CAC的7.0%，涉及的农药种类只是CAC的35.6%。美国在蔬菜上制定了802个限量指标，涉及农药种类165个，我国蔬菜农残限量指标只是美国的7.2%，涉及的农药种类只是美国的31.5%。在我国现行的分析方法标准中，大多数都是用常规的重量法、滴定法或比色法。这些方法普遍存在操作流程长、费工费时、对假冒伪劣食品特别是恶意掺假的食品辨别能力差、不能满足对微量成分的分析要求等问题。同时，对农产品的监控主要是针对安全卫生指标，这些指标多是以微量、痕量水平存在的，很难用常规的分析手段进行检测。

（2）对国际标准的重视和主动参与程度不够。由于我国科技水平的发展与世界发达国家相比仍有一定的差距，导致相关标准的制定受到限制。我国食品及其加工产品的质量标准偏重国内市场，较少采用国际标准和国外先进标准，滞后于国际食品贸易的需要，突出反映在：一是缺少必要的技术内容，二是已有的技术标准内容落后。我国在主要农畜产品及其加工产品质量安全标准方面严重滞后于国际同类标准，导致农畜产品及其加工产品的国际竞争能力不强。

（3）标准的制定没有根据食品产业链条上下游协调的原则进行配套，整个食品链的质量安全控制标准之间缺乏有机的衔接。世界发达国家和国际组织利用其先进的科学技术及强大的国力，加大对农牧业的投入，改善农牧业耕作和生产技术，提高食品原料质量，源头控制污染，以食品链全程质量安全控制的理念指导食品标准的制定，从而有效地保证了食品安全。我国食品生产、加工和流通环节所涉及的原料标准、产地环境标准、生产过程控制标准、产品标准、加工过程控制标准以及物流标准的配套性虽已有所改善，但整体而言还没有形成链条配套，使得食品生产全过程安全监控缺乏有效的技术指导和技术依据。

（4）标准制定不配套，缺乏协调性。食品涉及农业、轻工、商业、供销、粮食、卫生、质检等多个部门，由于各部门之间缺乏协调，同一对象存在两项或两项以上标准的现象时有发生，行业标准与国家标准交叉、重复，甚至矛盾，形成了一个内容多个标准、多种要求、多方管理的局面，这样的结果严重影响了标准的实施和食品安全的监管。

总之，与国际标准和国外先进标准相比，我国食品标准还存在未以风险分析为基础、标准体系不完善、标准水平偏低、标准的制定与检验检测水平和方法不适应等不足。

### 3.1.2.2 国际食品标准对我国食品标准制修订的借鉴

国际食品法典委员会（CAC）是一个由联合国粮农组织（FAO）和世界卫生组织（WHO）共同设立的政府间国际食品标准机构。在食品安全领域中，CAC的标准被世界贸易组织（WTO）在《实施卫生与植物卫生协定》（Sanitary and Phytosanitary，SPS）（SPS协定）中认可为解决国际食品贸易争端的依据之一，而成为世界贸易组织在食品安全领域唯一认可的国际标准。因此，研究和运用食品法典标准，对于构建我国自主完善的食品安全标准体系具有重要的意义。

（1）灵活运用食品法典标准。在我国有自主科学数据的领域，应坚持应用风险分析的原则，自主地建立食品安全标准，以确保消费者的适当健康保护水平。在我国缺乏相关基础数据的情况下，积极采纳 WHO/FAO 及相关公认的风险评估结果和科学数据，建立适合本国的风险管理措施。在上述情况均不能保证的情况下，合理采用国际食品法典标准，并加强对法典标准制定的参与力度，尽最大可能使法典标准符合本国的利益。

（2）重视和优先考虑基础标准。在构建我国食品安全标准框架之初，应当把基础标准放在首要的位置，通过建立科学合理的食品产品分类体系与基础标准相结合，从整体上控制食品安全。食品中污染物限量、农药和兽药残留限量、食品添加剂的使用范围和最大使用量、食品中致病微生物的允许水平、食品接触材料中化学物的迁移限量等这些基础标准几乎涵盖了食品最终产品安全指标的所有方面。世界各国均十分重视这些基础标准的建立和完善工作。

（3）提高各类生产规范的综合性和可行性。鉴于食品生物污染方式的多样性和缺乏微生物定量风险评估的数据支持，国际食品法典委员会一向倡导采用过程控制的方式控制食品产品的微生物污染。此外，以生产规范（code of practice）的形式，规定一套科学合理的生产加工方式，也已成为预防和降低食品中各类化学污染的重要措施。目前国际食品法典中已经包括了 69 项预防和控制各种食品污染的生产过程规范，涵盖了生物污染、生物毒素、外源性化学污染物、加工中产生的污染物等方方面面。这些规范的重要指导思想是，采取食物链的全程控制原则，对一种食品的生产从种养殖环节开始直至销售到消费者手中之前的所有环节均提出相应的控制措施。种植养殖业的源头污染问题、食品生产加工过程中的过程控制问题是我国目前食品安全的两大突出环节。而对最终产品抽检进行控制往往为时已晚，属于落后的终端管理手段，而各类生产规范的推广和执行才是治本的控制措施。

（4）积极借鉴和采纳检验方法标准。检验方法类标准是标准体系的重要组成部分，是验证基础标准和产品标准是否得到执行的重要手段。目前我国在检验方法类标准方面仍然存在很大缺口，如食品添加剂的检验方法、各类农药兽药残留的检验方法等，需要加快完善这些标准的进度。在充分考虑各类检验方法与技术指标之间的适用性的基础上，通过一定的判定原则，尽可能地采纳国际标准化组织（ISO）、美国化学家分析协会（AOAC）等公认有效的方法，从而快速建立一套较完善的我国食品检验方法标准体系。

（5）逐步纳入对食品中营养方面的要求。营养是食品安全领域的重要组成部分，在我国目前尚未对营养立法的情况下，系统地建立一套营养领域的标准和规范有助于解决营养和特殊膳食用食品领域的标准化问题。国际食品法典通过营养与特殊膳食委员会、食品标签委员会等对食品的营养要求进行规范，开展了大量卓有成效的工作，其工作方式可以为我国所借鉴。

（6）加强标准制修订所需的监测及评估工作能力建设。风险评估是建立标准的科学基础，我国应当有所侧重地加强风险评估的能力建设；另一方面加强风险评估理论与方法的培训和应用，一方面充分利用国际公认的评估结果，将有限的经费投入到我国居民的风险因素的膳食暴露评估工作中，进而开展一些特殊领域的毒理学评价等基础研究。开展风险评估必须以我国各类食品污染的监测数据为基础。

## 3.1.3　采用国际标准

### 3.1.3.1　概述

采用国际标准，是指将国际标准的内容，经过分析研究和试验验证，等同或修改转化为我国标准（包括国家标准、行业标准、地方标准和企业标准），并按我国标准审批发布程序审批发布。

国际标准（international standard），是指国际标准化组织（ISO）、国际电工委员会（IEC）和国际电信联盟（ITU）以及 ISO 确认并公布的其他国际组织制定的标准，见表 3-1。

**表 3-1　ISO 确认并公布的其他国际组织**

| 序号 | 国际性组织名称 | 序号 | 国际性组织名称 |
|---|---|---|---|
| 1 | 国际计量局（BIPM） | 26 | 世界牙科联合会（FDI） |
| 2 | 国际人造纤维标准化局（BISFA） | 27 | 货物运输协会国际联合会（FIATA） |
| 3 | 航天数据系统咨询委员会（CCSDS） | 28 | 国际制冷学会（IIR） |
| 4 | 国际建筑物研究和创新理事会（CIB） | 29 | 国际焊接协会（IIW） |
| 5 | 国际照明委员会（CIE） | 30 | 国际劳工组织（ILO） |
| 6 | 国际内燃机理事会（CIMAC） | 31 | 国际海事组织（IMO） |
| 7 | 食品法典委员会（CODEX） | 32 | 国际橄榄油理事会（IOC） |
| 8 | 烟草制品社会调查合作中心（CORESTA） | 33 | 国际种子测试协会（ISTA） |
| 9 | 建筑混凝土国际联合会（FIB） | 34 | 皮革加工与药剂师协会国际联盟（IULTCS） |
| 10 | 林业工作理事会（FSC） | 35 | 国际理论和应用化学联合会（IUPAC） |
| 11 | 国际原子能机构（IAEA） | 36 | 国际毛纺组织（IWTO） |
| 12 | 国际航空运输协会（IATA） | 37 | 国际兽疫防治局（OIE） |
| 13 | 国际民航组织（ICAO） | 38 | 国际法制计量组织（OIML） |
| 14 | 国际谷物科学和技术协会（ICC） | 39 | 国际葡萄与葡萄酒局（OIV） |
| 15 | 国际文化财产保护与修复研究中心（ICCROM） | 40 | 国际铁路客运政府间组织（OTIF） |
| 16 | 国际民防组织（ICDO） | 41 | 国际原料和结构测试研究实验室联盟（RILEM） |
| 17 | 国际排灌委员会（ICID） | 42 | 国际铁路联盟（UIC） |
| 18 | 国际辐射防护委员会（ICRP） | 43 | 管理、商业和运输程序及操作简易中心（UN/CEFACT） |
| 19 | 国际辐射单位和测量委员会（ICRU） | 44 | 联合国教科文组织（UNESCO） |
| 20 | 糖分析方法国际委员会（ICUMSA） | 45 | 万国邮政联盟（UPU） |
| 21 | 国际制酪业联合会（IDF） | 46 | 国际海关组织（WCO） |
| 22 | 互联网工程任务组（IETF） | 47 | 世界卫生组织（WHO） |
| 23 | 国际图书馆协会与学会联合会（IFLA） | 48 | 世界知识产权组织（WIPO） |
| 24 | 国际有机农业联盟（IFOAM） | 49 | 世界气象组织（WMO） |
| 25 | 国际天然气联合会（IGU） | | |

　　国际标准以其先进性和科学性而得到世界贸易组织（WTO）认可，并被指定为国际贸易和争端解决的技术依据，是世界各国进行贸易的基本准则和基本要求。采用国际标准能协调国际贸易中有关各方的要求，减少和避免造成贸易中的各种技术壁垒，使本国的产品或服务更容易打入和占领国际市场。为此，各发达国家都投入巨大的人力、财力，积极采用国际标准，研究掌握和主动参与国际标准的制修订工作，以促进本国食品国际贸易，保证食品安全。

　　早在 20 世纪 80 年代初，英、法、德等国家采用国际标准已达 80％，日本国家标准有 90％以上采用国际标准，美国目前采用国际标准的面更广，某些标准甚至高于现行的 CAC 标准水平。截至 2010 年底，ISO 已发布 18536 个国际标准，IEC 发布 6146 个国际标准，我国国家标准只有 40％左右等同采用了国际标准，食品行业国家标准的采标率只有 14.63％。

　　采用国际标准是我国的一项重大技术经济政策，是促进技术进步、提高产品质量、扩大对外开放、加快与国际惯例接轨的重要措施。我国《标准化法》中有"国家鼓励积极采用国际标准"的规定。

　　2001 年国家质检总局发布了《采用国际标准管理办法》（［2001］第 10 号令），其目的是为了减少技术性贸易壁垒和适应国际贸易的需要，提高我国产品质量和技术水平，促进采用国际标准工作的开展。《采用国际标准管理办法》的制定，参照了世界贸易组织和国际标准化组织的有关规定，并结合了我国的实际情况。

　　《采用国际标准管理办法》明确规定了促进采用国际标准的措施。对于采用国际标准的重点产品，需要进行技术改造的，有关管理部门应当按国家技术改造的有关规定，优先纳入各级技术改造计划。在技术引进中，要优先引进有利于使产品质量和性能达到国际标准的技术设备及有关的技术文件。对于国家重点工程项目，在采购原材料、配套设备、备品备件时，应当优先采购采用国际标准的产品。各级标准化管理部门应当及时为企业采用国际标准提供标准资料和咨询服务。各级科技和标准情报部门应当积极搜集、提供国际标准化的信息及有关资料，并开展咨询服务，为企业提供最新的标准信息。对采用国际标准的产品，按照《采用国际标准产品标志管理办法》的规定实行标志制度。

　　2002 年，国家质检总局等七部委联合发文《关于推进采用国际标准的若干意见》（［2002］209 号），对推进采用国际标准提出了具体措施意见。

### 3.1.3.2　国家标准与国际标准的一致性程度

　　根据《标准化工作指南　第 2 部分：采用国际标准》（GB/T 20000.2—2009），国家标准与相应国际标准的一致性程度分为等同、修改和非等效。

　　等同（IDT），指国家标准与相应国际标准的技术内容和文本结构相同，但可以包含最小限度的编辑性修改。所谓编辑性修改（editorial change），是指国家标准对国际标准在不变更标准技术内容条件下允许的修改。在"等同"条件下，符合国家标准就意味着符合国际标准。

　　修改（MOD），指国家标准与相应国际标准之间存在技术性差异，并且这些差异及其产生的原因被清楚地说明；或者文本结构变化，但同时有清楚的比较。

非等效（NEQ），指国家标准与国际标准的技术内容和文本结构不同，同时这种差异在国家标准中没有被清楚地说明。非等效还包括在国家标准中只保留了少量或不重要的国际标准条款的情况。与国际标准一致性程度为"非等效"的国家标准，不属于采用国际标准。

采用国际标准应遵守以下原则：

（1）采用 ISO、IEC 以及 ISO 公布的其他国际标准化机构发布的标准或其他出版物，需关注有关其出版物版权、版权使用权和销售的政策文件的规定。

（2）对于国际标准化机构发布的包括国际标准在内的不同类型的文件，宜采用与国际文件相似类型的我国文件（指国家标准、国家标准化指导性技术文件、行业标准）。

（3）国家标准应尽可能等同采用国际标准。若因气候、地理或基本技术原因对国际标准进行修改时，应把与国际标准的差异减到最小，并应清楚地标示这些差异和说明产生这些差异的原因。

（4）与国际标准有一致性对应关系的国家标准应按《标准化工作导则》GB/T1.1 的规定编写。

（5）当采用国际标准时，应把已发布的该国际标准的全部修正案和技术勘误的内容纳入国家标准中。国家标准前言中应包括增加国际标准的修正案和技术勘误内容的说明以及标示方法的说明。国家标准采用国际标准后，对于新发布的该国际标准的修正案和技术勘误也宜尽快采用。

### 3.1.3.3　采用国际标准的方法

采用国际标准的方法包括翻译法和重新起草法。

翻译法是指依据相应国际标准翻译成国家标准，而做最小限度的编辑性修改。采用翻译法的国家标准可做最小限度的编辑性修改，如果需要增加资料性附录，应将这些附录置于国际标准的附录之后，并按条文中提及这些附录的先后次序编排附录的顺序。等同采用国际标准时，应使用翻译法。

重新起草法是指在相应国际标准的基础上重新编写国家标准。采用重新起草法的国家标准如果需要增加附录，每个增加的附录应与其他附录一起按在标准条文中提及的先后顺序进行编号。修改采用国际标准时，应使用重新起草法。

国家标准等同采用 ISO 标准和（或）IEC 标准的编号方法是国家标准编号与 ISO 标准和（或）IEC 标准编号结合在一起的双编号方法。具体编号方法为将国家标准编号及 ISO 标准和（或）IEC 标准编号排为一行，两者之间用一斜线分开。

示例：GB/T19001—2008/ISO9001：2008

对于与 ISO 标准和（或）IEC 标准的一致性程度是修改和非等效的国家标准，只使用国家标准编号，不准许使用上述双编号方法。

双编号在国家标准中仅用于封面、页眉、封底和版权页上。

## 3.1.4　中国食品标准的分类

根据中国食品标准的级别、性质、内容等不同，可对其进行如下分类。

### 3.1.4.1　按级别分类

根据《中华人民共和国标准化法》第六条的规定，我国的标准按级别或效力的不同，可以分为国家标准、行业标准、地方标准和企业标准。食品领域内需要在全国范围内统一的食品技术要求，应当制定食品国家标准；没有食品国家标准，但需要在全国食品某个行业范围内统一的技术要求，可确定为食品行业标准。我国的国家标准由国务院标准化行政部门负责制定；行业标准由国务院有关行政主管部门制定；地方标准由省、自治区和直辖市标准化行政部门制定；企业标准由企业自己制定，报省级标准化行政部门备案。

2015 年 3 月 11 日国务院印发了《深化标准化工作改革与方案》，提出要通过改革，建立政府主导制定的标准协同发展、协调配套的新型标准体系。该方案明确将培育和发展团体标准作为一项重要的标准化工作改革措施。在标准制定主体上，鼓励具备相应能力的学会、协会、商会联合会等社会组织和产业技术联盟协调相关市场主体共同制定满足市场和创新需要的标准，供市场自愿选用，增加标准的有效供给。在标准管理上，对团体标准不设行政许可，由社会组织和产业技术联盟自主制定发布，通过市场竞争优胜劣汰。国务院标准化主管部门会同国务院有关部门制定团体标准发展指导意见和标准化良好行为规范，对团体标准进行必要的规范、引导和监督。支持专利融入团体标准，推动技术进步。未来团体标准将与国家标准、行业标准、地方标准、企业标准并行发展。

根据《食品安全法》的规定，食品安全标准分为食品安全国家标准、食品安全地方标准和食品安全企业标准。食品安全国家标准由国务院卫生行政部门负责制定、公布，国务院标准化行政部门提供国家标准编号。食品中农药残留、兽药残留的限量规定及其检验方法与规程由国务院卫生行政部门、国务院农业行政部门制定。屠宰畜、禽的检验规程由国务院有关主管部门会同国务院卫生行政部门制定。没有食品安全国家标准的地方特色食品、地方传统食品，需要在省、自治区、直辖市范围内统一实施的，可以制定食品安全地方标准。省、自治区、直辖市人民政府卫生行政部门组织制定食品安全地方标准，并报国务院卫生行政部门备案。企业生产的食品没有食品安全国家标准或者地方标准的，应当制定食品安全企业标准，作为组织生产的依据。国家鼓励食品生产企业制定严于食品安全国家标准或地方标准的企业标准。企业标准应当报省级卫生行政部门备案，在本企业内部适用。

### 3.1.4.2　按性质分类

从标准的属性划分，食品标准可分为强制性食品标准和推荐性食品标准。根据《食品安全法》的规定，食品安全标准是唯一的强制执行的标准。除食品安全标准外，不得制定其他的食品强制性标准。食品安全标准包含：食品中有毒有害物质限量标准、食品添加剂使用标准和产品标准、婴幼儿食品和特定人群食品安全标准、食品标签标准、食品生产经营过程卫生要求标准、与食品安全有关的质量要求标准、检验方法与检验规程标准等。其他标准为推荐性食品标准。

### 3.1.4.3　按内容分类

从食品标准的内容上区分，常见的食品标准类别有食品基础标准、食品安全限量标准、食品标签标识标准、食品产品标准、农产品质量安全标准、食品检验方法标准、食品流通标准、食品生产经营规范和管理技术标准、食品添加剂标准、食品相关产品标准等。需要特别强调的是，以上既不是为了对食品标准按内容进行系统的分类，也不是为了全部列出所有可能的标准类别，这些类别的标准相互间并不排斥，例如，一个特定的产品标准，如果规定了关于产品特性的试验方法，则也可视为检验方法标准。此外，食品安全标准几乎涵盖了以上所有的食品标准类别。

针对我国食品标准现状，我国《食品安全国家标准"十二五"规划》中明确指出，应坚持"预防为主、科学管理"的原则，全面清理整合现行食品标准，加快制定、修订食品安全基础标准，完善食品生产经营规范，合理设置食品产品安全标准，建立健全配套的食品检验方法标准，努力提高标准的科学性和实用性。

在食品安全基础标准方面，重点做好食品、食品添加剂和食品相关产品的污染物、生物毒素、致病性微生物等危害人体健康的物质限量、农药和兽药残留限量、食品添加剂使用、食品标签、食品安全术语、分类等食品安全基础标准制定、修订工作。2015年底前，修订食品污染物、生物毒素、农药和兽药残留等限量标准和食品添加剂使用、食品添加剂产品标准、食品标签标准；制定食品安全术语、分类标准；制定食品致病性微生物限量标准和食品生产经营过程的指示性微生物控制要求，制定餐饮业即食食品微生物标准，科学设置食品产品中的微生物指标和限量；完善食品容器、包装、加工设备材料标准和食品容器、包装用添加剂使用等食品相关产品标准。

在食品生产经营规范标准方面，按照加强食品生产经营过程安全控制的要求，做好食品生产经营规范标准制定、修订工作，强化原料、生产过程、运输和贮存、卫生管理等要求，规范食品生产经营过程，预防和控制食品安全风险。2015年底前，制定公布食品、食品添加剂生产企业卫生规范、经营企业卫生规范、餐饮服务单位卫生规范等20余项食品安全国家标准，基本形成食品生产经营和餐饮服务全过程的食品安全控制标准体系。按照食品类别、生产经营方式等特点，进一步细化食品生产经营过程中控制食品污染的要求和规定。

在食品产品安全标准方面，根据食品不同特性和可能存在的风险因素，以风险评估为依据，制定食品中基础标准不能涵盖的危害因素限量要求和食品安全相关的强制性质量指标，覆盖日常消费量大的食品原料及产品等。2015年底前，制定、修订肉类食品、水产品、粮食、食用油脂、酒类、调味品、豆类制品、饮料等主要大类食品产品标准，侧重通用性和覆盖面，避免标准间的重复和交叉。

在食品检验方法标准方面，针对食品安全国家标准中规定的限量指标，制定、修订配套的检测方法标准。2015年底前，重点制定、修订食品中各类污染物、微生物、农药和兽药残留、食品添加剂以及产品标准指标、包装材料等分析检测方法标准，进一步完善食品毒理学安全性评价程序和检验方法等标准。

## 3.2 食品基础标准

食品基础标准是指在食品领域具有广泛的适用范围，涵盖整个食品或某个食品专业领域内的通用条款的标准。食品基础标准可直接应用，也可作为其他标准的基础。食品基础标准主要包括通用食品术语标准、图形符号及代号类标准、食品分类标准等。

# 3.2.1 名词术语、图形符号、代号类标准

### 3.2.1.1 食品术语标准

术语（terminology）是在特定学科领域用来表示概念的称谓的集合，是通过语言或文字来表达或限定科学概念的约定性语言符号，是思想和认识交流的工具。术语标准是以各种专用术语为对象所制定的标准，通常带有定义，有时还附有注、图、示例等。术语标准中一般规定术语、定义（或解释性说明）和对应的外文名称。标准化术语区别于一般术语的重要特征在于其使用意义上的精确性。

术语标准化的主要内容是概念、概念的描述、概念体系、概念的术语和其他类型的定名、概念和定名之间的对应关系。术语标准化的目的在于分清专业界限和概念层次，从而正确指导各项标准的制定和修订工作。因此，术语标准化的重要任务之一是建立与概念体系相对应的术语体系。专业学科和一定专业领域的概念，构成一个概念体系，与之相对应的术语，在专业学科和一定专业领域也需要构成一个术语体系。把一定范围内的术语，按其内在联系形成科学的有机整体，经过对其选编、注释、定义，形成人们普遍接受的一套专门用语，即人们通常称谓的术语集。术语标准化的另一个任务，是对陈旧落后的阻碍科技进步的原有术语进行清理、修订，重复的要删除，混乱、交叉的要进行统一。

食品术语标准是食品行业发展和科技进步的重要基础标准。食品术语标准的制定及其标准化是当代食品行业发展和国际贸易的需要，也是信息技术兴起的需要。和其他术语一样，食品标准中的术语表现形式有两种：一是制定成一项单独的术语标准或单独的部分；二是编制在含有其他内容的标准中的"术语和定义"一章中。

除了编制于众多技术标准中的术语和定义外，我国先后颁布了 30 多部食品术语集的国家标准和行业标准，具体见表 3-2 。

**表 3-2 食品术语标准**

| 序号 | 标准号 | 标准名称 | 序号 | 标准号 | 标准名称 |
| --- | --- | --- | --- | --- | --- |
| 1 | GB/T 15091—1994 | 食品工业基本术语 | 13 | GB/T 15069—2008 | 罐头食品机械术语 |
| 2 | GB/T 8872—2011 | 粮油名词术语 制粉工业 | 14 | GB/T 15109—2008 | 白酒工业术语 |
| 3 | GB/T 8873—2008 | 粮油名词术语 油脂工业 | 15 | GB/T 18007—1999 | 咖啡及其制品 术语 |
| 4 | GB/T 8874—2008 | 粮油通用技术、设备名词术语 | 16 | GB/T 19420—2003 | 制盐工业术语 |

| 序号 | 标准号 | 标准名称 | 序号 | 标准号 | 标准名称 |
|---|---|---|---|---|---|
| 5 | GB/T 8875—2008 | 粮油术语　碾米工业 | 17 | GB/T 19480—2009 | 肉与肉制品术语 |
| 6 | GB/T 9289—2010 | 制糖工业术语 | 18 | GB/T 20573—2006 | 蜜蜂产品术语 |
| 7 | GB/T 10221—1998 | 感官分析术语 | 19 | GB/T 22515—2008 | 粮油名词术语　粮食、油料及其加工产品 |
| 8 | GB/T 12104—2009 | 淀粉术语 | 20 | GB/T 23508—2009 | 食品包装容器及材料术语 |
| 9 | GB/T 12140—2007 | 糕点术语 | 21 | GB/Z 21922—2008 | 食品营养成分基本术语 |
| 10 | GB/T 12728—2006 | 食用菌术语 | 22 | JB/T 7863—2007 | 茶叶机械　术语 |
| 11 | GB/T 12729.1—2008 | 香辛料和调味品　名称 | 23 | QB/T 1079—1991 | 啤酒机械术语 |
| 12 | GB/T 14487—2008 | 茶叶感官审评术语 | 24 | QB/T 3921—1999 | 乳品机械名词术语 |
| 25 | SB/T 10006—1992 | 冷冻饮品术语 | 32 | SB/T 10298—1999 | 调味品名词术语　酱油 |
| 26 | SB/T 10034—1992 | 茶叶加工技术术语 | 33 | SB/T 10299—1999 | 调味品名词术语　酱类 |
| 27 | SB/T 10175—1993 | 面条类生产工业用语 | 34 | SB/T 10300—1999 | 调味品名词术语　食醋 |
| 28 | SB/T 10252—1995 | 糖果术语 | 35 | SB/T 10301—1999 | 调味品名词术语　酱腌菜 |
| 29 | SB/T 10291.1—1997 | 食品机械术语　第1部分：饮食机械术语 | 36 | SB/T 10302—1999 | 调味品名词术语　腐乳 |
| 30 | SB/T 10291.2—1997 | 食品机械术语　第2部分：糕点加工机械术语 | 37 | SB/T 10325—1999 | 调味品名词术语　豆制品 |
| 31 | SB/T 10295—1999 | 调味品名词术语　综合 | 38 | SC/T 3012—2002 | 水产品加工术语 |

　　从这些食品术语标准所覆盖的内容看，分布很不平衡，一些重要的行业术语标准（如饮料）缺失，而调味品行业术语标准却多达 8 部。许多标准标龄过长，如国家标准《食品工业名词术语》《感官分析术语》等。另外，按照 GB/T 1.1—2009《标准化工作导则 第 1 部分：标准的结构和编写》的要求，很多术语和定义的编写不甚规范，亟待修订。

### 3.2.1.2　食品图形符号、代号类标准

　　图形符号是指以图形为主要特征，用以传递某种信息的视觉符号。图形符号跨越语言和文化的障碍，从视觉上引导人们，达到世界通用效果。符号代表的含义比文字丰富，图形符号是自然语言外的一种人工语言符号，具有直观、简明、易懂、易记的特点，便于信息的传递，使不同年龄、具有不同文化水平和使用不同语言的人都容易接受和使用。按其应用领域可分为标志用图形符号（公共信息类）、设备用图形符号和技术文件用图形符号三类。与术语一样，图形符号是人类用来刻画、描写知识的最基本的信息承载单元，它们不仅渗透科研、生产各环节，而且与我们的日常生活密切相关。术语标准体系和图形符号标准体系属于标准体系中的两大分支，是各行业、各领域开展标准化工作的基础。部分食品图形符号、代号类标准见表 3-3。

**表 3-3　部分食品图形符号、代号类标准**

| 序号 | 标准号 | 标准名称 |
|---|---|---|
| 1 | GB/T 191—2008 | 包装储运图示标志 |
| 2 | GB/T 7291—2008 | 图形符号　基于消费者需求的技术指南 |
| 3 | GB/T 13385—2008 | 包装图样要求 |
| 4 | GB/T 16900—2008 | 图形符号表示规则　总则 |
| 5 | GB/T 16903.1—2008 | 标志用图形符号表示规则　第 1 部分　公共信息图形符号的设计原则 |
| 6 | GB/T 16903.2—2008 | 标志用图形符号表示规则　第 2 部分：测试程序 |
| 7 | GB/T 23371.2—2009 | 电气设备用图形符号基本规则　第 2 部分：箭头的形式与使用 |
| 8 | GB/T 12529.1—2008 | 粮油工业用图形符号、代号　第 1 部分：通用部分 |
| 9 | GB/T 12529.2—2008 | 粮油工业用图形符号、代号　第 2 部分：碾米工业 |
| 10 | GB/T 12529.3—2008 | 粮油工业用图形符号、代号　第 3 部分：制粉工业 |
| 11 | GB/T 12529.4—2008 | 粮油工业用图形符号、代号　第 4 部分：油脂工业 |
| 12 | GB/T 12529.5—2010 | 粮油工业用图形符号、代号　第 5 部分：仓储工业 |

## 3.2.2　食品分类标准

食品分类的标准化是食品行业发展和技术进步的基础，它的基础性功能体现在以下几方面：①食品分类标准是规范市场的工具，是食品生产监督管理部门对食品生产企业进行分类管理、行业统计、经济预测和决策分析的重要依据，也是进行消费者调查的重要工具；②食品分类标准是食品安全风险暴露评估的依据，是食品安全标准的标准；③食品分类标准是国家和地区食品成分表的重要组成部分，是进行国家和地区膳食评估比较的依据；④建立食品分类标准并使之与国际接轨是国际贸易发展和信息化的需要，缺乏统一认可的食品分类标准，会给国际食品贸易和安全信息交流带来困难。

因食品分类的目的、原则和方法各异，其分类结果也大不相同。食品分类标准应当在逻辑上是严密的，在用语上是规范的，在操作上是直观的。既要体现食品行业的学科属性，具有完整性和系统性的特点，又要强调食品分类的社会实用性，充分考虑应用分类的社会各组织、各社会组织体系的客观基础。食品分类强调实用性，但不唯实用性。在结构设置上，应尽量避免类级的轻重不当，不能突出一点而忽略其他。随着食品产业的细化，国际上食品分类正朝着开放性的方向发展。我国目前已经发布的部分食品分类标准见表 3-4。

**表 3-4　部分食品分类标准**

| 序号 | 标准号 | 标准名称 | 序号 | 标准号 | 标准名称 |
|---|---|---|---|---|---|
| 1 | GB/T 4754—2002 | 国民经济行业分类　加工食品部分 | 10 | SB/T 10007—1999 | 冷冻饮品分类 |
| 2 | GB/T 7635.1—2002 | 全国主要产品分类与代码　第 1 部分：可运输产品 | 11 | SB/T 10171—1993 | 腐乳分类 |
| 3 | GB/T 8887—1988 | 淀粉分类 | 12 | SB/T 10172—1993 | 酱的分类 |
| 4 | GB/T 10784—2006 | 罐头食品分类 | 13 | SB/T 10173—1993 | 酱油分类 |

| 序号 | 标准号 | 标准名称 | 序号 | 标准号 | 标准名称 |
|------|--------|----------|------|--------|----------|
| 5 | GB/T 10789—1996 | 软饮料的分类 | 14 | SB/T 10174—1993 | 食醋分类 |
| 6 | GBT 17204—2008 | 饮料酒分类 | 15 | SB/T 10297—1999 | 酱腌菜分类 |
| 7 | GB/T 20903—2007 | 调味品分类 | 16 | SB/T 10346—2008 | 糖果分类 |
| 8 | GB/T 21725—2008 | 天然香辛料　分类 | 17 | SC 3001—1989 | 水产及水产加工品分类与名称 |
| 9 | GB/T 26604—2011 | 肉制品分类 | | | |

以上标准，只有 GB/T 4754—2002 和 GB/T 7635.1—2002 包含全面的食品分类。其中，《国民经济行业分类》是国家统计局为统计国民经济数字而制定的标准；《全国主要产品分类与代码　第 1 部分：可运输产品》是为信息处理和信息交换而制定的标准，其余标准均为单一专业的分类标准，由于是从不同需求角度、不同适应范围而制定的，因此标准的分类原则、分类方法和分类结果各有差异。需要指出的是，在《食品安全国家标准　食品添加剂使用标准》GB2760—2011 中，也有一个食品分类系统，将食品分为16 大类，该食品分类系统是用于界定食品添加剂的使用范围，只适用于 GB 2760—2011。

## 3.3　食品安全标准

2009 年 2 月 28 日第十一届全国人大常委会第七次会议高票通过了《中华人民共和国食品安全法》（以下简称《食品安全法》），自 2009 年 6 月 1 日起施行。2015 年 4 月 24 日修订后自 2015 年 10 月 1 日施行。《食品安全法》第二十二条规定，对现行的食用农产品质量安全标准、食品卫生标准、食品质量标准和有关食品的行业标准中强制执行的标准予以整合，统一公布为食品安全国家标准。食品安全国家标准属于强制性技术法规，是维护公众身体健康、保障食品安全的重要措施，是实现食品安全科学管理、强化各环节监管的重要基础，也是规范食品生产经营、促进食品行业健康发展的技术保障。本节主要以食品安全标准体系的构成为主线，介绍我国已发布的各类食品安全国家标准的内容。

### 3.3.1　食品安全标准的法规依据

#### 3.3.1.1　食品安全标准的概念

《食品安全法》、《食品安全法实施条例》以及有关部门规章为食品安全标准的定义、性质、内容、制定程序、管理等提供了法规依据。

《食品安全法》第九十九条对食品安全作了规定："食品安全，指食品无毒、无害，符合应当有的营养要求，对人体健康不造成任何急性、亚急性或者慢性危害。"据此，食品安全标准是指为了对食品生产、加工、流通和消费（即"从农田到餐桌"）等食品链全过程影响食品安全和质量的各种要素以及各关键环节进行控制和管理，经协商一致制定并由公认机构批准发布，共同使用和重复使用的一种规范性文件。

按照级别划分，食品安全标准分为食品安全国家标准、食品安全地方标准和食品安全企业标准。三者都是强制执行的标准，且下级标准不得与上级标准相抵触。

### 3.3.1.2　食品安全标准的性质

《食品安全法》第十九条规定，食品安全标准是强制执行的标准。除食品安全标准外，不得制定其他的食品强制性标准。

食品作为一种工业产品具有质量和安全双重属性，安全卫生是食品的最基本要求。食品安全标准不同于食品质量标准，它是保障食品安全与营养的重要技术手段，其根本目的是保障公众身体健康，是食品安全体系建设的重要组成部分，是进行法制化食品监督管理的基本依据。同时，食品生产经营者应当依照法律、法规和食品安全标准从事生产经营活动，建立健全的食品安全管理制度，采取有效管理措施，保证食品安全。食品生产经营者对其生产经营的食品安全负责，对社会和公众负责，承担社会责任。因此，食品安全标准属于强制性技术法规，是维护公众身体健康、保障食品安全的重要措施，是实现食品安全科学管理、强化各环节监管的重要基础，也是规范食品生产经营、促进食品行业健康发展的技术保障。

在满足食品安全这一要求的基础上，可以由质量技术监督部门、行业协会或其他生产企业组织制定食品质量标准，就食品的品种、规格、等级、口味、外观、大小、净重等涉及质量的指标进行一致的规定。食品质量标准可根据客户订单要求、市场竞争和满足消费者需求及国际贸易需要等而对具体的食品产品进行设定。

### 3.3.1.3　食品安全标准体系

《食品安全法》第二十条规定，食品安全标准应当包括下列内容：①食品、食品相关产品中的致病性微生物、农药残留、兽药残留、重金属、污染物质以及其他危害人体健康物质的限量规定；②食品添加剂的品种、使用范围、用量；③专供婴幼儿和其他特定人群的主辅食品的营养成分要求；④对与食品安全、营养有关的标签、标识、说明书的要求；⑤食品生产经营过程的卫生要求；⑥与食品安全有关的质量要求；⑦食品检验方法与规程；⑧其他需要制定为食品安全标准的内容。

食品安全标准覆盖了食品、食品添加剂和食品相关产品范围，基本涵盖了从原料到产品中涉及健康危害的各种安全指标，包括食品产品生产加工过程中原料收购与验收、生产环境、设备设施、工艺条件、安全管理、产品出厂前检验等食品链中各个环节的安全要求。

根据食品安全标准的内容，食品安全标准体系应由以下几类标准构成：食品中有毒有害物质限量标准、食品添加剂标准、婴幼儿食品和特定人群食品安全标准、食品标签标识标准、食品生产经营过程卫生要求标准、与食品安全有关的质量要求标准、检验方法与检验规程标准以及其他食品安全标准。

《食品安全法》及其实施条例颁布实施之后，国务院卫生行政部门会同相关部门积极开展食品安全标准工作，对现行的食用农产品质量安全标准、食品卫生标准、食品质量标准和有关食品的行业标准中强制执行的标准予以整合，统一公布为食品安全国家标准。开展的工作主要包括以下方面。

一是完善食品安全标准管理制度。发布实施了《食品安全国家标准管理办法》《食品安全地方标准管理办法》《食品安全企业标准备案办法》《食品安全国家标准制（修）订项目管理规定》《进口无食品安全国家标准食品许可管理规定》等，按照公开、透明的原则，明确了标准制定、修订程序和管理制度。卫生部与农业部、国家标准化管理委员会建立了工作联动机制。组建成立了第一届食品安全国家标准审评委员会，建立健全食品安全国家标准审评制度，并依法开展食品安全国家标准审查工作。

二是加快食品标准清理整合。重点对粮食、植物油、肉制品、乳与乳制品、酒类、调味品、饮料等食品标准进行清理整合，废止和调整了一批标准和指标，稳妥处理现行食品标准间交叉、重复、矛盾的问题。在食品安全国家标准制修订过程中，注重缩短标准中的安全、营养等主要技术指标与发达国家相比存在的差距，提高我国食品安全标准的整体水平。

三是制定公布新的食品安全国家标准。截至 2016 年 1 月我国已正式公布 412 项食品安全国家标准，其中包括真菌毒素限量、农药最大残留限量标准等食品中有毒有害物质限量标准；食品添加剂标准（包括食品添加剂使用、复配食品添加剂以及部分食品添加剂产品标准）；婴幼儿食品、其他食品及食品相关产品（包括食品包装材料）质量安全标准；食品检验方法标准；食品标签标识标准；食品良好生产与企业卫生规范等。这些标准的发布进一步提高了我国食品安全国家标准的科学性和实用性，统一、协调的食品安全国家标准体系已初步建立。

四是推进食品安全国家标准顺利实施。积极开展食品安全国家标准宣传培训，组织开展标准跟踪评价，指导食品行业严格执行新的食品安全国家标准，并广泛听取食品生产经营者和消费者的意见，不断修订完善食品安全国家标准。

五是深入参与国际食品法典事务。承担国际食品添加剂和农药残留法典委员会主持国，当选国际食品法典委员会亚洲区域执行委员，主办国际食品添加剂法典会议、农药残留法典会议，充分借鉴国际食品标准制定和管理的经验。

## 3.3.2　食品中有毒有害物质限量标准

### 3.3.2.1　概述

食品中有毒有害物质是指食品中天然存在的或者由外界引入的有毒有害因素，其残留直接影响人体健康。食品中有毒有害物质限量标准主要包括食品中真菌毒素限量标准、农药最大残留限量标准、兽药最大残留限量标准、污染物限量标准、致病菌限量标准、重金属限量标准等。这类标准规定了食品中存在的有毒有害物质的人体可接受的最高水平，其目的是将有毒有害物质限定在安全阈值内，保证食用安全性，最大限度地保障人体健康。

截至 2012 年 11 月 30 日，已发布的食品中有毒有害物质限量标准见表 3-5。

表 3-5 已发布的食品中有毒有害物质限量标准

| 序号 | 标准号 | 标准名称 |
|---|---|---|
| 1 | GB 2761—2011 | 食品安全国家标准 食品中真菌毒素限量 |
| 2 | GB 2762—2012 | 食品安全国家标准 食品中污染物限量 |
| 3 | GB 2763—2012 | 食品安全国家标准 食品中农药最大残留限量 |

### 3.3.2.2 食品中真菌毒素限量标准

真菌毒素是指真菌在生长繁殖过程中产生的次生有毒代谢产物。真菌毒素限量是指真菌毒素在食品原料和（或）食品成品可食用部分中允许的最大含量水平。

食品安全国家标准《食品中真菌毒素限量》（GB2761—2011）规定了食品中黄曲霉毒素 $B_1$、黄曲霉毒素 $M_1$、脱氧雪腐镰刀菌烯醇、展青霉素、赭曲霉毒素 A 及玉米赤霉烯酮的限量指标，见表 3-6～表 3-11。

《食品中真菌毒素限量》列出了可能对公众健康构成较大风险的真菌毒素，制定限量值的食品是对消费者膳食暴露量产生较大影响的食品。应该指出，无论是否制定真菌毒素限量，食品生产和加工者均应采取控制措施，使食品中真菌毒素的含量达到最低水平。

表 3-6 食品中黄曲霉毒素 $B_1$ 限量指标

| 食品类别（名称） | 限量，$\mu g/kg$ |
|---|---|
| 谷物及其制品 | |
| 　玉米、玉米面（渣、片）及玉米制品 | 20 |
| 　稻谷[a]、糙米、大米 | 10 |
| 　小麦、大麦、其他谷物 | 5.0 |
| 　小麦粉、麦片、其他去壳谷物 | |
| 豆类及其制品 | |
| 　发酵豆制品 | 5.0 |
| 坚果及籽类 | |
| 　花生及其制品 | 20 |
| 　其他熟制坚果及籽类 | 5.0 |
| 油脂及其制品 | |
| 　植物油脂（花生油、玉米油除外） | 10 |
| 　花生油、玉米油 | 20 |
| 调味品 | |
| 　酱油、醋、酿造酱（以粮食为主要原料） | 5.0 |
| 特殊膳食用食品 | |
| 　婴幼儿配方食品 | |
| 　　婴儿配方食品[b] | 0.5（以粉状产品计） |
| 　　较大婴儿和幼儿配方食品[b] | 0.5（以粉状产品计） |
| 　　特殊医学用途婴儿配方食品 | 0.5（以粉状产品计） |
| 　婴幼儿辅助食品 | |
| 　　婴幼儿谷类辅助食品 | 0.5 |

[a] 稻谷以糙米计。

[b] 以大豆及大豆蛋白制品为主要原料的产品。

#### 表 3-7　食品中黄曲霉毒素 M₁ 限量指标

| 食品类别（名称） | 限量，$\mu g/kg$ |
| --- | --- |
| 乳及乳制品[a] | 0.5 |
| 特殊膳食用食品 | |
| 　婴儿配方食品[b] | 0.5（以粉状产品计） |
| 　较大婴儿和幼儿配方食品[b] | 0.5（以粉状产品计） |
| 　特殊医学用途婴儿配方食品 | 0.5（以粉状产品计） |

[a]乳粉按生乳折算。
[b]以乳类及乳蛋白制品为主要原料的产品。

#### 表 3-8　食品中脱氧雪腐镰刀菌烯醇限量指标

| 食品类别（名称） | 限量，$\mu g/kg$ |
| --- | --- |
| 谷物及其制品 | |
| 　玉米、玉米面（渣、片） | 1000 |
| 　大麦、小麦、麦片、小麦粉 | 1000 |

#### 表 3-9　食品中展青霉素限量指标

| 食品类别（名称）[a] | 限量，$\mu g/kg$ |
| --- | --- |
| 水果及其制品 | |
| 　水果制品（果丹皮除外） | 50 |
| 饮料类 | |
| 　果蔬汁类 | 50 |
| 酒类 | 50 |

[a]仅限于以苹果、山楂为原料制成的产品。

#### 表 3-10　食品中赭曲霉毒素 A 限量指标

| 食品类别（名称） | 限量，$\mu g/kg$ |
| --- | --- |
| 谷物及其制品 | |
| 　谷物[a] | 5.0 |
| 　谷物碾磨加工品 | 5.0 |
| 豆类及其制品 | |
| 　豆类 | 5.0 |

[a]稻谷以糙米计。

#### 表 3-11　食品中玉米赤霉烯酮限量指标

| 食品类别（名称） | 限量，$\mu g/kg$ |
| --- | --- |
| 谷物及其制品 | |
| 　小麦、小麦粉 | 60 |
| 　玉米、玉米面（渣、片） | 60 |

### 3.3.2.3　食品中农药最大残留限量标准

农药是指用于预防、消灭或者控制危害农业、林业的病、虫、草和其他有害生物，以及有目的地调节植物、昆虫生长的化学合成物或者来源于生物、其他天然物质的一种物质或者几种物质的混合物及其制剂。

农药残留物是指任何由于使用农药而在农产品及食品中出现的特定物质，包括被认为具有毒理学意义的农药衍生物，如农药转化物、代谢物、反应产物以及杂质等。

农药残留物浓度超过了一定量就会对人、畜、环境产生不良影响或通过食物链对生态系统造成危害。为了保证合理使用农药、控制污染、保障公众身体健康，需制定允许农药残留于作物及食品上的最大限量。目前国际上通常用最大残留限量（MRLs）值来表示。最大残留限量是指在生产或保护商品过程中，按照农药使用的良好农业规范（GAP）使用农药后，允许农药在各种农产品及食品中或其表面残留的最大浓度，单位为 mg/kg，即每千克食品中含有农药残留的量（毫克）。

我国食品中农药残留限量标准与食品法典委员会（CAC）、美国、欧盟、日本等这些国际权威组织和发达国家和地区的相关标准相比存在非常大的差距，突出反映在农药污染物覆盖范围小、残留限量指标值高、标准过于笼统等方面。

《食品安全法》实施后，我国有针对性地开展了农药残留监测工作。根据农药登记和使用情况、主要食用农产品消费情况和农药残留监测结果，抓紧整合修订相关标准。我国原有的农药残留限量标准中，仅规定了 201 种农药在 114 种农产品中的 873 个残留限量。2013 年 3 月 1 日，农业部与卫生部联合发布的食品安全国家标准《食品中农药最大残留限量》（GB2763—2012）正式实施，原涉及食品中农药最大残留限量的 6 项国家标准和 10 项农业行业标准同时废止。新标准制定了 322 种农药在 10 大类农产品和食品中的 2293 个残留限量，基本涵盖了我国居民日常消费的主要食品和农产品。新标准中蔬菜、水果、茶叶等鲜食农产品的农药最大残留限量数量最多。其中，蔬菜中农药残留限量 915 个，水果 664 个，茶叶 25 个，食用菌 17 个。

该标准还首次制定了同类农产品的组限量标准。即选择同一组农产品中消费量大、残留风险最高的农产品为代表作物，以代表作物的农药残留试验数据为基础，来制定农药残留限量标准。因此，组限量标准是同一组作物中所有农产品共同的残留限量标准。新标准涉及谷物、叶菜类蔬菜、柑橘类水果等 28 种作物组 780 个限量标准，以及初级加工制品的农药最大残留限量标准（小麦粉、大豆油等 12 种加工制品 59 个限量标准）。

同时该标准还推荐了 2293 项限量标准配套的检测方法标准，提高了标准的可操作性。

### 3.3.2.4　食品中兽药最大残留限量标准

兽药是指用于预防、治疗、诊断动物疾病或者有目的地调节动物生理机能的物质（含药物饲料添加剂），主要包括血清制品、疫苗、诊断制品、微生态制品、中药材、中成药、化学药品、抗生素、生化药品、放射性药品及外用杀虫剂、消毒剂等。

兽药残留是指在动物产的任何食用部分中的原型化合物及其代谢产物，并包括与兽药有关杂质的残留。残留总量是指对可食用动物用药以后，在动物性食品中某些药物残留的总和，是由残存在食品中的药物母体和全部代谢产物以及来源于药物的产物组成的。总残留量一般用放射性标记药物试验来测定，以相当于药物母体在食品中的含量（mg/

kg）来表示。

兽药最大残留限量（MRLVD）是指由于使用一种兽药而产生的此兽药残留的最高浓度，此浓度被食品法典委员会（CAC）推荐为法定批准或认可容许存在于食物中或食物表面。

兽药残留是影响动物源食品安全的主要因素之一。随着人们对食品安全的重视，动物源食品中的兽药残留也越来越被关注，在国际贸易中的技术壁垒也有越来越严重的趋势。根据WTO关于货物贸易多边协议的技术性贸易壁垒协议（WTO/TBT）和实施动物性卫生检疫协议（WTO/SPS），进口国为保障本国人民的健康和安全，有权制定比国际标准更加严厉的标准。

我国对兽药残留标准的研究，目前还主要侧重于在我国登记使用或国际上禁止使用不得检出的兽药方面。农业部第235号公告《动物性食品中兽药最高残留限量》就是按照这个原则大量采用了国际食品法典委员会（CAC）、欧盟等标准，这是我国在兽药残留方面最新、最权威的规范。我国正在根据兽药登记和使用情况等，以《动物性食品中兽药最高残留限量》涉及的94种兽药为基础，增补农业部新批准使用的兽药残留限量，同时参考和借鉴CAC等国际组织和美国、欧盟等国家、地区标准，补充部分兽药品种的限量规定。

近年来，兽药在畜牧生产中的应用增加，由此导致的动物性食品中兽药残留问题日益突出。因此，建立准确、灵敏、可靠的兽药残留分析方法刻不容缓。兽药残留分析是复杂混合物中衡量组分的分析技术，既需要精细的微量操作手段，又需要高灵敏的衡量检测技术，难度大、仪器化程度和分析成本高，分析质量控制和分析策略有特殊性要求。2013年9月，农业部、国家卫生计生委联合发布了《牛奶中左旋咪唑残留量的测定高效液相色谱法》等29项兽药残留检测方法标准，这些国家标准的发布与实施，对进一步完善我国兽药残留检测体系，加强动物源食品安全具有重要意义。

### 3.3.2.5　食品中污染物限量标准

食品污染物是指食品在生产（包括农作物种植、动物饲养和兽医用药）、加工、包装、贮存、运输、销售、食用过程或由环境污染物所导致的、非有意加入食品中的物质，这些物质包括除农药、兽药和真菌毒素以外的污染物。当前由于食品生产的工业化和新技术的应用，以及对食品中有害因素的新认识，出现了新的污染物及新的控制策略要求。食品污染物限量标准是判定食品是否安全的重要科学依据，它对保障人体健康具有极为重要的作用。

《食品中污染物限量》（GB2762—2012）标准由国家食品安全风险评估中心牵头，组织农业、卫生、质检、粮食等领域科研院所专家组建了标准起草组，对600多项农产品质量安全、食品质量、食品卫生和行业标准中涉及的污染物限量指标和要求进行全面梳理，以我国食品生产和食品污染物监测数据为基础，开展食品安全风险评估，结合我国居民膳食污染物的暴露量及主要食物的贡献率，将贡献率超过5％～10％的食品或食品类别以及热点关注的食品列入关注重点，按大类（如蔬菜）、亚类（如叶菜）、品种（如菠菜）、加工方式（如罐头菠菜、干食用菌）为主线，以大类和亚类为主整合限量，辅以品种和加工方式例外单列。并借鉴了国际食品法典委员会（CAC）、欧盟、美国和澳大利亚、新西兰等国际组织、国家（地区）的食品安全标准，对 2005 年发布的《食品中污染物限量》（GB2762—2005）进行了修订，形成了新的食品中污染物限量标准。

GB2762—2012 逐项清理了以往食品标准中的所有污染物限量规定，整合修订为铅、镉、汞、砷、苯并[a]芘、N-二甲基亚硝胺等 13 种污染物，在谷物、蔬菜、水果、肉类、水产品、调味品、饮料、酒类等 20 余大类食品的限量规定，删除了硒、铝、氟 3 项指标，共设定 160 余个限量指标，基本满足我国食品污染物控制需求，适应我国食品安全监管需要。

### 3.3.2.6　食品中致病菌限量标准

目前，由食源性致病菌导致的食源性疾病仍是我国乃至全球最突出的食品安全问题。要想有效控制微生物性食源性疾病，就必须采取有效措施来预防病原菌对食品的污染和减少人群的暴露概率，其中制定科学合理的食品中致病菌限量标准是一个重要方面。

截至 2005 年，我国发布涉及食品中致病菌最大残留限量的国家标准 142 个、行业标准 303 个。对这些标准进行分析，发现存在以下问题：同一种致病菌表达方式不统一；表达方式不科学；标准指标设定不科学；与国际标准和国外先进标准相比存在较大差距。鉴于目前进口国对我国出口食品采取的注册方式和我国出口食品存在的问题，为了降低食源性疾病的死亡率，保护公众的身体健康，减少食源性致病菌造成的经济损失和严重的社会影响，迫切需要规范现有的食品微生物检验采样方法、采样量、操作过程和检测方法，制（修）订与国际接轨的食品中致病菌限量标准。

《食品安全国家标准　食品中致病菌限量》（GB 29921—2013）于 2014 年 7 月 1 日正式实施。该标准规定了食品中致病菌指标、限量要求和检验方法。其中涉及的食品种类有肉及肉制品、水产品、蛋制品、粮食制品、豆类制品、焙烤及油炸类食品、糖果、巧克力类及可可制品、蜂蜜及其制品、加工水果、藻类制品、饮料类、冷冻饮品、发酵酒及其配制酒、调味品、脂肪、油和乳化脂肪制品、果冻以及即食食品。对每一类食品分别制定了不同的致病菌限量指标值，包括沙门氏菌、单核细胞增生李斯特氏菌、金黄色葡萄球菌、空肠弯曲菌、大肠埃希氏菌 O157：H7/NM 和副溶血性弧菌。

食品安全国家标准《食品中致病菌限量》（征求意见稿）以现行食品卫生标准中致病性微生物限量规定为基础，参考国际组织对各种致病菌的生物学特征描述，分析致病菌对各类食品可能产生的风险，确定重点致病菌种类和重点"病原－食品"组合。同时结合我国食物的中毒高危食品和致病菌的风险分析，对致病菌指标进行了限定。

《食品安全国家标准　食品中致病菌限量》（GB29921—2013）明确了其应用原则，即无论是否规定致病菌限量，食品生产、加工、经营者均应采取控制措施，尽可能降低食品中的致病菌含量水平及导致风险的可能性。

## 3.3.3　食品添加剂标准

### 3.3.3.1　概述

食品添加剂是指为改善食品品质和色、香、味，以及为防腐、保鲜和加工工艺的需要而加入食品中的人工合成或者天然物质。营养强化剂、食品用香料、胶基糖果中基础剂物质、食品工业用加工助剂也包括在内。

食品添加剂本身不是以食用为目的，也不是作为食品的原料物质，其自身并不一定含有营养物质，但是它在增强食品营养功能、改善食品感官风味、延长食品保质期、改善食品加工工艺、新产品开发等诸多方面具有重要作用。由于食品工业的快速发展，食品添加剂已经成为现代食品工业的重要组成部分，并且已经成为食品工业技术进步和科技创新的重要推动力。

由于食品添加剂大多属于化学合成物质或者动植物提取物，其安全问题日益受到世界各国和国际组织的重视。目前，我国已建立了一套完善的食品添加剂监督管理和安全性评价制度，以规范食品添加剂的生产经营和使用管理。卫生部根据《食品安全法》及其实施条例的规定，制定了《食品添加剂新品种管理办法》（卫生部令［2010］第73号），负责食品添加剂的安全性评价和食品添加剂国家标准的制定。

所谓食品添加剂新品种是指：未列入食品安全国家标准的食品添加剂品种；未列入卫生部公告允许使用的食品添加剂品种；扩大使用范围或者用量的食品添加剂品种。卫生部负责食品添加剂新品种的审查许可工作，组织制定食品添加剂新品种技术评价和审查规范。

按照国家有关规定，食品添加剂国家标准包括使用标准和产品标准，统一纳入食品安全国家标准管理。列入食品安全国家标准的食品添加剂，已进行了安全性评价，并经过食品安全国家标准审评委员会食品添加剂分委会严格审查，公开向社会及各有关部门征求了意见，表明其技术上确有必要且经过风险评估证明安全可靠。生产企业应当按照国家标准或者指定的食品添加剂标准组织生产。

拟生产尚未被食品添加剂国家标准覆盖的食品添加剂产品的，生产企业可依据有关规定，提出参照国际组织和相关国家标准指定产品标准（含质量要求、检验方法）的建议，并提供建议指定标准的文本和国内外相关标准资料。

截至2012年11月30日，我国已正式公布178项有关食品添加剂的食品安全国家标准，其中包括《食品添加剂使用标准》、《复配食品添加剂通则》、《食品营养强化剂使用标准》和175项食品添加剂产品标准，详见表3-12。

《食品添加剂使用标准》（GB 2760—2011）规定了食品添加剂的使用原则、允许使用的食品添加剂品种、使用范围及最大使用量或残留量。

《复配食品添加剂通则》（GB 26687—2011）适用于除食品用香精和胶基糖果基础剂以外的所有复配食品添加剂。

《食品营养强化剂使用标准》（GB 14880—2012）规定了食品营养强化的主要目的、使用营养强化剂的要求、可强化食品类别的选择要求以及营养强化剂的使用规定。适用于食品中营养强化剂的使用。

食品添加剂产品标准规定了列入《食品添加剂使用标准》的食品添加剂的鉴别试验、纯度、杂质限量以及相应的检验方法。

表 3-12　已发布的食品添加剂食品安全国家标准

| 序号 | 标准号 | 标准名称 | 序号 | 标准号 | 标准名称 |
|---|---|---|---|---|---|
| 1 | GB 2760—2011 | 食品添加剂使用标准 | 26 | GB 14758—2010 | 食品添加剂　咖啡因 |
| 2 | GB 26687—2011 | 复配食品添加剂通则 | 27 | GB 14759—2010 | 食品添加剂　牛磺酸 |
| 3 | GB 14880—2012 | 食品营养强化剂使用标准 | 28 | GB 14888.1—2010 | 食品添加剂　新红 |
| 4 | GB 1900—2010 | 食品添加剂　二丁基羟基甲苯（BHT） | 29 | GB 14888.2—2010 | 食品添加剂　新红铝色淀 |
| 5 | GB 1975—2010 | 食品添加剂　琼脂（琼胶） | 30 | GB 15570—2010 | 食品添加剂　叶酸 |
| 6 | GB 3150—2010 | 食品添加剂　硫磺 | 31 | GB 15571—2010 | 食品添加剂　葡萄糖酸钙 |
| 7 | GB 4479.1—2010 | 食品添加剂　苋菜红 | 32 | GB 17512.1—2010 | 食品添加剂　赤藓红 |
| 8 | GB 4481.1—2010 | 食品添加剂　柠檬黄 | 33 | GB 17512.2—2010 | 食品添加剂　赤藓红铝色淀 |
| 9 | GB 4481.2—2010 | 食品添加剂　柠檬黄铝色淀 | 34 | GB 17779—2010 | 食品添加剂　$L$-苏糖酸钙 |
| 10 | GB 6227.1—2010 | 食品添加剂　日落黄 | 35 | GB 25531—2010 | 食品添加剂　三氯蔗糖 |
| 11 | GB 7912—2010 | 食品添加剂　栀子黄 | 36 | GB 25532—2010 | 食品添加剂　纳他霉素 |
| 12 | GB 8820—2010 | 食品添加剂　葡萄糖酸锌 | 37 | GB 25533—2010 | 食品添加剂　果胶 |
| 13 | GB 8821—2011 | 食品添加剂　$\beta$—胡萝卜素 | 38 | GB 25534—2010 | 食品添加剂　红米红 |
| 14 | GB 12487—2010 | 食品添加剂　乙基麦芽酚 | 39 | GB 25535—2010 | 食品添加剂　结冷胶 |
| 15 | GB 12489—2010 | 食品添加剂　吗啉脂肪酸盐果蜡 | 40 | GB 25536—2010 | 食品添加剂　萝卜红 |
| 16 | GB 13481—2011 | 食品添加剂　山梨醇酐单硬脂酸酯（司盘 60） | 41 | GB 25537—2010 | 食品添加剂　乳酸纳（溶液） |
| 17 | GB 13482—2011 | 食品添加剂　山梨醇酐单油酸酯（司盘 80） | 42 | GB 25538—2010 | 食品添加剂　双乙酸钠 |
| 18 | GB 14750—2010 | 食品添加剂　维生素 A | 43 | GB 25539—2010 | 食品添加剂　双乙酰酒石酸单双甘油酯 |
| 19 | GB 14751—2010 | 食品添加剂　维生素 $B_1$（盐酸硫胺） | 44 | GB 25540—2010 | 食品添加剂　乙酰磺胺酸钾 |
| 20 | GB 14752—2010 | 食品添加剂　维生素 $B_2$（核黄素） | 45 | GB 25541—2010 | 食品添加剂　聚葡萄糖 |
| 21 | GB 14753—2010 | 食品添加剂　维生素 $B_6$（盐酸吡哆醇） | 46 | GB 25542—2010 | 食品添加剂　甘氨酸（氨基乙酸） |
| 22 | GB 14754—2010 | 食品添加剂　维生素 C（抗坏血酸） | 47 | GB 25543—2010 | 食品添加剂　$L$-丙氨酸 |
| 23 | GB 14755—2010 | 食品添加剂　维生素 $D_2$（麦角钙化醇） | 48 | GB 25544—2010 | 食品添加剂　$DL$-苹果酸 |
| 24 | GB 14756—2010 | 食品添加剂　维生素 E（dl-$\alpha$-醋酸生育酚） | 49 | GB 25545—2010 | 食品添加剂　$L$（＋）-酒石酸 |
| 25 | GB 14757—2010 | 食品添加剂　烟酸 | 50 | GB 25546—2010 | 食品添加剂　富马酸 |

| 序号 | 标准号 | 标准名称 | 序号 | 标准号 | 标准名称 |
|---|---|---|---|---|---|
| 51 | GB 25547—2010 | 食品添加剂　脱氢乙酸钠 | 76 | GB 25572—2010 | 食品添加剂　氢氧化钙 |
| 52 | GB 25548—2010 | 食品添加剂　丙酸钙 | 77 | GB 25573—2010 | 食品添加剂　过氧化钙 |
| 53 | GB 25549—2010 | 食品添加剂　丙酸钠 | 78 | GB 25574—2010 | 食品添加剂　次氯酸钠 |
| 54 | GB 25550—2010 | 食品添加剂　L-肉碱酒石酸盐 | 79 | GB 25575—2010 | 食品添加剂　氢氧化钾 |
| 55 | GB 25551—2010 | 食品添加剂　山梨醇酐单月桂酸酯（司盘 20） | 80 | GB 25576—2010 | 食品添加剂　二氧化硅 |
| 56 | GB 25552—2010 | 食品添加剂　山梨醇酐单棕榈酸酯（司盘 40） | 81 | GB 25577—2010 | 食品添加剂　二氧化钛 |
| 57 | GB 25553—2010 | 食品添加剂　聚氧乙烯（20）山梨醇酐单硬脂酸酯（吐温 60） | 82 | GB 25578—2010 | 食品添加剂　滑石粉 |
| 58 | GB 25554—2010 | 食品添加剂　聚氧乙烯（20）山梨醇酐单油酸酯（吐温 80） | 83 | GB 25579—2010 | 食品添加剂　硫酸锌 |
| 59 | GB 25555—2010 | 食品添加剂　L-乳酸钙 | 84 | GB 25580—2010 | 食品添加剂　稳定态二氧化氯溶液 |
| 60 | GB 25556—2010 | 食品添加剂　酒石酸氢钾 | 85 | GB 25581—2010 | 食品添加剂　亚铁氰化钾（黄血盐钾） |
| 61 | GB 25557—2010 | 食品添加剂　焦磷酸钠 | 86 | GB 25582—2010 | 食品添加剂　硅酸钙铝 |
| 62 | GB 25558—2010 | 食品添加剂　磷酸三钙 | 87 | GB 25583—2010 | 食品添加剂　硅铝酸钠 |
| 63 | GB 25559—2010 | 食品添加剂　磷酸二氢钙 | 88 | GB 25584—2010 | 食品添加剂　氯化镁 |
| 64 | GB 25560—2010 | 食品添加剂　磷酸二氢钾 | 89 | GB 25585—2010 | 食品添加剂　氯化钾 |
| 65 | GB 25561—2010 | 食品添加剂　磷酸氢二钾 | 90 | GB 25586—2010 | 食品添加剂　碳酸氢三钠（倍半碳酸钠） |
| 66 | GB 25562—2010 | 食品添加剂　焦磷酸四钾 | 91 | GB 25587—2010 | 食品添加剂　碳酸镁 |
| 67 | GB 25563—2010 | 食品添加剂　磷酸三钾 | 92 | GB 25588—2010 | 食品添加剂　碳酸钾 |
| 68 | GB 25564—2010 | 食品添加剂　磷酸二氢钠 | 93 | GB 25589—2010 | 食品添加剂　碳酸氢钾 |
| 69 | GB 25565—2010 | 食品添加剂　磷酸三钠 | 94 | GB 25590—2010 | 食品添加剂　亚硫酸氢钠 |
| 70 | GB 25566—2010 | 食品添加剂　三聚磷酸钠 | 95 | GB 25591—2010 | 食品添加剂　复合膨松剂 |
| 71 | GB 25567—2010 | 食品添加剂　焦磷酸二氢二钠 | 96 | GB 25592—2010 | 食品添加剂　硫酸铝铵 |
| 72 | GB 25568—2010 | 食品添加剂　磷酸氢二钠 | 97 | GB 25593—2010 | 食品添加剂　N，2，3-三甲基-2-异丙基丁酰胺 |
| 73 | GB 25569—2010 | 食品添加剂　磷酸二氢铵 | 98 | GB 25594—2010 | 食品工业用酶制剂 |
| 74 | GB 25570—2010 | 食品添加剂　焦亚硫酸钾 | 99 | GB 25595—2010 | 乳糖 |
| 75 | GB 25571—2011 | 食品添加剂　活性白土 | 100 | GB 26400—2011 | 食品添加剂　二十二碳六烯酸油脂（发酵法） |

| 序号 | 标准号 | 标准名称 | 序号 | 标准号 | 标准名称 |
|---|---|---|---|---|---|
| 101 | GB 26401—2011 | 食品添加剂　花生四烯酸油脂（发酵法） | 126 | GB 28320—2012 | 食品添加剂　苯甲醛 |
| 102 | GB 26402—2011 | 食品添加剂　碘酸钾 | 127 | GB 28321—2012 | 食品添加剂　十二酸乙酯（月桂酸乙酯） |
| 103 | GB 26403—2011 | 食品添加剂　特丁基对苯二酚 | 128 | GB 28322—2012 | 食品添加剂　十四酸乙酯（肉豆蔻酸乙酯） |
| 104 | GB 26404—2011 | 食品添加剂　赤藓糖醇 | 129 | GB 28323—2012 | 食品添加剂　乙酸香茅酯 |
| 105 | GB 26405—2011 | 食品添加剂　叶黄素 | 130 | GB 28324—2012 | 食品添加剂　丁酸香叶酯 |
| 106 | GB 26406—2011 | 食品添加剂　叶绿素铜钠盐 | 131 | GB 28325—2012 | 食品添加剂　乙酸丁酯 |
| 107 | GB 28301—2012 | 食品添加剂　核黄素 5′-磷酸钠 | 132 | GB 28326—2012 | 食品添加剂　乙酸己酯 |
| 108 | GB 28302—2012 | 食品添加剂　辛，癸酸甘油酯 | 133 | GB 28327—2012 | 食品添加剂　乙酸辛酯 |
| 109 | GB 28303—2012 | 食品添加剂　辛烯基琥珀酸淀粉钠 | 134 | GB 28328—2012 | 食品添加剂　乙酸癸酯 |
| 110 | GB 28304—2012 | 食品添加剂　可得然胶 | 135 | GB 28329—2012 | 食品添加剂　顺式-3-己烯醇乙酸酯（乙酸叶醇酯） |
| 111 | GB 28305—2012 | 食品添加剂　乳酸钾 | 136 | GB 28330—2012 | 食品添加剂　乙酸异丁酯 |
| 112 | GB 28306—2012 | 食品添加剂 $L$-精氨酸 | 137 | GB 28331—2012 | 食品添加剂　丁酸戊酯 |
| 113 | GB 28307—2012 | 食品添加剂　麦芽糖醇和麦芽糖醇液 | 138 | GB 28332—2012 | 食品添加剂　丁酸己酯 |
| 114 | GB 28308—2012 | 食品添加剂　植物炭黑 | 139 | GB 28333—2012 | 食品添加剂　顺式-3-己烯醇丁酸酯（丁酸叶醇酯） |
| 115 | GB 28309—2012 | 食品添加剂　酸性红（偶氮玉红） | 140 | GB 28334—2012 | 食品添加剂　顺式-3-己烯醇己酸酯（己酸叶醇酯） |
| 116 | GB 28310—2012 | 食品添加剂 $\beta$-胡萝卜素（发酵法） | 141 | GB 28335—2012 | 食品添加剂　2-甲基丁酸乙酯 |
| 117 | GB 28311—2012 | 食品添加剂　栀子蓝 | 142 | GB 28336—2012 | 食品添加剂　2-甲基丁酸 |
| 118 | GB 28312—2012 | 食品添加剂　玫瑰茄红 | 143 | GB 28337—2012 | 食品添加剂　乙酸薄荷酯 |
| 119 | GB 28313—2012 | 食品添加剂　葡萄皮红 | 144 | GB 28338—2012 | 食品添加剂　乳酸 l-薄荷酯 |
| 120 | GB 28314—2012 | 食品添加剂　辣椒油树脂 | 145 | GB 28339—2012 | 食品添加剂　二甲基硫醚 |
| 121 | GB 28315—2012 | 食品添加剂　紫草红 | 146 | GB 28340—2012 | 食品添加剂　3-甲硫基丙醇 |
| 122 | GB 28316—2012 | 食品添加剂　番茄红 | 147 | GB 28341—2012 | 食品添加剂　3-甲硫基丙醛 |
| 123 | GB 28317—2012 | 食品添加剂　靛蓝 | 148 | GB 28342—2012 | 食品添加剂　3-甲硫基丙酸甲酯 |
| 124 | GB 28318—2012 | 食品添加剂　靛蓝铝色淀 | 149 | GB 28343—2012 | 食品添加剂　3-甲硫基丙酸乙酯 |
| 125 | GB 28319—2012 | 食品添加剂　庚酸烯丙酯 | 150 | GB 28344—2012 | 食品添加剂　乙酰乙酸乙酯 |

| 序号 | 标准号 | 标准名称 | 序号 | 标准号 | 标准名称 |
|---|---|---|---|---|---|
| 151 | GB 28345—2012 | 食品添加剂　乙酸肉桂酯 | 165 | GB 28359—2012 | 食品添加剂　乙酸苯乙酯 |
| 152 | GB 28346—2012 | 食品添加剂　肉桂醛 | 166 | GB 28360—2012 | 食品添加剂　苯乙酸苯乙酯 |
| 153 | GB 28347—2012 | 食品添加剂　肉桂酸 | 167 | GB 28361—2012 | 食品添加剂　苯乙酸乙酯 |
| 154 | GB 28348—2012 | 食品添加剂　肉桂酸甲酯 | 168 | GB 28362—2012 | 食品添加剂　苯氧乙酸烯丙酯 |
| 155 | GB 28349—2012 | 食品添加剂　肉桂酸乙酯 | 169 | GB 28363—2012 | 食品添加剂　二氢香豆素 |
| 156 | GB 28350—2012 | 食品添加剂　肉桂酸苯乙酯 | 170 | GB 28364—2012 | 食品添加剂　2-甲基-2-戊烯酸（草莓酸） |
| 157 | GB 28351—2012 | 食品添加剂　5-甲基糠醛 | 171 | GB 28365—2012 | 食品添加剂　4-羟基-2，5-二甲基-3（2H）呋喃酮 |
| 158 | GB 28352—2012 | 食品添加剂　苯甲酸甲酯 | 172 | GB 28366—2012 | 食品添加剂　2-乙基-4-羟基-5-甲基-3（2H）-呋喃酮 |
| 159 | GB 28353—2012 | 食品添加剂　茴香醇 | 173 | GB 28367—2012 | 食品添加剂　4-羟基-5-甲基-3（2H）呋喃酮 |
| 160 | GB 28354—2012 | 食品添加剂　大茴香醛 | 174 | GB 28368—2012 | 食品添加剂　2，3-戊二酮 |
| 161 | GB 28355—2012 | 食品添加剂　水杨酸甲酯（柳酸甲酯） | 175 | GB 28401—2012 | 食品添加剂　磷脂 |
| 162 | GB 28356—2012 | 食品添加剂　水杨酸乙酯（柳酸乙酯） | 176 | GB 28402—2012 | 食品添加剂　普鲁兰多糖 |
| 163 | GB 28357—2012 | 食品添加剂　水杨酸异戊酯（柳酸异戊酯） | 177 | GB 28403—2012 | 食品添加剂　瓜尔胶 |
| 164 | GB 28358—2012 | 食品添加剂　丁酰乳酸丁酯 | 178 | GB 14936—2012 | 硅藻土 |

　　根据国家有关规定，对于尚无产品标准的食品添加剂，其产品质量要求、检验方法可以参照国际组织或相关国家的标准，由卫生部会同有关部门指定。

　　生产企业建议指定产品标准的食品添加剂，应当属于已经列入《食品添加剂使用标准》（GB 2760）或卫生部公告的单一品种食品添加剂（包括食品添加剂、加工助剂、食品用香料，不包括复配食品添加剂）。对于没有国际标准或国外标准可参考的，拟提出指定标准建议的生产企业，应当向中国疾病预防控制中心营养与食品安全所提交书面及电子版材料，包括指定标准文本、编制说明及参考的国际组织或相关国家标准。指定标准文本应当包含质量要求、检验方法，其格式应当符合食品安全国家标准的要求。

　　目前，已指定99项食品添加剂产品标准。除食品用香料和胶基糖果中基础剂物质外，80%以上食品添加剂品种已制定（或指定）了相应的产品标准。此外，还公布了14个食品添加剂的质量规格标准。

表 3-13　已指定的食品添加剂产品标准

| 序号 | 食品添加剂名称 | 序号 | 食品添加剂名称 |
|---|---|---|---|
| 1 | 胆钙化醇（维生素 $D_3$） | 5 | 烟酰胺 |
| 2 | $D$-$\alpha$-醋酸生育酚（维生素 E） | 6 | 泛酸钙 |
| 3 | 植物甲萘醌（维生素 $K_1$） | 7 | 硫酸镁 |
| 4 | 氰钴胺（维生素 $B_{12}$） | 8 | 氧化镁 |

| 序号 | 食品添加剂名称 | 序号 | 食品添加剂名称 |
|---|---|---|---|
| 9 | 硫酸亚铁 | 55 | 2-甲基丁酸-3-己烯酯 |
| 10 | 富马酸亚铁 | 56 | 2-甲基丁酸-2-甲基丁酯 |
| 11 | 氧化锌 | 57 | γ-己内酯 |
| 12 | 柠檬酸锌（枸橼酸锌） | 58 | γ-庚内酯 |
| 13 | 碘化钠 | 59 | γ-癸内酯 |
| 14 | 碘化钾 | 60 | δ-癸内酯 |
| 15 | D−甘露糖醇 | 61 | γ-十二内酯 |
| 16 | 羟丙基甲基纤维素（HPMC） | 62 | δ-十二内酯 |
| 17 | 氢化松香甘油酯 | 63 | 2，6-二甲基-5-庚烯醛 |
| 18 | 乳酸脂肪酸甘油酯 | 64 | 2-甲基-4-戊烯酸（又名浆果酸） |
| 19 | 松香季戊四醇酯 | 65 | 芳樟醇 |
| 20 | 乙二胺四乙酸二钠 | 66 | 乙酸松油酯 |
| 21 | 乙酰化单、双甘油脂肪酸酯 | 67 | 二氢香芹醇 |
| 22 | 乙氧基喹 | 68 | d-香芹酮 |
| 23 | 硬脂酸钙 | 69 | l-香芹酮 |
| 24 | 硬脂酸镁 | 70 | α-紫罗兰酮 |
| 25 | 硬脂酰乳酸钙 | 71 | 罗望子多糖胶 |
| 26 | 硬脂酰乳酸钠 | 72 | 左旋肉碱 |
| 27 | 月桂酸 | 73 | 亚硝酸钾 |
| 28 | 羟基硬脂精（氧化硬脂精） | 74 | 铵磷脂 |
| 29 | 偶氮甲酰胺 | 75 | 二氧化硫 |
| 30 | 抗坏血酸棕榈酸酯 | 76 | 喹啉黄 |
| 31 | 硫代二丙酸二月桂酯 | 77 | 辣椒橙 |
| 32 | 微晶纤维素 | 78 | 阿力甜 |
| 33 | 丙二醇脂肪酸酯 | 79 | 乙酸钠 |
| 34 | 聚甘油脂肪酸酯（聚甘油单硬脂酸酯，聚甘油单油酸酯） | 80 | 硬脂酸（十八烷酸） |
| 35 | 刺云实胶 | 81 | 聚甘油蓖麻醇酯 |
| 36 | 柠檬酸一钠 | 82 | 5′-肌苷酸二钠 |
| 37 | 巴西棕榈蜡 | 83 | 琥珀酸单甘油酯 |
| 38 | 蜂蜡 | 84 | 对羟基苯甲酸甲酯钠 |
| 38 | 乳糖醇 | 85 | 5′-尿苷酸二钠 |
| 40 | 5′-胞苷酸二钠 | 86 | 5′-腺苷酸 |
| 41 | d-核糖 | 87 | 二甲基二碳酸盐 |
| 42 | 3-环己基丙酸烯丙酯 | 88 | 乳化硅油 |
| 43 | 辛酸乙酯 | 89 | 肌醇 |
| 44 | 棕榈酸乙酯 | 90 | 苯氧乙酸烯丙酯 |
| 45 | 甲酸香茅酯 | 91 | 二氢-β-紫罗兰酮 |
| 46 | 甲酸香叶酯 | 92 | 二氢香豆素 |
| 47 | 乙酸香叶酯 | 93 | 氧化芳樟醇 |
| 48 | 乙酸橙花酯 | 94 | L-硒-甲基硒代半胱氨酸 |
| 49 | 己醛 | 95 | 冰乙酸（低压羰基化法） |
| 50 | 正癸醛（癸醛） | 96 | 番茄红素（合成） |
| 51 | 乙酸丙酯 | 97 | 富马酸一钠 |
| 52 | 乙酸-2-甲基丁酯 | 98 | 硅酸钙 |
| 53 | 异丁酸乙酯 | 99 | 乙二胺四乙酸二钠 |
| 54 | 异戊酸-3-己烯酯 | | |

**表 3-14 已公布的食品添加剂产品质量规格标准**

| 序号 | 名称 | 序号 | 名称 |
| --- | --- | --- | --- |
| 1 | 磷酸酯双淀粉 | 8 | 酸处理淀粉 |
| 2 | 醋酸酯淀粉 | 9 | 乙酰化双淀粉己二酸酯 |
| 3 | 辛烯基琥珀酸淀粉钠和辛烯基琥珀酸铝淀粉 | 10 | 羟丙基淀粉 |
| 4 | 氧化羟丙基淀粉 | 11 | 磷酸化二淀粉磷酸酯 |
| 5 | 羧甲基淀粉钠 | 12 | 乙酰化二淀粉磷酸酯 |
| 6 | 淀粉磷酸酯钠 | 13 | 羟丙基二淀粉磷酸酯 |
| 7 | 氧化淀粉 | 14 | 聚丙烯酸钠 |

### 3.3.3.2 食品添加剂使用标准

食品安全国家标准《食品添加剂使用标准》(GB 2760—2014)于 2014 年 12 月 24 日修订后发布，2015 年 5 月 24 日开始实施。该标准规定了食品添加剂使用原则、允许使用的食品添加剂品种、适用范围及最大使用量或残留量。所谓最大使用量是指食品添加剂使用时所允许的最大添加量，最大残留量是指食品添加剂或其分解产物在最终食品中的允许残留水平。

与《食品添加剂使用卫生标准》(GB 2760—2007)相比，食品安全国家标准《食品添加剂使用标准》(GB 2760—2014)按照《食品安全法》规定，对食品添加剂的安全性和工艺必要性进行严格审查。其中，删除了不再使用的、没有生产工艺必要性的食品添加剂和加工助剂，如过氧化苯甲酰、过氧化钙、甲醛等品种；调整了部分食品分类系统，并按照调整后的食品类别对食品添加剂使用规定进行了调整；增加了食品用香料、香精的使用原则，调整了食品用香料的分类；增加了食品工业用加工助剂的使用原则，调整了食品工业用加工助剂名单等。

《食品添加剂使用标准》包括了食品添加剂、食品用香精香料、食品工业用加工助剂、胶基糖果中基础剂物质等 2314 个品种，涉及 16 大类食品、22 个功能类别。规范了食品添加剂的使用、食品用香料香精的使用原则、食品工业用加工助剂的使用原则、胶基糖果中基础剂物质及其配料名单、食品添加剂的功能类别等内容。

1）食品添加剂的使用规定

《食品添加剂使用标准》明确规定了食品添加剂的使用原则：使用食品添加剂不应对人体产生任何健康危害；不应掩盖食品腐败变质；不应掩盖食品本身或加工过程中的质量缺陷或以掺杂、掺假、伪造为目的而使用食品添加剂；不应降低食品本身的营养价值，在达到预期目的前提下尽可能降低在食品中的使用量。

食品添加剂可以在以下几种情况下使用：保持或提高食品本身的营养价值；作为某些特殊膳食用食品的必要配料或成分；提高食品的质量和稳定性，改进其感官特性；便于食品的生产、加工、包装、运输或者贮藏。食品添加剂的生产、经营和使用者所使用的食品添加剂应当符合相应的质量规格要求。

依据带入原则，食品添加剂可以在下列情况下通过食品配料（含食品添加剂）带入食品中：食品配料中允许使用该食品添加剂；食品配料中该添加剂的用量不应超过允许的最大使用量；应在正常生产工艺条件下使用这些配料，并且食品中该添加剂的含量不应超过由配料带入的水平；由配料带入食品中的该添加剂的含量应明显低于直接将其添加到该食品中通常所需要的水平。

2）食品用香料、香精的使用原则

食品用香料、香精使用原则如下：

（1）在食品中使用食品用香料、香精的目的是使食品产生、改变或提高食品的风味。食品用香料一般配制成食品用香精后用于食品加香，部分也可直接用于食品加香。食品用香料、香精不包括只产生甜味、酸味或咸味的物质，也不包括增味剂。

（2）食品用香料、香精在各类食品中按生产需要适量使用。

（3）用于配制食品用香精的食品用香料品种应符合本标准的规定。

（4）具有其他食品添加剂功能的食品用香料，在食品中发挥其他食品添加剂功能时，应符合本标准的规定。

（5）食品用香精可以含有对其生产、贮存和应用等所必需的食品用香精辅料（包括食品添加剂和食品）。

（6）凡添加了食品用香料、香精的食品应按照国家相关标准进行标示。

（7）食品用香料包括天然香料和合成香料两种。

《食品添加剂使用标准》中还明确规定了不得添加食用香料香精的食品名单、允许使用的食品用天然香料名单、允许使用的食品用合成香料名单。

3）食品工业用加工助剂及其使用原则

食品工业用加工助剂是指保证食品加工能顺利进行的各种物质，与食品本身无关。如助滤、澄清、吸附、脱模、脱色、脱皮、提取溶剂、发酵用营养物质等。

食品工业用加工助剂使用原则如下：

（1）加工助剂应在食品生产加工过程中使用，使用时应具有工艺必要性，在达到预期目的前提下应尽可能降低使用量。

（2）加工助剂一般应在制成最终成品之前除去，无法完全除去的，应尽可能降低其残留量，其残留量不应对健康产生危害，不应在最终食品中发挥功能作用。

（3）加工助剂应该符合相应的质量规格要求。

4）胶基糖果中基础剂物质及其配料名单

《食品添加剂使用标准》规定了胶基糖果中基础剂物质及其配料的各项成分及其用量，未规定者按生产需要适量使用。

5）食品添加剂功能类别

食品添加剂有 22 个功能类别，每个食品添加剂在食品中可具有以下一种或多种功能：碱度调节剂；抗结剂；消泡剂；抗氧化剂；漂白剂；膨松剂；胶基糖果中基础剂物质；着色剂；护色剂；乳化剂；酶制剂；增味剂；面粉处理剂；被膜剂；水分保持剂；防腐剂；稳定剂和凝固剂；甜味剂；增稠剂；食品用香料；食品工业用加工助剂；其他。

### 3.3.3.3　复配食品添加剂通则

食品安全国家标准《复配食品添加剂通则》（GB 26687—2011）于 2011 年 7 月 5 日

发布，2011 年 9 月 5 日实施。该标准适用于除食品用香精和胶基糖果基础剂以外的所有复配食品添加剂。2012 年 3 月，卫生部公布了《复配食品添加剂通则》（GB 26687—2011）第 1 号修改单。

所谓复配食品添加剂，是指为了改善食品品质、便于食品加工，将两种或两种以上单一品种的食品添加剂，添加或不添加辅料，经物理方法混匀而成的食品添加剂。该定义中所说的辅料，是为复配食品添加剂的加工、贮存、溶解等工艺目的而添加的食品原料。

复配食品添加剂应满足以下基本要求：

（1）复配食品添加剂不应对人体产生任何健康危害。

（2）复配食品添加剂在达到预期的效果下，应尽可能降低在食品中的用量。

（3）用于生产复配食品添加剂的各种食品添加剂，应符合 GB 2760 和卫生部公告的规定，具有共同的使用范围。

（4）用于生产复配食品添加剂的各种食品添加剂和辅料，其质量规格应符合相应的食品安全国家标准或相关标准。

（5）复配食品添加剂在生产过程中不应发生化学反应，不应产生新的化合物。

（6）复配食品添加剂的生产企业应按照国家标准和相关标准组织生产，制定复配食品添加剂的生产管理制度，明确规定各种食品添加剂的含量和检验方法。

复配食品添加剂的感官要求应符合表 3-15 的规定。

表 3-15　复配食品添加剂的感官要求

| 要求 | 检验方法 |
| --- | --- |
| 不应有异味、异臭，不应有腐败及霉变现象，不应有视力可见的外来杂质 | 取适量被测样品于无色透明的容器或白瓷盘中，置于明亮处，观察形态、色泽，并在室温下嗅其气味 |

对于复配食品添加剂有害物质的控制，应根据复配的食品添加剂单一品种和辅料的食品安全国家标准或相关标准中对铅、砷等有害物质的要求，按照加权计算的方法由生产企业制定有害物质的限量并进行控制，终产品中相应有害物质不得超过限量。有害物质限量要求为：砷（以 As 计）$\leqslant 2.0$ mg/kg，铅（Pb）$\leqslant 2.0$ mg/kg。

对于致病性微生物的控制，应根据所有复配的食品添加剂单一品种和辅料的食品安全国家标准或相关标准，对相应的致病性微生物进行控制，并在终产品中不得检出。

复配食品添加剂产品的标签、说明书应当标明下列事项：产品名称、商品名、规格、净含量、生产日期；各单一食品添加剂的通用名称、辅料的名称，进入市场销售和餐饮环节使用的复配食品添加剂还应标明各单一食品添加剂品种的含量；生产者的名称、地址、联系方式；保质期；产品标准代号；贮存条件；生产许可证编号；使用范围、用量、使用方法；标签上载明"食品添加剂"字样，进入市场销售和餐饮环节使用复配食品添加剂应标明"零售"字样；法律、法规要求应标注的其他内容。

进口复配食品添加剂应有中文标签、说明书，除标识上述内容外还应载明原产地以及境内代理商的名称、地址、联系方式，生产者的名称、地址、联系方式可以使用外文，可以豁免标识产品标准代号和生产许可证编号。复配食品添加剂的标签、说明书应当清晰、明显，容易辨识，不得含有虚假、夸大内容，不得涉及疾病预防、治疗功能。

### 3.3.3.4 食品营养强化剂使用标准

营养强化剂（nutritional fortification substances），是指为了增加食品的营养成分（价值）而加入到食品中的天然或人工合成的营养素和其他营养成分。营养素指食物中具有特定生理作用，能维持机体生长、发育、活动、繁殖以及正常代谢所需的物质，包括蛋白质、脂肪、碳水化合物、矿物质、维生素等。其他营养成分指除营养素以外的具有营养和（或）生理功能的其他食物成分。特殊膳食用食品指为满足特殊的身体或生理状况和（或）满足疾病、紊乱等状态下的特殊膳食需求，专门加工或配方的食品。这类食品的营养素和（或）其他营养成分的含量与可类比的普通食品有显著不同。

食品安全国家标准《食品营养强化剂使用标准》（GB 14880—2012）已于 2012 年 3 月 15 日发布，2013 年 1 月 1 日实施。该标准代替 GB 14880—1994《食品营养强化剂使用卫生标准》，与 GB 14880—1994 相比，主要变化是：增加了营养强化的主要目的，使用营养强化剂的要求和可强化食品类别的选择要求；在风险评估的基础上，调整、合并了部分营养强化剂的使用品种、使用范围和使用量，删除了部分不适宜强化的食品类别；列出了允许使用的营养强化剂化合物来源名单；增加了可用于特殊膳食用食品的营养强化剂化合物来源名单以及部分营养成分的使用范围和使用量；明确了保健食品中营养强化剂的使用和食用盐中碘的使用，按相关国家标准或法规管理。

《食品营养强化剂使用标准》规定了食品营养强化的主要目的、使用营养强化剂的要求、可强化食品类别的选择要求以及营养强化剂的使用规定。适用于食品中营养强化剂的使用，国家法律、法规和（或）标准另有规定的除外。

（1）营养强化的主要目的：①弥补食品在正常加工、储存时造成的营养素损失；在一定的地域范围内，有相当规模的人群出现某些营养素摄入水平低或缺乏，通过强化可以改善其摄入水平低或缺乏而导致的健康影响；②某些人群由于饮食习惯和（或）其他原因可能出现某些营养素摄入量水平低或缺乏，通过强化可以改善其摄入水平低或缺乏导致的健康影响；③补充和调整特殊膳食用食品中营养素和（或）其他营养成分的含量。

（2）使用营养强化剂的要求：①营养强化剂的使用不应导致人群食用后营养素及其他营养成分摄入过量或不均衡，不应导致任何营养素及其他营养成分的代谢异常；②营养强化剂的使用不应鼓励和引导与国家营养政策相悖的食品消费模式；③添加到食品中的营养强化剂应能在特定的储存、运输和食用条件下保持质量的稳定；④添加到食品中的营养强化剂不应导致食品一般特性如色泽、滋味、气味、烹调特性等发生明显不良改变；⑤不应通过使用营养强化剂夸大食品中某一营养成分的含量或作用误导和欺骗消费者。

（3）可强化食品类别的选择要求：①应选择目标人群普遍消费且容易获得的食品进行强化；②作为强化载体的食品消费量应相对比较稳定；③我国居民膳食指南中提倡减少食用的食品不宜作为强化的载体。

《食品营养强化剂使用标准》的规范性附录对营养强化剂的允许使用品种、使用范围及使用量、允许使用的营养强化剂化合物来源名单、允许用于特殊膳食用食品的营养强化剂及化合物来源名单做出了详细规定。使用的营养强化剂化合物来源应符合相应的质量规格要求。

### 3.3.4　婴幼儿食品及其他产品安全标准

#### 3.3.4.1　婴幼儿食品及其他食品产品安全标准

食品产品标准是对产品结构、规格、质量、检验方法等所做的技术规范，是我国现行食品标准中数量最多的一类，涵盖了粮食、油料、水果、蔬菜、畜禽、水产品等 18 大类食用农产品，罐头食品、食糖、焙烤食品、糖果（巧克力）、调味品、乳及乳制品、食品添加剂等 19 类加工产品。通过对这些标准中强制执行的标准进行清理整合，调整非强制执行的内容，增加与食品安全有关的质量要求，统一为食品产品质量安全国家标准。

2010 年 3 月 26 日，卫生部发布了 66 项乳品安全国家标准，其中包括乳品产品标准（包括生乳、婴幼儿食品、乳制品等）15 项、生产规范标准 2 项和检验方法标准 49 项，这是《食品安全法》实施后，我国发布的第一批食品安全标准。乳品安全国家标准基本解决了原乳品标准存在的矛盾、重复、交叉和指标设置不科学等问题，提高了乳品安全国家标准的科学性，形成了统一的乳品安全国家标准体系。

目前我国正式发布的食品产品质量安全国家标准还有《蜂蜜》（GB 14963—2011）、《速冻面米制品》（GB 19295—2011）、《食用盐碘含量》（GB 26878—2011）、《蒸馏酒及其配制酒》（GB 2757—2012）和《发酵酒及其配制酒》（GB 2758—2012）。

《蜂蜜》明确了蜜源要求，设置了果糖和葡萄糖、蔗糖等限量，规定了嗜渗酵母计数，蜂蜜中的污染物、兽药残留等直接引用相关食品安全基础标准规定。

《速冻面米制品》（GB 19295—2011）是《食品安全法》颁布实施后，我国第一个速冻食品国家安全标准，该标准适用于以小麦粉、大米、杂粮等谷物为主要原料，或同时配以肉、禽、蛋、水产品、蔬菜、果料、糖、油、调味品等单一或多种配料为馅料，经加工成型（或熟制）、速冻而成的食品。该标准从原料要求、感官指标、理化指标、污染物限量、微生物限量、食品添加剂 6 个方面对速冻米面制品提出了技术要求，同时还规定了标识和冷链控制要求。

《蒸馏酒及其配制酒》（GB 2757—2012）代替《蒸馏酒及配制酒卫生标准》（GB 2757—1981）。根据 GB 2757—2012，蒸馏酒是以粮谷、薯类、水果、乳类等为主要原料，经发酵、蒸馏、勾兑而成的饮料酒。蒸馏酒的配制酒是以蒸馏酒和（或）食用酒精为酒基，加入可食用的辅料或食品添加剂，进行调配、混合或再加工制成的，已改变了其原酒基风格的饮料酒。GB 2757—2012 规定，以粮谷类原料酿造的蒸馏酒及其配制酒，甲醇含量应≤0.6g/L，以其他类原料酿造的，甲醇含量应≤2.0g/L；氰化物（以 HCN 计）含量应≤8.0mg/L。这里，甲醇、氰化物指标均按 100% 酒精度折算。污染物限量应符合 GB 2762 的规定，真菌毒素限量应符合 GB 2761 的规定。在标签标识方面，规定：蒸馏酒及其配制酒的标签除酒精度、警示语和保质期的标识外，应符合《预包装食品标签通则》（GB 7718）的规定；应以"%vol"为单位标示酒精度；应标示"过量饮酒有害健康"，可同时标示其他警示语；酒精度大于等于 10%vol 的饮料酒可免于标示保质期。

食品安全国家标准《发酵酒及其配制酒》（GB 2758—2012）代替《发酵酒卫生标准》

（GB 2758—2005）。依据 GB 2758—2012，发酵酒是以粮谷、水果、乳类等为主要原料，经发酵或部分发酵酿制而成的饮料酒。发酵酒的配制酒是以发酵酒为酒基，加入可食用的辅料或食品添加剂，进行调配、混合或加工制成的，已改变了其原酒基风格的饮料酒。GB 2758—2012 规定，啤酒中的甲醛含量应≤2mg/L，并取消了旧版标准中有关铅的限量指标；微生物限量指标方面，对沙门氏菌和金黄色葡萄球菌的采样和检验方法以及限量做出了规定；在标签标识方面规定：发酵酒及其配制酒标签除酒精度、原麦汁浓度、原果汁含量、警示语和保质期的标识外，应符合 GB 7718 的规定；应以"％vol"为单位标示酒精度；啤酒应标示原麦汁浓度，以"原麦汁浓度"为标题，以柏拉图度符号"°P"为单位。果酒（葡萄酒除外）应标示原果汁含量，在配料表中以"××％"表示；应标示"过量饮酒有害健康"，可同时标示其他警示语；用玻璃瓶包装的啤酒应标示如"切勿撞击，防止爆瓶"等警示语；葡萄酒和其他酒精度大于等于 10％vol 的发酵酒及其配制酒可免于标示保质期。

此外，食品安全国家标准《饮料》《食品工业用浓缩汁（汁、浆）》《面筋制品》《食用油脂制品》《食用动物油脂》《食用盐》《味精》《酿造醋》《腌腊肉制品》《胶原蛋白肠衣》《淀粉糖》《淀粉制品》《包装饮用水》《方便面》《饼干》《罐头食品》《冷冻饮品和制作料》《膨化食品》《巧克力、代可可脂巧克力及其制品》《果冻》《酱腌菜》《食用菌及其制品》《坚果与籽类食品》《蛋与蛋制品》《食糖》《水产调味品》《鲜、冻动物性水产品》《动物性水产制品》《干海参》《糕点面包》《豆制品》《蜂蜜》《运动营养食品通则》《孕妇及乳母营养补充食品》等标准也已发布，为食品企业生产和食品安全监督提供了依据。

### 3.3.4.2 食品相关产品安全标准

食品相关产品是指用于食品的包装材料、容器、洗涤剂、消毒剂和用于食品生产经营的工具、设备。用于食品的包装材料和容器，指包装、盛放、食品或者食品添加剂用的纸、竹、木、金属、搪瓷、陶瓷、塑料、橡胶、天然纤维、玻璃等制品和直接接触食品或者食品添加剂的涂料。用于食品的洗涤剂、消毒剂，指直接用于洗涤或者消毒食品、餐饮具以及直接接触食品的工具、设备或食品包装材料和容器的物质。用于食品生产经营的工具、设备，指在食品或者食品添加剂生产、流通、使用过程中直接接触食品或者食品添加剂的机械、管道、传送带、容器、用具、餐具等。

食品相关产品的安全性直接影响到食品安全，继而对人体健康产生影响。近年来，随着食品生产加工经营行为的日益多样化，食品相关产品涉及的物品种类日趋复杂。如何科学界定具体的某种食品相关产品是否为食品级或可以用于食品的生产经营活动，其安全性如何，是否会对直接或间接接触的食品造成不利影响，已成为食品相关产品监管的重要内容。在这种情况下，依据食品安全标准来规范食品相关产品的生产经营活动显得尤为重要。

目前，我国已制定塑料、橡胶、涂料、金属、纸等 69 项食品包装材料和包装容器标准，主要为食品卫生标准和检验方法标准。这些标准绝大部分是在 20 世纪 80 年代末与 90 年代初制定的，存在着标准数量少、检验项目少、安全限量指标不合理、缺乏限量值及检测方法等问题，不能从根本上适应食品行业的发展需要，更不能满足消费者对食品安全的需要。据统计，我国食品容器、包装材料助剂使用卫生标准仅规定了 65 种助剂限量标准，而欧盟仅在 2002/72/EC 指令中就对近 400 种化学物质制定了明确的限量标准。

　　2011 年 11 月 21 日，我国第一个食品相关产品的食品安全国家标准《不锈钢制品》（GB 9684—2011）发布。该标准适用于以不锈钢为主体制成的食具容器（指用于生产、加工、烹饪和盛放各种食品的炊具、餐具、食具及其他容器）及食品生产经营工具、设备，从原料要求、感官要求、理化指标、添加剂等方面对不锈钢制品提出了技术要求。

　　截至 2012 年 11 月 30 日，已发布的食品及相关产品质量安全标准见表 3-16。

表 3-16　已发布的食品及相关产品质量安全标准

| 序号 | 标准号 | 标准名称 | 序号 | 标准号 | 标准名称 |
| --- | --- | --- | --- | --- | --- |
| 1 | GB 5420—2010 | 干酪 | 14 | GB 25191—2010 | 调制乳 |
| 2 | GB 10765—2010 | 婴儿配方食品 | 15 | GB 25192—2010 | 再制干酪 |
| 3 | GB 10767—2010 | 较大婴儿和幼儿配方食品 | 16 | GB 25596—2010 | 特殊医学用途婴儿配方食品通则 |
| 4 | GB 10769—2010 | 婴幼儿谷类辅助食品 | 17 | GB 14963—2011 | 蜂蜜 |
| 5 | GB 10770—2010 | 婴幼儿罐装辅助食品 | 18 | GB 19295—2011 | 速冻面米制品 |
| 6 | GB 11674—2010 | 乳清粉和乳清蛋白粉 | 19 | GB 2757—2012 | 蒸馏酒及其配制酒 |
| 7 | GB 13102—2010 | 炼乳 | 20 | GB 2758—2012 | 发酵酒及其配制酒 |
| 8 | GB 19301—2010 | 生乳 | 21 | GB 26878—2011 | 食用盐碘含量 |
| 9 | GB 19302—2010 | 发酵乳 | 22 | GB 9684—2011 | 不锈钢制品 |
| 10 | GB 19644—2010 | 乳粉 | 23 | GB 9686—2012 | 内壁环氧聚酰胺树脂涂料 |
| 11 | GB 19645—2010 | 巴氏杀菌乳 | 24 | GB 11676—2012 | 有机硅防粘涂料 |
| 12 | GB 19646—2010 | 稀奶油、奶油和无水奶油 | 25 | GB 11677—2012 | 易拉罐内壁水基改性环氧树脂涂料 |
| 13 | GB 25190—2010 | 灭菌乳 | 26 | GB 14930.2—2012 | 消毒剂 |

## 3.3.5　食品标签标识标准

### 3.3.5.1　概述

　　食品标签是指食品包装上的文字、图形、符号及一切说明物。它们提供着食品的内在质量信息、营养信息、时效消息和食用指导信息，是进行食品贸易及消费者选择食品的重要依据。通过实施食品标签标准，可以保护消费者的利益和健康，维护消费者的知情权；有利于保证公平的市场竞争，防止利用标签进行欺诈。

　　截至 2012 年 11 月 30 日，我国已发布 2 项有关食品标签的食品安全国家标准——《预包装食品标签通则》（GB 7718—2011）和《预包装食品营养标签通则》（GB 28050—2011），正在修订其他食品标签标准。

表 3-17　已发布的食品安全标签国家标准

| 序号 | 标准号 | 标准名称 |
| --- | --- | --- |
| 1 | GB 7718—2011 | 预包装食品标签通则 |
| 2 | GB 28050—2011 | 预包装食品营养标签通则 |

### 3.3.5.2　预包装食品标签通则

预包装食品，是指预先定量包装或者制作在包装材料和容器中的食品，包括预先定量包装以及预先定量制作在包装材料和容器中并且在一定限量范围内具有统一的质量或体积标识的食品。

食品安全国家标准《预包装食品标签通则》（GB 7718—2011）于 2011 年 4 月 20 日发布，2012 年 4 月 20 日实施。标准适用于直接提供给消费者的预包装食品标签和非直接提供给消费者的预包装食品标签，不适用于为预包装食品在储藏运输过程中提供保护的食品储运包装标签、散装食品和现制现售食品的标识。与《预包装食品标签通则》（GB 7718—2004）版本相比，新版标准既体现了食品安全标准的基本要求，又保证了消费者的知情权，提高了标准实施的可操作性。

1）预包装食品标签的基本要求

（1）应符合法律、法规的规定，并符合相应食品安全标准的规定。

（2）应清晰、醒目、持久，应使消费者购买时易于辨认和识读。

（3）应通俗易懂、有科学依据，不得标示封建迷信、色情、贬低其他食品或违背营养科学常识的内容。

（4）应真实、准确，不得以虚假、夸大、使消费者误解或欺骗性的文字、图形等方式介绍食品，也不得利用字号大小或色差误导消费者。

（5）不应直接或以暗示性的语言、图形、符号，误导消费者将购买的食品或食品的某一性质与另一产品混淆。

（6）不应标注或者暗示具有预防、治疗疾病作用的内容，非保健食品不得明示或者暗示具有保健作用。

（7）不应与食品或者其包装物（容器）分离。

（8）应使用规范的汉字（商标除外）。具有装饰作用的各种艺术字，应书写正确，易于辨认。可以同时使用拼音或少数民族文字，拼音不得大于相应汉字。可以同时使用外文，但应与中文有对应关系（商标、进口食品的制造者和地址、国外经销者的名称和地址、网址除外）。所有外文不得大于相应的汉字（商标除外）。

（9）预包装食品包装物或包装容器最大表面面积大于 $35cm^2$ 时，强制标示内容的文字、符号、数字的高度不得小于 1.8mm。

（10）一个销售单元的包装中含有不同品种、多个独立包装可单独销售的食品，每件独立包装的食品标识应当分别标注。

（11）若外包装易于开启识别或透过外包装物能清晰地识别内包装物（容器）上的所有强制标示内容或部分强制标示内容，可不在外包装物上重复标示相应的内容；否则应在外包装物上按要求标示所有强制标示内容。

　　2) 直接向消费者提供的预包装食品标签标示内容

　　直接向消费者提供的预包装食品标签标示应包括食品名称、配料表、净含量和规格、生产者和（或）经销者的名称、地址和联系方式、生产日期和保质期、贮存条件、食品生产许可证编号、产品标准代号及其他需要标示的内容。主要标示内容要求如下。

　　(1) 食品名称：①应在食品标签的醒目位置，清晰地标示反映食品真实属性的专用名称。②标示"新创名称"、"奇特名称"、"音译名称"、"牌号名称"、"地区俚语名称"或"商标名称"时，应在所示名称的同一展示版面标示专用名称。③为不使消费者误解或混淆食品的真实属性、物理状态或制作方法，可以在食品名称前或食品名称后附加相应的词或短语。如干燥的、浓缩的、复原的、熏制的、油炸的、粉末的、粒状的等。

　　(2) 配料表：①预包装食品的标签上应标示配料表，配料表中的各种配料应标示具体名称。②食品添加剂应当标示其在《食品添加剂使用标准》（GB 2760）中的食品添加剂通用名称。食品添加剂通用名称可以标示为食品添加剂的具体名称，也可标示为食品添加剂的功能类别名称并同时标示食品添加剂的具体名称或国际编码（INS 号）。

　　(3) 配料的定量标示：①如果在食品标签或食品说明书上特别强调添加了或含有一种或多种有价值、有特性的配料或成分，应标示所强调配料或成分的添加量或在成品中的含量。②如果在食品的标签上特别强调一种或多种配料或成分的含量较低或无时，应标示所强调配料或成分在成品中的含量。③食品名称中提及的某种配料或成分而未在标签上特别强调，不需要标示该种配料或成分的添加量或在成品中的含量。

　　(4) 净含量和规格：①净含量的标示应由净含量、数字和法定计量单位组成。②应依据法定计量单位标示包装物（容器）中食品的净含量。③净含量应与食品名称在包装物或容器的同一展示版面标示。④容器中含有固、液两相物质的食品，且固相物质为主要食品配料时，除标示净含量外，还应以质量或质量分数的形式标示沥干物（固形物）的含量。⑤同一预包装内含有多个单件预包装食品时，大包装在标示净含量的同时还应标示规格。⑥规格的标示应由单件预包装食品净含量和件数组成，或只标示件数，可不标示"规格"二字。单件预包装食品的规格即指净含量。

　　(5) 生产者、经销者的名称、地址和联系方式：①应当标注生产者的名称、地址和联系方式。生产者名称和地址应当是依法登记注册、能够承担产品安全质量责任的生产者的名称、地址。②依法承担法律责任的生产者或经销者的联系方式应标示以下至少一项内容：电话、传真、网络联系方式等，或与地址一并标示的邮政地址。③进口预包装食品应标示原产国国名或地区区名（如香港、澳门、台湾），以及在中国依法登记注册的代理商、进口商或经销者的名称、地址和联系方式，可不标示生产者的名称、地址和联系方式。

　　(6) 日期标示：①应清晰标示预包装食品的生产日期和保质期。如日期标示采用"见包装物某部位"的形式，应标示所在包装物的具体部位。日期标示不得另外加贴、补印或篡改。②当同一预包装内含有多个标示了生产日期及保质期的单件预包装食品时，外包装上标示的保质期应按最早到期的单件食品的保质期计算。外包装上标示的生产日期应为最早生产的单件食品的生产日期，或外包装形成销售单元的日期；也可在外包装上分别标示各单件装食品的生产日期和保质期。③应按年、月、日的顺序标示日期，如果不按此顺序标示，应注明日期标示顺序。

（7）贮存条件：预包装食品标签应标示贮存条件。

（8）食品生产许可证编号：预包装食品标签应标示食品生产许可证编号的，标示形式按照相关规定执行。

（9）产品标准代号：在国内生产并在国内销售的预包装食品（不包括进口预包装食品）应标示产品所执行的标准代号和顺序号。

（10）其他标示内容：①辐照食品。经电离辐射线或电离能量处理过的食品，应在食品名称附近标示"辐照食品"。经电离辐射线或电离能量处理过的任何配料，应在配料表中标明。②转基因食品。转基因食品的标示应符合相关法律、法规的规定。③营养标签。特殊膳食类食品和专供婴幼儿的主辅类食品，应当标示主要营养成分及其含量，标示方式按照《预包装特殊膳食用营养标签通则》（GB 13432）执行。④质量（品质）等级。食品所执行的相应产品标准已明确规定质量（品质）等级的，应标示质量（品质）等级。

3）非直接提供给消费者的预包装食品标签标示内容

非直接提供给消费者的预包装食品标签应标示食品名称、规格、净含量、生产日期、保质期和贮存条件，其他内容如未在标签上标注，则应在说明书或合同中注明。

4）标示内容的豁免

（1）酒精度大于等于 10% 的饮料酒、食醋、食用盐、固态食糖类、味精，可以免除标示保质期。

（2）当预包装食品包装物或包装容器的最大表面面积小于 10cm² 时，可以只标示产品名称、净含量、生产者（或经销商）的名称和地址。

5）推荐标示内容

（1）批号。

（2）食用方法。

（3）致敏物质。

### 3.3.5.3　预包装食品营养标签通则

2011 年 10 月 12 日，卫生部发布了我国第一个食品营养标签国家标准《预包装食品营养标签通则》（GB 28050—2011），标准适用于预包装食品营养标签上营养信息的描述和说明，不适用于保健食品及预包装特殊膳食用食品的营养标签标示。

食品安全国家标准《预包装食品营养标签通则》在制定过程中，借鉴了国际组织和发达国家的管理经验，科学分析了我国居民的膳食结构、食品营养特性、人群消费特点和消费者营养知识水平。该标准于 2013 年 1 月 1 日实施，有利于规范食品企业正确标注营养信息，实现消费者对食品营养信息的知情权和选择权，提高公众对食品营养的关注，促进膳食营养平衡，达到预防和减少营养相关疾病的目的。

1）术语和定义

（1）营养标签，指预包装食品标签上向消费者提供食品营养信息和特性的说明，包括营养成分表、营养声称和营养成分功能声称。营养标签是预包装食品标签的一部分。

（2）营养素，指食物中具有特定生理作用，能维持机体生长、发育、活动、繁殖以及正常代谢所需的物质，包括蛋白质、脂肪、碳水化合物、矿物质及维生素等。

（3）营养成分，指食品中的营养素和除营养素以外的具有营养和（或）生理功能的其他食物成分。

（4）核心营养素，指营养标签中的蛋白质、脂肪、碳水化合物和钠等营养素。

（5）营养成分表，指标有食品营养成分名称、含量和占营养素参考值（NRV）百分比的规范性表格。

（6）营养素参考值（NRV），指专用于食品营养标签，用于比较食品营养成分含量的参考值。

（7）营养声称，指对食品营养特性的描述和声明，如能量水平、蛋白质含量水平。营养声称包括含量声称和比较声称。

（8）含量声称，指描述食品中能量或营养成分含量水平的声称。声称用语包括"含有"、"高"、"低"或"无"等。

（9）比较声称，指与消费者熟知的同类食品的营养成分含量或能量值进行比较以后的声称。声称用语包括"增加"或"减少"等。

（10）营养成分功能声称，指某营养成分可以维持人体正常生长、发育和正常生理功能等作用的声称。

2）基本要求

（1）预包装食品营养标签标示的任何营养信息，应真实、客观，不得标示虚假信息，不得夸大产品的营养作用或其他作用。

（2）预包装食品营养标签应使用中文。如同时使用外文标示的，其内容应当与中文相对应，外文字号不得大于中文字号。

（3）营养成分表应以一个"方框表"的形式表示（特殊情况除外），方框可为任意尺寸，并与包装的基线垂直，表题为"营养成分表"。

（4）食品营养成分含量应以具体数值标示，数值可通过原料计算或产品检测获得。

（5）营养标签的格式应满足一定的要求，食品企业可根据食品的营养特性、包装面积的大小和形状等因素选择使用其中的一种格式。

（6）营养标签应标在向消费者提供的最小销售单元的包装上。

3）强制标示内容

（1）所有预包装食品营养标签强制标示的内容包括能量、核心营养素的含量值及其占营养素参考值（NRV）的百分比。当标示其他成分时，应采取适当形式使能量和核心营养素的标示更加醒目。

（2）对除能量和核心营养素外的其他营养成分进行营养声称或营养成分功能声称时，在营养成分表中还应标示出该营养成分的含量及其占营养素参考值（NRV）的百分比。

（3）使用了营养强化剂的预包装食品，在营养成分表中还应标示强化后食品中该营养成分的含量值及其占营养素参考值（NRV）的百分比。

（4）食品配料含有或生产过程中使用了氢化和（或）部分氢化油脂时，在营养成分表中还应标示出反式脂肪（酸）的含量。

（5）上述未规定营养素参考值（NRV）的营养成分仅需标示含量。

4）豁免强制标示营养标签的预包装食品

下列预包装食品豁免强制标示营养标签：生鲜食品，如包装的生肉、生鱼、生蔬菜和水果、禽蛋等；乙醇含量≥0.5％的饮料酒类；包装总表面积≤100cm² 或最大表面面积≤20cm² 的食品；现制现售的食品；包装的饮用水；每日食用量≤10g 或 10mL 的预包装食品；其他法律法规标准规定可以不标示营养标签的预包装食品。

豁免强制标示营养标签的预包装食品，如果在其包装上出现任何营养信息时，应按照《预包装食品营养标签通则》执行。

## 3.3.6　食品良好生产与企业卫生规范

《食品安全法》第三十三条规定，国家鼓励食品生产经营企业符合良好生产规范要求，实施危害分析与关键控制点体系，提高食品安全管理水平。

良好生产规范（Good Manufacturing Practice，GMP），是为保障食品质量安全，对食品生产过程中的各个环节、各个方面实行严格监控而提出的具体要求和采取的必要的良好的质量监控措施，从而形成和完善质量安全保证体系。GMP 将保证食品质量安全的重点放在成品出厂前的整个生产过程的各个环节上，而不是仅仅着眼于最终产品上，其目的是从食品生产的全过程控制入手，从根本上保证食品质量安全。GMP 要求食品生产企业具备良好的生产设备、合理的生产过程、完善的质量管理、严格的检测系统、人员健康与个人卫生要求等。

食品良好生产规范与企业卫生规范以国家标准的形式列入食品标准中，它不同于产品的卫生标准，它是食品企业生产经营活动和过程的行为规范。主要围绕预防、控制和消除食品微生物和化学污染，确保产品安全卫生质量，对食品企业的工厂设计、选址和布局、厂房与设施、废水与处理、设备和器具的卫生、工作人员卫生和健康状况、原料卫生、产品质量检验以及工厂卫生管理等方面提出了具体要求。

我国的食品企业卫生规范主要依据良好生产规范（GMP）和危害分析与关键控制点（HACCP）的原则制定。

《食品安全法》实施前，我国共颁布了 1 个《食品企业通用卫生规范》（GB 14881）和 21 个食品良好生产规范或食品企业卫生规范。《食品企业通用卫生规范》适用于食品生产、经营的企业、加工厂，并作为制定各类食品厂的专业卫生规范的依据。

目前，我国已正式发布《乳制品良好生产规范》（GB 12693—2010）等三项良好规范和《食品生产通用卫生规范》（GB 14881—2013）等三项卫生规范。

### 表 3-18　已发布的食品良好生产与企业卫生规范

| 序号 | 标准号 | 标准名称 |
|---|---|---|
| 1 | GB 12693—2010 | 乳制品良好生产规范 |
| 2 | GB 23790—2010 | 粉状婴幼儿配方食品良好生产规范 |
| 3 | GB 29923—2013 | 特殊医学用途配方食品企业良好生产规范 |
| 4 | GB 14881—2013 | 食品生产通用卫生规范 |
| 5 | GB 31621—2014 | 食品经营过程卫生规范 |
| 6 | GB 31603—2015 | 食品接触材料及制品生产通用规范 |

食品安全国家标准《乳制品良好生产规范》（GB 12693—2010）于 2010 年 3 月 26 日发布，2010 年 12 月 1 日实施，适用于以牛乳（或羊乳）及其加工制品等为主要原料加工各类乳制品的生产企业。

该标准从以下 12 个方面对乳制品生产企业提出具体要求：①选址及厂区环境；②厂房和车间；③设备；④卫生管理；⑤原料和包装材料的要求；⑥生产过程的食品安全控制；⑦检验；⑧产品的贮存和运输；⑨产品追溯和召回；⑩培训；⑪管理机构和人员；⑫记录和文件的管理。

《食品安全国家标准 食品生产通用卫生规范》（GB 14881—2013）是食品生产的最基本条件和卫生要求，是对《食品安全法》提出的食品生产过程、厂房布局、设备设施、人员卫生等要求的细化和分解，是实施食品安全生产过程中监管的重要技术依据，是生产企业保证食品安全的重要手段，该标准于 2014 年 6 月 1 日起强制实施。GB 14881—2013 规定了食品生产过程中原料采购、加工、包装、贮存和运输等环节的场所、设施、人员的基本要求和管理准则，适用于各类食品的生产，如确有必要制定某类食品生产的专项卫生规范，应当以本标准作为基础。

## 3.3.7　检验方法与检验规程标准

食品安全检验方法标准是指对食品的质量安全要素进行测定、试验、计量、评价所作的统一规定，主要包括食品理化检验方法标准、食品微生物学检验方法标准、食品安全性毒理学评价程序与方法标准等。

### 3.3.7.1　食品理化检验方法标准

食品理化检验主要是利用物理、化学以及仪器等分析方法对各类食品中的营养成分、特征性理化指标、添加剂以及重金属、真菌毒素、农药残留、兽药残留等有毒有害化学成分进行检验。物理检验是对食品的一些物理特性的检验，如密度、折光度、旋光度等；化学检验是以物质的化学反应为基础，多用于常规检验，如蛋白质、脂肪、糖等营养成分的检验；仪器分析是利用大型精密仪器来测定物质的含量，多用于微量成分或食品中有害物质的分析，如重金属、农药、兽药残留量检测等。

食品理化检验的内容丰富，而且范围非常广泛，特别是不同种类的食品具有不同的特性。目前，我国已颁布的食品理化检验方法标准共 210 个，包括 GB/T 5009 系列的 206 个标准，全部为推荐性标准。截至 2016 年 1 月，已对其中 22 个标准修订后改为强制执行的食品安全国家标准，见表 3-19。

### 3.3.7.2　食品微生物学检验方法标准

食品微生物学检验是为了正确而客观地揭示食品的安全卫生情况，加强食品安全管理，保障人们的健康，并对防止某些食源性传染病的发生提供科学依据。主要检测对象包括食品中的菌落总数、大肠菌群、特征微生物、致病菌等。

目前我国已颁布的食品微生物学检验方法标准为 GB/T 4789 系列的 36 个标准，全部为推荐性标准。截至 2016 年 1 月，对其中 19 个标准修订后改为强制执行的食品安全国家标准。如《食品微生物学检验　总则》（GB 4789.1—2010）规定了食品微生物学检验基本原则和要求。该标准从实验室基本要求（包括环境、人员、设备、检验用品、培养基和试剂、菌株）以及样品的采集、样品检验、生物安全与质量控制、记录与报告、检验后样品的处理六个方面对实验室进行食品微生物学检验提出了基本要求。

部分已发布的食品安全检验方法标准见表 3-19。

**表 3-19　已发布的食品安全检验方法标准**

| 序号 | 标准号 | 标准名称 | 序号 | 标准号 | 标准名称 |
|---|---|---|---|---|---|
| 1 | GB 4789.1—2010 | 食品微生物学检验　总则 | 17 | GB 5009.5—2010 | 食品中蛋白质的测定 |
| 2 | GB 4789.2—2010 | 食品微生物学检验　菌落总数测定 | 18 | GB 5009.12—2010 | 食品中铅的测定 |
| 3 | GB 4789.3—2010 | 食品微生物学检验　大肠菌群计数 | 19 | GB 5009.24—2010 | 食品中黄曲霉毒素 $M_1$ 和 $B_1$ 的测定 |
| 4 | GB 4789.4—2010 | 食品微生物学检验　沙门氏菌检验 | 20 | GB 5009.33—2010 | 食品中亚硝酸盐与硝酸盐的测定 |
| 5 | GB 4789.10—2010 | 食品微生物学检验　金黄色葡萄球菌检验 | 21 | GB 5009.93—2010 | 食品中硒的测定 |
| 6 | GB 4789.15—2010 | 食品微生物学检验　霉菌和酵母计数 | 22 | GB 5009.94—2012 | 植物性食品中稀土元素的测定 |
| 7 | GB 4789.18—2010 | 食品微生物学检验　乳与乳制品检验 | 23 | GB 5413.3—2010 | 婴幼儿食品和乳品中脂肪的测定 |
| 8 | GB 4789.30—2010 | 食品微生物学检验　单核细胞增生李斯特氏菌检验 | 24 | GB 5413.5—2010 | 婴幼儿食品和乳品中乳糖、蔗糖的测定 |
| 9 | GB 4789.35—2010 | 食品微生物学检验　乳酸菌检验 | 25 | GB 5413.6—2010 | 婴幼儿食品和乳品中不溶性膳食纤维的测定 |
| 10 | GB 4789.40—2010 | 食品微生物学检验　阪崎肠杆菌检验 | 26 | GB 5413.9—2010 | 婴幼儿食品和乳品中维生素 A、D、E 的测定 |
| 11 | GB 4789.5—2012 | 食品生物学检验　志贺氏菌检验 | 27 | GB 5413.10—2010 | 婴幼儿食品和乳品中维生素 $K_1$ 的测定 |
| 12 | GB 4789.13—2012 | 食品微生物学检验　产气荚膜梭菌检验 | 28 | GB 5413.11—2010 | 婴幼儿食品和乳品中维生素 $B_1$ 的测定 |
| 13 | GB 4789.34—2012 | 食品微生物学检验　双歧杆菌的鉴定 | 29 | GB 5413.12—2010 | 婴幼儿食品和乳品中维生素 $B_2$ 的测定 |
| 14 | GB 4789.38—2012 | 食品微生物学检验　大肠埃希氏菌计数 | 30 | GB 5413.13—2010 | 婴幼儿食品和乳品中维生素 $B_6$ 的测定 |
| 15 | GB 5009.3—2010 | 食品中水分的测定 | 31 | GB 5413.14—2010 | 婴幼儿食品和乳品中维生素 $B_{12}$ 的测定 |
| 16 | GB 5009.4—2010 | 食品中灰分的测定 | 32 | GB 5413.15—2010 | 婴幼儿食品和乳品中烟酸和烟酰胺的测定 |

| 序号 | 标准号 | 标准名称 | 序号 | 标准号 | 标准名称 |
|---|---|---|---|---|---|
| 33 | GB 5413.16—2010 | 婴幼儿食品和乳品中叶酸（叶酸盐活性）的测定 | 45 | GB 5413.30—2010 | 乳和乳制品杂质度的测定 |
| 34 | GB 5413.17—2010 | 婴幼儿食品和乳品中泛酸的测定 | 46 | GB 5413.33—2010 | 生乳相对密度的测定 |
| 35 | GB 5413.18—2010 | 婴幼儿食品和乳品中维生素 C 的测定 | 47 | GB 5413.34—2010 | 乳和乳制品酸度的测定 |
| 36 | GB 5413.19—2010 | 婴幼儿食品和乳品中游离生物素的测定 | 48 | GB 5413.35—2010 | 婴幼儿食品和乳品中 $\beta$-胡萝卜素的测定 |
| 37 | GB 5413.21—2010 | 婴幼儿食品和乳品中钙、铁、锌、钠、钾、镁、铜和锰的测定 | 49 | GB 5413.36—2010 | 婴幼儿食品和乳品中反式脂肪酸的测定 |
| 38 | GB 5413.22—2010 | 婴幼儿食品和乳品中磷的测定 | 50 | GB 5413.37—2010 | 乳和乳制品中黄曲霉毒素 $M_1$ 的测定 |
| 39 | GB 5413.23—2010 | 婴幼儿食品和乳品中碘的测定 | 51 | GB 5413.38—2010 | 生乳冰点的测定 |
| 40 | GB 5413.24—2010 | 婴幼儿食品和乳品中氯的测定 | 52 | GB 5413.39—2010 | 乳和乳制品中非脂乳固体的测定 |
| 41 | GB 5413.25—2010 | 婴幼儿食品和乳品中肌醇的测定 | 53 | GB 21703—2010 | 乳和乳制品中苯甲酸和山梨酸的测定 |
| 42 | GB 5413.26—2010 | 婴幼儿食品和乳品中牛磺酸的测定 | 54 | GB 22031—2010 | 干酪及加工干酪制品中添加的柠檬酸盐的测定 |
| 43 | GB 5413.27—2010 | 婴幼儿食品和乳品中脂肪酸的测定 | 55 | GB 28404—2012 | 保健食品中 $\alpha$-亚麻酸、二十碳五烯酸、二十二碳五烯酸和二十二碳六烯酸的测定 |
| 44 | GB 5413.29—2010 | 婴幼儿食品和乳品溶解性的测定 | | | |

### 3.3.7.3 食品安全性毒理学评价程序

食品安全性毒理学评价（food toxicological safety evaluation），是从毒理学角度对食品进行安全性评价，即利用规定的毒理学程序和方法评价食品中某种物质对机体的毒性和潜在的危害，并对人类接触这种物质的安全性做出评价的研究过程。食品安全性毒理学评价实际上是在了解食品中某种物质的毒性及危害性的基础上，全面权衡其利弊和实际应用的可能性，从确保该物质的最大效益、对生态环境和人类健康最小危害性的角度，对该物质能否生产和使用作出判断或寻求人类的安全接触条件的过程。

《食品安全国家标准　食品安全性毒理学检验方法和评价程序》（GB 15193）系列标准目前已发布 26 项标准。其中，《食品安全性毒理学评价程序》（GB 15193.1—2014）适用于评价食品生产、加工、保藏、运输和销售过程中所涉及的可能对健康造成危害的化学、生物和物理因素的安全性，检验对象包括食品及其原料、食品添加剂、新资源食品、辐照食品、食品相关产品（用于食品的包装材料、容器、洗涤剂、消毒剂和用于食品生产经营的工具、设备）以及食品污染物。

GB 15193.1 从受试物的要求、食品安全性毒理学评价试验内容、对不同受试物选择毒性试验的原则、食品安全性毒理学评价试验的目的和结果判定、进行食品安全性评价时需要考虑的因素等方面规定了食品安全性毒理学评价的程序。

1) 受试物的要求

(1) 应提供受试物的名称、批号、含量、保存条件、配制方法、原料来源、生产工艺、质量规格标准、人体推荐（可能）摄入量等有关资料。

(2) 对于单一的化学物质，应提供受试物（必要时包括其杂质）的物理、化学性质（包括化学结构、纯度、稳定性等）。对于配方产品，应提供受试物的配方，必要时应提供受试物各组成成分的物理、化学性质（包括化学名称、化学结构、纯度、稳定性、溶解度等）有关资料。

(3) 受试物是配方产品，应是规格化产品，其组成成分、比例及纯度应与实际应用的相同。

2) 食品安全性毒理学评价试验内容

食品安全性毒理学评价试验分四个阶段，分阶段进行的目的是以最短的时间，用最经济的办法，取得最可靠的结果。

(1) 急性经口毒性试验。目的是了解受试物的急性毒性强度、性质和可能的靶器官，测定 $LD_{50}$（half lethal dose，半数致死量），为进一步进行毒性试验的剂量和毒性观察指标的选择提供依据，并根据 $LD_{50}$ 进行急性毒性剂量分级。$LD_{50}$ 是指受试动物经口一次或在 24h 内多次染毒后，能使受试动物中有半数（50%）死亡的剂量，单位为 mg/kg 体重。$LD_{50}$ 是衡量化学物质急性毒性大小的基本数据。

(2) 遗传毒性试验。目的是了解受试物的遗传毒性以及筛查受试物的潜在致癌作用和细胞致突变性。遗传毒性试验组合一般应遵循原核细胞与真核细胞、体内试验与体外试验相结合的原则。

(3) 28 天经口毒性试验。在急性毒性试验的基础上，进一步了解受试物毒作用性质、剂量－反应关系和可能的靶器官，得到 28 天经口未观察到有害作用剂量，初步评价受试物的安全性，并为下一步较长期毒性和慢性毒性试验剂量、观察指标、毒性终点的选择提供依据。

(4) 90 天经口毒性试验。观察受试物以不同剂量水平经较长时期喂养后对实验动物的毒作用性质、剂量－反应关系和靶器官，得到 90 天经口未观察到有害作用剂量，为慢性毒性试验剂量选择和初步制定人群安全接触限量标准提供科学依据。

(5) 致畸试验。目的是了解受试物是否具有致畸作用和发育毒性，并可得到致畸作用和发育毒性的未观察到有害作用剂量。

(6) 生殖毒性试验/生殖发育毒性试验。目的是了解受试物对实验动物繁殖及对子代的发育毒性，如性腺功能、发情周期、交配行为、妊娠、分娩、哺乳和断乳以及子代的生长发育等。

(7) 毒物动力学试验。目的是了解受试物在体内的吸收、分布和排泄速度；为选择慢性毒性试验的合适实验动物种（species）、系（strain）提供依据；了解代谢产物的形成情况。

（8）慢性毒性试验和致癌试验。目的是了解经长期接触受试物后出现的毒性作用以及致癌作用；确定未观察到有害作用剂量，为受试物能否应用于食品的最终评价和制定健康指导值提供依据。

3）对不同受试物选择毒性试验的原则

（1）凡属我国首创的物质，特别是化学结构提示有潜在慢性毒性、遗传毒性或致癌性或该受试物产量大、使用范围广、人体摄入量大，应进行系统的毒性试验，包括急性经口毒性试验、遗传毒性试验、90 天经口毒性试验、致畸试验、生殖发育毒性试验、毒物动力学试验、慢性毒性试验和致癌试验（或慢性毒性和致癌合并试验）。

（2）凡属与已知物质（指经过安全性评价并允许使用者）的化学结构基本相同的衍生物或类似物，或在部分国家和地区有安全食用历史的物质，则可先进行急性经口毒性试验、遗传毒性试验、90 天经口毒性试验和致畸试验，根据试验结果判定是否需进行毒物动力学试验、生殖毒性试验、慢性毒性试验和致癌试验等。

（3）凡属已知的或在多个国家有食用历史的物质，同时申请单位又有资料证明申报受试物的质量规格与国外产品一致，则可先进行急性经口毒性试验、遗传毒性试验和 28 天经口毒性试验，根据试验结果判断是否进行进一步的毒性试验。

4）进行食品安全性评价时需要考虑的因素

（1）试验指标的统计学意义、生物学意义和毒理学意义。对实验中某些指标的异常改变，应根据试验组与对照组指标是否有统计学差异、其有无剂量反应关系、同类指标横向比较、两种性别的一致性及与本实验室的历史性对照值范围等，综合考虑指标差异有无生物学意义，并进一步判断是否具毒理学意义。

（2）人的推荐（可能）摄入量较大的受试物。应考虑给予受试物量过大时，可能影响营养素摄入量及其生物利用率，从而导致某些毒理学表现，而非受试物的毒性作用所致。

（3）时间－毒性效应关系。对由受试物引起实验动物的毒性效应进行分析评价时，要考虑在同一剂量水平下毒性效应随时间的变化情况。

（4）特殊人群和易感人群。对孕妇、乳母或儿童食用的食品，应特别注意其胚胎毒性或生殖发育毒性、神经毒性和免疫毒性等。

（5）人群资料。由于存在着动物与人之间的物种差异，在评价食品的安全性时，应尽可能收集人群接触受试物后的反应资料，如职业性接触和意外事故接触等。在确保安全的条件下，可以考虑遵照有关规定进行人体试食试验，并且志愿受试者的体内毒物动力学/代谢资料对于将动物试验结果推论到人具有很重要的意义。

（6）动物毒性试验和体外试验资料。各项动物毒性试验和体外试验系统是目前毒理学评价水平下所得到的最重要的资料，也是进行安全性评价的主要依据，在试验得到阳性结果，而且结果的判定涉及受试物能否应用于食品时，需要考虑结果的重复性和剂量－反应关系。

（7）不确定系数。即安全系数。将动物毒性试验结果外推到人时，鉴于动物与人的物种和个体之间的生物学差异，不确定系数通常为 100，但可根据受试物的原料来源、理化性质、毒性大小、代谢特点、蓄积性、接触的人群范围、食品中的使用量和人的可能摄入量、使用范围及功能等因素来综合考虑其安全系数的大小。

（8）毒物动力学试验的资料。毒物动力学试验是对化学物质进行毒理学评价的一个重要方面，因为不同化学物质、剂量大小，在毒物动力学/代谢方面的差别往往对毒性作用影响很大。在毒性试验中，原则上应尽量使用与人具有相同毒物动力学/代谢模式的动物种系来进行试验。研究受试物在实验动物和人体内吸收、分布、排泄和生物转化方面的差别，对于将动物试验结果外推到人和降低不确定性具有重要意义。

（9）综合评价。在进行综合评价时，应全面考虑受试物的理化性质、结构、毒性大小、代谢特点、蓄积性、接触的人群范围、食品中的使用量与使用范围、人的推荐（可能）摄入量等因素，对于已在食品中应用了相当长时间的物质，对接触人群进行流行病学调查具有重大意义，但往往难以获得剂量-反应关系方面的可靠资料；对于新的受试物质，则只能依靠动物试验和其他试验研究资料。然而，即使有了完整和详尽的动物试验资料和一部分人类接触的流行病学研究资料，由于人类的种族和个体差异，也很难做出能保证每个人都安全的评价。

食品安全性是相对的，在进行最终的食品安全性毒理学评价时，应在受试物可能对人体健康造成的危害以及其可能的有益作用之间进行权衡。以食用安全为前提，安全性评价的依据不仅仅是安全性毒理学试验的结果，而且与当时的科学水平、技术条件以及社会经济、文化因素有关。因此，随着时间的推移，社会经济的发展、科学技术的进步，有必要对已通过评价的受试物需要进行重新评价。

## 3.4　食品产品标准

产品标准（product standard）是规定产品应满足的要求以确保其适用性的标准。产品标准除了包括适用性的要求外，还可直接地或通过引用间接地包括诸如术语、抽样、测试、包装和标签等。因此，产品标准的内容较多，一般包括范围、规范性引用文件、术语和定义、技术要求、检验方法、检验规则、标签标志、包装、储存、运输等方面的要求。其中，技术要求是标准的核心部分，主要包括原辅材料要求、感官要求、理化指标、卫生指标等。

食品产品质量标准是对产品结构、规格、技术要求、检验方法等所做的技术规范，是食品生产、质量检验、选购验收、流通和洽谈贸易的技术依据。食品产品标准是我国食品标准中数量最多的一类，几乎涵盖所有的食品种类，如食用植物油标准、肉乳食品标准、水产品标准、速冻食品标准、饮料与饮料酒标准、焙烤食品标准、营养强化食品标准等。

### 3.4.1　食用植物油标准

食用植物油是大豆、花生、菜籽、棉籽、芝麻、米糠等原辅料经压榨或浸出、油脂精炼等工艺制备而成的食用油。食用植物油根据原料不同可分为大豆油、花生油、菜籽油、葵花籽油、芝麻油、玉米油、棕榈油、橄榄油、棉籽油等。

为促进油料、油脂生产发展和油脂行业结构调整，满足广大消费者食用营养、卫生安全的高质量食用植物油的需求，有利于与国际标准接轨，提高我国油脂产品质量，增强在国际国内市场的竞争能力，国家标准化管理委员会会同国家粮食局组织制定了《棉籽油》GB 1537—2003、《玉米油》GB 19111—2003、《米糠油》GB 19112—2003、《葵花籽油》GB 10464—2003、《油茶籽油》GB 11765—2003、《大豆油》GB 1535—2003、《花生油》GB 1534—2003、《菜籽油》GB 1536—2003 共 8 项食用植物油国家标准和相关检验方法标准。其中《葵花籽油》《油茶籽油》《米糠油》《棉籽油》《玉米油》标准已于 2003 年 10 月 1 日正式实施；《大豆油》《花生油》标准已于 2004 年 10 月 1 日正式实施；《菜籽油》标准已于 2005 年 2 月 1 日开始正式实施。随后陆续有一些食用植物油标准发布，这些标准连同上述 8 项标准，构成了我国食用植物油全新的国家标准体系。

新的食用植物油国家标准具有以下一些特点。

(1) 规范了名词术语。根据《化工标准名词术语》的规定，对专业名词术语进行了规范，统一定义和表述。

(2) 明确了强制条文。新标准采取了条文强制的形式，强制的主要内容有以下几点：①限定了食用油中的酸值、过氧化值、溶剂残留量等指标。酸值、过氧化值、溶剂残留量等指标，既是加工过程中的质量控制指标，又是产品的卫生安全指标。它们的高低不但反映了加工工艺控制、产品品质的状况，而且也反映了油脂的分解程度和氧化、劣变情况。②限定了最低质量等级指标。对压榨成品油和浸出成品油的最低等级的各项指标进行了强制，以维护消费者的根本利益和保护消费者的健康。③标签标识除应遵循《预包装食品标签通则》GB 7718 的规定外，要求在产品标签中对加工工艺按"压榨法"、"浸出法"进行明确标识。"压榨法"是靠物理压力将油脂直接从油料中分离出来，全过程不涉及任何化学添加剂，保证产品安全、卫生、无污染，天然营养不受破坏；"浸出法"是采用溶剂油（六号轻汽油）将油脂原料经过充分浸泡后，进行高温提取，经过"六脱"工艺（即脱脂、脱胶、脱水、脱色、脱臭、脱酸）加工而成，出油率高。另外，根据国家《农业转基因生物安全条例》及有关规定，在产品标签中对使用转基因原料和原料产地进行明确标识，以保护消费者的知情权和选择权。

(3) 规范了产品名称分类和等级。统一采用以单一的原料名称对产品命名的方式，禁止将与用途、工艺等有关的词语用在产品名称中。根据产品的用途、加工工艺和质量要求的不同对产品进行分类。即将油脂产品分为原油和成品油，成品油又分为压榨成品油和浸出成品油。原油指未经精炼等工艺处理的油脂（又称毛油），不能直接用于食用，只能作为加工成品油的原料。成品油是指经过精炼加工达到了食用标准的油脂产品。压榨成品油是指用机械挤压方法提取的原油加工的成品油；浸出成品油是指用符合卫生要求的溶剂，采用浸出方法提取的原油加工的成品油。成品油分为一级、二级、三级、四级 4 个质量等级，分别相当于原来的色拉油、高级烹调油、一级油、二级油。

(4) 对部分质量指标进行了调整。油脂的质量要求包括 4 个方面：特征指标、质量指标、卫生指标、其他指标。调整后的质量指标与国际标准和发达国家标准基本一致。

①特征指标。特征指标是不同食用油固有的特征值，反映了食用油纯度，是检验食

用油掺假的重要指标。该指标等同采用了国际食品法典委员会（CAC）标准。

②质量指标。增加了"过氧化值"和"溶剂残留量"两项指标。这两项指标既是卫生指标又是质量控制指标，也是衡量油脂加工工艺及设备的重要参数，可以更加全面地反映油脂产品的质量。过氧化值增高，表明植物油的氧化程度增加，将导致油脂氧化劣质，产生大量人体有害的低分子醛酮物质，降低植物油的营养价值。采用浸出法工艺生产的食用植物油中含有微量的浸出油溶剂，主要是以六碳为主的烷烃类物质，其中一些成分（如苯类等）对白血病有促发作用。浸出油溶剂残留是食用植物油的一项重要卫生指标。

原油质量指标中共设 6 个项目，包括气味与滋味、水分及挥发物、不溶性杂质、酸值、过氧化值、溶剂残留量。成品油质量指标中共设 12 个项目，包括色泽、气味与滋味、透明度、水分及挥发物、不溶性杂质、酸值、过氧化值、加热试验、含皂量、烟点、冷冻试验、溶剂残留量。

③卫生指标。执行《食用植物油卫生标准》（GB2716）和《食品添加剂使用标准》（GB2760）。

④其他指标。注明不得混有其他食用油或非食用油外，也不得添加任何香精和香料。

食用植物油新标准体系见表 3-20。

表 3-20　部分食用植物油产品国家标准

| 序号 | 标准号 | 标准名称 | 序号 | 标准号 | 标准名称 |
| --- | --- | --- | --- | --- | --- |
| 1 | GB 1534—2003 | 花生油 | 11 | GB/T 22327—2008 | 核桃油 |
| 2 | GB 1535—2003 | 大豆油 | 12 | GB/T 8235—2008 | 亚麻籽油 |
| 3 | GB 1536—2004 | 菜籽油 | 13 | GB/T 18009—1999 | 棕榈仁油 |
| 4 | GB 1537—2003 | 棉籽油 | 14 | GB 15680—2009 | 棕榈油 |
| 5 | GB 10464—2003 | 葵花籽油 | 15 | GB/T 8234—2009 | 蓖麻籽油 |
| 6 | GB 11765—2003 | 油茶籽油 | 16 | GB/T 22478—2008 | 葡萄籽油 |
| 7 | GB 19111—2003 | 玉米油 | 17 | GB 23347—2009 | 橄榄油、油橄榄果渣油 |
| 8 | GB 19112—2003 | 米糠油 | 18 | GB 8233—2008 | 芝麻油 |
| 9 | GB/T 22465—2008 | 红花籽油 | 19 | GB/T 24301—2009 | 氢化蓖麻籽油 |
| 10 | GB/T 22479—2008 | 花椒籽油 | | | |

## 3.4.2　肉与肉制品标准

我国是世界肉类生产大国，肉类产量已经连续十多年居全球之首，2009 年我国肉类总产量 7642 万 t，世界肉类产量为 2.86 亿 t，我国肉类产量占世界肉类总产量的 26.7%。肉与肉制品标准是推动我国肉类食品行业健康可持续发展的保证。根据国家标准委发布的标准统计，目前我国已发布肉与肉制品相关标准 622 项，其中国家标准 234 项、行业标准 276 项、地方标准 101 项。在所有这些标准中，以检验方法标准居多，占到肉类标准总量的 54% 以上，其中除了肉类常规成分检测标准外，还包括微生物检测方法标准和兽药残留检测方法标准。兽药残留检测方法标准在进出口肉制品检测方法标准中占有较大的比重。肉制品产品标准占 18.5%，而生产设备标准仅占到 4.5%。

与国际标准和欧盟、美国、澳大利亚、日本等发达国家先进标准相比，我国肉类食品标准方面还有一定的差距，主要表现在：肉类食品标准覆盖面不完全，某些重要标准缺失；在技术水平上与国际标准不接轨；在肉制品标准制定过程中缺少风险性评估的科学依据。我国肉类食品种类繁多，除了目前商品化程度较高的大宗西式肉制品外，还有相当一部分中式肉制品在市场上销售。中式肉制品中如肉羹肉汤类产品、熏烤类等肉制品深受消费者喜爱，但是国内相关的标准还很少，使得此类产品质量参差不齐。新型食品材料、新型食品加工技术不断涌现，利用现代生物技术、非热加工技术、添加益生菌和酶制剂等生产的食品已经在市场上出现，如发酵香肠类、超高压加工肉制品等，对于这类新技术食品，目前我国还没有制定相关的标准，一定程度上束缚了相关行业的发展。同时，与肉类食品质量安全密切相关的掺杂使假问题，还缺少相应的检验检测方法标准。另外我国在肉类加工相关机械设备和肉类烹饪相关设备方面还是短板，与欧美等发达国家差距较大。

随着我国全面融入全球经济，肉与肉制品全方位进入国际市场，我国肉类面临的安全标准也大大增加。我国相对落后的肉与肉制品标准体系，限制了我国肉类产品出口，造成肉类食品安全事件的出现，影响了我国肉类食品的国际形象。因此，我国亟须建立一个指导和规范肉与肉制品质量安全，满足国内外销售需要，能与国际接轨的科学、完善、实用的肉类标准体系。

目前，国际标准化委员（ISO）和国际食品法典委员会（CAC）两个组织所制定的肉与肉制品标准得到世界各国的普遍认同。

ISO 涉及肉与肉制品的标准近 30 项，主要分属于基础标准和分析取样方法标准，ISO 没有专门的肉制品产品质量与分级标准、包装标准、运输标准和贮存标准等，但是 ISO 9000 族标准对肉制品产品质量管理以及 ISO22000 体系标准对肉制品加工安全和管理均具有重要的指导意义。

CAC 有关肉与肉制品的标准达 43 项，其标准体系包括 3 个层次，分别是对肉与肉制品安全和消费者健康保护通用原则标准、肉与肉制品通用标准、肉类产品专用标准。其中通用标准 8 项、法典指导原则 12 项、分析方法和取样法典标准 4 项、兽药残留标准 2 项、农药残留标准 2 项、操作规程 9 项、产品标准 6 项，这些法典及标准全面而系统地规定了肉品质量控制链条上各个环节的操作规范、质量要求和检验分析方法等。

ISO 标准和 CAC 标准都具有经典、基础、科学、实用性强等特点，两个标准体系各有侧重、分工合作、关联紧密，共同构建起肉类领域的国际标准体系。

针对我国肉类标准体系的科学性、配套性和实用性较差，不能很好地与国际接轨的突出问题，我国应以目前食品安全标准清理整合为契机，加大采标力度，加强风险评估在肉与肉制品标准制定中的地位，提高肉类食品标准的科学性。

表 3-21 列举了我国现行的部分肉与肉制品国家标准（不包括肉与肉制品检验方法标准和卫生标准）。

表 3-21　部分肉与肉制品产品国家标准

| 序号 | 标准号 | 标准名称 | 序号 | 标准号 | 标准名称 |
|---|---|---|---|---|---|
| 1 | GB/T 9961—2008 | 鲜、冻胴体羊肉 | 11 | GB/T 23968—2009 | 肉松 |
| 2 | GB/T 17238—2008 | 鲜、冻分割牛肉 | 12 | GB/T 20711—2006 | 熏煮火腿 |
| 3 | GB/T 9960—2008 | 鲜、冻四分体牛肉 | 13 | GB/T 20712—2006 | 火腿肠 |
| 4 | GB 9959.1—2001 | 鲜、冻片猪肉 | 14 | GB/T 13213—2006 | 猪肉糜类罐头 |
| 5 | GB/T 17239—2008 | 鲜、冻兔肉 | 15 | GB/T 13214—2006 | 咸牛肉、咸羊肉罐头 |
| 6 | GB 16869—2005 | 鲜、冻禽产品 | 16 | GB/T 20558—2006 | 地理标志产品　符离集烧鸡 |
| 7 | GB/T 9959.2—2008 | 分割鲜冻猪瘦肉 | 17 | GB/T 21004—2007 | 地理标志产品　泰和乌鸡 |
| 8 | GB/T 23586—2009 | 酱卤肉制品 | 18 | GB/T 19694—2008 | 地理标志产品　平遥牛肉 |
| 9 | GB/T 23969—2009 | 肉干 | 19 | GB/T 18357—2008 | 地理标志产品　宣威火腿 |
| 10 | GB/T 25734—2010 | 牦牛肉干 | 20 | GB/T 19088—2008 | 地理标志产品　金华火腿 |

## 3.4.3　速冻食品标准

速冻食品（fast frozen food）是将需速冻的食品，经过适当的前处理或加工后，通过各种方式急速冻结，经包装储存于－18～－20℃下的连贯低温条件下流通销售，经解冻或烹饪后即可食用的一类低温食品。由于在急速冻结情况下，食物组织中的水分、汁液不会流失，而且在这样的低温下，微生物基本上不会繁殖，食品的安全有了保证。速冻食品完全以低温来保存食品原有品质，而不借助任何防腐剂和添加剂，同时使食品营养最大限度地保存下来。

速冻食品主要分为速冻畜禽类、速冻水产类、速冻果蔬类、速冻调理类四大类。调理类速冻食品又分为：速冻中式点心类，如汤圆、水饺、包子、炒饭等；速冻火锅调料类，如鱼饺、鱼丸、贡丸等；速冻裹面油炸类，如鸡块、鱿鱼排等；速冻菜肴料理类，如三杯排骨等。

近年来，全球速冻食品市场总量在不断增加。以欧盟、美国、日本等为代表的发达国家，速冻食品工业发展迅速，年消费量大，人均占有量高。我国速冻食品工业起步于20 世纪 70 年代，以外销速冻肉类、海产品及速冻蔬菜类初级产品为主，而速冻水饺、速冻米、面等深加工食品的发展仅有二十多年。但是速冻食品产业发展迅猛，是我国食品产业中一个新兴的"朝阳产业"，目前形成了年产量 1500 万 t 的规模，并且正以每年20％的速度递增，同时产生出一批知名品牌，有力推动了我国的农业产业化发展。

伴随行业发展，我国速冻食品标准也日益完善，已先后颁布了《速冻汤圆》（SB/T 10423—2007）、《速冻饺子》（GB/T 23786—2009）、《速冻食品生产 HACCP 应用准则》（GB/T 25007—2010）等国家标准和行业标准。这些标准对速冻食品生产、储藏、运输、进出口、经营过程等各个环节都提出了相关要求，有效地规范了速冻食品生产活动，保障了速冻食品质量安全，促进了速冻食品贸易和市场统一，提高了速冻食品行业的国际竞争力。

但由于行业起步晚，发展速度快，目前我国速冻食品标准仍然存在着许多问题，在一定程度上制约了行业的发展，主要表现在 5 个方面：个别指标过高，与国情不符；标准制定主体过多，标准相互矛盾；标准体系尚不完善，部分指标无标可依；标准实施状况较差，标准效率亟待提高；管理标准还相对不完善。按照国际惯例和卫生标准，速冻食品的生产环境、卫生条件、管理方式、产品质量、营养成分都有严格标准进行规定。

**表 3-22　部分速冻食品标准**

| 序号 | 标准号 | 标准名称 | 序号 | 标准号 | 标准名称 |
|---|---|---|---|---|---|
| 1 | GB/T 23786—2009 | 速冻饺子 | 5 | NY/T 1069—2006 | 速冻马蹄片 |
| 2 | GB/T 25007—2010 | 速冻食品生产 HACCP 应用准则 | 6 | NY/T 952—2006 | 速冻菠菜 |
| 3 | GB/T 27302—2008 | 食品安全管理体系　速冻方便食品生产企业要求 | 7 | SB/T 10379—2004 | 速冻调制食品 |
| 4 | GB/T 27307—2008 | 食品安全管理体系　速冻果蔬生产企业要求 | 8 | SB/T 10423—2007 | 速冻汤圆 |

## 3.4.4　饮料标准

饮料是指经过定量包装的、供直接饮用或用水冲调饮用的、乙醇含量不超过质量分数为 0.5% 的制品。饮料除提供水分外，由于在不同品种的饮料中含有不等量的糖、酸、乳以及各种氨基酸、维生素、无机盐等营养成分，因此有一定的营养价值。

目前我国有关饮料的产品标准有 60 余项，其中国家标准 38 项、轻工行业标准 18 项、商业行业标准 5 项、农业行业标准 3 项。其中，GB/T 10789—2007《饮料通则》规定了饮料的分类、类别、种类和定义、技术要求。根据 GB/T 10789—2007，饮料按原料或产品性状进行分类，可分为 11 个类别，即碳酸饮料（汽水）类、果汁和蔬菜汁类、蛋白饮料类、包装饮用水类、茶饮料类、咖啡饮料类、植物饮料类、风味饮料类、特殊用途饮料类、固体饮料类、其他饮料类。

碳酸饮料（汽水）类指在一定条件下充入二氧化碳气的饮料，不包括由发酵法自身产生的二氧化碳气的饮料。果汁和蔬菜汁类指用水果和（或）蔬菜（包括可食的根、茎、叶、花、果实）等为原料，经加工或发酵制成的饮料。蛋白饮料类指以乳或乳制品或有一定蛋白质含量的植物的果实、种子或种仁等为原料，经加工或发酵制成的饮料。包装饮用水类指密封于容器中可直接饮用的水。茶饮料类指以茶叶的水提取液或其浓缩液、茶粉等为原料，加入果汁、食糖和（或）甜味剂、食用果味香精等的一种或几种调制而成的液体饮料。咖啡饮料类指以咖啡的水提取液或其浓缩液、速溶咖啡粉为原料，经加工制成的饮料。植物饮料类指以植物或植物抽提物（水果、蔬菜、茶、咖啡除外）为原料，经加工或发酵制成的饮料。风味饮料类指以食用香精（料）、食糖和（或）甜味剂、酸味剂等作为调整风味主要手段，经加工制成的饮料。特殊用途饮料类指通过调整饮料中营养素的成分和含量，或加入具有特定功能成分的适应某些特殊人群需要的饮料。固体饮料类指用食品原料、食品添加剂等加工制成粉末状、颗粒状或块状等固态料的供冲调饮用的制品。其他饮料类指以上分类中未能包括的饮料。

2008 年 11 月开始实施的国家标准《含乳饮料》（GB/T 21732—2008）对含乳饮料的定义、分类进行了规定，从感官指标、理化指标、乳酸菌指标、卫生指标、食品添加剂和食品营养强化剂、发酵菌种产品等方面对产品提出了技术要求。

含乳饮料属于蛋白饮料类的一种，分为配制型含乳饮料、发酵型含乳饮料和乳酸菌饮料三类。配制型含乳饮料是指以乳或乳制品为原料，加入水以及食糖和（或）甜味剂、酸味剂、果汁、茶、咖啡、植物提取液等的一种或几种调制而成的饮料。发酵型含乳饮料和乳酸菌饮料一样，都是由经过发酵后的乳液加入水等调制而成的，可根据是否经过杀菌处理而区分为杀菌型和未杀菌型。发酵型含乳饮料与乳酸菌饮料的区别有两点：一是前者要求菌种为乳酸菌等有益菌，后者要求必须是乳酸菌；二是前者蛋白质含量应≥1.0g/100g，而后者的蛋白质含量应≥0.7g/100g。

《运动饮料》（GB 15266—2009）规定了运动饮料的定义、技术要求、试验方法、检验规则、标签、包装、运输和贮存的要求。运动饮料是指营养素及其含量能适应运动或体力活动人群的生理特点，能为机体补充水分、电解质和能量，可被迅速吸收的饮料。运动饮料的原辅材料不得添加世界反兴奋剂机构（WADA）最新版规定的禁用物质。其产品感官应具有应有的色泽、滋味，不得有异味、异臭，无正常视力可见的外来杂质。产品可溶性固形物含量占 3.0%～8.0%，钠含量为 50～1200mg/L，钾含量为 50～250mg/L。GB 15266—2009 同时规定，抗坏血酸、硫胺素及其衍生物、核黄素及其衍生物为或可添加的营养强化剂，在直接饮用产品中，抗坏血酸不超过 120 mg/L，硫胺素及其衍生物为 3～5mg/L，核黄素及其衍生物为 2～4mg/L。

近年来，国内谷物饮料市场发展迅速，目前我国尚无统一的谷物饮料国家标准或行业标准。为规范谷物饮料市场，国家发展和改革委员会组织中国饮料工业协会等单位起草制定了《谷物类饮料》轻工行业标准（征求意见稿）。

依据该标准，谷物类饮料是指以一种或几种粮食作物为主要原料，可添加果蔬汁、植物提取物等食品辅料，经过加工（萃取工艺除外）制得的产品，分为谷物浓浆和谷物饮料。谷物浓浆原料中粮食作物的添加量要求不少于 4%，谷物饮料原料中粮食的添加量应不少于 1%。膳食纤维是判断谷物类饮料的重要指标，要求谷物浓浆中粮食来源的总膳食纤维含量≥0.3 g/100mL，谷物饮料的≥0.1 g/100mL。

表 3-23　现行的部分饮料标准

| 序号 | 标准号 | 标准名称 | 序号 | 标准号 | 标准名称 |
|---|---|---|---|---|---|
| 1 | GB 10789—2007 | 饮料通则 | 8 | QB/T 2438—2006 | 植物蛋白饮料 杏仁露 |
| 2 | GB/T 21731—2008 | 橙汁及橙汁饮料 | 9 | QB/T 2300—2006 | 植物蛋白饮料 椰子汁及复原椰子汁 |
| 3 | GB/T 10792—2008 | 碳酸饮料（汽水） | 10 | QB/T 2132—2008 | 植物蛋白饮料 豆奶（豆浆）和豆奶饮料 |
| 4 | GB/T 21732—2008 | 含乳饮料 | 11 | QB/T 2842—2007 | 食用芦荟制品 芦荟饮料 |
| 5 | GB/T 21733—2008 | 茶饮料 | 12 | SB/T 10506—2008 | 早餐工程食品 植物蛋白饮料 |
| 6 | GB 15266—2009 | 运动饮料 | 13 | HJ/T 210—2005 | 环境标志产品标准 软饮料 |
| 7 | GB/T 12143—2008 | 饮料通用分析方法 | | | |

目前看来，我国现行的饮料标准存在的主要问题表现在：标准体系配套性、互补性较差，结构层次不够合理，重要的产品标准短缺；强制性标准、推荐性标准定位不合理，

一些标准强制范围过宽、过严；标准的时效性差，产品标准的模式陈旧，不能与国际接轨等。

## 3.4.5　饮料酒标准

根据《饮料酒分类》标准（GB/T 17204—2008），饮料酒是指酒精度在 0.5%vol 以上的酒精饮料，包括发酵酒、蒸馏酒及配制酒。发酵酒是以粮谷、水果、乳类等为主要原料，经发酵或部分发酵酿制而成的饮料酒，包括啤酒、葡萄酒、果酒（发酵型）、黄酒、奶酒（发酵型）。蒸馏酒是以粮谷、薯类、水果、乳类等为主要原料，经发酵、蒸馏、勾兑而成的饮料酒，包括白酒、白兰地、威士忌、伏特加（俄得克）、朗姆酒、杜松子酒（金酒）、奶酒（蒸馏型）。配制酒是以发酵酒、蒸馏酒或食用酒精为酒基，加入可食用或药食两用的辅料或食品添加剂，进行调配、混合或再加工制成的、已改变了其原酒基风格的饮料酒，包括浸泡型果酒、动物类露酒、动植物类露酒等。

### 3.4.5.1　蒸馏酒标准

中国是世界上酿酒最早的国家之一，白酒是中国特有的一种蒸馏酒，是世界六大蒸馏酒之一。白酒是以粮谷为主要原料，用大曲、小曲或麸曲及酒母等为糖化发酵剂，经蒸煮、糖化、发酵、蒸馏而制成的饮料酒。1989 年以来，我国颁布实施了浓香型、清香型和米香型白酒产品国家标准，以及中国白酒感官评定、试验方法、检验规则等国家标准，建立了具有中国特色的白酒质量技术标准体系。20 世纪 90 年代，继续对凤香、豉香、芝麻香、老白干香、特香、浓酱兼香等香型的主体香味成分及香味特征进行研究，先后制订、修订了十大香型白酒国家标准，固液法、液态法和绿色食品白酒国家标准，以及《白酒分析方法》、《白酒工业术语》和《白酒检验规则和标志、包装、运输、贮存》国家标准和行业标准。经过 30 多年的发展，我国白酒标准体系已基本形成了以安全标准、原辅材料标准、产品标准、生产技术规程、生态环境标准、包装储运标准、基础方法标准构架的白酒工业标准体系（表 3-24），为促进白酒产业发展起到了积极的支撑作用。

表 3-24　现行的部分白酒和蒸馏酒国家标准

| 序号 | 标准号 | 标准名称 | 序号 | 标准号 | 标准名称 |
| --- | --- | --- | --- | --- | --- |
| 1 | GB/T 20821—2007 | 液态法白酒 | 9 | GB/T 14867—2007 | 凤香型白酒 |
| 2 | GB/T 20822—2007 | 固液法白酒 | 10 | GB/T 20823—2007 | 特香型白酒 |
| 3 | GB/T 26761—2011 | 小曲固态法白酒 | 11 | GB/T 16289—2007 | 豉香型白酒 |
| 4 | GB/T 26760—2011 | 酱香型白酒 | 12 | GB/T 20824—2007 | 芝麻香型白酒 |
| 5 | GB/T 10781.1—2006 | 浓香型白酒 | 13 | GB/T 20825—2007 | 老白干香型白酒 |
| 6 | GB/T 10781.2—2006 | 清香型白酒 | 14 | GB/T 18356—2007 | 地理标志产品　贵州茅台酒 |
| 7 | GB/T 10781.3—2006 | 米香型白酒 | 15 | GB/T 22211—2008 | 地理标志产品　五粮液酒 |
| 8 | GB/T 23547—2009 | 浓酱兼香型白酒 | 16 | GB/T 22045—2008 | 地理标志产品　泸州老窖特曲酒 |

续表

| 序号 | 标准号 | 标准名称 | 序号 | 标准号 | 标准名称 |
|---|---|---|---|---|---|
| 17 | GB/T 22041—2008 | 地理标志产品 国窖 1573 白酒 | 29 | GB/T 21261—2007 | 地理标志产品 玉泉酒 |
| 18 | GB/T 19508—2007 | 地理标志产品 西凤酒 | 30 | GB/T 21820—2008 | 地理标志产品 舍得白酒 |
| 19 | GB/T 19327—2007 | 地理标志产品 古井贡酒 | 31 | GB/ 22736—2008 | 地理标志产品 酒鬼酒 |
| 20 | GB/T 21822—2008 | 地理标志产品 沱牌白酒 | 32 | GB/T 15109—2008 | 白酒工业术语 |
| 21 | GB/T 19961—2005 | 地理标志产品 剑南春酒 | 33 | GB/T 23544—2009 | 白酒企业良好生产规范 |
| 22 | GB/T 18624—2007 | 地理标志产品 水井坊酒 | 34 | GB/T 10345—2007 | 白酒分析方法 |
| 23 | GB/T 22046—2008 | 地理标志产品 洋河大曲酒 | 35 | GB/T 10346—2006 | 白酒检验规则和标志、包装、运输、贮存 |
| 24 | GB/T 19331—2007 | 地理标志产品 互助青稞酒 | 36 | GB 10344—2005 | 预包装饮料酒标签通则 |
| 25 | GB/T 21263—2007 | 地理标志产品 牛栏山二锅头酒 | 37 | GB/T 11856—2008 | 白兰地 |
| 26 | GB/T 19329—2007 | 地理标志产品 道光廿五贡酒 | 38 | GB/T 11857—2008 | 威士忌 |
| 27 | GB/T 22735—2008 | 地理标志产品 景芝神酿酒 | 39 | GB/T 11858—2008 | 伏特加（俄得克） |
| 28 | GB/T 19328—2007 | 地理标志产品 口子窖酒 | | | |

可见，中国白酒的产品标准内容丰富，其核心是以理化指标和感官品评来区别酒的等级。近年来虽然对白酒标准进行了一定的修订和完善，但仍然存在一定的不足，表现在以下方面：标准的严谨性不够；标准之间的协调性和关联度不足；缺乏白酒生产过程质量控制标准；科学、客观的感官分析品评标准还未建立；在产地识别、酿造工艺和年份酒鉴定等方面还缺乏足够的技术理论依据和标准支撑；在白酒清洁生产与环保标准体系构建上也才刚刚起步。这些问题的存在既不利于规范国内白酒市场，又不能对中国白酒产业和品牌的国际化起到应有的技术支撑作用。

### 3.4.5.2 发酵酒标准

我国发酵酒的品种主要是啤酒、葡萄酒和黄酒。

啤酒是酒类中酒精含量最低的饮料酒，而且营养丰富。我国已制定的有关啤酒生产的标准涉及原辅料、加工助剂、产品、分析方法、包装容器、良好操作规范、污染物排放、清洁生产等方面，形成了较为完善的啤酒标准体系。GB 4927—2008《啤酒》标准规定了啤酒的术语和定义、产品分类、要求、分析方法、检验规则、标志、包装、运输、贮存，适用于啤酒的生产、检验与销售。GB 4927—2008 中定义啤酒是以麦芽、水为主要原料，加啤酒花（包括酒花制品），经酵母发酵酿制而成的、含有二氧化碳的、起泡的、低酒精度的发酵酒。依据色度不同，啤酒分为淡色啤酒、浓色啤酒和黑色啤酒。

20 世纪 90 年代，随着人们对健康、高品质生活的追求，葡萄酒在我国得以升温。为促进出口与规范市场，2006 年国家标准委修订发布了 GB 15037—2006《葡萄酒》标准，标准给出了葡萄酒的定义，即以鲜葡萄或葡萄汁为原料，经过全部或部分发酵酿制而成的，含有一定酒精度的发酵酒。并按色泽将葡萄酒分为白葡萄酒、桃红葡萄酒和红葡萄酒；按含糖量将葡萄酒分为干葡萄酒、半干葡萄酒、半甜葡萄酒和甜葡萄酒；按二氧化碳含量将葡萄酒分为平静葡萄酒和起泡葡萄酒。

黄酒是我国的民族特产和传统食品，也是世界上最古老的饮料酒之一。它是以稻米、黍米等为主要原料，加曲、酵母等糖化发酵剂酿制而成的发酵酒。GB/T 13662—2008《黄酒》标准规定了黄酒的术语和定义、产品分类、要求、分析方法、检验规则、标志、包装、运输和贮存。按照产品风格将黄酒分为传统型黄酒、清爽型黄酒和特型黄酒；按照含糖量将黄酒分为干黄酒、半干黄酒、半甜黄酒和甜黄酒。

**表 3-25　现行的部分发酵酒标准**

| 序号 | 标准号 | 标准名称 | 序号 | 标准号 | 标准名称 |
|---|---|---|---|---|---|
| 1 | GB 4927—2008 | 啤酒 | 10 | GB/T 19504—2008 | 地理标志产品　贺兰山东麓葡萄酒 |
| 2 | GB 15037—2006 | 葡萄酒 | 11 | GB/T 17946—2008 | 地理标志产品　绍兴酒（绍兴黄酒） |
| 3 | GB/T 25504—2010 | 冰葡萄酒 | 12 | GB/T 4928—2008 | 啤酒分析方法 |
| 4 | GB/T 13662—2008 | 黄酒 | 13 | GB/T 15038—2006 | 葡萄酒、果酒通用分析方法 |
| 5 | GB/T 23546—2009 | 奶酒 | 14 | GB 2758—2005 | 发酵酒卫生标准 |
| 6 | GB/T 19265—2008 | 地理标志产品　沙城葡萄酒 | 15 | GBT 5009.49—2008 | 发酵酒及其配制酒卫生标准的分析方法 |
| 7 | GB/T 20820—2007 | 地理标志产品　通化山葡萄酒 | 16 | GB/T 20942—2007 | 啤酒企业良好操作规范 |
| 8 | GB/T 18966—2008 | 地理标志产品　烟台葡萄酒 | 17 | GB/T 23543—2009 | 葡萄酒企业良好生产规范 |
| 9 | GB/T 19049—2008 | 地理标志产品　昌黎葡萄酒 | 18 | GB/T 23542—2009 | 黄酒企业良好生产规范 |

## 3.4.6　焙烤食品标准

焙烤食品是以小麦等谷物为主原料，通过发面、高温焙烤过程而熟化的一大类食品，又称烘烤食品。焙烤食品种类繁多，丰富多彩，按照发酵和膨化程度可以分为：用培养酵母或野生酵母使之膨化的制品（如面包、苏打饼干、烧饼等）；用化学方法膨松的制品（如蛋糕、炸面包圈、油条、饼干）；利用空气进行膨化的制品（如海绵蛋糕）；利用水分气化进行膨化的制品（主要指一些类似膨化食品的小吃）。按照生产工艺特点可以分为面包类、糕点类、月饼类、饼干类、方便面类、膨化食品类等。我国焙烤食品的加工从 20世纪末开始呈现出迅速发展的趋势，对各种焙烤食品的需求在不断增加，焙烤食品的花样也不断增多。

为了规范焙烤食品的生产销售，我国发布了一些焙烤食品国家标准和行业标准，如GB 19855—2005《月饼》国家标准，规定了月饼的范围、规范性引用文件、术语和定义、产品分类、技术要求、试验方法、检测规则、标签标志、包装、运输和贮存 10 个方面。部分焙烤食品标准见表 3-26。

表 3-26　现行的部分焙烤食品标准

| 序号 | 标准号 | 标准名称 |
|---|---|---|
| 1 | GB/T 12140—2007 | 糕点术语 |
| 2 | GB/T 20977—2007 | 糕点通则 |
| 3 | GB 19855—2005 | 月饼 |
| 4 | GB/T 20981—2007 | 面包 |
| 5 | GB/T 20980—2007 | 饼干 |
| 6 | GB 7099—2003 | 糕点、面包卫生标准 |
| 7 | GB 17400—2003 | 方便面卫生标准 |
| 8 | GB 7100—2003 | 饼干卫生标准 |
| 9 | GB/T 5009.56—2003 | 糕点卫生标准的分析方法 |
| 10 | GB/T 4789.24—2003 | 食品卫生微生物学检验 糖果、糕点、蜜饯检验 |
| 11 | GB/T 23780—2009 | 糕点质量检验方法 |
| 12 | GB/T 23812—2009 | 糕点生产及销售要求 |
| 13 | SB/T 10329—2000 | 裱花蛋糕 |
| 14 | SB/T 10226—2002 | 月饼类糕点通用技术要求 |
| 15 | SN/T 1881.3—2007 | 进出口易腐食品货架贮存卫生规范 第 3 部分：糕点类食品 |

## 3.5　农产品质量安全标准

本节从食品质量安全的角度，介绍无公害食品、绿色食品、有机食品等几类农产品的质量安全标准。

### 3.5.1　无公害食品标准

无公害食品指产地生态环境清洁，按照特定的技术操作规程生产，将有害物含量控制在规定标准内，并由授权部门审定批准，允许使用无公害标志的食品。无公害食品注重产品的安全质量，其标准要求不是很高，涉及的内容也不是很多，适合我国当前的农业生产发展水平和国内消费者的需求，是目前我国农产品质量安全标准中应用最广、影响最大的一个系列标准。

为了全面提高农产品质量安全水平，2001 年农业部启动了"无公害食品行动计划"，通过完善农产品质量安全标准体系、监督检测体系、认证体系、执法体系、生产技术推广体系、市场信息体系六大体系建设，并依据无公害食品标准，重点从无公害农产品产地环境、农业投入品、农业生产过程、包装标识和市场准入五个环节实施对农产品质量安全的全过程监控。

无公害食品标准包括无公害食品国家标准和无公害食品行业标准两大类。

目前，我国无公害食品国家标准有 9 项，其中，2001 年制定的 GB/T 18406.1-4 系列标准对农产品安全质量无公害蔬菜、水果、畜禽肉、水产品安全要求进行了规定，2003 年的 GB/T 18407.1-5 系列标准对农产品安全质量无公害蔬菜、水果、畜禽肉、水产品、乳与乳制品产地环境要求进行了规定。

无公害食品的行业标准体系包括产地环境质量标准、生产技术标准、产品质量标准、检验检测方法标准、包装储运标准等。无公害食品产地环境质量标准对产地的空气、农田灌溉水质、渔业水质、畜禽养殖用水及土壤等的产地环境和生产管理措施作出规定。无公害食品生产技术标准按作物种类、畜禽种类和不同农业区域的生产特性分别制定，包括农产品种植、畜禽饲养、水产养殖和食品加工等技术操作规程。无公害食品产品质量标准重点突出安全指标，对于金属或非金属污染、硝酸盐和亚硝酸盐、农药残留等污染物制定了严格的残留限量，突出无公害食品无污染、食用安全的特性。这几项标准对无公害食品产前、产中和产后全过程质量控制技术和指标作了全面的规定，构成了一个科学的、完整的标准体系，是无公害食品认证的主要依据。

2001年，农业部制定、发布了73项无公害食品行业标准，2002年制定了126项，修订了11项，2004年又制定了112项。这些行业标准内容包括产地环境质量标准、生产技术规范、产品质量标准、检验检测方法等，涉及120多个（类）农产品品种，大多数为蔬菜、水果、茶叶、畜禽肉、蛋、奶、水产品等关系城乡居民日常生活的"菜篮子"产品。截至2007年9月，农业部共制定400项无公害食品行业标准，现行有效的283项，其中产地环境标准21项、产品标准127项、农业投入品使用准则7项、生产管理技术规范116项、认证管理技术规范12项，2008年又增加、修订无公害食品标准18项。

## 3.5.2　绿色食品标准

绿色食品是指产自优良生态环境、按照绿色食品标准生产、实行全程质量控制并获得绿色食品标志使用权的安全、优质食用农产品及相关产品。

绿色食品与普通食品相比有三个显著特征：一是强调产品出自优良生态环境；二是对产品实行全程质量控制；三是对产品依法实行标志管理。

我国绿色食品分为A级和AA级两类。A级绿色食品，指生产地的环境质量符合《绿色食品　产地环境技术条件》（NY/T 391）的要求，生产过程中严格按照绿色食品生产资料使用准则和生产操作规程要求，限量使用限定的化学合成物质，产品质量符合绿色食品产品标准，经专门机构认定，许可使用A级绿色食品标志的产品。

AA级绿色食品，指生产地的环境质量符合NY/T 391要求，生产过程中不使用化学合成的肥料、农药、兽药、饲料添加剂、食品添加剂和其他有害于环境和身体健康的物质，按有机生产方式生产，产品质量符合绿色食品产品标准，经专门机构认定，许可使用AA级绿色食品标志的产品。在AA级绿色食品生产中禁止使用基因工程技术。

绿色食品标准是应用科学技术原理，结合绿色食品生产实践，借鉴国内外相关先进标准制定的，在绿色食品生产中必须遵循及绿色食品认定时必须依据的技术性文件。绿色食品标准是由农业部发布的推荐性的农业行业标准（NY/T），是绿色食品生产企业必须遵照执行的技术规范，对于经认定的绿色食品生产企业而言是强制性标准，必须严格执行。

绿色食品标准体系以全程质量控制为核心，包括绿色食品产地环境质量标准、绿色食品生产技术标准、绿色食品产品标准、绿色食品包装标签标准、绿色食品贮藏运输标

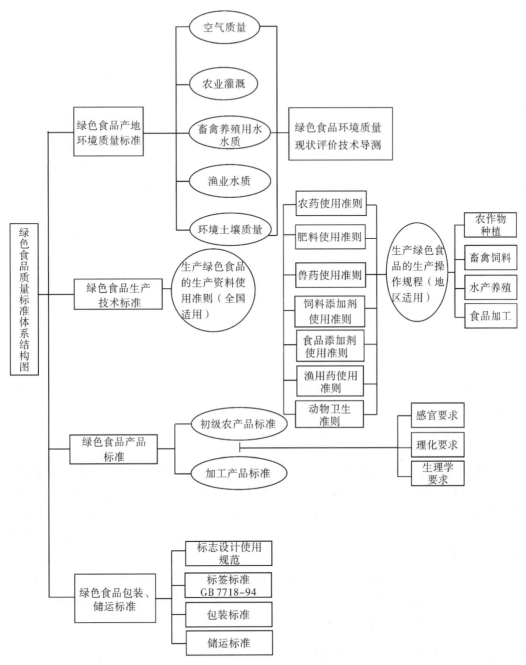

图 3-1　绿色食品标准体系框架图

准以及其他相关标准六个部分，它们构成了绿色食品完整的质量控制体系。见图 3-1。

### 3.5.2.1　绿色食品产地环境质量标准

制定绿色食品产地环境质量标准的目的，一是强调绿色食品必须产自良好的生态环境地域，以保证绿色食品最终产品的无污染、安全性；二是促进对绿色食品产地环境的保护和改善。《绿色食品—产地环境技术条件》（NY/T 391—2000）规定了空气环境、生产用水、土壤环境等质量要求以及监测和评价方法。

### 3.5.2.2　绿色食品生产技术标准

绿色食品生产过程的控制是绿色食品质量控制的关键环节。绿色食品生产技术标准是绿色食品标准体系的核心，它包括绿色食品生产资料使用准则和绿色食品生产技术操作规程两部分。

绿色食品生产资料使用准则是对生产绿色食品过程中物质投入的一个原则性规定，它包括生产绿色食品的农药、肥料、食品添加剂、饲料添加剂、兽药和水产养殖药的使用准则，对允许、限制和禁止使用的生产资料及其使用方法、使用剂量、使用次数和休药期等作出了明确规定。

绿色食品生产技术操作规程是以上述准则为依据，按作物、畜牧种类和不同农业区域的生产特性分别制定的，用于指导绿色食品生产活动，规范绿色食品生产技术的技术规定，包括农产品种植、畜禽饲养、水产养殖和食品加工等技术操作规程。

### 3.5.2.3　绿色食品产品标准

绿色食品产品标准是衡量绿色食品最终产品质量的指标尺度，规定了食品的外观品质、营养品质和卫生品质等内容，特别对农药残留和重金属的检测项目种类多、指标严。目前，我国已发布绿色食品标准 100 多项，其中产品标准有 90 多项，产品标准涉及种植业、养殖业及农产食品加工业等各个方面。

### 3.5.2.4　绿色食品包装标签标准

《绿色食品—包装通用准则》（NY/T 658—2002）规定了绿色食品包装须遵循的原则，包装材料选用的范围、种类，包装上的标识内容等。要求产品包装从原料、产品制造、使用、回收和废弃的整个过程都应有利于食品安全和环境保护，包括包装材料的安全、牢固性，节省资源、能源，减少或避免废弃物产生，易回收循环利用，可降解等具体要求和内容。

绿色食品产品标签，除要求符合国家《预包装食品标签通则》外，还要求符合《中国绿色食品商标标志设计使用规范手册》的要求。取得绿色食品标志使用资格的单位，应将绿色食品标志用于产品的内外包装。

### 3.5.2.5　绿色食品贮藏、运输标准

《绿色食品—贮藏运输准则》（NY/T 1056—2006）规定了绿色食品贮藏运输的要求，对绿色食品贮藏运输的条件、方法、时间作出规定，以保证绿色食品在贮藏运输过程中不遭受污染，不改变品质，并有利于环保和节能。

### 3.5.2.6　绿色食品其他相关标准

绿色食品其他相关标准包括《绿色食品推荐肥料标准》、《绿色食品推荐农药标准》、《绿色食品推荐食品添加剂标准》和《绿色食品生产基地认定标准》等，此类标准不是绿

色食品质量控制的必需标准，而是促进绿色食品质量控制管理的辅助性标准。

绿色食品标准体系对绿色食品产前、产中、产后全程质量控制技术和指标作了明确规定，既保证了绿色食品无污染、安全、优质、营养的品质，又保护了产地环境和合理利用资源，以实现绿色食品的可持续生产，从而构成了一个完整的、科学的标准体系。

综上可见，绿色食品标准体系的突出特点可以概括为：

（1）实行全过程质量控制。要求对绿色食品生产、管理和认证进行"从土地到餐桌"全过程质量控制和行为规范，既要求保证产品质量和环境质量，又要求规范生产操作和管理行为。

（2）融入了可持续发展的技术内容。绿色食品标准从发展经济与保护生态环境相结合的角度规范生产者的经济行为。在保证产品产量的前提下，最大限度地通过促进生物循环、合理配置资源，减少经济行为对生态环境的不良影响和提高食品质量，维护和改善人类生存和发展环境。

（3）有利于农产品国际贸易发展。AA 级绿色食品标准的制度完全符合国际有机农业运动联盟（IFOAM）标准框架和基本要求，并充分考虑了欧盟、美国、日本等国家有机农业及其农产品管理条例或法案要求。A 级绿色食品标准制定也较多地采纳了联合国食品法典委员会（CAC）标准内容和欧盟标准，便于与国际相关标准接轨。

**表 3-27　部分绿色食品标准**

| 序号 | 标准号 | 标准名称 | | 序号 | 标准号 | 标准名称 | |
| --- | --- | --- | --- | --- | --- | --- | --- |
| 1 | NY/T 391—2000 | 绿色食品 | 产地环境技术条件 | 14 | NY/T 288—2002 | 绿色食品 | 茶叶 |
| 2 | NY/T 392—2000 | 绿色食品 | 食品添加剂使用准则 | 15 | NY/T 289—95 | 绿色食品 | 咖啡粉 |
| 3 | NY/T 393—2000 | 绿色食品 | 农药使用准则 | 16 | NY/T 654—2002 | 绿色食品 | 白菜类蔬菜 |
| 4 | NY/T 394—2000 | 绿色食品 | 肥料使用准则 | 17 | NY/T 655—2002 | 绿色食品 | 茄果类蔬菜 |
| 5 | NY/T 471—2000 | 绿色食品 | 饲料和饲料添加剂使用准则 | 18 | NY/T 657—2007 | 绿色食品 | 乳制品 |
| 6 | NY/T 473—2001 | 绿色食品 | 动物卫生准则 | 19 | NY/T 418—2007 | 绿色食品 | 玉米及玉米制品 |
| 7 | NY/T 658—2002 | 绿色食品 | 包装通用准则 | 20 | NY/T 419—2007 | 绿色食品 | 大米 |
| 8 | NY/T 755—2003 | 绿色食品 | 渔药使用准则 | 21 | NY/T 420—2000 | 绿色食品 | 花生（果、仁） |
| 9 | NY/T 896—2004 | 绿色食品 | 产品抽样准则 | 22 | NY/T 421—2000 | 绿色食品 | 小麦粉 |
| 10 | NY/T 1056—2006 | 绿色食品 | 贮藏运输准则 | 23 | NY/T 426—2000 | 绿色食品 | 柑桔 |
| 11 | NY/T 1055—2006 | 绿色食品 | 产品检验规则 | 24 | NY/T 429—2000 | 绿色食品 | 黑打瓜籽 |
| 12 | NY/T 1054—2006 | 绿色食品 | 产地环境调查、监测与评价导则 | 25 | NY/T 430—2000 | 绿色食品 | 食用红花籽油 |
| 13 | NY/T 472—2006 | 绿色食品 | 兽药使用准则 | 26 | NY/T 431—2000 | 绿色食品 | 番茄酱 |

| 序号 | 标准号 | 标准名称 | | 序号 | 标准号 | 标准名称 | |
|---|---|---|---|---|---|---|---|
| 27 | NY/T 432—2000 | 绿色食品 | 白酒 | 52 | NY/T 891—2004 | 绿色食品 | 大麦 |
| 28 | NY/T 433—2000 | 绿色食品 | 植物蛋白饮料 | 53 | NY/T 892—2004 | 绿色食品 | 燕麦 |
| 29 | NY/T 434—2007 | 绿色食品 | 果蔬汁饮料 | 54 | NY/T 893—2004 | 绿色食品 | 粟米 |
| 30 | NY/T 435—2000 | 绿色食品 | 水果、蔬菜脆片 | 55 | NY/T 894—2004 | 绿色食品 | 荞麦 |
| 31 | NY/T 436—2000 | 绿色食品 | 果脯 | 56 | NY/T 895—2004 | 绿色食品 | 高粱 |
| 32 | NY/T 437—2000 | 绿色食品 | 酱腌菜 | 57 | NY/T 897—2004 | 绿色食品 | 黄酒 |
| 33 | NY/T 285—2003 | 绿色食品 | 豆类 | 58 | NY/T 898—2004 | 绿色食品 | 含乳饮料 |
| 34 | NY/T 743—2003 | 绿色食品 | 绿叶类蔬菜 | 59 | NY/T 899—2004 | 绿色食品 | 冷冻饮品 |
| 35 | NY/T 744—2003 | 绿色食品 | 葱蒜类蔬菜 | 60 | NY/T 900—2007 | 绿色食品 | 发酵调味品 |
| 36 | NY/T 745—2003 | 绿色食品 | 根菜类蔬菜 | 61 | NY/T 901—2004 | 绿色食品 | 香辛料 |
| 37 | NY/T 746—2003 | 绿色食品 | 甘蓝类蔬菜 | 62 | NY/T 902—2004 | 绿色食品 | 瓜子 |
| 38 | NY/T 747—2003 | 绿色食品 | 瓜类蔬菜 | 63 | NY/T 1039—2006 | 绿色食品 | 淀粉及淀粉制品 |
| 39 | NY/T 748—2003 | 绿色食品 | 豆类蔬菜 | 64 | NY/T 1040—2006 | 绿色食品 | 食用盐 |
| 40 | NY/T 749—2003 | 绿色食品 | 食用菌 | 65 | NY/T 1041—2006 | 绿色食品 | 干果 |
| 41 | NY/T 750—2003 | 绿色食品 | 热带、亚热带水果 | 66 | NY/T 1042—2006 | 绿色食品 | 坚果 |
| 42 | NY/T 752—2003 | 绿色食品 | 蜂产品 | 67 | NY/T 1043—2006 | 绿色食品 | 人参和西洋参 |
| 43 | NY/T 753—2003 | 绿色食品 | 禽肉 | 68 | NY/T 1044—2007 | 绿色食品 | 藕及其制品 |
| 44 | NY/T 754—2003 | 绿色食品 | 蛋及蛋制品 | 69 | NY/T 1045—2006 | 绿色食品 | 脱水蔬菜 |
| 45 | NY/T 273—2002 | 绿色食品 | 啤酒 | 70 | NY/T 1046—2006 | 绿色食品 | 焙烤食品 |
| 46 | NY/T 840—2004 | 绿色食品 | 虾 | 71 | NY/T 1047—2006 | 绿色食品 | 水果、蔬菜罐头 |
| 47 | NY/T 841—2004 | 绿色食品 | 蟹 | 72 | NY/T 1048—2006 | 绿色食品 | 笋及笋制品 |
| 48 | NY/T 842—2004 | 绿色食品 | 鱼 | 73 | NY/T 1049—2006 | 绿色食品 | 薯芋类蔬菜 |
| 49 | NY/T 843—2004 | 绿色食品 | 肉及肉制品 | 74 | NY/T 1050—2006 | 绿色食品 | 龟鳖类 |
| 50 | NY/T 844—2004 | 绿色食品 | 温带水果 | 75 | NY/T 1051—2006 | 绿色食品 | 枸杞 |
| 51 | NY/T 274—2004 | 绿色食品 | 葡萄酒 | 76 | NY/T 1052—2006 | 绿色食品 | 豆制品 |

续表

| 序号 | 标准号 | 标准名称 | | 序号 | 标准号 | 标准名称 | |
|---|---|---|---|---|---|---|---|
| 77 | NY/T 1053—2006 | 绿色食品 | 味精 | 92 | NY/T 1506—2007 | 绿色食品 | 食用花卉 |
| 78 | NY/T 422—2006 | 绿色食品 | 食用糖 | 93 | NY/T 1507—2007 | 绿色食品 | 山野菜制品 |
| 79 | NY/T 751—2007 | 绿色食品 | 食用植物油 | 94 | NY/T 508—2007 | 绿色食品 | 果酒 |
| 80 | NY/T 427—2007 | 绿色食品 | 西甜瓜 | 95 | NY/T 1509—2007 | 绿色食品 | 芝麻及其制品 |
| 81 | NY/T 1324—2007 | 绿色食品 | 芥菜类蔬菜 | 96 | NY/T 1510—2007 | 绿色食品 | 麦类制品 |
| 82 | NY/T 1326—2007 | 绿色食品 | 多年生蔬菜 | 97 | NY/T 1511—2007 | 绿色食品 | 膨化食品 |
| 83 | NY/T 1325—2007 | 绿色食品 | 芽苗类蔬菜 | 98 | NY/T 1512—2007 | 绿色食品 | 生面食、米粉制品 |
| 84 | NY/T 1405—2007 | 绿色食品 | 水生类蔬菜 | 99 | NY/T 1513—2007 | 绿色食品 | 畜禽可食用副产品 |
| 85 | NY/T 1406—2007 | 绿色食品 | 速冻蔬菜 | 100 | NY/T 1514—2007 | 绿色食品 | 海参及制品 |
| 86 | NY/T 1323—2007 | 绿色食品 | 固体饮料 | 101 | NY/T 1515—2007 | 绿色食品 | 海蜇及制品 |
| 87 | NY/T 1327—2007 | 绿色食品 | 鱼糜制品 | 102 | NY/T 1516—2007 | 绿色食品 | 蛙类及制品 |
| 88 | NY/T 1329—2007 | 绿色食品 | 海水贝 | 103 | NY/T 1710—2009 | 绿色食品 | 水产调味品 |
| 89 | NY/T 1328—2007 | 绿色食品 | 鱼罐头 | 104 | NY/T 1713—2009 | 绿色食品 | 茶饮料 |
| 90 | NY/T 1330—2007 | 绿色食品 | 方便主食品 | 105 | NY/T 1885—2010 | 绿色食品 | 米酒 |
| 91 | NY/T 1407—2007 | 绿色食品 | 速冻预包装面米食品 | 106 | NY/T 1890—2010 | 绿色食品 | 蒸制类糕点 |

## 3.5.3　有机食品标准

有机食品是国际上普遍认同的叫法，也有称"生态食品"或"天然食品"的。国际有机农业运动联合会（IFOAM）给有机食品下的定义是：根据有机食品种植标准和生产加工技术规范而生产的、经过有机食品颁证组织认证并颁发证书的一切食品和农产品。中国国家环境保护部有机食品发展中心（OFDC）认证标准中对有机食品的定义是：产自于有机农业生产体系，根据有机认证标准生产、加工，并经独立的有机食品认证机构认证的农产品及其加工产品，包括粮食、蔬菜、水果、奶制品、畜禽产品、蜂蜜、水产品、调味料等。

根据 IFOAM 的规定，制定有机食品标准应遵循以下原则：①消费者提供纯天然、安全、优质、营养的食品；②加强整个生态系统内的生物多样性；③加强土壤生物活性，维持土壤长效肥力；④在农业生产系统中依靠可更新资源，通过循环利用植物性和动物性废料，向土地归还养分，并因此尽量减少不可更新资源的使用；⑤促进土壤、水以及空气的健康使用，并最大限度地降低农业生产可能对其造成的各种污染。⑥用谨慎方法处理农产品，以便在各个环节保持产品的有机完整性和主要品质；⑦生产可完全生物降解的有机产品，使各种形式的污染最小化；⑧提高生产者和加工者的收入，满足他们的基本需求，努力使整个生产、加工和销售链都能向公正、公平和生态合理的方向发展。

可见，有机食品标准是一种生产体系控制标准。有机食品生产要求：遵循自然规律和生态学原理，采取一系列可持续发展的农业技术，使种植业和养殖业平衡，以维持农业生态系统持续稳定；在有机食品的原料生产过程中不使用化学合成的农药、化肥、生长调节剂、饲料添加剂等物质，以及基因工程生物及其产物。

中国有机食品发展出自于保护环境、保护资源、保护人体健康、保持农业可持续发展的考虑，受国际有机农业浪潮的影响和国外一些认证机构在中国进行有机农产品认证的影响，于 1989 年开始有机食品的开放。按照 IFOAM 国际有机生产和加工基本标准和管理要求，1995 年国家环境保护总局制定并发布了《有机（天然）食品标准管理章程（试行）》，同时国家环保总局委托 OFDC 制定了《有机（天然）食品生产和加工技术规范》（HJ/T80—2001），原中国认证机构国家认可委员会（CNAB）制定了《有机农产品生产加工认证规范》，初步建立了我国有机食品生产标准和认证管理体系。

2005 年，国家标准化管理委员会修改制定了《有机农产品》（GB/T 19630.1-4）系列标准。该系列标准以 CAC 和 IFOAM 的相关标准为基础，并参考了欧盟、美国的相关标准，包括以下 4 个部分：

（1）GB/T 19630.1—2005《有机农产品　第 1 部分：生产》。规定了农作物、食用菌、野生植物、禽畜、水产、蜜蜂及其未加工产品的有机生产通用规范和要求。适用于有机生产的全过程。

（2）GB/T 19630.2—2005《有机农产品　第 2 部分：加工》。规定了有机加工的通用规范和要求。

（3）GB/T 19630.3—2005《有机农产品 第 3 部分：标志与销售》。规定了有机产品的标识和销售的通用要求。

（4）GB/T 19630.4—2005《有机农产品 第 4 部分：管理体系》。规定了有机产品生产、加工、经营过程中应建立和维护的管理体系的通用规范和要求。

## 3.6　食品方法标准

检验方法标准（testing standard）是与检验方法有关的标准，包括检测或试验的原理、类别、抽样、取样、操作、精度要求、仪器、设备、检测或试验条件、方法、步骤、数据计算、结果分析、合格标准及复验规则等方面的统一规定。食品检验方法标准是针对食品的质量要素进行测定、试验计量所做出的统一规定，包括感官、物理、化学、微生物学、生物化学、毒理学评价、农产品检验检疫、放射性物质检验、转基因食品检测等。食品理化检验方法标准、食品微生物学检验方法标准、食品安全性毒理学评价程序已在前面"食品安全标准"一节（3.3.7）叙述，本节介绍食品感官分析标准、食品中放射性物质检验方法标准、转基因食品检测方法标准。

## 3.6.1　食品感官分析标准

感官分析（sensory analysis），指用感觉器官检查产品的感官特性。食品感官分析则是利用人的感觉器官如眼、耳、口、鼻等对食品的感官特性进行分析判断的一种方法，涉及的感官指标有外观、色泽、香气、滋味（口味）、风味、形态（组织形态）、颜色等。

我国自 1988 年开始，相继制定和颁布了一系列感官分析方法的国家标准（表 3-28），这些标准一般都是等同采用或修改采用相关的国际标准，具有较高的权威性和可比性，对推进和规范我国食品感官分析方法发挥了重要作用。

**表 3-28　感官分析方法标准**

| 序号 | 标准号 | 标准名称 |
|---|---|---|
| 1 | GB 10220—1988 | 感官分析方法　总论 |
| 2 | GB 12310—1990 | 感官分析方法　成对比较检验 |
| 3 | GB 12311—1990 | 感官分析方法　三点检验 |
| 4 | GB 12312—1990 | 感官分析　味觉敏感度的测定 |
| 5 | GB 12313—1990 | 感官分析方法　风味剖面检验 |
| 6 | GB 12314—1990 | 感官分析方法　不能直接感官分析的样品制备准则 |
| 7 | GB 12316—1990 | 感官分析方法"A"—"非 A"检验 |
| 8 | GB/T 14195—1993 | 感官分析　选拔与培训　感官分析优选评价员导则 |
| 9 | GB/T 15549—1995 | 感官分析　方法学　检测和识别气味方面评价员的入门和培训 |
| 10 | GB/T 16860—1997 | 感官分析方法　质地剖面检验 |
| 11 | GB/T 16861—1997 | 感官分析　通用多元分析方法鉴定和选择用于建立感官剖面的描述词 |
| 12 | GB/T 10221—1998 | 感官分析　术语 |
| 13 | GB/T 17321—1998 | 感官分析　二、三点检验 |
| 14 | GB/T 19547—2004 | 感官分析　方法学　量值估计法 |
| 15 | GB/T 21172—2007 | 感官分析　食品颜色评价的总则和检验方法 |
| 16 | GB/T 12315—2008 | 感官分析　方法学　排序法 |
| 17 | GB/T 22366—2008 | 感官分析　方法学　采用三点选配法（3-AFC）测定嗅觉、味觉和风味觉察阈值的一般导则 |
| 18 | GB/T 13868—2009 | 感官分析　建立感官分析实验室的一般导则 |
| 19 | GB/T 23470.1—2009 | 感官分析　感官分析实验室人员一般导则　第 1 部分：实验室人员职责 |
| 20 | GB/T 23470.2—2009 | 感官分析　感官分析实验室人员一般导则　第 2 部分：评价小组组长的聘用和培训 |
| 21 | GB/T 16291.2—2010 | 感官分析　选拔、培训和管理评价员一般导则　第 2 部分：专家评价员 |
| 22 | GB/T 25005—2010 | 感官分析　方便面感官评价方法 |
| 23 | GB/T 25006—2010 | 感官分析　包装材料引起食品风味改变的评价方法 |
| 24 | GB/T 22210—2008 | 肉与肉制品感官评定规范 |

下面简要介绍其中部分标准。

### 3.6.1.1 《感官分析 方法学 排序法》

《感官分析 方法学 排序法》（GB/T 12315—2008/ISO 8587：2006）规定了将一系列被检样品按其某种特性或整体印象的顺序进行排列的感官分析方法，适用于评价样品间的差异，如样品某一种或多种感官特性的强度，或者评价人员对样品的整体印象。该方法可用于辨别样品间是否存在差异，但不能确定样品间差异的强度。

运用排序法进行感官分析时，其步骤要点是：①评价员同时接受三个或三个以上的样品，排列顺序是随机的。②评价员按照规定的准则对样品进行排序，给出每个样品的序位，即秩。秩既可按照某个属性或特性给出，也可按整体印象给出综合秩。③计算秩序的和（秩和），然后进行统计比较（检验）。

感官分析结束后，应提交正式检验报告。检验报告的内容包括：检验目的、样品确认信息（样品数、是否使用参比样）、采用的检验参数（评价员人数及其资格水平、检验环境、有关样品的情况说明）、检验结果及其统计解释、依据的检验标准、检验负责人的姓名、检验的日期与时间、其他需要说明的情况。

### 3.6.1.2 《感官分析 食品颜色评价的总则和检验方法》

《感官分析 食品颜色评价的总则和检验方法》（GBT 21172—2007/ISO 11037：1999）规定了通过与标准颜色视觉比较对食品颜色进行感官评价的总则和测试方法，标准给出了用于不透明的、半透明的、浑浊的、透明的、无光泽的和有光泽的固体、半固体、粉末和液态食品的感官分析的评价和照明条件要求。

食品颜色评价应由具有正常色觉的评价员在一严格控制照明条件（如照明类型、水平、方向）、周围环境和几何条件（如光源、样品和眼睛的相对位置）的适宜场所中进行。理想的评价场所应为一个专为进行色匹配而设计的标准光源箱。当食品颜色评价精度要求不高，或无标准光源箱，或检验样品不适宜使用标准光源箱时，评价可在评价间或者开放的空间进行。

### 3.6.1.3 《感官分析 方便面感官评价方法》

《感官分析 方便面感官评价方法》（GB/T 25005—2010）规定了方便面感官评价的术语和定义、一般要求、评价步骤及评价结果的统计分析与表达，适用于泡面、煮面、拌面等各类方便面面饼的感官评价。

方便面感官评价包括外观评价和口感评价两个过程。外观评价即在面饼未泡（煮）之前，由评价员主要利用视觉感官评价方便面的色泽和表观状态；口感评价即在规定条件下将面饼泡（煮）后，由评价员主要利用口腔触觉和味觉感官评价方便面的复水性、光滑性、软硬度、韧性、黏性、耐泡性等。评价的方法可采用标度（评分）法。评价的结果采用统计检验法处理异常值后进行分析统计。

### 3.6.1.4 《感官分析 包装材料引起食品风味改变的评价方法》

《感官分析 包装材料引起食品风味改变的评价方法》（GB/T 25006—2010/ISO

13302：2003）规定了由包装材料引起的食品感官特性变化的评价方法，可用于对产品适宜包装材料的初步筛选，也可用于在个别批次或生产环节中对包装材料进行后续的验收筛选。该标准适用于所有的食品包装材料（如纸、纸板、塑料、箔材、木材等）以及任何可能与食品接触的材料与制品（如厨房器具、包装涂层、印刷品或设备的某些部分如密封处或管道等）。主要内容包括包装材料固有气味的评价、包装材料对食品风味影响的评价等。

## 3.6.2　食品中放射性物质检验方法标准

食品中的放射性物质有来自地壳中的放射性物质，称为天然本底；也有来自核武器试验或和平利用放射能所产生的放射性物质，即人为的放射性污染。由于生物体和其所处的外环境之间固有的物质交换过程，在绝大多数动植物性食品中都含有不同程度的天然放射性物质，即食品的放射性本底。

天然放射性本底是指自然界本身固有的，未受人类活动影响的电离辐射水平。它主要来源于宇宙线和环境中的放射性核素。某些鱼类能富集金属同位素，如铯-137 和锶-90 等。后者半衰期较长，多富集于骨组织中，而且不易排出，对机体的造血器官有一定的影响。某些海产动物，如软体动物能富集锶-90，牡蛎能富集大量锌-65，某些鱼类能富集铁-55。放射性对生物的危害十分严重。放射性损伤有急性损伤和慢性损伤。如果人在短时间内受到大剂量的 X 射线、γ 射线或中子的全身照射，就会产生急性损伤。轻者有脱毛、感染等症状。当剂量更大时，出现腹泻、呕吐等肠胃损伤。在极高的剂量照射下，发生中枢神经损伤直至死亡。放射照射后的慢性损伤会导致人群白血病和各种癌症的发病率增加。放射性元素的原子核在衰变过程放出 α、β、γ 射线的现象，俗称放射性。由放射性物质所造成的污染，叫放射性污染。

食品中存在放射性物质的可能来源有：原子能工业排放的放射性废物、核爆炸试验的沉降物以及医疗或科研排出的含有放射性物质的废水、废气、废渣等。环境中的放射性核素可通过食物链向食品中转移，主要有三条转移途径：向水生生物体内转移、向植物转移、向动物转移。因此，了解食品中放射性物质的限制浓度，并利用相应的检验方法标准检测其浓度显得尤为重要。

《食品中放射性物质限制浓度标准》（GB 14882—1994）规定了主要食品中 12 种放射性物质的导出限制浓度，适用于各种粮食、薯类（包括红薯、马铃薯、木薯）、蔬菜及水果、肉鱼虾类和奶类食品。

《食品中放射性物质检验　总则》（GB 14883.1—1994）则规定了 GB 14883.1～GB 14883.10《食品中放射性物质检验》各测定方法标准中有关采样、预处理和检验结果报告等的共同要求。表 3-29 列出了我国现行的食品中放射性物质检验方法标准。

表 3-29　食品中放射性物质检验方法标准

| 序号 | 标准号 | 标准名称 | |
|---|---|---|---|
| 1 | GB 14883.1—1994 | 食品中放射性物质检验 | 总则 |
| 2 | GB 14883.2—1994 | 食品中放射性物质检验 | 氢-3 的测定 |
| 3 | GB 14883.3—1994 | 食品中放射性物质检验 | 锶-89 和锶-90 的测定 |
| 4 | GB 14883.4—1994 | 食品中放射性物质检验 | 钷-147 的测定 |
| 5 | GB 14883.5—1994 | 食品中放射性物质检验 | 钋-210 的测定 |
| 6 | GB 14883.6—1994 | 食品中放射性物质检验 | 镭-226 和镭-228 的测定 |
| 7 | GB 14883.7—1994 | 食品中放射性物质检验 | 天然钍和铀的测定 |
| 8 | GB 14883.8—1994 | 食品中放射性物质检验 | 钚-239、钚-240 的测定 |
| 9 | GB 14883.9—1994 | 食品中放射性物质检验 | 碘-131 的测定 |
| 10 | GB 14883.10—1994 | 食品中放射性物质检验 | 铯-137 的测定 |
| 11 | WS/T 234—2002 | 食品中放射性物质检验 | 镅-241 的测定 |

## 3.6.3　转基因食品检测方法标准

转基因食品（genetically modified food，GMF）是指利用基因工程手段，将某些生物的基因转移到其他生物中去，通过改造生物的遗传物质，使其在性状、营养、消费品质等方面更加符合人类需要。这种是以转基因生物为直接食品或为原辅料加工生产的食品。转基因食品按转基因生物来源的不同可分为三类：转基因植物性食品、转基因动物性食品和转基因微生物发酵食品。

为保障转基因食品对人类的健康安全，促进生物技术的可持续发展，各国政府均在转基因食品上市前对转基因生物的食用安全进行全面的评估，以确保转基因食品的安全，防止具有潜在风险的转基因食品进入消费市场。一般来说，转基因生物在批准商业化生产前需要进行以下方面的食品安全评估：

（1）转基因食品的营养学评价。对营养成分的评价是转基因食品安全性评价的重要组成部分。评价的营养物质主要包括蛋白质、淀粉、纤维素、脂肪、脂肪酸、氨基酸、矿质元素、维生素、灰分等与人类健康营养密切相关的物质。营养学评价主要是指两个方面：一是通过动物生长情况、营养指标或者动物产品的营养情况来评价转基因食品对实验动物的营养作用；二是通过动物的生长与代谢指标来评价转基因食品中某种营养物质的生物利用率。

（2）转基因食品的抗营养因子评价。对转基因食品的抗营养因子的安全评价，是将转基因品种中的抗营养因子含量与其对照——非转基因食品进行比较，其评估方法与营养成分的评估方法一致。

（3）转基因食品的毒理学评价。转基因食品的毒理学安全性评价主要从两方面着手，一是外源基因表达产物是否具有的毒性检测和评价；二是对转基因食品的全食品毒性检测和评价。

（4）转基因食品的过敏性评价。目前，主要从三个方面评估转基因食品中外源基因表达产物是否是过敏源：一是外源基因是否来自含有过敏源的生物；二是通过与国际权威大型公共数据库中已知的过敏源进行比较分析是否具有同源性;三是检测分析外源基因表达产物对胃蛋白酶的消化稳定性。

我国政府对转基因食品的安全性高度重视,出台了一系列法规政策,以加强对转基因食品的监管。2001 年 5 月 24 日国务院发布《农业转基因生物安全管理条例》。2002 年 1 月 5 日农业部发布《农业转基因生物安全评价管理办法》(农业部令 [第 8 号])和《农业转基因生物标识管理办法》(农业部令 [第 10 号])。规定,对于转基因农产品的直接加工品,标注为"转基因××加工品(制成品)"或者"加工原料为转基因××";对于用农业转基因生物或用含有农业转基因生物成分的产品加工制成的产品,但最终销售产品中已不再含有或检测不出转基因成分的产品,标注为"本产品为转基因××加工制成,但本产品中已不再含有转基因成分"或者标注为"本产品加工原料中有转基因××,但本产品中已不再含有转基因成分"。

2007 年 7 月 2 日卫生部发布《新资源食品管理办法》(卫生部令 [第 56 号])。按照本办法规定,转基因食品作为一类新资源食品,生产经营或者使用转基因食品的单位或者个人,在产品首次上市前应当报卫生部审核批准。申请材料包括转基因食品卫生行政许可申请表、研制报告和安全性研究报告、生产工艺简述和流程图、产品质量标准、国内外的研究利用情况和相关的安全性资料、产品标签及说明书、有助于评审的其他资料。申请进口转基因食品,还应当提交生产国(地区)相关部门或者机构出具的允许在本国(地区)生产(或者销售)的证明。卫生部建立转基因食品安全性评价制度,设立转基因食品专家评估委员会,采用危险性评估和实质等同等原则,根据有关资料和数据进行安全性评价,并负责制定和颁布转基因食品安全性评价规程、技术规范和标准。

目前,我国发布了一些转基因食品检测方法标准,详见表 3-30。

**表 3-30　部分转基因食品检测方法标准**

| 序号 | 标准号 | 标准名称 | |
|------|--------|----------|---|
| 1 | GB/T 19495.1—2004 | 转基因产品检测 | 通用要求和定义 |
| 2 | GB/T 19495.2—2004 | 转基因产品检测 | 实验室技术要求 |
| 3 | GB/T 19495.3—2004 | 转基因产品检测 | 核酸提取纯化方法 |
| 4 | GB/T 19495.4—2004 | 转基因产品检测 | 核酸定性 PCR 检测方法 |
| 5 | GB/T 19495.5—2004 | 转基因产品检测 | 核酸定量 PCR 检测方法 |
| 6 | GB/T 19495.6—2004 | 转基因产品检测 | 基因芯片检测方法 |
| 7 | GB/T 19495.7—2004 | 转基因产品检测 | 抽样和制样方法 |
| 8 | GB/T 19495.8—2004 | 转基因产品检测 | 蛋白质检测方法 |
| 9 | 农业部 869 号公告(2007 年) | | |
| 10 | 农业部 953 号公告(2007 年) | | |
| 11 | 农业部 1193 号公告(2009 年) | | |
| 12 | 农业部 1485 号公告(2010 年) | | |
| 13 | NY/T 672—2003 | 转基因植物及其产品检测 | 通用要求 |
| 14 | NY/T 673—2003 | 转基因植物及其产品检测 | 抽样 |
| 15 | NY/T 674—2003 | 转基因植物及其产品检测 | DNA 提取和纯化 |

| 序号 | 标准号 | 标准名称 |
|---|---|---|
| 16 | NY/T 675—2003 | 转基因植物及其产品检测　大豆定性 PCR 方法 |
| 17 | NY/T 719.1—2003 | 转基因大豆环境安全检测技术规范　第1部分：生存竞争能力检测 |
| 18 | NY/T 719.2—2003 | 转基因大豆环境安全检测技术规范　第2部分：外源基因流散的生态风险检测 |
| 19 | NY/T 719.3—2003 | 转基因大豆环境安全检测技术规范　第3部分：对生物多样性影响的检测 |
| 20 | NY/T 720.1—2003 | 转基因玉米环境安全检测技术规范　第1部分：生存竞争能力检测 |
| 21 | NY/T 720.2—2003 | 转基因玉米环境安全检测技术规范　第2部分：外源基因流散的生态风险检测 |
| 22 | NY/T 720.3—2003 | 转基因玉米环境安全检测技术规范　第3部分：对生物多样性影响的检测 |
| 23 | NY/T 721.1—2003 | 转基因油菜环境安全检测技术规范　第1部分：生存竞争能力检测 |
| 24 | NY/T 721.2—2003 | 转基因油菜环境安全检测技术规范　第2部分：外源基因流散的生态风险检测 |
| 25 | NY/T 721.3—2003 | 转基因油菜环境安全检测技术规范　第3部分：对生物多样性影响的检测 |
| 26 | NY/T 1101—2006 | 转基因植物及其产品食用安全性评价导则 |
| 27 | NY/T 1102—2006 | 转基因植物及其产品食用安全检测　大鼠90d喂养试验 |
| 28 | NY/T 1103.1—2006 | 转基因植物及其产品食用安全检测　抗营养素　第1部分：植酸、棉酚和芥酸的测定 |
| 29 | NY/T 1103.2—2006 | 转基因植物及其产品食用安全检测　抗营养素　第2部分：胰蛋白酶抑制剂的测定 |
| 30 | NY/T 1103.3—2006 | 转基因植物及其产品食用安全检测　抗营养素　第3部分：硫代葡萄糖苷的测定 |
| 31 | SN/T 1194—2003 | 植物及其产品转基因成分检测抽样和制样方法 |
| 32 | SN/T 1195—2003 | 大豆中转基因成分的定性 PCR 检测方法 |
| 33 | SN/T 1196—2003 | 玉米中转基因成分定性 PCR 检测方法 |
| 34 | SN/T 1197—2003 | 油菜籽中转基因成分定性 PCR 检测方法 |
| 35 | SN/T 1198—2003 | 马铃薯中转基因成分定性 PCR 检测方法 |
| 36 | SN/T 1200—2003 | 烟草中转基因成分定性 PCR 检测方法 |
| 37 | SN/T 1202—2010 | 食品中转基因植物成分定性 PCR 检测方法 |
| 38 | SN/T 1203—2010 | 食用油脂中转基因植物成分实时荧光 PCR 定性检测方法 |
| 39 | SN/T 1204—2003 | 植物及其加工产品中转基因成分实时荧光 PCR 定性检验方法 |
| 40 | SN/T 1816—2006 | 番茄中转基因成分定性 PCR 检测方法 |
| 41 | SN/T 1943—2007 | 小麦中转基因成分 PCR 和实时荧光 PCR 定性检测方法 |
| 42 | SN/T 2074—2008 | 主要食用菌中转基因成分定性 PCR 检测方法 |
| 43 | SN/T 2135—2008 | 蜂蜜中转基因成分检测方法　普通 PCR 方法和实时荧光 PCR 方法 |
| 44 | SN/T 2271—2009 | 青椒中转基因成分定性 PCR 检测方法 |
| 45 | SN/T 2584—2010 | 水稻及其产品中转基因成分实时荧光 PCR 检测方法 |

## 3.7　食品流通标准

　　所谓食品流通是指以食品的质量安全为中心，以消费者的需求为目的，围绕食品采购、储存、运输、供应、销售等过程环节进行的管理和控制活动。

　　食品流通包括商流和物流两个方面，它的基本活动主要包括运输、贮藏、装卸搬运、包装、流通加工、配送、信息处理以及销售等。食品流通过程与食品安全密切相关，涉及原料、加工工艺过程、包装、储运及生产加工的相关因素（环境、物品、人员等）等一系列过程中可能影响食品质量安全的因素，如在食品流通中可能涉及的微生物、化学品污染等。所以需要建立涉及生产、加工、流通、消费的统一食品流通标准。

我国已制定和实施的食品流通标准主要包括运输工具标准、站场技术标准、运输方式及作业规范标准、装卸搬运标准、食品储存标准、食品包装工艺标准、食品配送标准和食品销售标准等。本节介绍其中几类食品流通标准。

## 3.7.1　食品包装材料和包装容器标准

食品包装是现代食品工业的最后一道工序，其主要目的是保护食品质量和卫生，不损失食品原始成分和营养，方便运输、促进销售、提高货架期和商品价值。但同时，包装材料的选择和使用不当又可能对食品安全产生不利影响。食品包装材料中的化学成分向食品中发生迁移，如果迁移的量超过一定界限，就会影响到食品的安全性。《食品安全法》对用于食品的包装材料和容器的定义为：包装、盛放食品或者食品添加剂用的纸、竹、木、金属、搪瓷、陶瓷、塑料、橡胶、天然纤维、化学纤维、玻璃等制品和直接接触食品或者食品添加剂的涂料。随着人们对食品安全的日益关注，作为与食品直接接触的包装材料和包装容器，其安全性也备受关注。

食品包装既要符合一般商品包装的标准，更要符合与食品卫生与安全性有关的标准。食品包装标准化就是对食品的包装材料、包装容器、包装方式、包装标志及技术要求等的规定。目前，我国已制定塑料、橡胶、涂料、金属、纸类等 60 多项食品包装材料和包装容器标准，涉及卫生标准、产品标准、检验方法标准、良好操作规范、卫生规范等诸多方面。如《食品容器、包装材料用添加剂使用卫生标准》（GB 9685—2008），该标准规定了食品容器、包装材料用添加剂的使用原则、允许使用的添加剂品种、使用范围、最大使用量、特定迁移量或最大残留量及其他限制性要求。部分食品包装材料和包装容器标准见表 3-31。

**表 3-31　部分食品包装材料和包装容器标准**

| 序号 | 标准号 | 标准名称 | 序号 | 标准号 | 标准名称 |
|---|---|---|---|---|---|
| 1 | GB/T 23508—2009 | 食品包装容器及材料术语 | 7 | GB 18706—2002 | 液体食品保鲜包装用纸基复合材料（屋顶包） |
| 2 | GB/T 23509—2009 | 食品包装容器及材料分类 | 8 | GB 19741—2005 | 液体食品包装用塑料复合膜、袋 |
| 3 | GB/T 24696—2009 | 食品包装用羊皮纸 | 9 | GB/T 24334—2009 | 聚偏二氯乙烯（PVDC）自粘性食品包装膜 |
| 4 | GB/T 24695—2009 | 食品包装用玻璃纸 | 10 | GB/T 17030—2008 | 食品包装用聚偏二氯乙烯（PVDC）片状肠衣膜 |
| 5 | GB 18192—2000 | 液体食品无菌包装用纸基复合材料 | 11 | GB/T 23778—2009 | 酒类及其他食品包装用软木塞 |
| 6 | GB 18454—2001 | 液体食品无菌包装用复合袋 | 12 | GB 9685—2003 | 食品容器、包装材料用助剂使用卫生标准 |

| 序号 | 标准号 | 标准名称 | 序号 | 标准号 | 标准名称 |
|---|---|---|---|---|---|
| 13 | GB/T 23887—2009 | 食品包装容器及材料生产企业通用良好操作规范 | 17 | SN/T 1880—2007 | 进出口食品包装卫生规范 |
| 14 | GB/T 19063—2009 | 液体食品包装设备验收规范 | 18 | SN/T 1888—2007 | 进出口辐照食品包装容器及材料卫生标准 |
| 15 | QB/T 1014—2010 | 食品包装纸 | 19 | SN/T 1891—2007 | 进出口微波食品包装容器及包装材料卫生标准 |
| 16 | SN/T 2499—2010 | 中型食品包装容器安全检验技术要求 | 20 | SN/T 1892—2007 | 进出口食品包装场所与人员卫生规范 |

### 3.7.2　食品贮藏标准

贮藏和运输是流通过程中的两个关键环节,被称为"流通的支柱"。贮藏的概念包括商品的分类、计量、入库、保管、出库、库存控制以及配送等多种功能。

我国与食品贮藏相关的标准主要有:①仓库布局标准。如 GB/T 17913—1999《粮食仓库磷化氢环流熏蒸装备》、GB/T 18768—2002《数码仓库应用系统规范》、GB/T 50072—2001《冷库设计规范》。②贮藏保鲜技术规程。此项标准大多是关于果蔬的,如 GB/T 10547—2006《柑橘贮藏》、GB/T 18518—2001《黄瓜贮藏和冷藏运输》、GB/T 8867—2001《蒜薹简易气调冷藏技术》,分别规定了贮藏前的处理、贮藏的温度、湿度和贮藏期限等内容。③堆码苫垫技术标准。对食品的堆垛方式和技术、货架以及苫盖和衬垫方式和技术等都应制定相应的标准和操作规程。

### 3.7.3　食品包装工艺标准

包装工艺过程就是对各种包装原材料或半成品进行加工或处理,最终将产品包装成为商品的过程。包装工艺规程则是文件形式的包装工艺过程。食品包装工艺、规程的标准化是指必须按"提高品质、严格控制有害物质含量"的有关标准,设计每道工序,确定每项工艺,并制定科学、严格和可行的操作规程。包装工艺标准化应包括产品和包装材料,按规定的方式将其结合成可供销售的包装产品,然后在流通过程中保护内包装产品,并在销售和消费时得到消费者的认可等几个方面,其主要内容为:

(1) 容量标准化。

(2) 产品的状态条件的标准化。

(3) 包装材料标准化。

(4) 包装速度规范化。

(5) 包装步骤说明。

(6) 规定质量控制要求。

### 3.7.4　食品配送标准

配送是在经济合理区域范围内,根据用户要求,对物品进行拣选、加工、包装、分割、组配等作业,并按时送达指定地点的物流活动。配送是由集货、配货、送货三部分有机结合而成的流通活动，配送中的送货是短距离的运输。配送与传统的"送货"存在明显的区别，在配送业务活动中包含的分货、选货、加工、配发、配装等工作是具有一定难度的作业。配送不仅是分发、配货、送货等活动的有机结合形式，同时它与订货、销售系统也有密切联系。因此，必须依赖物流信息的作用，建立完善的配送系统，形成现代化的配送方式。

目前我国颁布的配送方面的标准有 GB/T 18715—2002《配送备货与货物移动报文》。该标准适用于国内和国际贸易，以通用的商业管理为基础，而不局限于其特定的业务类型和行为，规定了在配送中心管辖范围内的仓库之间发生的配送备货服务和所需的货物移动所用到的报文的基本框架结构。

## 3.7.5　食品销售标准

食品销售就是将产品的所有权转给用户的流通过程，也是以实现企业销售利润为目的的经营活动。产品只有经过销售才能实现其价值，创造利润。销售是包装、运输、贮藏、配送等环节的统一，是流通的最后一个环节，而实行食品销售的重要因素就是市场。商务部等八部委联合组织制定了 GB/T 19220—2003《农副产品绿色批发市场》和 GB/T 19221—2003《农副产品绿色零售市场》两个国家标准，二者均从场地环境、设施设备、商品管理、市场管理等方面对销售市场进行了规定。农副产品绿色批发（零售）市场是指环境设施清洁卫生、交易商品符合以上相应标准的质量管理要求、经营管理具有较好信誉的农副产品批发（零售）市场。这两个绿色市场标准对市场流通标准体系建设和规范市场流通环节具有重要意义。

## 3.8　其他食品相关标准

## 3.8.1　保健食品标准

保健食品是指声称具有特定保健功能或者以补充维生素、矿物质为目的的食品。即适宜于特定人群食用，具有调节机体功能，不以治疗疾病为目的，并且对人体不产生任何急性、亚急性或者慢性危害的食品。不同国家对保健食品的称谓不同：美国称为营养增补剂（nutritional supplement），日本称功能性食品（functional food），欧盟称健康食品（health food）。

保健食品按照食用目的可以分为两类，一类是以调节人体机能为目的的功能类产品；另一类是以补充维生素、矿物质为目的的营养素补剂类产品。

保健食品同时具有食品属性和功能属性。首先，保健食品必须是食品，符合普通食品的基本要求，对人体不产生任何急性、亚急性或慢性危害。其次，保健食品应有特定的保健功能，可满足部分特定人群的特殊生理机能的调节需要。保健食品应通过科学实验（功效成分定性、定量分析；动物或人群功能试验），证实确有有效的功效成分和有明显、稳定的调节人体机能机体的作用。

截至 2009 年 10 月，国家食品药品监督管理局公布的保健食品功能类别共 27 项，它们是增强免疫力、改善睡眠、缓解体力疲劳、提高缺氧耐受力、对辐射危害有辅助保护功能、增加骨密度、对化学性肝损伤有辅助保护功能、缓解视疲劳、祛痤疮、祛黄褐斑、改善皮肤水分、改善皮肤油分、减肥、辅助降血糖、改善生长发育、抗氧化、改善营养性贫血、辅助改善记忆、调节肠道菌群、促进排铅、促进消化、清咽、对胃黏膜有辅助保护功能、促进泌乳、通便、辅助降血压、辅助降血脂。已批准的保健食品中，其保健功能主要集中在增强免疫力、缓解体力疲劳、辅助降血脂、抗氧化等四个方面，这四类产品约占已批准产品的 60%。

《食品安全法》规定，国家对声称具有特定保健功能的食品实行严格监管。《食品安全法实施条例》规定，食品药品监督管理部门对声称具有特定保健功能的食品实行严格监管。根据《食品安全法》及其实施条例对保健食品实行严格监管的要求，为进一步规范保健食品行政许可工作，提高保健食品质量安全控制水平，加强保健食品生产经营监督，保障消费者食用安全，2010 年 10 月 22 日，国家食品药品监督管理局制定并发布了《保健食品产品技术要求规范》（国食药监许［2010］423 号）。《保健食品产品技术要求规范》明确指出，保健食品产品技术要求应当符合国家有关法律法规、标准规范。保健食品产品技术要求文本格式应当包括产品名称、配方、生产工艺、感官要求、鉴别、理化指标、微生物指标、功效或标志性成分含量测定、保健功能、适宜人群、不适宜人群、食用量及食用方法、规格、贮藏、保质期等序列，并按照保健食品产品技术要求编制指南编制。保健食品产品技术要求是产品质量安全的技术保障。生产企业应当按照保健食品产品技术要求组织生产经营。保健食品产品技术要求适用于保健食品新产品的注册申请和产品的再注册。保健食品产品技术要求编号按照 BJ＋G（或 J）＋年份＋0000 编制。"BJ"表示"保健食品"，"G（或 J）"表示国产或进口，"年份＋0000"为保健食品批准文号的年份和顺序号。

这些法规为保健食品标准的制定提供了依据。我国《保健（功能）食品通用标准》（GB 16740—1997）对保健食品的定义、产品分类、基本原则、技术要求、试验方法和标签要求作出了具体规定。《保健食品良好生产规范》（GB17405—1998）则规定了对生产具有特定保健功能食品企业的人员、设计与设施、原料、生产过程、成品储存与运输以及品质和卫生管理方面的基本技术要求。2008 年，我国颁布了 40 项保健食品标准，部分标准见表 3-32。

表 3-32  部分保健食品标准

| 序号 | 标准号 | 标准名称 | 序号 | 标准号 | 标准名称 |
|---|---|---|---|---|---|
| 1 | GB/T 22244—2008 | 保健食品中前花青素的测定 | 5 | GB/T 22249—2008 | 保健食品中番茄红素的测定 |
| 2 | GB/T 22245—2008 | 保健食品中异嗪皮啶的测定 | 6 | GB/T 22250—2008 | 保健食品中绿原酸的测定 |
| 3 | GB/T 22247—2008 | 保健食品中淫羊藿苷的测定 | 7 | GB/T 22251—2008 | 保健食品中葛根素的测定 |
| 4 | GB/T 22248—2008 | 保健食品中甘草酸的测定 | 8 | GB/T 22252—2008 | 保健食品中辅酶 Q10 的测定 |

## 3.8.2　辐照食品标准

辐照食品是指通过一种辐照工艺处理而达到灭菌保鲜的食品。食品辐照技术是 20 世纪发展起来的一种灭菌保鲜技术，是以辐射加工技术为基础，运用 X 射线、γ 射线或高速电子束等电离辐射产生的高能射线对食品进行加工处理，在能量的传递和转移过程中，产生强大的物理效应和生物效应，达到杀虫、杀菌、抑制生理过程、提高食品卫生质量、保持营养品质及风味、延长货架期的目的。目前，全世界已有 42 个国家和地区批准了 240 多种辐照食品（含食用农产品），年市场销售辐照食品的总量达 20 多万吨。食品辐照技术已成为传统食品加工和贮藏技术的重要补充和完善。

然而，随着食品辐照技术的推广应用，辐照食品的安全性引起人们的普遍关心，对辐照食品的安全性评价主要包括辐射安全、微生物安全性、对营养成分的影响、毒理学安全性等方面。1999 年 10 月，联合国粮农组织（FAO）、世界卫生组织（WHO）、国际原子能机构（IAEA）联合在土耳其国安地他尼亚市召开了"采取辐照加工以确保食品安全和质量国际大会"、"国际食品辐照咨询组（ICGFI）第十六次会议"。这两次会议公报中都重申了 1997 年 FAO/IAEA/WHO 高剂量研究小组宣告的结论——超过 10kGy 的辐照剂量处理的食品是安全的和具有营养适宜性的——是正确的。食品法典委员会（CAC）据此订定食物的最高辐射吸收剂量不得超过 10kGy。被辐射物质所吸收的射线的能量称为吸收量，单位为 Gy（戈瑞），1Gy 即 1kg 被辐照物质吸收 1 焦耳的能量。

2011 年 4 月 6 日，欧盟食品安全局发布公告更新了关于食品辐照安全性的科学建议。专家认为，使用食品辐照的方法虽不存在微生物学的风险，但是也不能单一依靠该方法，而应该将其作为多种降低食品中病原菌方法中的一种。他们表示辐照应该属于以保护消费者健康为目的的食品安全综合管理程序的一部分，这些管理程序还包括良好农业、生产和卫生规范。

辐照食品标识制度已被世界许多国家所采用。如美国 FDA 规定，经过辐照处理的食品必须标识"Radura"的标记和声明，表明食物已"用（被）辐照处理"。我国《食品安全国家标准　预包装食品标签通则》（GB 7718—2011）明确规定，经电离辐射线或电离能量处理过的食品，应在食品名称附近标示"辐照食品"，经电离辐射线或电离能量处理过的任何配料，应在配料表中标明。以此来保障消费者的知情权和选择权。

目前，我国辐照食品标准主要有 GB14891.1～GB14891.8—1997，分别为辐照熟畜禽肉类、花粉、干果果脯类、香辛料类、新鲜水果蔬菜类、猪肉、冷冻包装畜禽肉类、豆类谷类及其制品共 8 类辐照食品卫生标准，这些标准对辐照目的、辐照剂量限制、辐照原则、包装要求等内容进行了规定，从对感官性状、营养和功能性等的改变评价辐照食品质量。

2001 年，国务院七部委联合组织成立了食品辐照与协调专家组，协调食品辐照的政策法规和管理以及各部委之间的信息交流。农业部辐照产品质量监督检验测试中心组织国内食品加工的研究和生产单位制定了 33 项辐照食品标准，其中 17 项已被批准为国家标准，其中的 GB/T 18524—2001 为《食品辐照通用技术要求》，GB/T 18525.1～GB/T 18525.7—2001 系列分别对豆类、谷类制品、红枣、枸杞干与葡萄干、干香菇、桂圆干、空心莲 7 类产品的辐照杀虫工艺进行了规定；GB/T 18526.1～GB/T 1852.7—2001 系列分别对速溶茶、花粉、脱水蔬菜、香料和调味品、熟畜禽肉类、糟制肉食品、冷却包装分割猪肉的辐照杀虫工艺进行了规定；GB/T 18527.1—2001 与 GB/T 18527.2—2001 则为苹果辐照保鲜工艺和大蒜辐照抑制发芽工艺标准。辐照食品行业标准如 NY/T 1206—2006《茶叶辐照杀菌工艺》、NY/T 1207—2006《辐照香辛料及脱水蔬菜热释光鉴定方法》、NY/T 1256—2006《冷冻水产品辐照杀菌工艺》等。

## 3.8.3　超市食品标准

近年来，许多连锁超市和大卖场逐渐取代了传统的集贸市场，成为城市家庭采购食品的重要渠道，超市业已成为食品消费的第一选择。但是，我国超市食品存在诸多的安全隐患，超市食品安全问题日益突出。超市食品安全管理方面的缺陷，主要体现在超市之间压价导致食品安全质量下降、缺乏对加盟店自行采购食品的管制、供应商向超市直送食品的质量监控存在缺陷等多方面。食品采购和生鲜产品管理是超市经营的两大难点，也是食品安全事故的"高发地带"。

为推动超市的规范化运营，提高超市食品安全管理水平，增强消费者购物信心，提升整个行业的食品安全管理水平，2006 年 12 月，国家商务部发布了《超市食品安全操作规范（试行）》。该规范是建立在 HACCP、GMP 和相关法律基础上，同时考虑了超市的发展水平、可操作性等因素，着重说明了企业在食品的采购、运输、储藏和销售过程中，应避免所有可能危害消费者健康的因素。

2009 年 7 月 30 日，国家工商行政管理总局发布了《流通环节食品安全监督管理办法》（第 43 号），规定食品经营者对贮存、销售的食品应当定期进行检查，查验食品的生产日期和保质期，及时清理变质、超过保质期及其他不符合食品安全标准的食品，主动将其退出市场，并做好相关记录。食品经营者销售散装食品，应当在散装食品的容器、外包装上标明食品的名称、生产日期、保质期、生产经营者名称及联系方式等内容。销售生鲜食品和熟食制品，应当符合食品安全所需要的温度、空间隔离等特殊要求，防止交叉污染。

目前，我国已发布了一些有关超市食品安全的国家标准和行业标准，对超市特有的经营环节，如购物环境、食品存放和陈列、生鲜食品运营以及过期食品处理等问题进行规范，为加强对零售食品终端的监管提供技术支持。如《超市鲜、冻畜禽产品准入技术要求》（GB/T 20402—2006）规定了鲜、冻畜禽产品经营准入技术要求的有关术语和定义、经销商准入要求、供货商准入要求和商品入市等；《超市销售生鲜农产品基本要求》（GB/T 22502—2008）规定了超市销售生鲜农产品的环境要求、基础设施设备要求、工具容器及包装材料要求、从业人员要求、供应商要求和交易技术要求；《超市购物环境》（GB/T 23650—2009）规定了对超市购物的硬件环境、软件环境的基本要求。

## 3.8.4　快餐食品标准

随着国内居民收入的提高和生活节奏的加快，快餐食品逐渐受到人们的青睐。快餐是预先做好的能够迅速提供顾客食用的饭食，如汉堡包、盒饭等，又称速食、即食、便当等，快餐具有大众化、节时、节约、方便、可以充当主食等优点。

快餐食品一般分为西式快餐和中式快餐。快餐食品要创出知名品牌，必须形成标准化，保证口味不走样，否则无法形成规模。西式快餐的汉堡、薯条等是按照标准化、程序化生产的，从而保证了产品品质的标准化。食品标准化、程序化使得洋快餐在占领市场份额方面一直具有绝对优势。

中式快餐的发展不敌西式快餐的主要原因在于中式快餐缺乏有效的标准化支撑体系，标准化管理是中式快餐发展壮大必须要解决的问题。中式快餐品种众多，工艺复杂，用料的多少难以掌握，同种菜品的口感在不同人手中难以做到统一。标准化操作不仅能够保证产品品质的统一，还能缩短出餐时间。

目前，中式快餐的标准化正处于发展期，中式快餐标准化的内容主要包括经营管理的标准化、食物原料及生产制作的标准化、服务的标准化、食品质量的标准化、品牌标准化、特许经营标准化等。

2010 年 7 月 28 日，中国餐饮业标准建设委员会成立，该机构致力于制定中国餐饮业标准建设规划，做好相关标准的制修订工作，完善中式快餐标准化过程中的一些不足之处，推动中式快餐迈向更高的发展水平，向世界人民展示中国传统饮食文化。

**案例分析**

案例一：地沟油事件

【事件回放】2011 年 9 月中旬，公安部公布破获跨省地沟油大案。由于缺乏地沟油的检测标准，对案件的侦破和地沟油的整治造成了一定的困难。

【原因分析】我国现行的国家强制性标准《食用植物油卫生标准》（GB 2716—2005）规定，食用油全部应检理化指标共有 9 项，分别为酸价、过氧化值、浸出油溶剂残留、总砷、铅、黄曲霉毒素 $B_1$、苯并（a）芘、农药残留、游离棉酚（仅对棉籽油）。按照该标准检测用地沟油炼制出来的油有时居然是"合格"的。到目前为止，我国尚缺乏地沟油的检测标准，无法针对地沟油进行辨别性检测。

【事件解决】卫生部正按照国务院食品安全办的统一部署，组织科技部、工商总局、质检总局等 6 个部门共同研究制定了地沟油检验方法论证方案，并组建了包括油脂加工、食品安全、卫生检验、化学分析等领域权威专家和相关机构在内的检验方法论证专家组，对相关技术机构研发的检验方法进行科学论证。

【启示】加快制修订相关食品安全标准，提高标准指标的技术水平，从而提升我国目前食品安全的检测手段和检测能力迫在眉睫。同时，应加强食品安全的过程监管。

案例二：红牛饮料事件

【事件回放】2012 年 2 月 9 日，哈尔滨食品药品监督部门表示，红牛饮料存在标注成分与国家批文严重不符的问题。经核实发现，在红牛维生素功能饮料产品罐体标注中，其添加了柠檬酸、柠檬酸钠、咖啡因、苯甲酸铵、胭脂红、柠檬黄 6 种添加剂，但是国家食品药品监督管理局网站上却显示，对红牛生产的批文中，并没有柠檬酸钠、苯甲酸钠、咖啡因这几种成分，所以红牛涉嫌非法添加行为。

【原因分析】《食品添加剂使用标准》（GB 2760—2011）规定了食品添加剂的使用原则、允许使用的食品添加剂品种、适用范围及最大使用量或残留量。食品中添加 GB

2760—2011 或卫生部公告以外的添加剂属于非法添加行为，超范围、超量使用食品添加剂属于滥用食品添加剂，二者都是被严禁的。另外，对于食品添加剂新品种，必须经过卫生部的安全性评价。在红牛维生素功能饮料中，咖啡因和苯甲酸钠两种成分的出现引发质疑，两种成分在一起是否会生成苯甲酸钠咖啡因目前尚未定论，须进行安全性评价。苯甲酸钠咖啡因（又称"安纳咖"）属于国家一类精神药品，在临床中被严格使用，过量会产生头痛、紧张、焦虑、耳鸣、心率增快等症状，长期使用会出现一定依赖性。《运动饮料》（GB 15266—2009）明确规定运动饮料的原辅材料不得添加世界反兴奋剂机构（WADA）最新版规定的禁用物质。

【事件解决】哈尔滨市食品药品监督局已对企业生产的红牛维生素功能饮料进行抽样调查，检测样品被送往法定检验机构进行检测，最终的检测结果尚待。

【启示】企业应严格按照国家有关标准生产合格的产品。

## 思考题

1. 比较中外食品标准的差异。
2. 如何借鉴 CAC 标准进一步完善我国食品安全标准体系。
3. 什么是国际标准和采用国际标准？并简述我国标准与国际标准的一致性程度。
4. 简述采用国际标准应遵循的原则。
5. 什么是食品安全标准？
6. 如何理解食品安全标准是唯一的食品强制性标准？
7. 如何理解食品安全标准的科学性和合理性？
8. 如何理解风险评估在食品安全标准制定中的作用？
9. 食品安全标准的主要内容有哪些？
10. 简述食品安全标准体系的构成。并说明我国目前食品安全国家标准发布情况。
11. 简述食品安全国家标准制定发布程序与相关要求。
12. 为什么要对食品安全国家标准进行跟踪和评价？
13. 在哪些情况下可能需要制定食品安全地方标准？
14. 食品安全企业标准备案的要求有哪些？
15. 食品中有毒有害物质限量标准包括哪些方面的内容？
16. 简述《食品添加剂使用标准》的主要内容。
17. 食品添加剂的使用原则是什么？
18. 简述《预包装食品标签通则》的主要内容。
19. 简述无公害食品标准、绿色食品标准、有机食品标准三者的异同。

# 第4章　中国食品法规

**导读**

食品是人类赖以生存和发展最基本的物质条件。随着人们生活水平的不断提高，食品市场容量的急剧增加，我国食品工业获得了空前的发展，各种新型食品琳琅满目。但是，我国目前食品安全形势严峻，重大食品安全事故不断曝光，例如阜阳及三鹿毒奶粉、重庆毒花椒、广东中山墨汁粉条、湖北宜昌毒生姜、辽宁沈阳毒豆芽、辽宁海城及吉林吉化问题学生奶、江苏丹阳西瓜膨大剂、上海染色馒头、温州病死猪肉、塑化剂、瘦肉精、注水肉、苏丹红以及最近席卷全国的地沟油事件等。食品的安全问题关系到全人类的生活、生存和延续，预防食品安全问题的出现面临着法律制度和人身素质等多方面的挑战。因此，衡量人民生活质量、社会管理水平和国家法制建设的一个重要方面就是看政府和人民是否重视食品安全。虽然食品安全存在的问题是世界性的，但是我国食品安全法律体系存在很多问题和不足。因此，引起各级有关政府部门高度重视，进一步加强和完善我国的食品安全法律体系势在必行。

我国建立了一套完整的食品安全法律法规体系，为保障食品安全、提升产品质量、规范进出口食品贸易秩序提供了坚实的基础和良好的环境。本章主要介绍我国食品法律法规制定与实施、食品安全法、农产品质量安全法、产品质量法、标准化法、其他法律法规，以及食品行政法规及部门规章。

## 4.1　食品法律法规概述

### 4.1.1　法律法规

法是由国家制定或认可，并通过国家强制力保证实施，反映由统治阶级的物质生活条件决定的统治阶级意志的规范体系。法为了确认、保护和发展对统治阶级有利的社会关系和社会秩序，进而规定人们在相互关系中的权利和义务。

广义的法律是指法的整体，包括法律、有法律效力的解释及行政机关为执行法律而制定的规范性文件（如规章）。狭义的法律专指拥有立法权的国家权力机关依照立法程序制定的规范性文件。中国的十类主要部门法为：宪法、行政法、民商法、刑法、经济法、诉讼法、劳动法、自然资源与环境法、军事法、科教文卫法。

法律具有以下作用：①明示作用；②预防作用；③校正作用。

### 4.1.2　我国食品法律法规体系

我国食品法律法规体系是以法律或政令形式颁布的，是对全社会有约束力的权威性规定，既包括法律规范，也包含以技术规范为基础所形成的各种食品法规。食品法律主要包括《中华人民共和国计量法》（1986 年 7 月 1 日实施）、《中华人民共和国国境卫生检疫法》（1987 年 5 月 1 日实施）、《中华人民共和国标准化法》（1989 年 4 月 1 日实施）、《中华人民共和国进出境动植物检疫法》（1992 年 4 月 1 日实施）、《中华人民共和国产品质量法》（1993 年 9 月 1 日实施）、《中华人民共和国消费者权益保护法》（1994 年 1 月 1 日实施）、《中华人民共和国进出口商品检验法》（2002 年 10 月 1 日实施）、《中华人民共和国农产品质量安全法》（2006 年 11 月 1 日实施）、《中华人民共和国动物防疫法》（2008 年 1 月 1 日实施）和《中华人民共和国食品安全法》（2009 年 6 月 1 日实施）等。食品行政法规主要包括《中华人民共和国兽药管理条例》（1988 年 1 月 1 日实施）、《中华人民共和国标准化法实施条例》（1990 年 4 月 6 日实施）、《中华人民共和国出口货物原产地规则》（1992 年 5 月 1 日实施）、《中华人民共和国进出境动植物检疫法实施条例》（1997 年 1 月 1 日实施）、《中华人民共和国农药管理条例》（1997 年 5 月 8 日实施）、《农业转基因生物安全管理条例》（2001 年 5 月 23 日实施）、《无照经营查处取缔办法》（2003 年 3 月 1 日实施）、《中华人民共和国认证认可条例》（2003 年 11 月 1 日实施）、《中华人民共和国工业产品生产许可证管理条例》（2005 年 9 月 1 日实施）、《中华人民共和国进出口商品检验法实施条例》（2005 年 12 月 1 日实施）、《中华人民共和国濒危野生动植物进出口管理条例》（2006 年 9 月 1 日实施）、《国务院关于加强食品等产品安全监督管理的特别规定》（2007 年 7 月 26 日实施）和《饲料和饲料添加剂管理条例》（2012 年 5 月 1 日实施）等。食品部门规章包括《出口食品生产企业卫生注册登记管理规定》（2002 年 5 月 20 日实施）、《食品添加剂卫生管理办法》（2002 年 7 月 1 日实施）、《进出境肉类产品检验检疫管理办法》（2002 年 10 月 1 日实施）、《进出境水产品检验检疫管理办法》（2002 年 12 月 10 日实施）、《食品生产加工企业质量安全监督管理实施细则（试行）》（2005 年 9 月 1 日实施）、《中华人民共和国工业产品生产许可证管理条例实施办法》（2005 年 11 月 1 日实施）、《食品卫生许可证管理办法》（2006 年 6 月 1 日实施）、《农产品产地安全管理办法》（2006 年 11 月 1 日实施）、《农产品包装和标识管理办法》（2006 年 11 月 1 日实施）和《流通领域食品安全管理办法》（2007 年 5 月 1 日实施）等。自 2009 年 2 月《食品安全法》颁布后，我国食品法律法规有较大的变动，形成了《食品安全法》《食品安全法实施条例》、食品安全国家标准管理办法《保健食品注册管理办法》等食品卫生部门执法的法律法规体系，《餐饮服务许可管理办法》《餐饮服务食品安全监督管理办法》等餐饮行业法律法规体系，《中华人民共和国产品质量法》《食品生产许可管理办法》《工业产品生产许可证管理办法》《工业产品生产许可证注销程序管理规定》《中华人民共和国工业产品生产许可证管理条例》等食品及其相关产品法律法规体系，《流通环节食品安全监督管理办法》《食品流通许可证管理办法》《流通领域食品安全管理办法》等食品流通环节法律法规体系，《中华人民共和国农业法》《中华人民共和国农产品质量安全法》《无公害农产品管理办法》《农产品产地安全管理办法》《农产品地理标志管理办法》《农产品包装和标识管理办法》等农产品法律法规体系。

# 4.2　食品法律法规的制定与实施

## 4.2.1　食品法律法规的制定

我国食品法律法规的制定，必须在科学的基础上，从国家整体利益和人民根本利益出发，以宪法中有关保护人民健康的规定为法律来源和依据，根据我国的社会经济条件和各项食品政策，依照法定的权限和程序来制定。

食品法律法规的制定是有立法权的国家机关依照法定的权限和程序，制定、修改、补充、废止相关食品法律文件的活动，主要是指全国人大及其常委会制定食品法律的活动，但也包括国家有关部门制定食品部门规章、地方性食品法规等活动。

### 4.2.1.1　我国食品法律的制定程序

食品法律是指由全国人大及其常委会经过特定的立法程序制定的规范性法律文件，它的地位和效力仅次于宪法。食品法律分为两种，即由全国人大制定的食品法律和由全国人大常委会制定的食品基本法律以外的食品法律。

全国人大常委会制定食品法律的程序如下：首先，进行食品立法规划、立法决策、起草食品法律草案；其次，提出食品法律草案，并且对草案进行审议；最后，对食品法律草案的表决、通过、公布。

### 4.2.1.2　我国食品行政法规的制定程序

食品行政法规是根据宪法和法律，由国务院在其职权范围内制定的有关国家食品行政管理活动的规范性法律文件，其地位和效力仅次于宪法和法律。国务院制定食品行政法规的程序如下：第一，编制地方性食品立法规划及立法计划；第二，起草具有地方立法权的地方人大常委会、教科文卫委员会等负责法规；第三，提出及审议地方性食品法规草案；第四，表决、通过、公布与备案地方性食品法规草案。

## 4.2.2　食品法律法规的实施

法律法规的生命在于实施。法律法规只有在有效实施中才能彰显其作用和价值。否则只是一纸空文。制定食品法律法规的目的就是为了保证食品安全，保障消费者身体健康和生命安全。要采取各项有效措施来贯彻实施食品法律法规，就要认真学习和研究这些法律法规。

### 4.2.2.1　从思想上切实增强食品安全使命感和责任感

各级政府部门要从深入贯彻落实科学发展观、全面推动依法执政和树立政府的威望，从维护人民群众根本利益出发，充分认识食品法律法规实施的重要意义。在学习法律法规的过程中，进一步增强监管理念、执法理念和维权理念，努力实现食品安全监管的新理念、新措施、新作风和新机制，规范执法，切实提高食品安全监管水平。同时，也要为配合法律法规的实施营造良好的社会氛围，充分发挥各种媒体的作用，采取形式多样的宣传方式，增强经营者、消费者和执法者的食品安全意识，为法律法规的贯彻实施营造良好的舆论氛围和社会环境。

#### 4.2.2.2　推行行政执法责任制切实加强政府法制监督

市场经济体制，政府对经济行为的指令和限制减少，但是政府还是应当承担起不可推卸的监管责任，否则市场经济也会失灵，三鹿奶粉事件就是强有力的说明。在市场经济体制下，企业为了追求更大的利润而制假贩假，甚至掺毒。所以仅靠企业自律是不够的，政府一定要加强监管。

#### 4.2.2.3　加强行业自律和舆论监督

在市场经济环境中，经济活动主要由以企业为主的市场主体自由进行，政府的监管只具有补充和监督的作用。所以，增强企业的社会责任感，推动各行业进行自律便成为市场经济体制下企业合法经营的基础和重要保障。

## 4.3　《中华人民共和国食品安全法》

### 4.3.1　《食品安全法》的立法意义

国以民为本，民以食为天，食以安为先。2009年2月28日第十一届全国人大常委会第七次会议表决通过了《中华人民共和国食品安全法》，并于2009年6月1日起实施。2013年10月10日，国家食品药品监管总局向国务院报送了《中华人民共和国食品安全法（修订草案送审稿）》。2014年6月23日第十二届全国人大常委会第九次会议初次审议了《中华人民共和国食品安全法（修订草案）》。2015年4月24日修订后的《中华人民共和国食品安全法》公布，自2015年10月1日起施行。修订后《食品安全法》从落实监管体制改革和政府职能转变成果、强化企业主体责任落实、强化地方政府责任落实、创新监管机制方式、完善食品安全社会共治、严惩重处违法违规行为六个方面对现行法律作了修改、补充，增加了食品网络交易监管制度、食品安全责任强制保险制度、禁止婴幼儿配方食品委托贴牌生产等规定和责任约谈、突击性检查、食品安全管理人员职业资格和保健食品产品注册两项许可制度等监管方式。

《食品安全法》的施行，对于防止、控制、减少和消除食品污染以及食品中有害因素对人体的危害，预防和控制食源性疾病的发生，对规范食品生产经营活动，防范食品安全事故发生，保证食品安全，保障公众身体健康和生命安全，增强食品安全监管工作的规范性、科学性和有效性，提高我国食品安全整体水平，切实维护人民群众的根本利益，具有重大而深远的意义。

#### 4.3.1.1　《食品安全法》是保障食品安全、公众身体健康和生命安全的需要

《食品安全法》体现了食品安全工作以预防为主、科学管理、明确责任、综合治理的

宗旨，规范了食品安全风险监测和风险评估制度、食品安全标准制度、食品生产经营行为的基本准则、索证索票制度、不安全食品召回制度、食品安全信息发布制度，明确各部门分工负责与统一协调相结合的食品安全监管体制，为全面加强和改进食品安全工作，实现全程监管、科学监管，提高监管成效、提升食品安全水平，提供了法律制度保障。

### 4.3.1.2 《食品安全法》是促进我国食品工业和食品贸易发展规律的需要

中国是农业大国，产品因物美价廉而畅销国外，其中一些食品本来深受欧洲各国消费者的喜爱，但因为经常出现兽药残留不符合欧盟规定而被限制出口。这种现象不仅影响了我国食品企业的发展，更是对我国名誉造成重大损失。因此，通过制定更科学有力的保障食品安全的法律，不仅是国内市场的需要，也是突破技术壁垒，进入国际市场的需要。

### 4.3.1.3 《食品安全法》是加强社会领域立法、完善我国食品安全法律制度的需要

食品安全是人民群众最关心、最直接、最现实的利益问题，关系着广大人民群众的身体健康和生命安全，制定《食品安全法》可以进一步完善我国食品安全制度法律体系，为我国市场经济健康发展提供法律保障。

## 4.3.2 《食品安全法》的主要内容

《食品安全法》制定的目的，即为保证食品安全，保障公众身体健康和生命安全，共分十章一百五十四条，主要包括总则、食品安全风险监测和评估、食品安全标准、食品生产经营、食品检验、食品进出口、食品安全事故处置、监督管理、法律责任、附则。

### 4.3.2.1 总则

在中华人民共和国境内从事下列活动，应当遵守本法：①食品生产和加工（以下称食品生产），食品流通和餐饮服务（以下称食品经营）；②食品添加剂的生产经营；③用于食品的包装材料、容器、洗涤剂、消毒剂和用于食品生产经营的工具、设备（以下称食品相关产品）的生产经营；④食品生产经营者使用食品添加剂、食品相关产品；⑤食品的贮存和运输；⑥对食品、食品添加剂和食品相关产品的安全管理。供食用的源于农业的初级产品（以下称食用农产品）的质量安全管理，遵守《中华人民共和国农产品质量安全法》的规定。但是，食用农产品的市场销售、有关质量安全标准的制定、有关安全信息的公布和本法对农业投入品作出规定的，应当遵守本法的规定。

国务院设立食品安全委员会，其工作职责由国务院规定。国务院食品药品监督管理部门对食品生产经营活动实施监督管理，国务院卫生行政部门组织开展食品安全风险监测和风险评估，会同国务院食品药品监督管理部门制定并公布食品安全国家标准。国务院其他有关部门依照本法和国务院规定的职责，承担有关食品安全工作。县级以上地方人民政府依照本法和国务院的规定，确定本级食品药品监督管理、卫生行政部门和其他有关部门的职责。有关部门在各自职责范围内负责本行政区域的食品安全监督管理工作。

县级人民政府食品药品监督管理部门可在乡镇或者特定区域设立派出机构。

食品行业协会应当加强行业自律，按照章程建立健全行业规范和奖惩机制，提供食品安全信息、技术等服务，引导和督促食品生产经营者依法生产经营，推动行业诚信建设，宣传、普及食品安全知识。

### 4.3.2.2　食品安全风险监测和评估

国家建立食品安全风险监测制度，对食源性疾病、食品污染以及食品中的有害因素进行监测。国务院卫生行政部门会同国务院食品药品监督管理、质量监督等部门，制定、实施国家食品安全风险监测计划。国务院食品药品监督管理部门和其他有关部门获知有关食品安全风险信息后，应当立即核实并向国务院卫生行政部门通报。省、自治区、直辖市人民政府卫生行政部门会同同级食品药品监督管理、质量监督等部门，根据国家食品安全风险监测计划，结合本行政区域的具体情况，制定、调整本行政区域的食品安全风险监测方案，报国务院卫生行政部门备案并实施。

承担食品安全风险监测工作的技术机构应当根据食品安全风险监测计划和监测方案开展监测工作，保证监测数据真实、准确，并按照食品安全风险监测计划和监测方案的要求报送监测数据和分析结果。食品安全风险监测工作人员有权进入相关食用农产品种植养殖、食品生产经营场所采集样品、收集相关数据。如果食品安全风险监测结果表明可能存在食品安全隐患的，县级以上人民政府卫生行政部门应当及时将相关信息通报同级食品药品监督管理等部门，并报告本级人民政府和上级人民政府卫生行政部门。食品药品监督管理等部门应当组织开展进一步调查。

国家建立食品安全风险评估制度，运用科学方法，根据食品安全风险监测信息、科学数据以及有关信息，对食品、食品添加剂、食品相关产品中生物性、化学性和物理性危害因素进行风险评估。

国务院卫生行政部门负责组织食品安全风险评估工作，成立由医学、农业、食品、营养、生物、环境等方面的专家组成的食品安全风险评估专家委员会进行食品安全风险评估。食品安全风险评估结果由国务院卫生行政部门公布。

食品安全风险评估结果是制定、修订食品安全标准和实施食品安全监督管理的科学依据。食品安全风险评估结果得出食品不安全结论的，国务院质量监督、工商行政管理和国家食品药品监督管理部门应当依据各自职责立即采取相应措施，确保该食品停止生产经营，并告知消费者停止食用；需要制定、修订相关食品安全国家标准的，国务院卫生行政部门应当立即制定、修订。

### 4.3.2.3　食品安全标准

食品安全标准是强制执行的标准。除食品安全标准外，不得制定其他的食品强制性标准。食品安全标准应当包括下列内容：①食品、食品添加剂、食品相关产品中的致病性微生物，农药残留、兽药残留、生物毒素、重金属等污染物质以及其他危害人体健康物质的限量规定；②食品添加剂的品种、使用范围、用量；③专供婴幼儿和其他特定人群的主辅食品的营养成分要求；④对与卫生、营养等食品安全要求有关的标签、标志、说明书的要求；⑤食品生产经营过程的卫生要求；⑥与食品安全有关的质量要求；⑦与食品安全有关的食品检验方法与规程；⑧其他需要制定为食品安全标准的内容。

食品安全国家标准由国务院卫生行政部门会同国务院食品药品监督管理部门制定、公布，国务院标准化行政部门提供国家标准编号。食品中农药残留、兽药残留的限量规定及其检验方法与规程由国务院卫生行政部门、国务院农业行政部门会同国务院食品药品监督管理部门制定。屠宰畜、禽的检验规程由国务院农业行政部门会同国务院卫生行政部门制定。食品安全国家标准应当经国务院卫生行政部门组织的食品安全国家标准审评委员会审查通过。食品安全国家标准审评委员会由医学、农业、食品、营养、生物、环境等方面的专家以及国务院有关部门、食品行业协会、消费者协会的代表组成，对食品安全国家标准草案的科学性和实用性等进行审查。

对地方特色食品，没有食品安全国家标准的，省、自治区、直辖市人民政府卫生行政部门可以制定并公布食品安全地方标准，报国务院卫生行政部门备案。国家鼓励食品生产企业制定严于食品安全国家标准或者地方标准的企业标准，在本企业适用，并报省、自治区、直辖市人民政府卫生行政部门备案。

### 4.3.2.4　食品生产经营

1）食品生产经营必备条件

食品生产经营应当符合食品安全标准，并符合下列要求：①具有与生产经营的食品品种、数量相适应的食品原料处理和食品加工、包装、贮存等场所，保持该场所环境整洁，并与有毒、有害场所以及其他污染源保持规定的距离；②具有与生产经营的食品品种、数量相适应的生产经营设备或者设施，有相应的消毒、更衣、盥洗、采光、照明、通风、防腐、防尘、防蝇、防鼠、防虫、洗涤以及处理废水、存放垃圾和废弃物的设备或者设施；③有专职或者兼职的食品安全专业技术人员、食品安全管理人员和保证食品安全的规章制度；④具有合理的设备布局和工艺流程，防止待加工食品与直接入口食品、原料与成品交叉污染，避免食品接触有毒物、不洁物；⑤餐具、饮具和盛放直接入口食品的容器，使用前应当洗净、消毒，炊具、用具用后应当洗净，保持清洁；⑥贮存、运输和装卸食品的容器、工具和设备应当安全、无害，保持清洁，防止食品污染，并符合保证食品安全所需的温度等特殊要求，不得将食品与有毒、有害物品一同运输；⑦直接入口的食品应当使用无毒、清洁的包装材料、餐具、饮具和容器；⑧食品生产经营人员应当保持个人卫生，生产经营食品时，应当将手洗净，穿戴清洁的工作衣、帽；⑨销售无包装的直接入口食品时，应当使用无毒、清洁的售货工具；⑩用水应当符合国家规定的生活饮用水卫生标准；⑪使用的洗涤剂、消毒剂应当对人体安全、无害；⑫法律、法规规定的其他要求。

2）禁止生产经营的食品、食品添加剂、食品相关产品

①用非食品原料生产的食品或者添加食品添加剂以外的化学物质和其他可能危害人体健康物质的食品，或者用回收食品作为原料生产的食品；②致病性微生物、农药残留、兽药残留、生物毒素、重金属、污染物质以及其他危害人体健康的物质含量超过食品安全标准限量的食品、食品添加剂、食品相关产品；③用超过保质期的食品原料、食品添

加剂生产的食品、食品添加剂；④超范围、超限量使用食品添加剂的食品；⑤营养成分不符合食品安全标准的专供婴幼儿和其他特定人群的主辅食品；⑥腐败变质、油脂酸败、霉变生虫、污秽不洁、混有异物、掺假掺杂或者感官性状异常的食品、食品添加剂；⑦病死、毒死或者死因不明的禽、畜、兽、水产动物肉类及其制品；⑧未按规定进行检疫或者检疫不合格的肉类，或者未经检验或者检验不合格的肉类制品；⑨被包装材料、容器、运输工具等污染的食品、食品添加剂；⑩标注虚假生产日期、保质期或者超过保质期的食品、食品添加剂；⑪无标签的预包装食品、食品添加剂；⑫国家为防病等特殊需要明令禁止生产经营的食品；⑬其他不符合法律、法规或者食品安全标准的食品、食品添加剂、食品相关产品。

3）生产经营许可制度

国家对食品生产经营实行许可制度。从事食品生产、食品销售、餐饮服务，应当依法取得许可。但是，销售食用农产品，不需要取得许可。

国家对食品添加剂的生产实行许可制度。从事食品添加剂生产，应当具有与所生产食品添加剂品种相适应的场所、生产设备或者设施、专业技术人员和管理制度，并依法取得食品添加剂生产许可。

4）食品安全全程追溯制度

食品生产经营者应当依照本法的规定，建立食品安全追溯体系，保证食品可追溯。国家鼓励食品生产经营者采用信息化手段采集、留存生产经营信息，建立食品安全追溯体系。国务院食品药品监督管理部门会同国务院农业行政等有关部门建立食品安全全程追溯协作机制。国家鼓励食品生产经营企业参加食品安全责任保险。

5）生产经营过程控制

（1）食品生产经营企业应当建立健全食品安全管理制度，对职工进行食品安全知识培训，加强食品检验工作，依法从事生产经营活动。企业主要负责人应当落实食品安全管理制度，对本企业食品安全工作全面负责。食品生产经营企业应当配备食品安全管理人员，加强对其培训和考核。食品药品监督管理部门应当对企业食品安全管理人员随机进行监督抽查考核并公布考核情况。

（2）食品生产经营者应当建立并执行从业人员健康管理制度。患有国务院卫生行政部门规定的有碍食品安全疾病的人员，不得从事接触直接入口食品的工作。

（3）食品生产经营者应当建立食品安全自查制度，定期对食品安全状况进行检查评价。

（4）国家鼓励食品生产经营企业符合良好生产规范要求，实施危害分析与关键控制点体系，提高食品安全管理水平。

（5）食用农产品生产者应当按照食品安全标准和国家有关规定使用农药、肥料、兽药、饲料和饲料添加剂等农业投入品，严格执行农业投入品使用安全间隔期或者休药期的规定，不得使用国家明令禁止的农业投入品。

（6）食品生产者采购食品原料、食品添加剂、食品相关产品，应当查验供货者的许可证和产品合格证明；对无法提供合格证明的食品原料，应当按照食品安全标准进行检验；不得采购或者使用不符合食品安全标准的食品原料、食品添加剂、食品相关产品。

（7）食品生产企业应当建立食品原料、食品添加剂、食品相关产品进货查验记录制度，如实记录食品原料、食品添加剂、食品相关产品的名称、规格、数量、生产日期或者生产批号、保质期、进货日期以及供货者名称、地址、联系方式等内容，并保存相关凭证。

（8）食品生产企业应当建立食品出厂检验记录制度，查验出厂食品的检验合格证和安全状况，如实记录食品的名称、规格、数量、生产日期或者生产批号、保质期、检验合格证号、销售日期以及购货者名称、地址、联系方式等内容，并保存相关凭证。

（9）食品经营企业应当建立食品进货查验记录制度，如实记录食品的名称、规格、数量、生产日期或者生产批号、保质期、进货日期以及供货者名称、地址、联系方式等内容，并保存相关凭证。

（10）网络食品交易第三方平台提供者应当对入网食品经营者进行实名登记，明确其食品安全管理责任；依法应当取得许可证的，还应当审查其许可证。

6）标签、说明书和广告

预包装食品的包装上应当有标签。标签应当标明下列事项：①名称、规格、净含量、生产日期；②成分或者配料表；③生产者的名称、地址、联系方式；④保质期；⑤产品标准代号；⑥贮存条件；⑦所使用的食品添加剂在国家标准中的通用名称；⑧生产许可证编号；⑨法律、法规或者食品安全标准规定应当标明的其他事项。专供婴幼儿和其他特定人群的主辅食品，其标签还应当标明主要营养成分及其含量。

食品经营者销售散装食品，应当在散装食品的容器、外包装上标明食品的名称、生产日期或者生产批号、保质期以及生产经营者名称、地址、联系方式等内容。生产经营转基因食品应当按照规定显著标示。

食品和食品添加剂的标签、说明书，不得含有虚假、夸大的内容，不得涉及疾病预防、治疗功能。生产者对标签、说明书上所载明的内容负责。食品经营者应当按照食品标签标示的警示标志、警示说明或者注意事项的要求，销售预包装食品。

7）特殊食品

国家对保健食品、特殊医学用途配方食品和婴幼儿配方食品等特殊食品实行严格监督管理。保健食品原料目录和允许保健食品声称的保健功能目录，由国务院食品药品监督管理部门会同国务院卫生行政部门、国家中医药管理部门制定、调整并公布。保健食品原料目录应当包括原料名称、用量及其对应的功效；列入保健食品原料目录的原料只能用于保健食品生产，不得用于其他食品生产。

使用保健食品原料目录以外原料的保健食品和首次进口的保健食品应当经国务院食品药品监督管理部门注册。依法应当注册的保健食品，注册时应当提交保健食品的研发报告、产品配方、生产工艺、安全性和保健功能评价、标签、说明书等材料及样品，并提供相关证明文件。国务院食品药品监督管理部门经组织技术审评，对符合安全和功能声称要求的，准予注册；对不符合要求的，不予注册并书面说明理由。

保健食品的标签、说明书不得涉及疾病预防、治疗功能，内容应当真实，与注册或者备案的内容相一致，载明适宜人群、不适宜人群、功效成分或者标志性成分及其含量等，并声明"本品不能代替药物"。

#### 4.3.2.5 食品检验

食品检验机构按照国家有关认证认可的规定取得资质认定后，方可从事食品检验活动。食品检验由食品检验机构指定的检验人独立进行。食品检验实行食品检验机构与检验人负责制。食品检验报告应当加盖食品检验机构公章，并有检验人的签名或者盖章。食品检验机构和检验人对出具的食品检验报告负责。食品安全监督管理部门对食品不得实施免检。食品生产经营企业可以自行对所生产的食品进行检验，也可以委托符合本法规定的食品检验机构进行检验。

#### 4.3.2.6 食品进出口

进口的食品、食品添加剂以及食品相关产品应当符合我国食品安全国家标准。进口的食品应当经出入境检验检疫机构检验合格后，海关凭出入境检验检疫机构签发的通关证明放行。进口尚无食品安全国家标准的食品，或者首次进口食品添加剂新品种、食品相关产品新品种，进口商应当向国务院卫生行政部门提出申请并提交相关的安全性评估材料。

境外发生的食品安全事件可能对我国境内造成影响，或者在进口食品中发现严重食品安全问题的，国家出入境检验检疫部门应当及时采取风险预警或者控制措施，并向国务院卫生行政、农业行政、工商行政管理和国家食品药品监督管理部门通报。

向我国境内出口食品的出口商或者代理商应当向国家出入境检验检疫部门备案。向我国境内出口食品的境外食品生产企业应当经国家出入境检验检疫部门注册。国家出入境检验检疫部门应当定期公布已经备案的出口商、代理商和已经注册的境外食品生产企业名单。

进口的预包装食品应当有中文标签、中文说明书。标签、说明书应当符合本法以及我国其他有关法律、行政法规的规定和食品安全国家标准的要求，载明食品的原产地以及境内代理商的名称、地址、联系方式。进口商应当建立食品进口和销售记录制度，如实记录食品的名称、规格、数量、生产日期、生产或者进口批号、保质期、出口商和购货者名称及联系方式、交货日期等内容。

出口的食品由出入境检验检疫机构进行监督、抽检，海关凭出入境检验检疫机构签发的通关证明放行。出口食品生产企业和出口食品原料种植、养殖场应当向国家出入境检验检疫部门备案。

国家出入境检验检疫部门应当收集、汇总进出口食品安全信息，并及时通报相关部门、机构和企业。国家出入境检验检疫部门应当建立进出口食品的进口商、出口商和出口食品生产企业的信誉记录，并予以公布。对有不良记录的进口商、出口商和出口食品生产企业，应当加强对其进出口食品的检验检疫。

#### 4.3.2.7 食品安全事故处置

国务院组织制定国家食品安全事故应急预案。县级以上地方人民政府应当根据有关法律、法规的规定和上级人民政府的食品安全事故应急预案以及本地区的实际情况，制定本行政区域的食品安全事故应急预案，并报上一级人民政府备案。食品生产经营企业应当制定食品安全事故处置方案，定期检查本企业各项食品安全防范措施的落实情况，及时消除食品安全事故隐患。

制定了食品安全事故发生的上报制度。发生食品安全事故的单位应当立即予以处置，防止事故扩大。事故发生单位和接收病人进行治疗的单位应当及时向事故发生地县级卫生行政部门报告。农业行政、质量监督、工商行政管理、食品药品监督管理部门在日常监督管理中发现食品安全事故，或者接到有关食品安全事故的举报，应当立即向卫生行政部门通报。发生重大食品安全事故的，接到报告的县级卫生行政部门应当按照规定向本级人民政府和上级人民政府卫生行政部门报告。县级人民政府和上级人民政府卫生行政部门应当按照规定上报。任何单位或者个人不得对食品安全事故隐瞒、谎报、缓报，不得毁灭有关证据。

制定食品安全事故的处理原则。县级以上卫生行政部门接到食品安全事故的报告后，应当立即会同有关农业行政、质量监督、工商行政管理、食品药品监督管理部门进行调查处理，并采取下列措施，防止或者减轻社会危害：①开展应急救援工作，对因食品安全事故导致人身伤害的人员，卫生行政部门应当立即组织救治；②封存可能导致食品安全事故的食品及其原料，并立即进行检验；对确认属于被污染的食品及其原料，责令食品生产经营者依照本法第五十三条的规定予以召回、停止经营并销毁；③封存被污染的食品用工具及用具，并责令进行清洗消毒；④做好信息发布工作，依法对食品安全事故及其处理情况进行发布，并对可能产生的危害加以解释、说明。

制定了发生重大食品安全事故的调查、流行病学调查以及问责制度。设区的市级以上人民政府卫生行政部门应当立即会同有关部门进行事故责任调查，督促有关部门履行职责，向本级人民政府提出事故责任调查处理报告。发生食品安全事故，县级以上疾病预防控制机构应当协助卫生行政部门和有关部门对事故现场进行卫生处理，并对与食品安全事故有关的因素开展流行病学调查。除了查明事故单位的责任，还应当查明负有监督管理和认证职责的监督管理部门、认证机构的工作人员失职、渎职情况。

### 4.3.2.8　监督管理

县级以上人民政府食品药品监督管理、质量监督部门根据食品安全风险监测、风险评估结果和食品安全状况等，确定监督管理的重点、方式和频次，实施风险分级管理。县级以上地方人民政府组织本级食品药品监督管理、农业行政、质量监督等部门制定本行政区域的食品安全年度监督管理计划，并按照年度计划组织开展工作；并履行各自食品安全监督管理职责，有权采取下列措施：①进入生产经营场所实施现场检查；②对生产经营的食品进行抽样检验；③查阅、复制有关合同、票据、账簿以及其他有关资料；④查封、扣押有证据证明不符合食品安全标准的食品，违法使用的食品原料、食品添加剂、食品相关产品，以及用于违法生产经营或者被污染的工具、设备；⑤查封违法从事食品生产经营活动的场所。

县级以上人民政府食品药品监督管理部门应当建立食品生产经营者食品安全信用档案，记录许可颁发、日常监督检查结果、违法行为查处等情况；根据食品安全信用档案的记录，对有不良信用记录的食品生产经营者增加监督检查频次。

　　食品生产经营过程中存在安全隐患，未及时采取措施消除的，食品药品监督管理部门可以对食品生产经营者的法定代表人或者主要负责人进行责任约谈。食品药品监督管理部门未及时发现食品安全系统性风险，未及时消除监督管理区域内的食品安全隐患的，本级人民政府可以对其主要负责人进行责任约谈。地方人民政府未履行食品安全职责，未及时消除区域性重大食品安全隐患的，上级人民政府可以对其主要负责人进行责任约谈。

　　县级以上人民政府食品药品监督管理、质量监督等部门应当公布本部门的电子邮件地址或者电话，接受咨询、投诉、举报。接到咨询、投诉、举报，对属于本部门职责的，应当受理并及时进行答复、核实、处理；对不属于本部门职责的，应当书面通知并移交有权处理的部门处理。有权处理的部门应当及时处理，不得推诿；属于食品安全事故的，依照本法第七章有关规定进行处置。对查证属实的举报，给予举报人奖励。

　　国家建立食品安全统计调查制度。国务院食品药品监督管理部门会同国务院统计主管部门建立食品安全统计指标体系，组织开展与食品安全有关的统计调查工作，保证食品安全统计数据、资料的真实、准确、完整、及时。

　　国家建立统一的食品安全信息平台，实行食品安全信息统一公布制度。下列信息由国务院食品药品监督管理部门统一公布：国家食品安全总体情况；食品安全风险警示信息；重大食品安全事故及其调查处理信息；其他由国务院确定的需要统一公布的信息。

### 4.3.2.9　法律责任

#### 1）生产经营者的责任

　　未经许可从事食品生产经营活动、食品添加剂生产活动，或者生产经营未依照本法规定注册的保健食品的，由食品药品监督管理部门没收违法所得和违法生产经营的食品、食品添加剂以及用于违法生产经营的工具、设备、原料等物品；违法生产经营的食品、食品添加剂货值金额不足一万元的，并处五万元以上十万元以下罚款；货值金额一万元以上的，并处货值金额十倍以上二十倍以下罚款。

　　违反本法规定，有下列情形之一的，由食品药品监督管理部门吊销许可证；没收违法所得、违法生产经营的食品和用于违法生产经营的工具、设备、原料等物品；违法生产经营的食品货值金额不足一万元的，并处十五万元罚款；货值金额一万元以上的，并处货值金额十五倍以上三十倍以下罚款：①用非食品原料生产食品或者在食品中添加食品添加剂以外的化学物质和其他可能危害人体健康的物质，或者用回收食品作为原料生产食品；②生产营养成分不符合食品安全标准的专供婴幼儿和其他特定人群的主辅食品。

　　违反本法规定，有下列情形之一的，由食品药品监督管理部门没收违法所得和违法生产经营的食品、食品添加剂以及用于违法生产经营的工具、设备、原料等物品；违法生产经营的食品、食品添加剂货值金额不足一万元的，并处五万元以上十万元以下罚款；货值金额一万元以上的，并处货值金额十倍以上二十倍以下罚款；情节严重的，吊销许可证：①生产经营致病性微生物、农药残留、兽药残留、重金属、生物毒素、污染物质以及其他危害人体健康的物质含量超过食品安全标准限量的食品；②经营营养成分不符合食品安全标准的专供婴幼儿和其他特定人群的主辅食品；③生产经营过程中超范围、超限量使用食品添加剂；④ 经营腐败变质、油脂酸败、霉变生虫、污秽不洁、混有异物、掺假掺杂或者感官性状异常的食品；⑤经营病死、毒死或者死因不明的禽、畜、兽、水产动物肉类，或者生产经营病死、毒死或者死因不明的禽、畜、兽、水产动物肉类的制品；⑥经营未经检疫或者检疫不合格的肉类，或者生产经营未经检验或者检验不合格的肉类制品；⑦ 生产经营标注虚假生产日期的食品、食品添加剂，或者经营超过保质期的食品、食品添加剂；⑧生产经营国家为防病等特殊需要明令禁止生产经营的食品；⑨保健食品生产企业未按照经注册或者备案的产品配方、生产工艺等技术要求组织生产；⑩以委托、贴牌、分装方式生产婴幼儿配方乳粉，或者以同一配方生产不同品牌的婴幼儿配方乳粉；⑪餐饮服务提供者未依照本法第五十四条第二款规定检查待加工的食品及原料，或者发现有腐败变质或者其他感官性状异常仍加工、使用；⑫利用新的食品原料从事食品生产或者从事食品添加剂新品种生产，未经过安全性评估；⑬生产经营不符合食品安全标准的食品添加剂；⑭食品生产经营者在食品药品监督管理部门依照本法第七十五条第五款规定责令其召回或者停止经营后，仍拒不召回或者停止经营。从事食品相关产品新品种生产，未经过安全性评估的，由县级以上人民政府质量监督部门依照前款的规定给予处罚。

其他违法情形不再一一列出，总之修订后食品安全法条款清晰，且处罚更为严历。

2）地方人民政府和有关部门的责任

县级以上地方人民政府有下列行为之一的，对直接负责的主管人员和其他直接责任人员给予警告、记过或者记大过处分；造成严重后果的，给予降级或者撤职处分：①未建立健全食品安全全程监督管理工作机制，或者未按照财政预算及时、足额拨付食品安全工作经费；②未明确本级人民政府有关部门的食品安全监督管理职责，未完善、落实食品安全监督管理责任制，或者未对食品药品监督管理等部门的食品安全工作进行评议、考核；③未制定本行政区域的食品安全事故应急预案，或者发生重大食品安全事故后未立即成立食品安全事故处置指挥机构、启动应急预案；④未制定本行政区域的食品安全年度监督管理计划。

政府相关部分及负责人若有过失或渎职等违法行为，予以相应处罚。

3）其他机构和人员的责任

违反本法规定，承担食品安全风险监测、风险评估工作的技术机构、技术人员出具虚假监测、评估报告的，依法对技术机构直接负责的主管人员和技术人员给予降低岗位等级或者撤职、开除的处分；有执业资格的，由授予其资格的主管部门吊销执业证书。

违反本法规定，食品检验机构、食品检验人员出具虚假检验报告的，由授予其资质的主管部门或者机构撤销该检验机构的检验资质，没收所收取的检验费用，并处检验费用五倍以上十倍以下罚款，检验费用不足一万元的，并处五万元以上十万元以下罚款；依法对检验机构直接负责的主管人员和食品检验人员给予撤职或者开除的处分；导致发生重大食品安全事故的，对机构直接负责的主管人员和食品检验人员给予开除处分。食品检验人员、认证机构工作人员违反本法规定，出具虚假检验、认证报告，构成提供虚假证明文件罪的，依照刑法的有关规定追究刑事责任。

违反本法规定，在广告中对食品作虚假宣传，欺骗消费者，或者发布未取得批准文件、广告内容与批准文件不一致的保健食品广告的，依照《中华人民共和国广告法》的规定给予处罚。

违反本法规定，编造、散布食品安全虚假信息，构成违反治安管理行为的，由公安机关依法给予治安管理处罚；构成犯罪的，依法追究刑事责任。

### 4.3.2.10　附则

食品生产经营者在本法施行前已经取得相应许可证的，该许可证继续有效。乳品、转基因食品、生猪屠宰、酒类和食盐的食品安全管理，适用本法。铁路运营中食品安全的管理办法由国务院卫生行政部门会同国务院有关部门依照本法制定。军队专用和自供食品的食品安全管理办法由中央军事委员会依照本法制定。

## 4.3.3　《中华人民共和国食品安全法实施条例》

《中华人民共和国食品安全法实施条例》（国务院令第 557 号）已经于 2009 年 7 月 8 日国务院第 73 次常务会议通过，2009 年 7 月 20 日起公布并施行。该实施条例共分十章六十四条，主要包括总则、食品安全风险监测和评估、食品安全标准、食品生产经营、食品检验、食品进出口、食品安全事故处置、监督管理、法律责任、附则。

### 4.3.3.1　总则

食品生产经营者应当依照法律、法规和食品安全标准从事生产经营活动，建立健全食品安全管理制度，采取有效管理措施，保证食品安全。食品生产经营者对其生产经营的食品安全负责，对社会和公众负责，承担社会责任。食品药品监督管理部门应当依照食品安全法和本条例的规定公布食品安全信息，为公众咨询、投诉、举报提供方便；任何组织和个人有权向有关部门了解食品安全信息。

### 4.3.3.2　食品安全风险监测和评估

由国务院卫生行政部门会同国务院质量监督、工商行政管理和国家食品药品监督管理以及国务院商务、工业和信息化等部门，根据食品安全风险评估、食品安全标准制定与修订、食品安全监督管理等工作的需要制定国家食品安全风险监测计划。

省、自治区、直辖市人民政府卫生行政部门应当组织同级质量监督、工商行政管理、食品药品监督管理、商务、工业和信息化等部门，制定、实施本行政区域的食品安全风险监测方案，报国务院卫生行政部门备案。国务院卫生行政部门应当将备案情况向国务院质量监督、工商行政管理和国家食品药品监督管理以及国务院商务、工业和信息化等部门通报。

国务院卫生行政部门会同有关部门除对国家食品安全风险监测计划作出调整外，必要时，还应当依据医疗机构报告的有关疾病信息调整国家食品安全风险监测计划。国家食品安全风险监测计划作出调整后，省、自治区、直辖市人民政府卫生行政部门应当结合本行政区域的具体情况，对本行政区域的食品安全风险监测方案作出相应调整。

医疗机构发现其接收的病人属于食源性疾病病人、食物中毒病人，或者疑似食源性疾病病人、疑似食物中毒病人的，应当及时向所在地县级人民政府卫生行政部门报告有关疾病信息。接到报告的卫生行政部门应当汇总、分析有关疾病信息，及时向本级人民政府报告，同时报告上级卫生行政部门；必要时，可以直接向国务院卫生行政部门报告，同时报告本级人民政府和上级卫生行政部门。

食品安全风险监测工作由省级以上人民政府卫生行政部门会同同级质量监督、工商行政管理、食品药品监督管理等部门确定的技术机构承担。承担食品安全风险监测工作的技术机构应当根据食品安全风险监测计划和监测方案开展监测工作，保证监测数据真实、准确，并按照食品安全风险监测计划和监测方案的要求，将监测数据和分析结果报送省级以上人民政府卫生行政部门和下达监测任务的部门。食品安全风险监测工作人员采集样品、收集相关数据，可以进入相关食用农产品种植养殖、食品生产、食品流通或者餐饮服务场所。采集样品，应当按照市场价格支付费用。

食品安全风险监测分析结果表明可能存在食品安全隐患的，省、自治区、直辖市人民政府卫生行政部门应当及时将相关信息通报本行政区域设区的市级和县级人民政府及其卫生行政部门。

国务院卫生行政部门应当收集、汇总食品安全风险监测数据和分析结果，并向国务院质量监督、工商行政管理和国家食品药品监督管理以及国务院商务、工业和信息化等部门通报。

有下列情形之一的，国务院卫生行政部门应当组织食品安全风险评估工作：为制定或者修订食品安全国家标准提供科学依据需要进行风险评估的；为确定监督管理的重点领域、重点品种需要进行风险评估的；发现新的可能危害食品安全的因素的；需要判断某一因素是否构成食品安全隐患的；国务院卫生行政部门认为需要进行风险评估的其他情形。

国务院农业行政、质量监督、工商行政管理和国家食品药品监督管理等有关部门向国务院卫生行政部门提出食品安全风险评估建议，应当提供下列信息和资料：①风险的来源和性质；②相关检验数据和结论；③风险涉及范围；④其他有关信息和资料。

省级以上人民政府卫生行政、农业行政部门应当及时相互通报食品安全风险监测和食用农产品质量安全风险监测的相关信息。国务院卫生行政、农业行政部门应当及时相互通报食品安全风险评估结果和食用农产品质量安全风险评估结果等相关信息。

### 4.3.3.3　食品安全标准

国务院卫生行政部门会同国务院农业行政、质量监督、工商行政管理和国家食品药品监督管理以及国务院商务、工业和信息化等部门制定食品安全国家标准规划及其实施计划。

国务院卫生行政部门应当选择具备相应技术能力的单位起草食品安全国家标准草案。提倡由研究机构、教育机构、学术团体、行业协会等单位，共同起草食品安全国家标准草案。国务院卫生行政部门应当将食品安全国家标准草案向社会公布，公开征求意见。

食品安全国家标准审评委员会由国务院卫生行政部门负责组织。食品安全国家标准审评委员会负责审查食品安全国家标准草案的科学性和实用性等内容。

省、自治区、直辖市人民政府卫生行政部门应当将企业报送备案的企业标准，向同级农业行政、质量监督、工商行政管理、食品药品监督管理、商务、工业和信息化等部门通报。

国务院卫生行政部门和省、自治区、直辖市人民政府卫生行政部门应当会同同级农业行政、质量监督、工商行政管理、食品药品监督管理、商务、工业和信息化等部门，对食品安全国家标准和食品安全地方标准的执行情况分别进行跟踪评价，并应当根据评价结果适时组织修订食品安全标准。国务院和省、自治区、直辖市人民政府的农业行政、质量监督、工商行政管理、食品药品监督管理、商务、工业和信息化等部门应当收集、汇总食品安全标准在执行过程中存在的问题，并及时向同级卫生行政部门通报。食品生产经营者、食品行业协会发现食品安全标准在执行过程中存在问题的，应当立即向食品安全监督管理部门报告。

### 4.3.3.4　食品生产经营

设立食品生产企业，应当预先核准企业名称，依照食品安全法的规定取得食品生产许可后，办理工商登记。县级以上质量监督管理部门依照有关法律、行政法规规定审核相关资料、核查生产场所、检验相关产品；对相关资料、场所符合规定要求以及相关产品符合食品安全标准或者要求的，应当作出准予许可的决定。其他食品生产经营者应当在依法取得相应的食品生产许可、食品流通许可、餐饮服务许可后，办理工商登记。食品生产许可、食品流通许可和餐饮服务许可的有效期为3年。

食品生产经营者的生产经营条件发生变化，不符合食品生产经营要求的，食品生产经营者应当立即采取整改措施；有发生食品安全事故的潜在风险的，应当立即停止食品生产经营活动，并向所在地县级质量监督、工商行政管理或者食品药品监督管理部门报告；需要重新办理许可手续的，应当依法办理。县级以上质量监督、工商行政管理、食品药品监督管理部门应当加强对食品生产经营者生产经营活动的日常监督检查；发现不符合食品生产经营要求情形的，应当责令立即纠正，并依法予以处理；不再符合生产经营许可条件的，应当依法撤销相关许可。

食品生产经营企业应当组织职工参加食品安全知识培训，学习食品安全法律、法规、规章、标准和其他食品安全知识，并建立培训档案。

食品生产经营者应当建立并执行从业人员健康检查制度和健康档案制度。从事接触直接入口食品工作的人员患有痢疾、伤寒、甲型病毒性肝炎、戊型病毒性肝炎等消化道传染病，以及患有活动性肺结核、化脓性或者渗出性皮肤病等有碍食品安全的疾病的，食品生产经营者应当将其调整到其他不影响食品安全的工作岗位。

食品生产经营企业应当建立进货查验记录制度、食品出厂检验记录制度，如实记录法律规定记录的事项，或者保留载有相关信息的进货或者销售票据。

实行集中统一采购原料的集团性食品生产企业，可以由企业总部统一查验供货者的许可证和产品合格证明文件，进行进货查验记录；对无法提供合格证明文件的食品原料，应当依照食品安全标准进行检验。

食品生产企业应当建立并执行原料验收、生产过程安全管理、贮存管理、设备管理、不合格产品管理等食品安全管理制度，不断完善食品安全保障体系，保证食品安全。食品生产企业应当就下列事项制定并实施控制要求，保证出厂的食品符合食品安全标准：①原料采购、原料验收、投料等原料控制；②生产工序、设备、贮存、包装等生产关键环节控制；③原料检验、半成品检验、成品出厂检验等检验控制；④运输、交付控制。食品生产过程中有不符合控制要求情形的，食品生产企业应当立即查明原因并采取整改措施。食品生产企业要进行进货查验记录和食品出厂检验记录，还应当如实记录食品生产过程的安全管理情况。

从事食品批发业务的经营企业销售食品，应当如实记录批发食品的名称、规格、数量、生产批号、保质期、购货者名称及联系方式、销售日期等内容，或者保留载有相关信息的销售票据。

餐饮服务提供者应当制定并实施原料采购控制要求，确保所购原料符合食品安全标准；在制作加工过程中应当检查待加工的食品及原料，发现有腐败变质或者其他感官性状异常的，不得加工或者使用。餐饮服务提供企业应当定期维护食品加工、贮存、陈列等设施、设备；定期清洗、校验保温设施及冷藏、冷冻设施。餐饮服务提供者应当按照要求对餐具、饮具进行清洗、消毒，不得使用未经清洗和消毒的餐具、饮具。

对被召回的食品，食品生产者应当进行无害化处理或者予以销毁，防止其再次流入市场。对因标签、标识或者说明书不符合食品安全标准而被召回的食品，食品生产者在采取补救措施且能保证食品安全的情况下可以继续销售；销售时应当向消费者明示补救措施。县级以上质量监督、工商行政管理、食品药品监督管理部门应当将食品生产者召回不符合食品安全标准的食品的情况，以及食品经营者停止经营不符合食品安全标准的食品的情况，记入食品生产经营者食品安全信用档案。

### 4.3.3.5　食品检验

申请人向承担复检工作的食品检验机构（以下称复检机构）申请复检，应当说明理由。复检机构名录由国务院认证认可监督管理、卫生行政、农业行政等部门共同公布。复检机构出具的复检结论为最终检验结论。复检机构由复检申请人自行选择。复检机构与初检机构不得为同一机构。

食品生产经营者对抽样检验结论有异议申请复检，复检结论表明食品合格的，复检费用由抽样检验的部门承担；复检结论表明食品不合格的，复检费用由食品生产经营者承担。

### 4.3.3.6　食品进出口

进口食品的进口商应当持合同、发票、装箱单、提单等必要的凭证和相关批准文件，向海关报关地的出入境检验检疫机构报检。进口食品应当经出入境检验检疫机构检验合格。海关凭出入境检验检疫机构签发的通关证明放行。进口尚无食品安全国家标准的食品，或者首次进口食品添加剂新品种、食品相关产品新品种，进口商应当向出入境检验检疫机构提交取得的许可证明文件，出入境检验检疫机构应当按照国务院卫生行政部门的要求进行检验。国家出入境检验检疫部门在进口食品中发现食品安全国家标准未规定且可能危害人体健康的物质，应当向国务院卫生行政部门通报。

向我国境内出口食品的境外食品生产企业应进行注册，其注册有效期为4年。已经注册的境外食品生产企业提供虚假材料，或者因境外食品生产企业的原因致使相关进口食品发生重大食品安全事故的，国家出入境检验检疫部门应当撤销注册，并予以公告。

进口的食品添加剂应当有中文标签、中文说明书。标签、说明书应当符合食品安全法和我国其他有关法律、行政法规的规定以及食品安全国家标准的要求，载明食品添加剂的原产地和境内代理商的名称、地址、联系方式。食品添加剂没有中文标签、中文说明书或者标签、说明书不符合本条规定的，不得进口。

出入境检验检疫机构对进口食品实施检验，对出口食品实施监督、抽检，具体办法由国家出入境检验检疫部门制定。

国家出入境检验检疫部门应当建立信息收集网络，收集、汇总、通报下列信息：①出入境检验检疫机构对进出口食品实施检验检疫发现的食品安全信息；②行业协会、消费者反映的进口食品安全信息；③国际组织、境外政府机构发布的食品安全信息、风险预警信息，以及境外行业协会等组织、消费者反映的食品安全信息；④其他食品安全信息。接到通报的部门必要时应当采取相应处理措施。食品安全监督管理部门应当及时将获知的涉及进出口食品安全的信息向国家出入境检验检疫部门通报。

### 4.3.3.7　食品安全事故处置

发生食品安全事故的单位对导致或者可能导致食品安全事故的食品及原料、工具、设备等，应当立即采取封存等控制措施，并自事故发生之时起2小时内向所在地县级人民政府卫生行政部门报告。

调查食品安全事故，应当坚持实事求是、尊重科学的原则，及时、准确查清事故性质和原因，认定事故责任，提出整改措施。参与食品安全事故调查的部门有权向有关单位和个人了解与事故有关的情况，并要求提供相关资料和样品。有关单位和个人应当配合食品安全事故调查处理工作，按照要求提供相关资料和样品，不得拒绝。任何单位或者个人不得阻挠、干涉食品安全事故的调查处理。

### 4.3.3.8　监督管理

县级以上地方人民政府制定的食品安全年度监督管理计划，应当包含食品抽样检验的内容。对专供婴幼儿、老年人、病人等特定人群的主辅食品，应当重点加强抽样检验。县级以上农业行政、质量监督、工商行政管理、食品药品监督管理部门应当按照食品安全年度监督管理计划进行抽样检验。抽样检验购买样品所需费用和检验费等，由同级财政列支。

县级人民政府应当统一组织、协调本级卫生行政、农业行政、质量监督、工商行政管理、食品药品监督管理部门，依法对本行政区域内的食品生产经营者进行监督管理；对发生食品安全事故风险较高的食品生产经营者，应当重点加强监督管理。在国务院卫生行政部门公布食品安全风险警示信息，或者接到所在地省、自治区、直辖市人民政府卫生行政部门通报的食品安全风险监测信息后，设区的市级和县级人民政府应当立即组织本级卫生行政、农业行政、质量监督、工商行政管理、食品药品监督管理部门采取有针对性的措施，防止发生食品安全事故。

国务院卫生行政部门应当根据疾病信息和监督管理信息等，对发现的添加或者可能添加到食品中的非食品用化学物质和其他可能危害人体健康的物质的名录及检测方法予以公布；国务院质量监督、工商行政管理和国家食品药品监督管理部门应当采用这 3 个监督管理部门认定的快速检测方法对食品进行初步筛查；对初步筛查结果表明可能不符合食品安全标准的食品，应当进行复检。初步筛查结果不得作为执法依据。

食品安全日常监督管理信息包括：①依照食品安全法实施行政许可的情况；②责令停止生产经营的食品、食品添加剂、食品相关产品的名录；③查处食品生产经营违法行为的情况；④专项检查整治工作情况；⑤法律、行政法规规定的其他食品安全日常监督管理信息。食品安全监督管理部门公布信息，应当同时对有关食品可能产生的危害进行解释、说明。

卫生行政、农业行政、质量监督、工商行政管理、食品药品监督管理等部门应当公布本单位的电子邮件地址或者电话，接受咨询、投诉、举报。

### 4.3.3.9　法律责任

食品生产经营者、餐饮服务提供者、食品生产企业未依照本条例相关规定，给予处罚。进口不符本条例规定的食品添加剂的，给予处罚。医疗机构未报告有关疾病信息的，由卫生行政部门责令改正，给予警告。发生食品安全事故的单位未采取措施并报告的，给予处罚。

县级以上地方人民政府不履行食品安全监督管理法定职责，本行政区域出现重大食品安全事故、造成严重社会影响的，依法对直接负责的主管人员和其他直接责任人员给予记大过、降级、撤职或者开除的处分。县级以上卫生行政、农业行政、质量监督、工商行政管理、食品药品监督管理部门或者其他有关行政部门不履行食品安全监督管理法定职责、日常监督检查不到位或者滥用职权、玩忽职守、徇私舞弊的，依法对直接负责的主管人员和其他直接责任人员给予记大过或者降级的处分；造成严重后果的，给予撤职或者开除的处分；其主要负责人应当引咎辞职。

### 4.3.3.10　附则

国境口岸食品的监督管理由出入境检验检疫机构依照食品安全法和本条例以及有关法律、行政法规的规定实施。食品药品监督管理部门对声称具有特定保健功能的食品实行严格监管，具体办法由国务院另行制定。

## 4.4　《中华人民共和国农产品质量安全法》

《中华人民共和国农产品质量安全法》（以下简称《农产品质量安全法》）于 2005 年 10 月 22 日由国务院审议通过并提请全国人大审议，经过短短半年时间，全国人大常务委员会经过三次审议，于 2006 年 4 月 29 日第十届全国人民代表大会常务委员会第二十一次会议通过，胡锦涛于同日以第四十九号主席令颁布，自 2006 年 11 月 1 日起施行。

## 4.4.1　《农产品质量安全法》的立法意义

人们每天消费的食物，有相当大的部分是直接来源于农业的初级产品，即农产品。农产品的质量安全状况如何，直接关系着人民群众的身体健康乃至生命安全。农产品质量安全问题被称之为社会四大问题之一（人口、资源、环境、安全）。农产品的农（兽）药残留及有害物质超标；食物中毒事件不断发生，食品质量问题近年居消费者投诉之首。近年来全球有数亿人因为摄入污染的食品和饮用水而生病。中国每年食物中毒报告例数为 2 万～4 万人，专家估计每年实际食物中毒例数在 20 万～40 万人；2004 年卫生部通报的 381 起重大食物中毒事件中，由有毒动植物引起的有 140 起，占 37％，中毒 1466 人。2004、2005 年贵州省食物中毒分别为 5303 人、2519 人，死亡 72 人、33 人，其中 2005 年由有毒动植物引起的中毒 733 人，死亡 4 人；农药及化学物引起的分别为 155 人、20 人。全国人大常委会虽已制定了食品卫生法和产品质量法，但食品卫生法不调整种植业养殖业等农业生产活动；产品质量法只适用于经过加工、制作的产品，不适用于未经加工、制作的农业初级产品。为了从源头上保障农产品质量安全，维护公众的身体健康，促进农业和农村经济的发展，有必要制定专门的农产品质量安全法。2006 年《农产品质量安全法》颁布，这是关系"三农"乃至整个经济社会长远发展的一件大事，具有十分重大而深远的影响和划时代的意义。

## 4.4.2　《农产品质量安全法》的主要内容

《农产品质量安全法》调整的范围包括三个方面的内涵：一是关于调整的产品范围问题，本法所指农产品是指来源于农业的初级产品，即在农业活动中获得的植物、动物、微生物及其产品；二是关于调整的行为主体问题，既包括农产品的生产者和销售者，也包括农产品质量安全管理者和相应的检测技术机构和人员等；三是关于调整的管理环节问题，既包括产地环境、农业投入品的科学合理使用、农产品生产和产后处理的标准化管理，也包括农产品的包装、标识、标志和市场准入管理。可以说，《农产品质量安全法》对涉及农产品质量安全的方方面面都进行了相应的规范，调整的对象全面、具体，符合中国的国情和农情。

《农产品质量安全法》制定的目的，即为保障农产品质量安全，维护公众健康，促进农业和农村经济发展，制定本法。共分八章五十六条，主要包括总则、农产品质量安全标准、农产品产地、农产品生产、农产品包装和标识、监督检查、法律责任和附则。

### 4.4.2.1　总则

农产品定义，即来源于农业的初级产品，即在农业活动中获得的植物、动物、微生物及其产品。本法所称农产品质量安全，是指农产品质量符合保障人的健康、安全的要求。对农产品质量安全的内涵，法律的实施主体，经费投入，农产品质量安全风险评估、风险管理和风险交流，农产品质量安全信息发布，安全优质农产品生产，公众质量安全教育等方面作出了规定。

#### 4.4.2.2　农产品质量安全标准

农产品质量安全标准是强制性的技术规范。制定农产品质量安全标准应当充分考虑农产品质量安全风险评估结果，并听取农产品生产者、销售者和消费者的意见，保障消费安全。

#### 4.4.2.3　农产品产地

1）农产品产地

县级以上地方人民政府农业行政主管部门按照保障农产品质量安全的要求，根据农产品品种特性和生产区域大气、土壤、水体中有毒有害物质状况等因素，认为不适宜特定农产品生产的，提出禁止生产的区域，报本级人民政府批准后公布。具体办法由国务院农业行政主管部门与国务院环境保护行政主管部门制定。农产品禁止生产区域的调整，依照前款规定的程序办理。

2）农产品产地建设

县级以上人民政府应当采取措施，加强农产品基地建设，改善农产品的生产条件。县级以上人民政府农业行政主管部门应当采取措施，推进保障农产品质量安全的标准化生产综合示范区、示范农场、养殖小区和无规定动植物疫病区的建设。

3）农产品环境及生产资料

禁止在有毒有害物质超过规定标准的区域生产、捕捞、采集食用农产品和建立农产品生产基地。禁止违反法律、法规的规定向农产品产地排放或者倾倒废水、废气、固体废物或者其他有毒有害物质。农业生产用水和用作肥料的固体废物，应当符合国家规定的标准。农产品生产者应当合理使用化肥、农药、兽药、农用薄膜等化工产品，防止对农产品产地造成污染。

#### 4.4.2.4　农产品生产

国务院农业行政主管部门和省、自治区、直辖市人民政府农业行政主管部门应当制定保障农产品质量安全的生产技术要求和操作规程。县级以上人民政府农业行政主管部门应当加强对农产品生产的指导。

规定了影响农产品质量安全的生产资料的使用、监督管理及农产品生产记录。对可能影响农产品质量安全的农药、兽药、饲料和饲料添加剂、肥料、兽医器械，依照有关法律、行政法规的规定实行许可制度。国务院农业行政主管部门和省、自治区、直辖市人民政府农业行政主管部门应当定期对可能危及农产品质量安全的农药、兽药、饲料和饲料添加剂、肥料等农业投入品进行监督抽查，并公布抽查结果。县级以上人民政府农业行政主管部门应当加强对农业投入品使用的管理和指导，建立健全农业投入品的安全使用制度。农产品生产企业和农民专业合作经济组织应当建立农产品生产记录，如实记载生产事项，农产品生产记录应当保存二年。禁止伪造农产品生产记录。国家鼓励其他农产品生产者建立农产品生产记录。农产品生产者应当按照法律、行政法规和国务院农业行政主管部门的规定，合理使用农业投入品，严格执行农业投入品使用安全间隔期或者休药期的规定，防止危及农产品质量安全。禁止在农产品生产过程中使用国家明令禁止使用的农业投入品。

### 4.4.2.5　农产品包装和标识

农产品生产企业、农民专业合作经济组织以及从事农产品收购的单位或者个人销售的农产品，按照规定应当包装或者附加标识的，须经包装或者附加标识后方可销售。包装物或者标识上应当按照规定标明产品的品名、产地、生产者、生产日期、保质期、产品质量等级等内容；使用添加剂的，还应当按照规定标明添加剂的名称。

农产品在包装、保鲜、贮存、运输中所使用的保鲜剂、防腐剂、添加剂等材料，应当符合国家有关强制性的技术规范。

属于农业转基因生物的农产品，应当按照农业转基因生物安全管理的有关规定进行标识。

需要实施检疫的动植物及其产品作了规定。依法需要实施检疫的动植物及其产品，应当附具检疫合格标志、检疫合格证明。

销售的农产品必须符合农产品质量安全标准，生产者可以申请使用无公害农产品标志。农产品质量符合国家规定的有关优质农产品标准的，生产者可以申请使用相应的农产品质量标志。禁止冒用前款规定的农产品质量标志。

### 4.4.2.6　监督检查

**1）农产品生产经营的禁令性规定**

有下列情形之一的农产品，不得销售：含有国家禁止使用的农药、兽药或者其他化学物质的；农药、兽药等化学物质残留或者含有的重金属等有毒有害物质不符合农产品质量安全标准的；含有的致病性寄生虫、微生物或者生物毒素不符合农产品质量安全标准的；使用的保鲜剂、防腐剂、添加剂等材料不符合国家有关强制性的技术规范的；其他不符合农产品质量安全标准的。

**2）国家建立农产品质量安全监测制度**

县级以上人民政府农业行政主管部门应当按照保障农产品质量安全的要求，制定并组织实施农产品质量安全监测计划，对生产中或者市场上销售的农产品进行监督抽查。监督抽查结果由国务院农业行政主管部门或者省、自治区、直辖市人民政府农业行政主管部门监督抽查检测应当委托符合本法规定条件的农产品质量安全检测机构进行，不得向被抽查人收取费用，抽取的样品不得超过国务院农业行政主管部门规定的数量。上级农业行政主管部门监督抽查的农产品，下级农业行政主管部门不得另行重复抽查。

**3）农产品质量安全检测机构资质规定**

农产品质量安全检测应当充分利用现有的符合条件的检测机构。从事农产品质量安全检测的机构，必须具备相应的检测条件和能力，由省级以上人民政府农业行政主管部门或者其授权的部门考核合格。具体办法由国务院农业行政主管部门制定。农产品质量安全检测机构应当依法经计量认证合格。

**4）检测机构社会监督**

农产品生产者、销售者对监督抽查检测结果有异议的，可以自收到检测结果之日起五日内，向组织实施农产品质量安全监督抽查的农业行政主管部门或者其上级农业行政主管部门申请复检。采用国务院农业行政主管部门会同有关部门认定的快速检测方法进行农产品质量安全监督抽查检测，被抽查人对检测结果有异议的，可以自收到检测结果时起四小时内申请复检。复检不得采用快速检测方法。因检测结果错误给当事人造成损害的，依法承担赔偿责任。

农产品批发市场应当设立或者委托农产品质量安全检测机构，对进场销售的农产品质量安全状况进行抽查检测；发现不符合农产品质量安全标准的，应当要求销售者立即停止销售，并向农业行政主管部门报告。农产品销售企业对其销售的农产品，应当建立健全进货检查验收制度；经查验不符合农产品质量安全标准的，不得销售。

5）农产品质量安全进行社会监督

任何单位和个人都有权对违反本法的行为进行检举、揭发和控告。有关部门收到相关的检举、揭发和控告后，应当及时处理。

6）农产品质量安全监督检查、农产品质量安全事故

发生农产品质量安全事故时，有关单位和个人应当采取控制措施，及时向所在地乡级人民政府和县级人民政府农业行政主管部门报告；收到报告的机关应当及时处理并报上一级人民政府和有关部门。发生重大农产品质量安全事故时，农业行政主管部门应当及时通报同级食品药品监督管理部门。

进口的农产品必须按照国家规定的农产品质量安全标准进行检验；尚未制定有关农产品质量安全标准的，应当依法及时制定，未制定之前，可以参照国家有关部门指定的国外有关标准进行检验。

### 4.4.2.7　法律责任

对各种违反《农产品质量安全法》所应承担的法律责任作出了明确的规定，根据违法情节的轻重分别给予行政处分、罚款、撤销其检测资格、赔偿等，直至依法追究刑事责任。

### 4.4.2.8　附则

规定生猪屠宰的管理按照国家有关规定执行。

## 4.5　《产品质量法》及《标准化法》

### 4.5.1　《中华人民共和国产品质量法》的立法意义及主要内容

1993 年 2 月 22 日第七届全国人民代表大会常务委员会第三十次会议通过《中华人民共和国产品质量法》，2000 年 7 月 8 日第九届全国人民代表大会常务委员会第十六次会议通过"关于修改《中华人民共和国产品质量法》的决定"。修改新增条文 25 条，修改原有条文 20 条，删去原有条文 2 条，使产品质量法从原有的 51 条增至现行的 74 条。《产

品质量法》的修改幅度比较大，是在发展中根据新的情况、新的要求充实完善产品质量法律制度，当然也包括在许多重要方面确立了新的规范。

我国产品质量法作为一种法律规范，其基本框架主要由三类法规构成：一是产品质量基本法，即《产品质量法》，适用于经加工、制作，但不用于销售的产品以及天然物品。其规定的基本内容为产品质量监督管理和产品制裁量责任；二是基本法的配套法规。如《关于惩治生产、销售假冒伪劣产品的决定》、《中华人民共和国产品质量认证管理条例》及其实施办法、《产品质量监督试行办法》等；三是其他法律法规中有关产品质量的规定，如《中华人民共和国标准化法》中有关质量标准的规定等。

### 4.5.1.1　《中华人民共和国产品质量法》的立法意义

《中华人民共和国产品质量法》制定的目的是为了加强对产品质量的监督管理，提高产品质量水平，明确产品质量责任，保护消费者的合法权益，维护社会经济秩序。

### 4.5.1.2　《中华人民共和国产品质量法》主要内容

《中华人民共和国产品质量法》共六章七十四条，主要有总则、产品质量的监督、生产者、销售者的产品质量责任和义务、损害赔偿、罚则。

1) *产品质量的监督*

(1) 产品质量应当检验合格，不得以不合格产品冒充合格产品。

(2) 国家根据国际通用的质量管理标准，推行企业质量体系认证制度。

(3) 国家对产品质量实行以抽查为主要方式的监督检查制度，对可能危及人体健康和人身、财产安全的产品，影响国计民生的重要工业产品以及消费者、有关组织反映有质量问题的产品进行抽查。抽查的样品应当在市场上或者企业成品仓库内的待销产品中随机抽取。生产者、销售者对抽查检验的结果有异议的，可以自收到检验结果之日起十五日内向实施监督抽查的产品质量监督部门或者其上级产品质量监督部门申请复检，由受理复检的产品质量监督部门作出复检结论。

(4) 依照本法规定进行监督抽查的产品质量不合格的，由实施监督抽查的产品质量监督部门责令其生产者、销售者限期改正。逾期不改正的，由省级以上人民政府产品质量监督部门予以公告；公告后经复查仍不合格的，责令停业，限期整顿；整顿期满后经复查产品质量仍不合格的，吊销营业执照。监督抽查的产品有严重质量问题的，依照本法第五章的有关规定处罚。

(5) 县级以上产品质量监督部门根据已经取得的违法嫌疑证据或者举报，对涉嫌违反本法规定的行为进行查处时，可以行使下列职权：对当事人涉嫌从事违反本法的生产、销售活动的场所实施现场检查；向当事人的法定代表人、主要负责人和其他有关人员调查、了解与涉嫌从事违反本法的生产、销售活动有关的情况；查阅、复制当事人有关的合同、发票、账簿以及其他有关资料；对有根据认为不符合保障人体健康和人身、财产安全的国家标准、行业标准的产品或者有其他严重质量问题的产品，以及直接用于生产、销售该项产品的原辅材料、包装物、生产工具，予以查封或者扣押。

(6) 产品质量检验机构必须具备相应的检测条件和能力，经省级以上人民政府产品质量监督部门或者其授权的部门考核合格后，方可承担产品质量检验工作。

（7）消费者有权就产品质量问题，向产品的生产者、销售者查询；向产品质量监督部门、工商行政管理部门及有关部门申诉，接受申诉的部门应当负责处理。

（8）国务院和省、自治区、直辖市人民政府的产品质量监督部门应当定期发布其监督抽查的产品的质量状况公告。

（9）产品质量监督部门或者其他国家机关以及产品质量检验机构不得向社会推荐生产者的产品；不得以对产品进行监制、监销等方式参与产品经营活动。

2）生产者、销售者的产品质量责任和义务

（1）生产者的产品质量责任和义务。

生产者应当对其生产的产品质量负责。产品质量应当符合下列要求：不存在危及人身、财产安全的不合理的危险，有保障人体健康和人身、财产安全的国家标准、行业标准的，应当符合该标准；具备产品应当具备的使用性能，但是，对产品存在使用性能的瑕疵作出说明的除外；符合在产品或者其包装上注明采用的产品标准，符合以产品说明、实物样品等方式表明的质量状况。

产品或者其包装上的标识必须真实，并符合下列要求：有产品质量检验合格证明；有中文标明的产品名称、生产厂厂名和厂址；根据产品的特点和使用要求，需要标明产品规格、等级、所含主要成分的名称和含量的，用中文相应予以标明；需要事先让消费者知晓的，应当在外包装上标明，或者预先向消费者提供有关资料；限期使用的产品，应当在显著位置清晰地标明生产日期和安全使用期或者失效日期；使用不当，容易造成产品本身损坏或者可能危及人身、财产安全的产品，应当有警示标志或者中文警示说明。

易碎、易燃、易爆、有毒、有腐蚀性、有放射性等危险物品以及储运中不能倒置和其他有特殊要求的产品，其包装质量必须符合相应要求，依照国家有关规定作出警示标志或者中文警示说明，标明储运注意事项。

生产者生产产品，不得掺杂、掺假，不得以假充真、以次充好，不得以不合格产品冒充合格产品。

（2）销售者的产品质量责任和义务。

销售者应当建立并执行进货检查验收制度，验明产品合格证明和其他标识。并采取适当的保藏措施，保持销售产品的质量。销售者不得伪造产地，不得伪造或者冒用他人的厂名、厂址。销售者销售产品，不得掺杂、掺假，不得以假充真、以次充好，不得以不合格产品冒充合格产品。

3）损害赔偿

（1）售出的产品有下列情形之一的，销售者应当负责修理、更换、退货；给购买产品的消费者造成损失的，销售者应当赔偿损失：①不具备产品应当具备的使用性能而事先未作说明的；②不符合在产品或者其包装上注明采用的产品标准的；③不符合以产品说明、实物样品等方式表明的质量状况的。若产品质量属于生产者的责任或者供货者的责任的，销售者有权向生产者、供货者追偿。

（2）因产品存在缺陷造成人身、缺陷产品以外的其他财产损害的，生产者应当承担赔偿责任。生产者能够证明有下列情形之一的，不承担赔偿责任：未将产品投入流通的；

产品投入流通时，引起损害的缺陷尚不存在的；将产品投入流通时的科学技术水平尚不能发现缺陷的存在的。

（3）由于销售者的过错使产品存在缺陷，造成人身、他人财产损害的，销售者应当承担赔偿责任。销售者不能指明缺陷产品的生产者也不能指明缺陷产品的供货者的，销售者应当承担赔偿责任。

（4）因产品存在缺陷造成人身、他人财产损害的，受害人可以向产品的生产者要求赔偿，也可以向产品的销售者要求赔偿。因产品存在缺陷造成损害要求赔偿的诉讼时效期间为二年，自当事人知道或者应当知道其权益受到损害时起计算。

（5）因产品质量发生民事纠纷时，当事人可以通过协商或者调解解决。当事人不愿通过协商、调解解决或者协商、调解不成的，可以根据当事人各方的协议向仲裁机构申请仲裁；当事人各方没有达成仲裁协议或者仲裁协议无效的，可以直接向人民法院起诉。

4）损害赔偿

（1）生产、销售不符合保障人体健康和人身、财产安全的国家标准、行业标准的产品的，责令停止生产、销售，没收违法生产、销售的产品，并处违法生产、销售产品（包括已售出和未售出的产品，下同）货值金额等值以上三倍以下的罚款；有违法所得的，并处没收违法所得；情节严重的，吊销营业执照；构成犯罪的，依法追究刑事责任。

（2）在产品中掺杂、掺假，以假充真，以次充好，或者以不合格产品冒充合格产品的，责令停止生产、销售，没收违法生产、销售的产品，并处违法生产、销售产品货值金额百分之五十以上三倍以下的罚款；有违法所得的，并处没收违法所得；情节严重的，吊销营业执照；构成犯罪的，依法追究刑事责任。

（3）销售失效、变质的产品的，责令停止销售，没收违法销售的产品，并处违法销售产品货值金额二倍以下的罚款；有违法所得的，并处没收违法所得；情节严重的，吊销营业执照；构成犯罪的，依法追究刑事责任。

（4）伪造产品产地的，伪造或者冒用他人厂名、厂址的，伪造或者冒用认证标志等质量标志的，责令改正，没收违法生产、销售的产品，并处违法生产、销售产品货值金额等值以下的罚款；有违法所得的，并处没收违法所得；情节严重的，吊销营业执照。

（5）产品质量检验机构、认证机构伪造检验结果或者出具虚假证明的，责令改正，对单位处五万元以上十万元以下的罚款，对直接负责的主管人员和其他直接责任人员处一万元以上五万元以下的罚款；有违法所得的，并处没收违法所得；情节严重的，取消其检验资格、认证资格；构成犯罪的，依法追究刑事责任。产品质量检验机构、认证机构出具的检验结果或者证明不实，造成损失的，应当承担相应的赔偿责任；造成重大损失的，撤销其检验资格、认证资格。

（6）社会团体、社会中介机构对产品质量作出承诺、保证，而该产品又不符合其承诺、保证的质量要求，给消费者造成损失的，与产品的生产者、销售者承担连带责任。

（7）知道或者应当知道属于本法规定禁止生产、销售的产品而为其提供运输、保管、仓储等便利条件的，或者为以假充真的产品提供制假生产技术的，没收全部运输、保管、仓储或者提供制假生产技术的收入，并处违法收入百分之五十以上三倍以下的罚款；构成犯罪的，依法追究刑事责任。

（8）各级人民政府工作人员和其他国家机关工作人员有下列情形之一的，依法给予行政处分；构成犯罪的，依法追究刑事责任：包庇、放纵产品生产、销售中违反本法规定行为的；向从事违反本法规定的生产、销售活动的当事人通风报信，帮助其逃避查处的；阻挠、干预产品质量监督部门或者工商行政管理部门依法对产品生产、销售中违反本法规定的行为进行查处，造成严重后果的。

## 4.5.2　《中华人民共和国标准化法》的立法意义及主要内容

《中华人民共和国标准化法》于 1988 年 12 月 29 日由中华人民共和国第七届全国人民代表大会常务委员会第五次会议通过，1989 年 4 月 1 日起施行。1990 年国务院公布其配套法规《中华人民共和国标准化法实施条例》。

### 4.5.2.1　《中华人民共和国标准化法》的立法意义

《中华人民共和国标准化法》（以下简称《标准化法》）是我国标准化工作的基本法。颁布《标准化法》的重要意义是：①《标准化法》是制定标准，推行标准化，实施标准化管理和监督的依据。《标准化法》的颁布，标志着我国标准化工作已进入法制管理的新阶段。②标准化是组织专业化生产的技术纽带。《标准化法》的颁布，有利于发展社会化大生产。有利于发展社会主义商品经济。③标准是科研、生产、交换和使用的技术依据。《标准化法》的颁布，有利于维护国家、集体和个人三者的利益。

### 4.5.2.2　《中华人民共和国标准化法》主要内容

《中华人民共和国标准化法》共五章二十六条，主要有总则、标准的制定、标准的实施、法律责任、附则。

1）总则

（1）对下列需要统一的技术要求，应当制定标准：①工业产品的品种、规格、质量、等级或者安全、卫生要求。②工业产品的设计、生产、检验、包装、储存、运输、使用的方法或者生产、储存、运输过程中的安全、卫生要求。③有关环境保护的各项技术要求和检验方法。④建设工程的设计、施工方法和安全要求。⑤有关工业生产、工程建设和环境保护的技术术语、符号、代号和制图方法。

（2）标准化工作的任务是制定标准、组织实施标准和对标准的实施进行监督。标准化工作应当纳入国民经济和社会发展计划。国家鼓励积极采用国际标准。

（3）国务院标准化行政主管部门统一管理全国标准化工作。国务院有关行政主管部门分工管理本部门、本行业的标准化工作。

2）标准的制定

（1）对需要在全国范围内统一的技术要求，应当制定国家标准。国家标准由国务院标准化行政主管部门制定。对没有国家标准而又需要在全国某个行业范围内统一的技术要求，可以制定行业标准。行业标准由国务院有关行政主管部门制定，并报国务院标准化行政主管部门备案，在公布国家标准之后，该项行业标准即行废止。对没有国家标准和行业标准而又需要在省、自治区、直辖市范围内统一的工业产品的安全、卫生要求，可以制定地方标准。地方标准由省、自治区、直辖市标准化行政主管部门制定，并报国务院标准化行政主管部门和国务院有关行政主管部门备案，在公布国家标准或者行业标准之后，该项地方标准即行废止。企业生产的产品没有国家标准和行业标准的，应当制定企业标准，作为组织生产的依据。企业的产品标准须报当地政府标准化行政主管部门和有关行政主管部门备案。已有国家标准或者行业标准的，国家鼓励企业制定严于国家标准或者行业标准的企业标准，在企业内部适用。

（2）国家标准、行业标准分为强制性标准和推荐性标准。保障人体健康，人身、财产安全的标准和法律、行政法规规定强制执行的标准是强制性标准，其他标准是推荐性标准。地方标准在本行政区域内是强制性标准。

（3）制定标准应当有利于合理利用国家资源，推广科学技术成果，提高经济效益，并符合使用要求，有利于产品的通用互换，做到技术上先进，经济上合理。并做到有关标准的协调配套。

（4）标准实施后，制定标准的部门应当根据科学技术的发展和经济建设的需要适时进行复审，以确认现行标准继续有效或者予以修订、废止。

3）标准的实施

（1）强制性标准，必须执行。不符合强制性标准的产品，禁止生产、销售和进口。

（2）企业对有国家标准或者行业标准的产品，可以向国务院标准化行政主管部门或者国务院标准化行政主管部门授权的部门申请产品质量认证。认证合格的，由认证部门授予认证证书，准许在产品或者其包装上使用规定的认证标志。

（3）企业研制新产品、改进产品，进行技术改造，应当符合标准化要求。

（4）县级以上政府标准化行政主管部门负责对标准的实施进行监督检查。县级以上政府标准化行政主管部门，可以根据需要设置检验机构，或者授权其他单位的检验机构，对产品是否符合标准进行检验。

4）法律责任

（1）生产、销售、进口不符合强制性标准的产品的，由法律、行政法规规定的行政主管部门依法处理，法律、行政法规未作规定的，由工商行政管理部门没收产品和违法所得，并处罚款；造成严重后果构成犯罪的，对直接责任人员依法追究刑事责任。

（2）已经授予认证证书的产品不符合国家标准或者行业标准而使用认证标志出厂销售的，由标准化行政主管部门责令停止销售，并处罚款；情节严重的，由认证部门撤销其认证证书。

（3）产品未经认证或者认证不合格而擅自使用认证标志出厂销售的，由标准化行政主管部门责令停止销售，并处罚款。

（4）当事人对没收产品、没收违法所得和罚款的处罚不服的，可以在接到处罚通知之日起十五日内，向作出处罚决定的机关的上一级机关申请复议；对复议决定不服的，可以在接到复议决定之日起十五日内，向人民法院起诉。当事人也可以在接到处罚通知之日起十五日内，直接向人民法院起诉。

（5）标准化工作的监督、检验、管理人员违法失职、徇私舞弊的，给予行政处分；构成犯罪的，依法追究刑事责任。

# 4.6　其他食品法律法规

## 4.6.1　《中华人民共和国计量法》

为了加强计量监督管理，保障国家计量单位制的统一和量值的准确可靠，有利于生产、贸易和科学技术的发展，适应社会主义现代化建设的需要，维护国家、人民的利益，1985 年 9 月 6 日第六届全国人民代表大会通过《中华人民共和国计量法》（2015 年 4 月修改）。随后《计量法实施细则》于 1987 年 1 月 19 日国务院批准，自 1987 年 2 月 1 日发布并实施。

在我国境内，采用国际单位制，建立计量基准器具、计量标准器具，进行计量检定。国务院计量行政部门对全国计量工作实施统一监督管理，县级以上地方人民政府计量行政部门对本行政区域内的计量工作实施监督管理。

《中华人民共和国计量法》共六章三十四条，主要有总则、计量基准器具计量标准器具和计量检定、计量器具管理、计量监督、法律责任、附则。

### 4.6.1.1　计量基准器具、计量标准器具和计量检定

1）计量基准器具

国务院计量行政部门负责建立各种计量基准器具，作为统一全国量值的最高依据。

2）计量标准器具

县级以上地方人民政府计量行政部门根据本地区的需要，建立社会公用计量标准器具，经上级人民政府计量行政部门主持考核合格后使用。

国务院有关主管部门和省、自治区、直辖市人民政府有关主管部门，根据本部门的特殊需要，可以建立本部门使用的计量标准器具，其各项最高计量标准器具经同级人民政府计量行政部门主持考核合格后使用。

企业、事业单位根据需要，可以建立本单位使用的计量标准器具，其各项最高计量标准器具经有关人民政府计量行政部门主持考核合格后使用。如食品企业在办理 QS 准入证时，生产设备、检测仪器中涉及计量的设备仪器需经计量行政部门检定。

3）计量检定

县级以上人民政府计量行政部门对社会公用计量标准器具，部门和企业、事业单位使用的最高计量标准器具，以及用于贸易结算、安全防护、医疗卫生、环境监测方面的列入强制检定目录的工作计量器具，实行强制检定。未按照规定申请检定或者检定不合格的，不得使用。

对规定以外的其他计量标准器具和工作计量器具，使用单位应当自行定期检定或者送其他计量检定机构检定，县级以上人民政府计量行政部门应当进行监督检查。

计量检定必须执行计量检定规程。计量检定工作应当按照经济合理的原则，就地就近进行。

#### 4.6.1.2　计量器具管理

制造、修理计量器具的企业、事业单位，必须具备与所制造、修理的计量器具相适应的设施、人员和检定仪器设备，经县级以上人民政府计量行政部门考核合格，取得《制造计量器具许可证》或者《修理计量器具许可证》。制造计量器具的企业、事业单位生产本单位未生产过的计量器具新产品，必须经省级以上人民政府计量行政部门对其样品的计量性能考核合格，方可投入生产。并对生产产品进行检定，保证产品计量性能合格，对合格产品出具产品合格证。

制造、修理计量器具的个体工商户，必须经县级人民政府计量行政部门考核合格，发给《制造计量器具许可证》或者《修理计量器具许可证》后，并取得营业执照，方可制造、修理简易的计量器具。

#### 4.6.1.3　计量监督

县级以上人民政府计量行政部门，根据需要设置计量监督员。县级以上人民政府计量行政部门可以根据需要设置计量检定机构，或者授权其他单位的计量检定机构，执行强制检定和其他检定、测试任务。执行检定、测试任务的人员，必须经考核合格。

#### 4.6.1.4　法律责任

（1）未取得《制造计量器具许可证》、《修理计量器具许可证》制造或者修理计量器具的，责令停止生产、停止营业，没收违法所得，可以并处罚款。

（2）制造、销售未经考核合格的计量器具新产品的，责令停止制造、销售该种新产品，没收违法所得，可以并处罚款。制造、修理、销售的计量器具不合格的，没收违法所得，可以并处罚款。

（3）属于强制检定范围的计量器具，未按照规定申请检定或者检定不合格继续使用的，责令停止使用，可以并处罚款。

（4）使用不合格的计量器具或者破坏计量器具准确度，给国家和消费者造成损失的，责令赔偿损失，没收计量器具和违法所得，可以并处罚款。

（5）制造、销售、使用以欺骗消费者为目的的计量器具的，没收计量器具和违法所得，处以罚款；情节严重的，并对个人或者单位直接责任人员按诈骗罪或者投机倒把罪追究刑事责任。

（6）违反本法规定，制造、修理、销售的计量器具不合格，造成人身伤亡或者重大财产损失的，比照《刑法》第一百八十七条的规定，对个人或者单位直接责任人员追究刑事责任。

（7）计量监督人员违法失职，情节严重的，依照《刑法》有关规定追究刑事责任；情节轻微的，给予行政处分。

### 4.6.2　《中华人民共和国进出口商品检验法》

《中华人民共和国进出口商品检验法》于 1989 年 2 月 21 日第七届全国人民代表大会

常务委员会第六次会议通过，2002 年 4 月 28 日第九届全国人民代表大会常务委员会第二十七次会议通过了关于修改《中华人民共和国进出口商品检验法》的决定。并于 2005 年 8 月 10 日国务院第 101 次常务会议通过《中华人民共和国进出口商品检验法实施条例》，自 2005 年 12 月 1 日起施行。2013 年 6 月修订为最新版。

中华人民共和国国家质量监督检验检疫总局主管全国进出口商品检验工作。国家质检总局设在省、自治区、直辖市以及进出口商品的口岸、集散地的出入境检验检疫局及其分支机构，管理所负责地区的进出口商品检验工作。

### 4.6.2.1　进出口商品检验法的意义

《进出口商品检验法》是为了加强进出口商品检验工作，规范进出口商品检验行为，维护社会公共利益和进出口贸易有关各方的合法权益，促进对外经济贸易关系的顺利发展。进出口商品检验应当根据保护人类健康和安全、保护动物或者植物的生命和健康、保护环境、防止欺诈行为、维护国家安全的原则，依据由国家商检部门制定、调整必须实施检验的进出口商品目录实施检验。商检机构和经国家商检部门许可的检验机构，依法对进出口商品实施检验。

### 4.6.2.2　进出口商品检验法的内容

《进出口商品检验法》共六章四十一条，主要内容有总则、进口商品的检验、出口商品的检验、监督管理、法律责任、附则。

1) 总则

商检机构和经国家商检部门许可的检验机构，依据进出口商品目录依法对进出口商品实施检验。凡进出口商品目录内商品，未经检验或检验不合格的，不准销售、使用或出口，其中符合国家规定的免予检验条件的，由收货人或者发货人申请，经国家商检部门审查批准，可以免予检验。

必须实施的进出口商品检验，是指确定列入目录的进出口商品是否符合国家技术规范的强制性要求的合格评定活动。合格评定程序包括：抽样、检验和检查；评估、验证和合格保证；注册、认可和批准以及各项的组合。列入目录的进出口商品，按照国家技术规范的强制性要求进行检验；尚未制定国家技术规范的强制性要求的，应当依法及时制定，未制定之前，可以参照国家商检部门指定的国外有关标准进行检验。

国家商检部门和商检机构应当及时收集和向有关方面提供进出口商品检验方面的信息。国家商检部门和商检机构的工作人员在履行进出口商品检验的职责中，对所知悉的商业秘密负有保密义务。

2) 进口商品的检验

必须经商检机构检验的进口商品的收货人或者其代理人，应当向报关地的商检机构报检。在商检机构规定的地点和期限内，接受商检机构对进口商品的检验。商检机构在规定期限内检验完毕，并出具检验证单，海关凭商检机构签发的货物通关证明验放。若发现进口商品质量不合格或者残损短缺，需要由商检机构出证索赔的，应当向商检机构申请检验出证。

对重要的进口商品和大型的成套设备,收货人应当依据对外贸易合同约定在出口国装运前进行预检验、监造或者监装,主管部门应当加强监督;商检机构根据需要可以派出检验人员参加。

3) 出口商品的检验

必须经商检机构检验的出口商品的发货人或者其代理人,应当在商检机构规定的地点和期限内,向商检机构报检。商检机构应当在国家商检部门统一规定的期限内检验完毕,并出具检验证单,海关凭商检机构签发的货物通关证明验放。经商检机构检验合格发给检验证单的出口商品,应当在商检机构规定的期限内报关出口;超过期限的,应当重新报检。

对装运出口易腐烂变质食品的船舱和集装箱,承运人或者装箱单位必须在装货前申请检验。未经检验合格的,不准装运。为出口危险货物生产包装容器的企业,必须申请商检机构进行包装容器的性能鉴定。生产出口危险货物的企业,必须申请商检机构进行包装容器的使用鉴定。使用未经鉴定合格的包装容器的危险货物,不准出口。

4) 监督管理

商检机构对本法规定必须经商检机构检验的进出口商品以外的进出口商品,根据国家规定实施抽查检验,并定期公布抽查检验结果或者向有关部门通报抽查检验情况。商检机构根据便利对外贸易的需要,可以按照国家规定对列入目录的出口商品进行出厂前的质量监督管理和检验。对检验合格的进出口商品,可以加施商检标志或者封识。商检机构对实施许可制度的进出口商品实行验证管理,查验单证,核对证货是否相符。

为进出口货物的收发货人办理报检手续的代理人应当在商检机构进行注册登记,办理报检手续时应当向商检机构提交授权委托书。国家商检部门可以按照国家有关规定,通过考核,许可符合条件的国内外检验机构承担委托的进出口商品检验鉴定业务,并其检验活动进行监督,对其检验商品抽查检验。

国家商检部门根据国家统一的认证制度,对有关的进出口商品实施认证管理。商检机构可以根据国家商检部门同外国有关机构签订的协议或者接受外国有关机构的委托进行进出口商品质量认证工作,准许在认证合格的进出口商品上使用质量认证标志。

进出口商品的报检人对商检机构作出的检验结果有异议的,可以向原商检机构或者其上级商检机构以至国家商检部门申请复验,由受理复验的商检机构或者国家商检部门及时作出复验结论。当事人对商检机构、国家商检部门作出的复验结论不服或者对商检机构作出的处罚决定不服的,可以依法申请行政复议,也可以依法向人民法院提起诉讼。

5) 法律责任

(1) 将必须经商检机构检验的进口商品未报经检验而擅自销售或者使用的,或者将必须经商检机构检验的出口商品未报经检验合格而擅自出口的,由商检机构没收违法所得,并处货值金额百分之五以上百分之二十以下的罚款;构成犯罪的,依法追究刑事责任。

(2) 未经国家商检部门许可,擅自从事进出口商品检验鉴定业务的,由商检机构责令停止非法经营,没收违法所得,并处违法所得一倍以上三倍以下的罚款。

(3) 进口或者出口属于掺杂掺假、以假充真、以次充好的商品或者以不合格进出口商品冒充合格进出口商品的，由商检机构责令停止进口或者出口，没收违法所得，并处货值金额百分之五十以上三倍以下的罚款；构成犯罪的，依法追究刑事责任。

（4）伪造、变造、买卖或者盗窃商检单证、印章、标志、封识、质量认证标志的，依法追究刑事责任；尚不够刑事处罚的，由商检机构责令改正，没收违法所得，并处货值金额等值以下的罚款。

（5）国家商检部门、商检机构的工作人员违反本法规定，泄露所知悉的商业秘密的，依法给予行政处分，有违法所得的，没收违法所得；构成犯罪的，依法追究刑事责任。

（6）国家商检部门、商检机构的工作人员滥用职权，故意刁难的，徇私舞弊，伪造检验结果的，或者玩忽职守，延误检验出证的，依法给予行政处分；构成犯罪的，依法追究刑事责任。

6）附则

商检机构和其他检验机构依照本法的规定实施检验和办理检验鉴定业务，依照国家有关规定收取费用。

## 4.6.3　《中华人民共和国商标法》

《中华人民共和国商标法》1982 年 8 月 23 日第五届全国人民代表大会常务委员会第二十四次会议通过。1993 年 2 月 22 日第七届全国人民代表大会常务委员会第三十次会议通过《关于修改〈中华人民共和国商标法〉的决定》，进行了第一次修正。2001 年 10 月 27 日第九届全国人民代表大会常务委员会第二十四次会议通过《关于修改（中华人民共和国商标法）的决定》，进行了第二次修正。近年来，由于商标注册周期过长、维权程序复杂周期过长及国际商标立法的发展等原因，2013 年 8 月对《中华人民共和国商标法》进行了修订，2014 年 5 月 1 日施行。

### 4.6.3.1　商标法的意义

商标是一种能够将一个企业的商品或者服务同其他企业的商品或者服务区别开来的标志。或者说，商标是用于商品上或者服务中的一种特定的标记，消费者通过这种标记，识别或者确认该商品的生产者、服务的提供者。商标法是为了加强商标管理，保护商标专用权，促使生产、经营者保证商品和服务质量，维护商标信誉，以保障消费者和生产、经营者的利益，促进社会主义市场经济的发展。

### 4.6.3.2　商标法的内容

《商标法》共八章六十四条，主要内容有总则、商标注册的申请、商标注册的审查和核准、注册商标的续展、转让和使用许可、注册商标争议的裁定、商标使用的管理、注册商标专用权的保护、附则。

1）总则

国务院工商行政管理部门商标局主管全国商标注册和管理的工作。国务院工商行政管理部门设立商标评审委员会，负责处理商标争议事宜。自然人、法人或者其他组织（两个以上亦可）对其生产、制造、加工、拣选或者经销的商品，需要取得商标专用权的，应当向商标局申请商品商标注册。经商标局核准注册的商标为注册商标，包括商品商标、服务商标和集体商标、证明商标；商标注册人享有商标专用权，受法律保护。

任何能够将自然人、法人或者其他组织的商品与他人的商品区别开的可视性标志，包括文字、图形、字母、数字、三维标志和颜色组合，以及上述要素的组合，均可以作为商标申请注册。申请注册的商标，应当有显著特征，便于识别，并不得与他人在先取得的合法权利相冲突。修订后商标法特别提出：申请注册和使用商标应当遵循诚实信用原则。恶意抢注商标将受到规制。

2）商标注册的申请

申请商标注册的，应当按规定的商品分类表填报使用商标的商品类别和商品名称。商标注册申请人在不同类别的商品上申请注册同一商标的，应当按商品分类表提出注册申请。注册商标需要在同一类的其他商品上使用的，或者注册商标需要改变其标志的，应当重新提出注册申请。

3）商标注册的审查和核准

申请注册的商标，凡符合本法有关规定的，由商标局初步审定，予以公告。申请注册的商标，凡不符合本法有关规定或者同他人在同一种商品或者类似商品上已经注册的或者初步审定的商标相同或者近似的，由商标局驳回申请，不予公告。两个或者两个以上的商标注册申请人，在同一种商品或者类似商品上，以相同或者近似的商标申请注册的，初步审定并公告申请在先的商标；同一天申请的，初步审定并公告使用在先的商标，驳回其他人的申请，不予公告。对初步审定的商标，自公告之日起三个月内，任何人均可以提出异议。公告期满无异议的，予以核准注册，发给商标注册证，并予公告。

4）注册商标的续展、转让和使用许可

注册商标的有效期为十年，自核准注册之日起计算。注册商标有效期满，需要继续使用的，应当在期满前六个月内申请续展注册；在此期间未能提出申请的，可以给予六个月的宽展期。转让注册商标的，转让人和受让人应当签订转让协议，并共同向商标局提出申请。商标注册人可以通过签订商标使用许可合同，许可他人使用其注册商标。

5）注册商标争议的裁定

已经注册的商标，违反本法第十条、第十一条、第十二条规定的，或者是以欺骗手段或者其他不正当手段取得注册的，由商标局撤销该注册商标；其他单位或者个人可以请求商标评审委员会裁定撤销该注册商标。已经注册的商标，违反本法第十三条、第十五条、第十六条、第三十一条规定的，自商标注册之日起五年内，商标所有人或者利害关系人可以请求商标评审委员会裁定撤销该注册商标。对恶意注册的，驰名商标所有人不受五年的时间限制。其他对已经注册的商标有争议的，可以自该商标经核准注册之日起五年内，向商标评审委员会申请裁定。

商标评审委员会收到裁定申请后，应当通知有关当事人，并限期提出答辩。商标评审委员会做出维持或者撤销注册商标的裁定后，应当书面通知有关当事人。当事人对商标评审委员会的裁定不服的，可以自收到通知之日起三十日内向人民法院起诉。人民法院应当通知商标裁定程序的对方当事人作为第三人参加诉讼。

6）商标使用的管理

若出现自行改变注册商标的；自行改变注册商标的注册人名义、地址或者其他注册事项的；自行转让注册商标的；连续三年停止使用等情况，由商标局责令限期改正或者撤销其注册商标。商品粗制滥造，以次充好，欺骗消费者的，由工商行政管理部门依据不同情况，责令限期改正，并可以予以通报或者处以罚款，或者由商标局撤销其注册商标。

注册商标被撤销的或者期满不再续展的，自撤销或者注销之日起一年内，商标局对与该商标相同或者近似的商标注册申请，不予核准。

对商标局撤销注册商标的决定，当事人不服的，可以自收到通知之日起十五日内向商标评审委员会申请复审，由商标评审委员会做出决定，并书面通知申请人。当事人对商标评审委员会的决定不服的，可以自收到通知之日起三十日内向人民法院起诉。

7）注册商标专用权的保护

未经商标注册人的许可，在同一种商品或者类似商品上使用与其注册商标相同或者近似的商标的；销售侵犯注册商标专用权的商品的；伪造、擅自制造他人注册商标标识或者销售伪造、擅自制造的注册商标标识的；未经商标注册人同意，更换其注册商标并将该更换商标的商品又投入市场的；给他人的注册商标专用权造成其他损害等情况，均属侵犯注册商标专用权。

对侵犯注册商标专用权的行为，工商行政管理部门有权依法查处；涉嫌犯罪的，应当及时移送司法机关依法处理。侵犯注册商标专用权引起纠纷，由当事人协商解决；不愿协商或者协商不成的，商标注册人或者利害关系人可以向人民法院起诉，也可以请求工商行政管理部门处理。侵犯商标专用权造成被害人经济损失的，其赔偿数额为侵权人在侵权期间因侵权所获得的利益，或者被侵权人在被侵权期间因被侵权所受到的损失，包括被侵权人为制止侵权行为所支付的合理开支。若侵权人因侵权所得利益，或者被侵权人因被侵权所受损失难以确定的，由人民法院根据侵权行为的情节判决给予三百万元以下的赔偿。

未经商标注册人许可，在同一种商品上使用与其注册商标相同的商标，构成犯罪的，除赔偿被侵权人的损失外，依法追究刑事责任。伪造、擅自制造他人注册商标标识或者销售伪造、擅自制造的注册商标标识，构成犯罪的，除赔偿被侵权人的损失外，依法追究刑事责任。

工商行政管理部门应当建立健全的内部监督制度，对负责商标注册、管理和复审工作的国家机关工作人员执行法律、行政法规和遵守纪律的情况，进行监督检查。

8）附则

申请商标注册和办理其他商标事宜的，应当缴纳费用，具体收费标准另定。

## 4.6.4　《中华人民共和国国境卫生检疫法》

1986 年 12 月 2 日第六届全国人民代表大会常务委员会第十八次会议通过《中华人民共和国国境卫生检疫法》，2007 年 12 月 29 日第十届全国人民代表大会常务委员会第三十一次会议通过了《关于修改〈中华人民共和国国境卫生检疫法〉的决定》，进行了修改。

### 4.6.4.1　国境卫生检疫法的意义

为了防止传染病由国外传入或者由国内传出，在中华人民共和国国际通航的港口、机场以及陆地边境和国界江河的口岸（以下简称国境口岸），设立国境卫生检疫机关，实施国境卫生检疫，保护人体健康，制定并实施国境卫生检疫法。

### 4.6.4.2　国境卫生检疫法的内容

《中华人民共和国国境卫生检疫法》共六章二十八条，主要内容有总则、检疫、传染病监测、卫生监督、法律责任、附则。

1）总则

国务院卫生行政部门主管全国国境卫生检疫工作。本法规定的传染病是指检疫传染病和监测传染病。检疫传染病，是指鼠疫、霍乱、黄热病以及国务院确定和公布的其他传染病。监测传染病，由国务院卫生行政部门确定和公布。入境、出境的人员、交通工具、运输设备以及可能传播检疫传染病的行李、货物、邮包等物品，都应当接受检疫，经国境卫生检疫机关许可，方准入境或者出境。发现检疫传染病或者疑似检疫传染病时，除采取必要措施外，必须立即通知当地卫生行政部门，同时用最快的方法报告国务院卫生行政部门，最迟不得超过二十四小时。

2）检疫

入境的交通工具和人员，必须在最先到达的国境口岸的指定地点接受检疫。除引航员外，未经国境卫生检疫机关许可，任何人不准上下交通工具，不准装卸行李、货物、邮包等物品。出境的交通工具和人员，必须在最后离开的国境口岸接受检疫。

在国境口岸发现检疫传染病、疑似检疫传染病，或者有人非因意外伤害而死亡并死因不明的，国境口岸有关单位和交通工具的负责人，应当立即向国境卫生检疫机关报告，并申请临时检疫。

国境卫生检疫机关依据检疫医师提供的检疫结果，对未染有检疫传染病或者已实施卫生处理的交通工具，签发入境检疫证或者出境检疫证。国境卫生检疫机关对检疫传染病染疫人必须立即将其隔离，隔离期限根据医学检查结果确定；对检疫传染病染疫嫌疑人应当将其留验，留验期限根据该传染病的潜伏期确定。

接受入境检疫的交通工具、行李、货物、邮包等有下列情形之一的，应当实施消毒、除鼠、除虫或者其他卫生处理：来自检疫传染病疫区的；被检疫传染病污染的；发现有与人类健康有关的啮齿动物或者病媒昆虫的。

3）传染病监测

国境卫生检疫机关有权要求入境、出境的人员填写健康申明卡，出示某种传染病的预防接种证书、健康证明或者其他有关证件。对入境、出境的人员实施传染病监测，并且采取必要的预防、控制措施。

4）卫生监督

国境卫生检疫机关设立国境口岸卫生监督员，对国境口岸的卫生状况和停留在国境口岸的入境、出境的交通工具的卫生状况等实施卫生监督。

5）法律责任

若出现逃避检疫，向国境卫生检疫机关隐瞒真实情况的；入境的人员未经国境卫生检疫机关许可，擅自上下交通工具，或者装卸行李、货物、邮包等物品，不听劝阻的，国境卫生检疫机关可以根据情节轻重，给予警告或者罚款。若违反本法规定，引起检疫传染病传播或者有引起检疫传染病传播严重危险的，依照刑法有关规定追究刑事责任。

当事人对国境卫生检疫机关给予的罚款决定不服的，可以在接到通知之日起十五日内，向当地人民法院起诉。逾期不起诉又不履行的，国境卫生检疫机关可以申请人民法院强制执行。

国境卫生检疫机关工作人员，应当秉公执法，忠于职守，对入境、出境的交通工具和人员，及时进行检疫；违法失职的，给予行政处分，情节严重构成犯罪的，依法追究刑事责任。

## 4.6.5　《中华人民共和国进出境动植物检疫法》

1991 年 10 月 30 日第七届全国人民代表大会常务委员会第二十二次会议通过《中华人民共和国进出境动植物检疫法》，自 1992 年 4 月 1 日起施行。2009 年 8 月又进行了修订。

### 4.6.5.1　进出境动植物检疫法的意义

为防止动物传染病、寄生虫病和植物危险性病、虫、杂草以及其他有害生物（以下简称病虫害）传入、传出国境，保护农、林、牧、渔业生产和人体健康，促进对外经济贸易的发展，制定并实施进出境动植物检疫法。

### 4.6.5.2　进出境动植物检疫法的内容

《中华人民共和国进出境动植物检疫法》共八章五十条，主要有总则、进境检疫、出境检疫、过境检疫、携带邮寄物检疫、运输工具检疫、法律责任、附则。

1）总则

进出境的动植物、动植物产品和其他检疫物，装载动植物、动植物产品和其他检疫物的装载容器、包装物，以及来自动植物疫区的运输工具，依法实施检疫。国务院农业行政主管部门主管全国进出境动植物检疫工作，口岸动植物检疫机关实施检疫。禁止下列各物进境：动植物病原体（包括菌种、毒种等）、害虫及其他有害生物；动植物疫情流行的国家和地区的有关动植物、动植物产品和其他检疫物；动物尸体；土壤。

2）进境检疫

货主或者其代理人应当在动植物、动植物产品和其他检疫物进境前或者进境时持输出国家或者地区的检疫证书、贸易合同等单证，向进境口岸动植物检疫机关报检。输入动植物、动植物产品和其他检疫物，应当在进境口岸实施检疫。未经口岸动植物检疫机关同意，不得卸离运输工具。经检疫合格的，准予进境；海关凭口岸动植物检疫机关签发的检疫单证或者在报关单上加盖的印章验放。经检疫不合格的，由口岸动植物检疫机关签发《检疫处理通知单》，通知货主或者其代理人作除害、退回或者销毁处理。经除害处理合格的，准予进境。

　　3）出境检疫

　　输出动植物、动植物产品和其他检疫物，由口岸动植物检疫机关实施检疫，经检疫合格或者经除害处理合格的，准予出境；海关凭口岸动植物检疫机关签发的检疫证书或者在报关单上加盖的印章验放。检疫不合格又无有效方法作除害处理的，不准出境。有以下情形之一的，应当重新报检：更改输入国家或者地区，更改后的输入国家或者地区又有不同检疫要求的；改换包装或者原未拼装后来拼装的；超过检疫规定有效期限的。

　　4）过境检疫

　　运输动植物、动植物产品和其他检疫物过境的，必须事先商得中国国家动植物检疫机关同意，承运人或者押运人持货运单和输出国家或者地区政府动植物检疫机关出具的检疫证书，在进境时向口岸动植物检疫机关报检，出境口岸不再检疫，并按照指定的口岸和路线过境。

　　5）携带、邮寄物检疫

　　携带、邮寄进境的动植物、动植物产品和其他检疫物，口岸动植物检疫机关实施检疫。携带、邮寄出境的动植物、动植物产品和其他检疫物，物主有检疫要求的，由口岸动植物检疫机关实施检疫。

　　6）运输工具检疫

　　来自动植物疫区的船舶、飞机、火车抵达口岸时，由口岸动植物检疫机关实施检疫。

# 4.7　食品行政法规及部门规章

## 4.7.1　《乳品质量安全监督管理条例》

　　《乳品质量安全监督管理条例》已经于 2008 年 10 月 6 日国务院第 28 次常务会议通过，10 月 9 日公布，自公布之日起施行。《乳品质量安全监督管理条例》加强从奶畜养殖、生鲜乳收购到乳制品生产、乳制品销售等全过程的质量安全管理，加大对违法生产经营行为的处罚力度，加重监督管理部门不依法履行职责的法律责任。

### 4.7.1.1　乳品质量安全监督管理条例的意义

　　近年来，乳品频繁出现食品安全事故，且多为重大食品安全事故，本条例是为了加强乳品质量安全监督管理，保证乳品质量安全，保障公众身体健康和生命安全，促进奶业健康发展。

### 4.7.1.2　乳品质量安全监督管理条例的内容

　　《乳品质量安全监督管理条例》共八章六十四条，主要有总则、奶畜养殖、生鲜乳收购、乳制品生产、乳制品销售、监督检查、法律责任、附则。

　　1）总则

　　乳品指生鲜乳和乳制品。奶畜养殖者、生鲜乳收购者、乳制品生产企业和销售者对其生产、收购、运输、销售的乳品质量安全负责，是乳品质量安全的第一责任者。

县级以上地方人民政府对本行政区域内的乳品质量安全监督管理负总责。畜牧兽医主管部门负责奶畜饲养以及生鲜乳生产环节、收购环节的监督管理。质量监督检验检疫部门负责乳制品生产环节和乳品进出口环节的监督管理。工商行政管理部门负责乳制品销售环节的监督管理。食品药品监督部门负责乳制品餐饮服务环节的监督管理。卫生主管部门依照职权负责乳品质量安全监督管理的综合协调、组织查处食品安全重大事故。政府其他有关部门在各自职责范围内负责乳品质量安全监督管理的其他工作。

生鲜乳和乳制品应当符合乳品质量安全国家标准。乳品质量安全国家标准由国务院卫生主管部门组织制定，并根据风险监测和风险评估的结果及时组织修订。

禁止在生鲜乳生产、收购、贮存、运输、销售过程中添加任何物质。发生乳品质量安全事故，应当依照有关法律、行政法规的规定及时报告、处理；造成严重后果或者恶劣影响的，对有关人民政府、有关部门负有领导责任的负责人依法追究责任。

2）奶畜养殖

国家采取有效措施，鼓励、引导、扶持奶畜养殖者提高生鲜乳质量安全水平。畜牧兽医技术推广机构应当向奶畜养殖者提供养殖技术培训、良种推广、疫病防治等服务。

奶畜养殖场、养殖小区必须具备下列条件：①符合所在地人民政府确定的本行政区域奶畜养殖规模；②有与其养殖规模相适应的场所和配套设施；③有为其服务的畜牧兽医技术人员；④具备法律、行政法规和国务院畜牧兽医主管部门规定的防疫条件；⑤有对奶畜粪便、废水和其他固体废物进行综合利用的沼气池等设施或者其他无害化处理设施；⑥有生鲜乳生产、销售、运输管理制度；⑦法律、行政法规规定的其他条件。

奶畜养殖场应当建立养殖档案，载明内容有：奶畜的品种、数量、繁殖记录、标识情况、来源和进出场日期；饲料、饲料添加剂、兽药等投入品的来源、名称、使用对象、时间和用量；检疫、免疫、消毒情况；奶畜发病、死亡和无害化处理情况；生鲜乳生产、检测、销售情况；国务院畜牧兽医主管部门规定的其他内容。奶畜养殖小区开办者应当逐步建立养殖档案。

从事奶畜养殖，不得使用国家禁用的饲料、饲料添加剂、兽药以及其他对动物和人体具有直接或者潜在危害的物质。奶畜养殖者应当确保奶畜符合国务院畜牧兽医主管部门规定的健康标准，并确保奶畜接受强制免疫。奶畜养殖者应做好奶畜和养殖场所的动物防疫工作，发现奶畜染疫或者疑似染疫的，应当立即报告，停止生鲜乳生产，并采取隔离等控制措施，防止疫病扩散。

生鲜乳应当冷藏。超过 2 小时未冷藏的生鲜乳，不得销售。

3）生鲜乳收购

省、自治区、直辖市人民政府畜牧兽医主管部门应当根据当地奶源分布情况，按照方便奶畜养殖者、促进规模化养殖的原则，对生鲜乳收购站的建设进行科学规划和合理布局。必要时，可以实行生鲜乳集中定点收购。生鲜乳收购站应当由取得工商登记的乳制品生产企业、奶畜养殖场、奶农专业生产合作社开办，必须具备六项条件，取得所在地县级人民政府畜牧兽医主管部门颁发的生鲜乳收购许可证。

生鲜乳收购站应当及时对挤奶设施、生鲜乳贮存运输设施等进行清洗、消毒，避免对生鲜乳造成污染。生鲜乳收购站应当按照乳品质量安全国家标准对收购的生鲜乳进行常规检测。生鲜乳收购站应当建立生鲜乳收购、销售和检测记录。生鲜乳收购、销售和检测记录应当包括畜主姓名、单次收购量、生鲜乳检测结果、销售去向等内容，并保存2年。

县级以上地方人民政府价格主管部门应当加强对生鲜乳价格的监控和通报，及时发布市场供求信息和价格信息。

禁止收购下列生鲜乳：①经检测不符合健康标准或者未经检疫合格的奶畜产的；②奶畜产犊7日内的初乳，但以初乳为原料从事乳制品生产的除外；③在规定用药期和休药期内的奶畜产的；④其他不符合乳品质量安全国家标准的。

贮存生鲜乳的容器，应当符合国家有关卫生标准，在挤奶后2小时内应当降温至0～4℃。生鲜乳运输车辆应当取得所在地县级人民政府畜牧兽医主管部门核发的生鲜乳准运证明，并随车携带生鲜乳交接单。

4）乳制品生产

从事乳制品生产活动，必须取得所在地质量监督部门颁发的食品生产许可证。乳制品生产企业应当建立质量管理制度，采取质量安全管理措施，对乳制品生产实施从原料进厂到成品出厂的全过程质量控制，保证产品质量安全。乳制品生产企业应当符合良好生产规范要求。国家鼓励乳制品生产企业实施危害分析与关键控制点体系，提高乳制品安全管理水平。生产婴幼儿奶粉的企业应当实施危害分析与关键控制点体系。

乳制品生产企业应当建立生鲜乳进货查验制度，逐批检测收购的生鲜乳，如实记录质量检测情况、供货者的名称以及联系方式、进货日期等内容，并查验运输车辆生鲜乳交接单。

生产乳制品使用的生鲜乳、辅料、添加剂等，应当符合法律、行政法规的规定和乳品质量安全国家标准。出厂的乳制品应当符合乳品质量安全国家标准。乳制品生产企业应当对出厂的乳制品逐批检验，并保存检验报告，留取样品。检验报告应当保存2年。

乳制品生产企业应当如实记录销售的乳制品名称、数量、生产日期、生产批号、检验合格证号、购货者名称及其联系方式、销售日期等。乳制品生产企业发现其生产的乳制品不符合乳品质量安全国家标准、存在危害人体健康和生命安全危险或者可能危害婴幼儿身体健康或者生长发育的，应当立即停止生产，报告有关主管部门，告知销售者、消费者，召回已经出厂、上市销售的乳制品，并记录召回情况。

5）乳制品销售

从事乳制品销售应当向工商行政管理部门申请领取食品流通许可证。乳制品销售者应当建立并执行进货查验制度，审验供货商的经营资格，验明乳制品合格证明和产品标识，并建立乳制品进货台账，如实记录乳制品的名称、规格、数量、供货商及其联系方式、进货时间等内容。从事乳制品批发业务的销售企业应当建立乳制品销售台账，如实记录批发的乳制品的品种、规格、数量、流向等内容。进货台账和销售台账保存期限不得少于2年。

对不符合乳品质量安全国家标准、存在危害人体健康和生命安全或者可能危害婴幼儿身体健康和生长发育的乳制品，销售者应当立即停止销售，追回已经售出的乳制品，并记录追回情况。

6）监督检查

县级以上人民政府畜牧兽医主管部门应当加强对奶畜饲养以及生鲜乳生产环节、收购环节的监督检查。县级以上质量监督检验检疫部门应当加强对乳制品生产环节和乳品进出口环节的监督检查。县级以上工商行政管理部门应当加强对乳制品销售环节的监督检查。县级以上食品药品监督部门应当加强对乳制品餐饮服务环节的监督管理。监督检查部门之间，监督检查部门与其他有关部门之间，应当及时通报乳品质量安全监督管理信息。

畜牧兽医、质量监督、工商行政管理等部门应当定期开展监督抽查，并记录监督抽查的情况和处理结果。需要对乳品进行抽样检查的，不得收取任何费用，所需费用由同级财政列支。质量监督部门、工商行政管理部门在监督检查中，对不符合乳品质量安全国家标准、存在危害人体健康和生命安全危险或者可能危害婴幼儿身体健康和生长发育的乳制品，责令并监督生产企业召回、销售者停止销售。

任何单位和个人有权向畜牧兽医、卫生、质量监督、工商行政管理、食品药品监督等部门举报乳品生产经营中的违法行为。

7）法律责任

（1）生鲜乳收购者、乳制品生产企业在生鲜乳收购、乳制品生产过程中，加入非食品用化学物质或者其他可能危害人体健康的物质，依照刑法第一百四十四条的规定，构成犯罪的，依法追究刑事责任，并由发证机关吊销许可证照；尚不构成犯罪的，由畜牧兽医主管部门、质量监督部门依据各自职责没收违法所得和违法生产的乳品，以及相关的工具、设备等物品，并处违法乳品货值金额 15 倍以上 30 倍以下罚款，由发证机关吊销许可证照。

（2）生产、销售不符合乳品质量安全国家标准的乳品，依照刑法第一百四十三条的规定，构成犯罪的，依法追究刑事责任，并由发证机关吊销许可证照；尚不构成犯罪的，由畜牧兽医主管部门、质量监督部门、工商行政管理部门依据各自职责没收违法所得、违法乳品和相关的工具、设备等物品，并处违法乳品货值金额 10 倍以上 20 倍以下罚款，由发证机关吊销许可证照。

（3）乳制品生产企业对不符合乳品质量安全国家标准、存在危害人体健康和生命安全或者可能危害婴幼儿身体健康和生长发育的乳制品，不停止生产、不召回的，由质量监督部门责令停止生产、召回；拒不停止生产、拒不召回的，没收其违法所得、违法乳制品和相关的工具、设备等物品，并处违法乳制品货值金额 15 倍以上 30 倍以下罚款，由发证机关吊销许可证照。

（4）乳制品销售者违反本条例第四十二条的规定，对不符合乳品质量安全国家标准、存在危害人体健康和生命安全或者可能危害婴幼儿身体健康和生长发育的乳制品，不停止销售、不追回的，由工商行政管理部门责令停止销售、追回；拒不停止销售、拒不追回的，没收其违法所得、违法乳品和相关的工具、设备等物品，并处违法乳制品货值金额 15 倍以上 30 倍以下罚款，由发证机关吊销许可证照。

（5）在婴幼儿奶粉生产过程中，加入非食品用化学物质或其他可能危害人体健康的物质的，或者生产、销售的婴幼儿奶粉营养成分不足、不符合乳品质量安全国家标准的，依照本条例规定，从重处罚。

（6）奶畜养殖者、生鲜乳收购者、乳制品生产企业和销售者在发生乳品质量安全事故后未报告、处置的，由畜牧兽医、质量监督、工商行政管理、食品药品监督等部门依据各自职责，责令改正，给予警告；毁灭有关证据的，责令停产停业，并处 10 万元以上 20 万元以下罚款；造成严重后果的，由发证机关吊销许可证照；构成犯罪的，依法追究刑事责任。

（7）畜牧兽医、卫生、质量监督、工商行政管理等部门，不履行本条例规定职责、造成后果的，或者滥用职权、有其他渎职行为的，由监察机关或者任免机关对其主要负责人、直接负责的主管人员和其他直接责任人员给予记大过或者降级的处分；造成严重后果的，给予撤职或者开除的处分；构成犯罪的，依法追究刑事责任。

8）附则

草原牧区放牧饲养的奶畜所产的生鲜乳收购办法，由所在省、自治区、直辖市人民政府参照本条例另行制定。

## 4.7.2　《生猪屠宰管理条例》

1997 年 12 月 19 日中华人民共和国国务院令第 238 号发布通过《生猪屠宰管理条例》，2007 年 12 月 19 日国务院第 201 次常务会议修改通过，修订后的《生猪屠宰管理条例》于 2008 年 5 月 25 日公布，自 2008 年 8 月 1 日起施行。

### 4.7.2.1　生猪屠宰管理条例的意义

猪肉是城乡居民最重要的肉类食品，猪肉质量直接关系到广大消费者的身体健康和生命安全。《生猪屠宰管理条例》对于改善民生、强化行业管理、推进行业升级具有重要意义。条例的实施有利于切实保障人民群众身体健康和生命安全，有利于建立健全生猪屠宰长效监管机制，有利于提高生猪屠宰行业整体发展水平。

### 4.7.2.2　生猪屠宰管理条例的内容

《生猪屠宰管理条例》共五章三十六条，主要有总则、生猪定点屠宰、监督管理、法律责任、附则。

1）总则

国家实行生猪定点屠宰、集中检疫制度。未经定点，任何单位和个人不得从事生猪屠宰活动。国务院商务主管部门负责全国生猪屠宰的行业管理工作。县级以上地方人民政府商务主管部门负责本行政区域内生猪屠宰活动的监督管理。

2）生猪定点屠宰

省、自治区、直辖市人民政府商务主管部门会同畜牧兽医主管部门、环境保护部门以及其他有关部门，按照合理布局、适当集中、有利流通、方便群众的原则，结合本地实际情况，制订生猪定点屠宰厂（场）规划。

生猪定点屠宰厂（场）应当具备下列条件：①有与屠宰规模相适应、水质符合国家规定标准的水源条件；②有符合国家规定要求的待宰间、屠宰间、急宰间以及生猪屠宰设备和运载工具；③有依法取得健康证明的屠宰技术人员；④有经考核合格的肉品品质检验人员；⑤有符合国家规定要求的检验设备、消毒设施以及符合环境保护要求的污染防治设施；⑥有病害生猪及生猪产品无害化处理设施；⑦依法取得动物防疫条件合格证。

生猪定点屠宰厂（场）应当将生猪定点屠宰标志牌悬挂于厂（场）区的显著位置。生猪定点屠宰证书和生猪定点屠宰标志牌不得出借、转让。

生猪屠宰的检疫及其监督，依照动物防疫法和国务院的有关规定执行。生猪定点屠宰厂（场）屠宰的生猪，应当依法经动物卫生监督机构检疫合格，并附有检疫证明。生猪定点屠宰厂（场）应当建立严格的肉品品质检验管理制度。肉品品质检验应当与生猪屠宰同步进行，并如实记录检验结果，并如实记录生猪来源和生猪产品流向。

生猪定点屠宰厂（场）以及其他任何单位和个人不得对生猪或者生猪产品注水或者注入其他物质。生猪定点屠宰厂（场）对未能及时销售或者及时出厂（场）的生猪产品，应当采取冷冻或者冷藏等必要措施予以储存。

3）监督管理

商务主管部门应当依照本条例的规定严格履行职责，加强对生猪屠宰活动的日常监督检查。商务主管部门应当建立举报制度，公布举报电话、信箱或者电子邮箱，受理对违反本条例规定行为的举报，并及时依法处理。在监督检查中发现生猪定点屠宰厂（场）不再具备本条例规定条件的，应当责令其限期整改；逾期仍达不到本条例规定条件的，由设区的市级人民政府取消其生猪定点屠宰厂（场）资格。

4）法律责任

（1）未经定点从事生猪屠宰活动的，冒用或者使用伪造的生猪定点屠宰证书或者生猪定点屠宰标志牌的，由商务主管部门予以取缔，没收生猪、生猪产品、屠宰工具和设备以及违法所得，并处货值金额 3 倍以上 5 倍以下的罚款；货值金额难以确定的，对单位并处 10 万元以上 20 万元以下的罚款，对个人并处 5000 元以上 1 万元以下的罚款；构成犯罪的，依法追究刑事责任。

（2）生猪定点屠宰厂（场）有下列情形之一的，由商务主管部门责令限期改正，处 2 万元以上 5 万元以下的罚款；逾期不改正的，责令停业整顿，对其主要负责人处 5000 元以上 1 万元以下的罚款：屠宰生猪不符合国家规定的操作规程和技术要求的；未如实记录其屠宰的生猪来源和生猪产品流向的；未建立或者实施肉品品质检验制度的；对经肉品品质检验不合格的生猪产品未按照国家有关规定处理并如实记录处理情况的。

（3）生猪定点屠宰厂（场）出厂（场）未经肉品品质检验或者经肉品品质检验不合格的生猪产品的，由商务主管部门责令停业整顿，没收生猪产品和违法所得，并处货值金额 1 倍以上 3 倍以下的罚款，对其主要负责人处 1 万元以上 2 万元以下的罚款；货值金额难以确定的，并处 5 万元以上 10 万元以下的罚款；造成严重后果的，由设区的市级人民政府取消其生猪定点屠宰厂（场）资格；构成犯罪的，依法追究刑事责任。

（4）生猪定点屠宰厂（场）、其他单位或者个人对生猪、生猪产品注水或者注入其他物质的，由商务主管部门没收注水或者注入其他物质的生猪、生猪产品、注水工具和设备以及违法所得，并处货值金额 3 倍以上 5 倍以下的罚款，对生猪定点屠宰厂（场）或者其他单位的主要负责人处 1 万元以上 2 万元以下的罚款；货值金额难以确定的，对生猪定点屠宰厂（场）或者其他单位并处 5 万元以上 10 万元以下的罚款，对个人并处 1 万元以上 2 万元以下的罚款；构成犯罪的，依法追究刑事责任。

（5）生猪定点屠宰厂（场）屠宰注水或者注入其他物质的生猪的，由商务主管部门责令改正，没收注水或者注入其他物质的生猪、生猪产品以及违法所得，并处货值金额 1 倍以上 3 倍以下的罚款，对其主要负责人处 1 万元以上 2 万元以下的罚款；货值金额难以确定的，并处 2 万元以上 5 万元以下的罚款；拒不改正的，责令停业整顿；造成严重后果的，由设区的市级人民政府取消其生猪定点屠宰厂（场）资格。

（6）从事生猪产品销售、肉食品生产加工的单位和个人以及餐饮服务经营者、集体伙食单位，销售、使用非生猪定点屠宰厂（场）屠宰的生猪产品、未经肉品品质检验或者经肉品品质检验不合格的生猪产品以及注水或者注入其他物质的生猪产品的，由工商、卫生、质检部门依据各自职责，没收尚未销售、使用的相关生猪产品以及违法所得，并处货值金额 3 倍以上 5 倍以下的罚款；货值金额难以确定的，对单位处 5 万元以上 10 万元以下的罚款，对个人处 1 万元以上 2 万元以下的罚款；情节严重的，由原发证（照）机关吊销有关证照；构成犯罪的，依法追究刑事责任。

（7）为未经定点违法从事生猪屠宰活动的单位或者个人提供生猪屠宰场所或者生猪产品储存设施，或者为对生猪、生猪产品注水或者注入其他物质的单位或者个人提供场所的，由商务主管部门责令改正，没收违法所得，对单位并处 2 万元以上 5 万元以下的罚款，对个人并处 5000 元以上 1 万元以下的罚款。

（8）商务主管部门和其他有关部门的工作人员在生猪屠宰监督管理工作中滥用职权、玩忽职守、徇私舞弊，构成犯罪的，依法追究刑事责任；尚不构成犯罪的，依法给予处分。

## 4.7.3　《认证认可条例》

《中华人民共和国认证认可条例》已经于 2003 年 8 月 20 日国务院第 18 次常务会议通过，9 月 3 日公布，自 2003 年 11 月 1 日起施行。条例的颁布实施标志着我国认证认可法制化工作向前迈出了一大步。2016 年 1 月又重新对条例进行了修订。

### 4.7.3.1　认证认可的概念

认证是指由认证机构证明产品、服务、管理体系符合相关技术规范、相关技术规范的强制性要求或者标准的合格评定活动。认可是指由认可机构对认证机构、检查机构、实验室以及从事评审、审核等认证活动人员的能力和执业资格，予以承认的合格评定活动。认证认可活动，可提高产品、服务的质量和管理水平，促进经济和社会的发展。

### 4.7.3.2　认证认可条例的内容

《中华人民共和国认证认可条例》共七章七十八条，主要有总则、认证机构、认证、认可、监督管理、法律责任。

1) 总则

国家实行统一的认证认可监督管理制度。国家对认证认可工作实行在国务院认证认可监督管理部门统一管理、监督和综合协调下，各有关方面共同实施的工作机制。国务院认证认可监督管理部门应当依法对认证培训机构、认证咨询机构的活动加强监督管理。认证认可活动应当遵循客观独立、公开公正、诚实信用的原则。国家鼓励平等互利地开展认证认可国际互认活动。

2) 认证机构

设立认证机构，应当符合下列条件：取得法人资格；有固定的场所和必要的设施；有符合认证认可要求的管理制度；注册资本不得少于人民币 300 万元；有 10 名以上相应领域的专职认证人员。从事产品认证活动的认证机构，还应当具备与从事相关产品认证活动相适应的检测、检查等技术能力。取得认证机构资质，应当由国务院认证认可监督管理部门批准，并在批准范围内从事认证活动。未经批准，任何单位和个人不得从事认证活动。

认证机构的申请和批准程序：认证机构资质的申请人，应当向国务院认证认可监督管理部门提出书面申请，并提交符合本条例第十条规定条件的证明文件；国务院认证认可监督管理部门自受理认证机构设立申请之日起 45 日内，应当作出是否批准的决定。涉及国务院有关部门职责的，应当征求国务院有关部门的意见。决定批准的，向申请人出具批准文件，决定不予批准的，应当书面通知申请人，并说明理由；国务院认证认可监督管理部门应当公布依法取得认证机构资质的企业名录。

认证机构不得与行政机关存在利益关系。认证机构不得接受任何可能对认证活动的客观公正产生影响的资助；不得从事任何可能对认证活动的客观公正产生影响的产品开发、营销等活动。认证机构不得与认证委托人存在资产、管理方面的利益关系。

3) 认证

任何法人、组织和个人可以自愿委托依法设立的认证机构进行产品、服务、管理体系认证。认证机构以及与认证有关的检查机构、实验室从事认证以及与认证有关的检查、检测活动，应当完成认证基本规范、认证规则规定的程序，确保认证、检查、检测的完整、客观、真实，不得增加、减少、遗漏程序。认证机构以及与认证有关的检查机构、实验室应当对认证、检查、检测过程作出完整记录，归档留存。认证机构及其认证人员应当及时作出认证结论，并保证认证结论的客观、真实。认证结论经认证人员签字后，由认证机构负责人签署。认证结论为产品、服务、管理体系符合认证要求的，认证机构应当及时向委托人出具认证证书。

获得认证证书的，应当在认证范围内使用认证证书和认证标志。认证机构可以自行制定认证标志，并报国务院认证认可监督管理部门备案。认证机构应当对其认证的产品、服务、管理体系实施有效的跟踪调查，认证的产品、服务、管理体系不能持续符合认证要求的，认证机构应当暂停其使用直至撤销认证证书，并予公布。

国家对必须经过认证的产品，统一产品目录，统一技术规范的强制性要求、标准和合格评定程序，统一标志，统一收费标准，必须经国务院认证认可监督管理部门指定的认证机构进行认证。

4）认可

国务院认证认可监督管理部门确定的认可机构，独立开展认可活动。认证机构、检查机构、实验室可以通过认可机构的认可，以保证其认证、检查、检测能力持续、稳定地符合认可条件。从事评审、审核等认证活动的人员，应当经认可机构注册后，方可从事相应的认证活动。认可机构应当在公布的时间内，按照国家标准和国务院认证认可监督管理部门的规定，完成对认证机构、检查机构、实验室的评审，作出是否给予认可的决定，并对认可过程作出完整记录，归档留存。认可机构应当确保认可的客观公正和完整有效，并对认可结论负责。

5）监督管理

国务院认证认可监督管理部门可以采取组织同行评议，向被认证企业征求意见，对认证活动和认证结果进行抽查。国务院认证认可监督管理部门应当重点对指定的认证机构、检查机构、实验室进行监督，对其认证、检查、检测活动进行定期或者不定期的检查。指定的认证机构、检查机构、实验室，应当定期向国务院认证认可监督管理部门提交报告，并对报告的真实性负责；报告应当对从事列入目录产品认证、检查、检测活动的情况作出说明。

认可机构应当定期向国务院认证认可监督管理部门提交报告，并对报告的真实性负责；报告应当对认可机构执行认可制度的情况、从事认可活动的情况、从业人员的工作情况作出说明。

任何单位和个人对认证认可违法行为，有权向国务院认证认可监督管理部门和地方认证监督管理部门举报。国务院认证认可监督管理部门和地方认证监督管理部门应当及时调查处理，并为举报人保密。

6）法律责任

（1）未经批准擅自从事认证活动的，予以取缔，处10万元以上50万元以下的罚款，有违法所得的，没收违法所得。

（2）认证机构有以下情形之一的，责令改正，处5万元以上20万元以下的罚款，没收违法所得；情节严重的，责令停业整顿，直至撤销批准文件：超出批准范围从事认证活动的；增加、减少、遗漏认证基本规范、认证规则规定的程序的；未对其认证的产品、服务、管理体系实施有效的跟踪调查，或者发现其认证的产品、服务、管理体系不能持续符合认证要求，不及时暂停其使用或者撤销认证证书并予公布的；聘用未经认可机构注册的人员从事认证活动的。

（3）认证人员从事认证活动，不在认证机构执业或者同时在两个以上认证机构执业的，责令改正，给予停止执业6个月以上2年以下的处罚，仍不改正的，撤销其执业资格。

（4）国务院认证认可监督管理部门和地方认证监督管理部门及其工作人员，滥用职权、徇私舞弊、玩忽职守，对直接负责的主管人员和其他直接责任人员，依法给予降级或者撤职的行政处分；构成犯罪的，依法追究刑事责任。

## 4.7.4　《食品添加剂新品种管理办法》

为加强食品添加剂新品种管理，根据《食品安全法》和《食品安全法实施条例》有关规定，2010 年 3 月 15 日经卫生部部务会议审议通过《品添加剂新品种管理办法》，同年 3 月 30 日发布，自发布之日起施行。

### 4.7.4.1　食品添加剂新品种概念

食品添加剂新品种是指：①未列入食品安全国家标准的食品添加剂品种；②未列入卫生部公告允许使用的食品添加剂品种；③扩大使用范围或者用量的食品添加剂品种。

### 4.7.4.2　食品添加剂应当符合要求

使用食品添加剂应当符合下列要求：①不应当掩盖食品腐败变质；②不应当掩盖食品本身或者加工过程中的质量缺陷；③不以掺杂、掺假、伪造为目的而使用食品添加剂；④不应当降低食品本身的营养价值；⑤在达到预期的效果下尽可能降低在食品中的用量；⑥食品工业用加工助剂应当在制成最后成品之前去除，有规定允许残留量的除外。

### 4.7.4.3　食品添加剂新品种的申请

申请食品添加剂新品种生产、经营、使用或者进口的单位或者个人，应当提出食品添加剂新品种许可申请，并如实提交以下材料：①添加剂的通用名称、功能分类，用量和使用范围；②证明技术上确有必要和使用效果的资料或者文件；③食品添加剂的质量规格要求、生产工艺和检验方法，食品中该添加剂的检验方法或者相关情况说明；④安全性评估材料，包括生产原料或者来源、化学结构和物理特性、生产工艺、毒理学安全性评价资料或者检验报告、质量规格检验报告；⑤标签、说明书和食品添加剂产品样品；⑥其他国家（地区）、国际组织允许生产和使用等有助于安全性评估的资料。

### 4.7.4.4　食品添加剂新品种的审查

卫生部应当在受理后 60 日内组织医学、农业、食品、营养、工艺等方面的专家对食品添加剂新品种技术上确有必要性和安全性评估资料进行技术审查，并作出技术评审结论。对技术评审中需要补充有关资料的，应当及时通知申请人，申请人应当按照要求及时补充有关材料。必要时，可以组织专家对食品添加剂新品种研制及生产现场进行核实、评价。

需要对相关资料和检验结果进行验证检验的，应当将检验项目、检验批次、检验方法等要求告知申请人。安全性验证检验应当在取得资质认定的检验机构进行。对尚无食品安全国家检验方法标准的，应当首先对检验方法进行验证。

根据技术评审结论，卫生部决定对在技术上确有必要性和符合食品安全要求的食品添加剂新品种准予许可并列入允许使用的食品添加剂名单予以公布。

### 4.7.4.5　食品添加剂的重新评估

若有以下情形，卫生部应当及时组织对食品添加剂进行重新评估：①科学研究结果或者有证据表明食品添加剂安全性可能存在问题的；②不再具备技术上必要性的。

对重新审查认为不符合食品安全要求的，卫生部可以公告撤销已批准的食品添加剂品种或者修订其使用范围和用量。

## 4.7.5　《新食品原料安全性审查管理办法》

为加强对新资源食品的监督管理，保障消费者身体健康，1990 年 7 月 28 日卫生部颁布《新资源食品卫生管理办法》，2002 年 4 月 8 日卫生部颁布《转基因食品卫生管理办法》。由于食品安全事件频发，由新资源引发的问题日益增多，2006 年 12 月 26 日经卫生部部务会议讨论通过《新资源食品管理办法》，2007 年 7 月 2 日发布，自 2007 年 12 月 1 日起施行，同时《新资源食品卫生管理办法》及《转基因食品卫生管理办法》废止。

2013 年 2 月 5 日经原卫生部部务会审议通过《新食品原料安全性审查管理办法》，原《新资源食品管理办法废止》。

### 4.7.5.1　新食品原料的概念

新食品原料是指在我国无传统食用习惯的以下物品：动物、植物和微生物；从动物、植物和微生物中分离的成分；原有结构发生改变的食品成分；其他新研制的食品原料。本办法所称的新食品原料不包括转基因食品、保健食品、食品添加剂新品种。转基因食品、保健食品、食品添加剂新品种的管理依照国家有关法律法规执行。

### 4.7.5.2　新食品原料的申请

拟从事新食品原料生产、使用或者进口的单位或者个人（以下简称申请人），应当提出申请并提交以下材料：①申请表；②新食品原料研制报告；③安全性评估报告；④生产工艺；⑤执行的相关标准（包括安全要求、质量规格、检验方法等）；⑥标签及说明书；⑦国内外研究利用情况和相关安全性评估资料；⑧有助于评审的其他资料。另附未启封的产品样品 1 件或者原料 30g。

申请进口新食品原料的，除提交第六条规定的材料外，还应当提交以下材料：①出口国（地区）相关部门或者机构出具的允许该产品在本国（地区）生产或者销售的证明材料；②生产企业所在国（地区）有关机构或者组织出具的对生产企业审查或者认证的证明材料。

申请人应当如实提交有关材料，反映真实情况，对申请材料内容的真实性负责，并承担法律责任。申请人提交材料时，应当注明其中不涉及商业秘密，可以向社会公开的内容。

### 4.7.5.3　新食品原料的审查与许可

国家卫生计生委受理新食品原料申请后，向社会公开征求意见。国家卫生计生委自受理新食品原料申请之日起 60 日内，应当组织专家对新食品原料安全性评估材料进行审查，作出审查结论。

审查过程中需要补充资料的，应当及时书面告知申请人，申请人应当按照要求及时补充有关资料。根据审查工作需要，可以要求申请人现场解答有关技术问题，申请人应当予以配合。

审查过程中需要对生产工艺进行现场核查的，可以组织专家对新食品原料研制及生产现场进行核查，并出具现场核查意见，专家对出具的现场核查意见承担责任。省级卫生监督机构应当予以配合。参加现场核查的专家不参与该产品安全性评估材料的审查表决。

新食品原料安全性评估材料审查和许可的具体程序按照《行政许可法》、《卫生行政许可管理办法》等有关法律法规规定执行。国家卫生计生委根据新食品原料的安全性审查结论，对符合食品安全要求的，准予许可并予以公告；对不符合食品安全要求的，不予许可并书面说明理由。对与食品或者已公告的新食品原料具有实质等同性的，应当作出终止审查的决定，并书面告知申请人。

根据新食品原料的不同特点，公告可以包括以下内容：名称；来源；生产工艺；主要成分；质量规格要求；标签标识要求；其他需要公告的内容。

#### 4.7.5.4　新食品原料的生产

新食品原料生产单位应当按照新食品原料公告要求进行生产，保证新食品原料的食用安全。食品中含有新食品原料的，其产品标签标识应当符合国家法律、法规、食品安全标准和国家卫生计生委公告要求。

#### 4.7.5.5　法律责任

违反本办法规定，生产或者使用未经安全性评估的新食品原料的，按照《食品安全法》的有关规定处理。申请人隐瞒有关情况或者提供虚假材料申请新食品原料许可的，国家卫生计生委不予受理或者不予许可，并给予警告，且申请人在一年内不得再次申请该新食品原料许可。以欺骗、贿赂等不正当手段通过新食品原料安全性评估材料审查并取得许可的，国家卫生计生委将予以撤销许可。

### 4.7.6　《保健食品注册与备案管理办法》

2016 年 2 月 4 日经国家食品药品监督管理总局局务会议审议通过《保健食品注册与备案管理办法》，现予公布，自 2016 年 7 月 1 日起施行。

#### 4.7.6.1　保健食品注册与保健食品备案概念

保健食品注册是指食品药品监督管理部门根据注册申请人申请，依照法定程序、条件和要求，对申请注册的保健食品的安全性、保健功能和质量可控性等相关申请材料进行系统评价和审评，并决定是否准予其注册的审批过程。

保健食品备案是指保健食品生产企业依照法定程序、条件和要求，将表明产品安全性、保健功能和质量可控性的材料提交食品药品监督管理部门进行存档、公开、备查的过程。

#### 4.7.6.2　保健食品注册

生产和进口下列产品应当申请保健食品注册：①使用保健食品原料目录以外原料

（以下简称目录外原料）的保健食品；②首次进口的保健食品（属于补充维生素、矿物质等营养物质的保健食品除外）。首次进口的保健食品，是指非同一国家、同一企业、同一配方申请中国境内上市销售的保健食品。

申请保健食品注册应当提交下列材料：①保健食品注册申请表，以及申请人对申请材料真实性负责的法律责任承诺书；②注册申请人主体登记证明文件复印件；③产品研发报告，包括研发人、研发时间、研制过程、中试规模以上的验证数据，目录外原料及产品安全性、保健功能、质量可控性的论证报告和相关科学依据，以及根据研发结果综合确定的产品技术要求等；④产品配方材料，包括原料和辅料的名称及用量、生产工艺、质量标准，必要时还应当按照规定提供原料使用依据、使用部位的说明、检验合格证明、品种鉴定报告等；⑤产品生产工艺材料，包括生产工艺流程简图及说明，关键工艺控制点及说明；⑥安全性和保健功能评价材料，包括目录外原料及产品的安全性、保健功能试验评价材料，人群食用评价材料；功效成分或者标志性成分、卫生学、稳定性、菌种鉴定、菌种毒力等试验报告，以及涉及兴奋剂、违禁药物成分等检测报告；⑦直接接触保健食品的包装材料种类、名称、相关标准等；⑧产品标签、说明书样稿；产品名称中的通用名与注册的药品名称不重名的检索材料；⑨3 个最小销售包装样品；⑩其他与产品注册审评相关的材料。

受理机构收到申请材料后，应当根据下列情况分别作出处理：①申请事项依法不需要取得注册的，应当即时告知注册申请人不受理；②申请事项依法不属于国家食品药品监督管理总局职权范围的，应当即时作出不予受理的决定，并告知注册申请人向有关行政机关申请；③申请材料存在可以当场更正的错误的，应当允许注册申请人当场更正；④申请材料不齐全或者不符合法定形式的，应当当场或者在 5 个工作日内一次告知注册申请人需要补正的全部内容，逾期不告知的，自收到申请材料之日起即为受理；⑤申请事项属于国家食品药品监督管理总局职权范围，申请材料齐全、符合法定形式，注册申请人按照要求提交全部补正申请材料的，应当受理注册申请。受理或者不予受理注册申请，应当出具加盖国家食品药品监督管理总局行政许可受理专用章和注明日期的书面凭证。

受理机构应当在受理后 3 个工作日内将申请材料一并送交审评机构。审评机构应当组织审评专家对申请材料进行审查，并根据实际需要组织查验机构开展现场核查，组织检验机构开展复核检验，在 60 个工作日内完成审评工作，并向国家食品药品监管管理总局提交综合审评结论和建议。审评机构应当组织对申请材料中的下列内容进行审评，并根据科学依据的充足程度明确产品保健功能声称的限定用语：产品研发报告的完整性、合理性和科学性；产品配方的科学性，及产品安全性和保健功能；目录外原料及产品的生产工艺合理性、可行性和质量可控性；产品技术要求和检验方法的科学性和复现性；标签、说明书样稿主要内容以及产品名称的规范性。审评机构认为需要开展现场核查的，应当及时通知查验机构按照申请材料中的产品研发报告、配方、生产工艺等技术要求进行现场核查，并对下线产品封样送复核检验机构检验。

审评机构认为申请材料真实，产品科学、安全、具有声称的保健功能，生产工艺合理、可行和质量可控，技术要求和检验方法科学、合理的，应当提出予以注册的建议。

审评机构提出不予注册建议的，应当同时向注册申请人发出拟不予注册的书面通知。注册申请人对通知有异议的，应当自收到通知之日起 20 个工作日内向审评机构提出书面复审申请并说明复审理由。复审的内容仅限于原申请事项及申请材料。审评机构应当自受理复审申请之日起 30 个工作日内作出复审决定。改变不予注册建议的，应当书面通知注册申请人。审评机构作出综合审评结论及建议后，应当在 5 个工作日内报送国家食品药品监督管理总局。国家食品药品监督管理总局应当自受理之日起 20 个工作日内对审评程序和结论的合法性、规范性以及完整性进行审查，并作出准予注册或者不予注册的决定。

### 4.7.6.3　注册证书管理

保健食品注册证书应当载明产品名称、注册人名称和地址、注册号、颁发日期及有效期、保健功能、功效成分或者标志性成分及含量、产品规格、保质期、适宜人群、不适宜人群、注意事项。保健食品注册证书附件应当载明产品标签、说明书主要内容和产品技术要求等。产品技术要求应当包括产品名称、配方、生产工艺、感官要求、鉴别、理化指标、微生物指标、功效成分或者标志性成分含量及检测方法、装量或者重量差异指标（净含量及允许负偏差指标）、原辅料质量要求等内容。

保健食品注册证书有效期为 5 年。变更注册的保健食品注册证书有效期与原保健食品注册证书有效期相同。国产保健食品注册号格式为：国食健注 G＋4 位年代号＋4 位顺序号；进口保健食品注册号格式为：国食健注 J＋4 位年代号＋4 位顺序号。

### 4.7.6.4　保健食品备案

生产和进口下列保健食品应当依法备案：使用的原料已经列入保健食品原料目录的保健食品；首次进口的属于补充维生素、矿物质等营养物质的保健食品。

食品药品监督管理部门收到备案材料后，备案材料符合要求的，当场备案；不符合要求的，应当一次告知备案人补正相关材料。国产保健食品备案号格式为：食健备 G＋4位年代号＋2 位省级行政区域代码＋6 位顺序编号；进口保健食品备案号格式为：食健备 J＋4 位年代号＋00＋6 位顺序编号。

### 4.7.6.5　保健食品标签、说明书

申请保健食品注册或者备案的，产品标签、说明书样稿应当包括产品名称、原料、辅料、功效成分或者标志性成分及含量、适宜人群、不适宜人群、保健功能、食用量及食用方法、规格、贮藏方法、保质期、注意事项等内容及相关制定依据和说明等。

保健食品的标签、说明书主要内容不得涉及疾病预防、治疗功能，并声明"本品不能代替药物"。

### 4.7.6.6　法律责任

注册申请人隐瞒真实情况或者提供虚假材料申请注册的，国家食品药品监督管理总局不予受理或者不予注册，并给予警告；申请人在 1 年内不得再次申请注册该保健食品；构成犯罪的，依法追究刑事责任。

注册申请人以欺骗、贿赂等不正当手段取得保健食品注册证书的，由国家食品药品监督管理总局撤销保健食品注册证书，并处 1 万元以上 3 万元以下罚款。被许可人在 3 年内不得再次申请注册；构成犯罪的，依法追究刑事责任。

有下列情形之一的，由县级以上人民政府食品药品监督管理部门处以 1 万元以上 3 万元以下罚款；构成犯罪的，依法追究刑事责任。①擅自转让保健食品注册证书的；②伪造、涂改、倒卖、出租、出借保健食品注册证书的。

食品药品监督管理部门及其工作人员对不符合条件的申请人准予注册，或者超越法定职权准予注册的，依照食品安全法第一百四十四条的规定予以处理。

食品药品监督管理部门及其工作人员在注册审评过程中滥用职权、玩忽职守、徇私舞弊的，依照食品安全法第一百四十五条的规定予以处理。

## 4.7.7　《中华人民共和国国境卫生检疫法实施细则》

《中华人民共和国国境卫生检疫法实施细则》于 1989 年 2 月 10 日国务院批准，1989 年 3 月 6 日卫生部发布。2010 年 4 月 19 日国务院第 108 次常务会议通过修订决定。

### 4.7.7.1　实施细则一般规定

入境、出境的人员、交通工具和集装箱，以及可能传播检疫传染病的行李、货物、邮包等，均应当按照本细则的规定接受检疫，经卫生检疫机关许可，方准入境或者出境。卫生检疫机关发现染疫人时，应当立即将其隔离，防止任何人遭受感染，并按细则规定处理。

### 4.7.7.2　疫情通报

卫生检疫机关发现检疫传染病、监测传染病、疑似检疫传染病时，应当向当地卫生行政部门和卫生防疫机构通报；发现检疫传染病时，还应当用最快的办法向国务院卫生行政部门报告。

### 4.7.7.3　海港检疫

船舶代理应当在受入境检疫的船舶到达以前，尽早向卫生检疫机关通知下列事项：船名、国籍、预定到达检疫锚地的日期和时间；发航港、最后寄港；船员和旅客人数；货物种类。港务监督机关应当将船舶确定到达检疫锚地的日期和时间尽早通知卫生检疫机关。在航行中，发现检疫传染病、疑似检疫传染病，或者有人非因意外伤害而死亡并死因不明的，船长必须立即向实施检疫港口的卫生检疫机关报告。

船舶代理应当在受出境检疫的船舶启航以前，尽早向卫生检疫机关通知相关情况。卫生检疫机关对船舶实施出境检疫完毕以后，检疫医师应当按照检疫结果立即签发出境检疫证，如果因卫生处理不能按原定时间启航，应当及时通知港务监督机关。

### 4.7.7.4　航空检疫

在出、入境检疫的航空器到达以前，航空站尽早向卫生检疫机关通知以下事项：航空器的国籍、机型、号码、识别标志、预定到达时间；出发站、经停站；机组和旅客人数。如果发现或在飞行中发现检疫传染病、疑似检疫传染病，或者有人非因意外伤害而死亡并死因不明时，机长应当立即通知到达机场的航空站，向卫生检疫机关报告。出、入境旅客必须在指定的地点，接受入境查验，同时用书面或者口头回答检疫医师提出的有关询问。

### 4.7.7.5　陆地边境检疫

列车和其他车辆到达车站、关口后，检疫医师首先登车，列车长或者其他车辆负责人，应当口头或者书面向卫生检疫机关申报该列车或者其他车辆上人员的健康情况，对检疫医师提出有关卫生状况和人员健康的询问，应当如实回答。受入境、出境检疫的列车，在查验中发现检疫传染病或者疑似检疫传染病，或者因受卫生处理不能按原定时间发车，卫生检疫机关应当及时通知车站的站长，并进行站内或其他地点卫生处理。

### 4.7.7.6　卫生处理

入境、出境的集装箱、行李、货物、邮包等物品需要卫生处理的，由卫生检疫机关实施。入境、出境的交通工具有下列情形之一的，应当由卫生检疫机关实施消毒、除鼠、除虫或者其他卫生处理：来自检疫传染病疫区的；被检疫传染病污染的；发现有与人类健康有关的啮齿动物或者病媒昆虫，超过国家卫生标准的。

### 4.7.7.7　检疫传染病管理

发现鼠疫、霍乱、黄热病等检疫传染病人或有嫌疑，按照卫生检疫机关指定的时间、地点就地诊验或隔离，接受医学检查；如果就地诊验的结果没有染疫，就地诊验期满的时候，将就地诊验记录簿退还卫生检疫机关。

### 4.7.7.8　传染病监测

卫生检疫机关在国境口岸，对入境、出境的交通工具、人员、食品、饮用水和其他物品以及病媒昆虫、动物，进行传染病监测，并对国境口岸和交通工具实施卫生监督。

## 4.7.8　《食品安全国家标准管理办法》

为规范食品安全国家标准制（修）订工作，根据《中华人民共和国食品安全法》及其实施条例，于 2010 年 9 月 20 日经卫生部部务会议审议通过《食品安全国家标准管理办法》，10 月 20 日公布，自 2010 年 12 月 1 日起实施。

《食品安全国家标准管理办法》共七章四十二条，主要有总则、规划、计划和立项、起草、审查、批准和发布、修改和复审、附则。

### 4.7.8.1　总则

食品安全国家标准制定应当以保障公众健康为宗旨，以食品安全风险评估结果为依据，做到科学合理、公开透明、安全可靠。卫生部负责食品安全国家标准制（修）订工作。卫生部组织成立食品安全国家标准审评委员会，负责审查食品安全国家标准草案，对食品安全国家标准工作提供咨询意见。审评委员会设专业分委员会和秘书处。

### 4.7.8.2 规划、计划和立项

卫生部会同国务院农业行政、质量监督、工商行政管理和国家食品药品监督管理以及国务院商务、工业和信息化等部门制定食品安全国家标准规划及其实施计划，根据食品安全国家标准规划及其实施计划和食品安全工作需要制定食品安全国家标准制（修）订计划。任何公民、法人和组织都可以提出食品安全国家标准立项建议。

### 4.7.8.3 起草

卫生部采取招标、委托等形式，择优选择具备相应技术能力的单位承担食品安全国家标准起草工作。提倡由研究机构、教育机构、学术团体、行业协会等单位组成标准起草协作组共同起草标准。标准起草单位和起草负责人在起草过程中，应当深入调查研究，保证标准起草工作的科学性、真实性。标准起草完成后，应当书面征求标准使用单位、科研院校、行业和企业、消费者、专家、监管部门等各方面意见。

### 4.7.8.4 审查

食品安全国家标准草案按照程序进行秘书处初步审查、审评委员会专业分委员会会议审查、审评委员会主任会议审议。标准审议通过后，标准起草单位应当在秘书处规定的时间内提交报批卫生部卫生监督中心需要的全部材料。卫生部卫生监督中心进行审核。审核通过的标准由卫生部卫生监督中心报送卫生部。

### 4.7.8.5 批准和发布

审查通过的标准，以卫生部公告的形式发布。食品安全国家标准自发布之日起20个工作日内在卫生部网站上公布，供公众免费查阅。卫生部负责食品安全国家标准的解释工作。食品安全国家标准的解释以卫生部发文形式公布，与食品安全国家标准具有同等效力。

### 4.7.8.6 修改和复审

食品安全国家标准公布后，个别内容需作调整时，以卫生部公告的形式发布食品安全国家标准修改单。食品安全国家标准实施后，审评委员会应当适时进行复审。卫生部应当组织审评委员会、省级卫生行政部门和相关单位对标准的实施情况进行跟踪评价。

## 4.7.9 《餐饮服务许可管理办法》及《餐饮服务食品安全监督管理办法》

为规范餐饮服务许可工作，加强餐饮服务监督管理，维护正常的餐饮服务秩序，保护消费者健康，根据《中华人民共和国食品安全法》《中华人民共和国行政许可法》《中华人民共和国食品安全法实施条例》等有关法律法规的规定，于2010年2月8日经卫生

部部务会议审议通过《餐饮服务许可管理办法》《餐饮服务食品安全监督管理办法》，2010 年 3 月 4 日发布，自 2010 年 5 月 1 日起施行。

餐饮服务，指通过即时制作加工、商业销售和服务性劳动等，向消费者提供食品和消费场所及设施的服务活动。《餐饮服务许可管理办法》适用于从事餐饮服务的单位和个人（以下简称餐饮服务提供者），不适用于食品摊贩和为餐饮服务提供者提供食品半成品的单位和个人。餐饮服务实行许可制度。餐饮服务提供者应当取得《餐饮服务许可证》，并依法承担餐饮服务的食品安全责任。国家食品药品监督管理局主管全国餐饮服务许可管理工作，地方各级食品药品监督管理部门负责本行政区域内的餐饮服务许可管理工作。

国家食品药品监督管理局主管全国餐饮服务监督管理工作，地方各级食品药品监督管理部门负责本行政区域内的餐饮服务监督管理工作。餐饮服务提供者应当依照法律、法规、食品安全标准及有关要求从事餐饮服务活动，对社会和公众负责，保证食品安全，接受社会监督，承担餐饮服务食品安全责任。

《餐饮服务许可管理办法》《餐饮服务食品安全监督管理办法》详细内容见第 6 章。

## 4.7.10　《食品生产许可管理办法》及《食品生产加工企业质量安全监督管理实施细则（试行)》

为加强食品生产加工企业质量安全监督管理，提高食品质量安全水平，保障人民群众安全健康，根据《中华人民共和国产品质量法》、《中华人民共和国工业产品生产许可证管理条例》、《国务院关于进一步加强食品安全工作的决定》和国务院赋予国家质量监督检验检疫总局（以下简称国家质检总局）的职能等有关规定，2005 年 9 月 1 日国家质量监督检验检疫总局公布质检总局令第 79 号《食品生产加工企业质量安全监督管理实施细则（试行)》，替代原第 52 号令《食品生产加工企业质量安全监督管理办法》，自 2005 年 9 月 1 日起施行。

为了保障食品安全，加强食品生产监管，规范食品生产许可活动，根据《中华人民共和国食品安全法》和其实施条例以及产品质量、生产许可等法律法规的规定，2010 年 4 月 7 日国家质量监督检验检疫总局公布《食品生产许可管理办法》，自 2010 年 6 月 1 日起施行。2013 年国家成立国家食品药品监督管理总局，对我国食品监管体制进行了调整，为适应体制调整，国家食品药品监督管理总局于 2015 年 8 月 31 日通过《食品生产许可管理办法》，自 2015 年 10 月 1 日起施行。其详细内容见第 6 章。

## 4.7.11　《食品流通许可证管理办法》及《流通环节食品安全监督管理办法》

为了规范食品流通许可行为，加强《食品流通许可证》管理，根据《中华人民共和国食品安全法》《中华人民共和国行政许可法》《中华人民共和国食品安全法实施条例》等有关法律、法规的规定，2009 年国家工商行政管理总局局务会审议通过《食品流通许可证管理办法》《流通环节食品安全监督管理办法》，7 月 30 日公布并实施。

《流通环节食品安全监督管理办法》共五章，六十九条，主要分为总则、食品经营、监督管理、法律责任、附则。

食品经营者应当依照法律、法规和食品安全标准从事食品经营活动，建立健全食品安全管理制度，建立并执行从业人员健康检查制度和健康档案制度、食品进货查验记录制度、食品退市制度等，采取有效管理措施，保证食品安全。食品经营者对其经营的食品安全负责，对社会和公众负责，承担社会责任。工商行政管理机关依照法律、法规和国务院规定的职责以及本办法的规定，对流通环节食品安全进行监督管理。县级及其以上地方工商行政管理机关应当与其他食品监督管理部门加强沟通、密切配合，按照职责分工，依法行使职权，承担责任。鼓励和支持食品经营者为提高食品安全水平采用先进技术和先进管理规范。

县级及其以上地方工商行政管理机关应当依照法律、法规和本办法的规定公布食品安全信息，为公众咨询、投诉、举报提供方便；任何组织或者个人有权向工商行政管理机关举报食品经营中违反本办法的行为，有权了解食品流通安全信息，对流通环节食品安全监督管理工作提出意见和建议。

## 4.8　食品地方法规

宪法明确规定县级以上各级人民政府，在管理本行政区域时可发布决定和命令。为了更好地执行食品安全法律、法规和规章，有效监督管理本行政区域内的食品安全，各级政府或相关行政部门可依照法定权限制定相应的食品地方法规。地方食品法规在法制建设中的作用越来越重要，制定适合本地实际情况的地方性食品法律法规，要突出地方特色、适用性和可操作性。以下简单介绍部分省市的食品地方法规。

### 4.8.1　北京食品地方法规

北京是我国食品安全地方法规比较完善的地区之一，针对食品生产、经营、销售、农产品安全生产、水资源卫生等进行了地方立法，以确保食品安全性。

#### 4.8.1.1　《北京市食品安全条例》

2007年11月30日北京市第十二届人民代表大会常务委员会第四十次会议通过《北京市食品安全条例》，2007年11月30日公布，自2008年1月1日起施行。条例共七章六十七条，主要内容有：适用于本市行政区域内的食品生产经营和食品安全监督管理等活动；生产经营的食品，应当符合食品安全标准，没有食品安全标准，应及时制定食品安全地方标准；依法对食品生产经营实行许可；在北京生产、销售的食用农产品应当符合国家和本市有关食品安全的规定，对蔬菜、水果、水产品推行无公害农产品标准；列入重点监督管理食品名录的预包装食品应当附有商品条码、电子标签等信息储存介质，记载可追溯食品来源的相关信息；食品批发市场、经营食品的大型超市和仓储式食品店、食品配送中心应当具备相应的食品安全检测条件和能力；市食品安全监督协调机构组织建立全市统一的食品安全监测体系，制定食品安全年度监测计划；建立食品安全应急协调体系，制定食品安全突发事件应急预案并组织演练，做好食品安全突发事件应急处理工作；建立食品安全信息公布制度；市和区、县食品安全监督协调机构负责指导食品安全工作，组织编制和实施食品安全规划，协调和监督食品安全监督管理部门做好食品安全监督管理工作，组织查处重大食品安全违法案件，协调处理食品安全突发事件。

### 4.8.1.2　《北京市食品安全监督管理规定》

2002 年 12 月 31 日北京市人民政府第 57 次常务会议审议通过《北京市食品安全监督管理规定》，2002 年 12 月 31 日公布，自 2003 年 2 月 1 日起施行。本规定共二十六条，主要内容有：适用于本市行政区域内从事食品生产经营的单位和个人；对食品实行市场准入制度，市人民政府统一协调食品安全监督管理工作；建立食品安全专家评估制度；市人民政府根据本市食品安全管理的需要，公布实施重点监督管理的食品名录；建立食品安全信用监督管理系统，记载并向社会公示下列信息；规范经营食品的市场开办者行为和规则；实行安全食用农产品标志制度，向符合条件的单位和个人核发《安全食用农产品标志使用证书》；对食品安全的监督管理及违规处罚作了相关规定。

### 4.8.1.3　《北京市保健食品安全监管信用档案管理办法》

为落实保健食品生产经营企业食品安全主体责任，加强日常监督管理，强化保健食品生产经营企业食品安全诚信意识，根据《中华人民共和国食品安全法》《中华人民共和国食品安全法实施条例》，制定《北京市保健食品安全监管信用档案管理办法》，2011 年 12 月 23 日发布，自 2012 年 1 月 1 日实施。本办法共十三条，主要内容有：本办法适用于药品监督管理部门对辖区内保健食品生产经营企业安全信用信息的收集、整理、使用和管理；保健食品安全监管信用档案内容包括行政许可情况、日常监管情况、监督抽检情况、专项检查整治工作情况、违法行为情况、其他保健食品安全监管信用信息；保健食品安全监管信用档案应指定专人负责，定期维护更新；对纳入保健食品安全监管不良信用记录名单的，药品监督管理部门在依法处理的同时，对企业予以重点监管，情节严重的给予通报并向社会曝光。

### 4.8.1.4　《北京市现场制、售饮用水卫生管理办法》

为了加强对本市现场制、售饮用水的卫生管理，保证现场制、售饮用水的卫生安全，保障市民身体健康，根据《北京市生活饮用水卫生监督管理条例》《生活饮用水卫生标准》（GB5749—2006）等有关规定，结合本市实际情况，制定本管理办法，2009 年 8 月 13 日发布，自 2009 年 9 月 1 日实施。办法共十一条，主要内容有：本管理办法用于规范本市行政区域内现场制、售饮用水的生产、销售、维护及卫生监督管理等；对现场制、售饮用水的卫生监督管理实行备案制度；现场制、售饮用水的水源水质应当符合《生活饮用水卫生标准》（GB5749—2006）的规定，现场制、售饮用水水质应当符合相关国家卫生标准规定；现场制售水机安装位置的选址和设计应当符合相关条件，经营单位应建立卫生管理制度，定期对供水点进行巡视，定期对其现场制售水机的运行和对出水水质进行检测；区（县）卫生行政部门应当定期对辖区内的现场制、售饮用水的供水点进行卫生监督管理。

#### 4.8.1.5　　《北京市餐饮经营单位安全生产规定》

　　为了加强安全生产监督管理,提高餐饮经营单位安全生产水平,防止和减少生产安全事故,保障人民群众生命和财产安全,根据《中华人民共和国安全生产法》和《北京市安全生产条例》及有关法律、法规,制定本规定,2006 年 10 月 26 日公布,2007 年 4 月 1 日实施。本规定共三十七条,主要内容有:适用于本市行政区域内建筑面积在 500 平方米以上的餐饮经营单位;市和区、县商务行政主管部门对餐饮经营单位的安全生产工作实施行业监督管理;公安消防、质量技术监督等部门分别对餐饮经营单位的消防安全、特种设备安全等实施专项监督管理;安全生产监督管理部门对餐饮经营单位的安全生产工作实施综合监督管理,指导、协调和监督政府有关部门履行安全生产监督管理职责;餐饮经营单位的主要负责人对本单位的安全生产工作全面负责;餐饮经营单位应当对从业人员进行安全生产教育和培训;餐饮经营单位应当制定生产安全事故应急救援预案。

#### 4.8.1.6　　《北京市生活饮用水卫生监督管理条例》

　　为了保证生活饮用水卫生,防止饮用水污染和有害因素对人体的危害,保障人民身体健康,北京市第十届人民代表大会常务委员会第三十六次会议于 1997 年 4 月 16 日通过《北京市生活饮用水卫生监督管理条例》,自 1997 年 7 月 1 日起施行,2004 年 12 月 1 日进行了修订。本条例共六章三十条,主要内容有:适用于集中式供水(包括城镇公共供水、自备水源供水和农村简易自来水供水)、二次供水的饮用水,供水的设备及用品,也适用于供水的场所、设施和环境;饮用水必须符合国家标准,饮用水的供水过程必须符合相关卫生要求;供水设施的规划、设计和安装,应当符合相关卫生要求;市和区、县卫生行政部门负责本辖行政区的饮用水卫生监督工作,并设立饮用水卫生监督员制度。

　　此外还有:《北京市林业植物检疫办法》《北京市蔬菜批发市场管理规范》《北京市工商局食品流通许可工作规范—申请条件》(讨论稿)、《北京市生产许可证核查人员管理办法》《北京市生产许可证观察员制度(试行)》《北京市保健食品经营企业现场验收管理规定(暂行)》等。

### 4.8.2　　上海食品地方法规

#### 4.8.2.1　　《上海市实施〈中华人民共和国食品安全法〉办法》

　　为了保证食品安全,保障公众身体健康和生命安全,根据《中华人民共和国食品安全法》、《中华人民共和国食品安全法实施条例》等有关法律、行政法规,结合上海市实际情况,于 2011 年 7 月 29 日上海市第十三届人民代表大会常务委员会第二十八次会议通过《上海市实施〈中华人民共和国食品安全法〉办法》,自 2011 年 9 月 1 日起施行。本办法共六章六十二条,主要内容有:食品生产经营者应当依照法律、法规和食品安全标准从事生产经营活动,建立健全食品安全管理制度,对其生产经营的食品安全和社会公众负责,接受社会监督,承担社会责任;市和区、县人民政府设立食品安全委员会,承担相关职责；生产经营者建立进货查验记录制度，建立健全本单位的食品安全管理制度，对从业人员定期培训，并建立培训档案；根据实际需要统筹规划、合理布局，建设适合食品生产加工小作坊从事食品生产加工活动的集中食品加工场所等。

### 4.8.2.2　《上海市食用农产品安全监管暂行办法》

为了加强对食用农产品生产经营的安全管理，防止食用农产品污染和有害因素对人体的危害，保障人体健康和生命安全，2001 年 7 月 23 日上海市人民政府令第 105 号发布《上海市食用农产品安全监管暂行办法》，2004 年 7 月 3 日进行了修订。本办法共六章四十条，主要内容有：适用于种植、养殖而形成的，未经加工或者经初级加工的，可供人类食用的产品，包括蔬菜、瓜果、牛奶、畜禽及其产品和水产品等食用农产品的生产经营；上海市食用农产品安全监管领导小组负责制定与食用农产品安全监管相关的政策，确定食用农产品安全监管的重点领域和事项，协调有关食用农产品安全监管的执法工作，处理食用农产品安全监管的其他重大事宜；农业行政主管部门负责食用农产品生产基地建设，种子（种畜、种禽）、肥料、农药、兽药、饲料、饲料添加剂等生产、经营、使用的监督管理，畜禽及其产品防疫、检疫的监督，先进农业技术的推广和应用；经济流通主管部门负责食用农产品流通管理，并协同有关部门进行食用农产品批发市场、农副产品集贸市场的监督管理；质量技术监督部门负责食用农产品国家和行业标准的组织实施，地方标准的制定和监督实施；卫生行政部门负责食用农产品加工和流通领域安全卫生的监督管理；工商行政管理部门按照法律、法规规定的职责，负责食用农产品经营行为的监督管理；环境保护行政部门按照法律、法规规定的职责，负责食用农产品生产基地环境状况的指导和监督；各区（县）人民政府所属的城市管理综合执法机构依法负责集贸市场外占用道路、流动设摊的无照经营违法行为的查处；出入境检验检疫部门按照法律、法规规定的职责，负责进出口食用农产品的检验检疫和监督管理；建立食用农产品安全卫生质量标准体系、食用农产品安全卫生质量跟踪制度、生产基地安全卫生质量合格检验证明制度、生产者安全卫生质量承诺制度、优质农产品认可制度、批发市场安全卫生质量责任告知承诺制度、食用农产品经营活动场内公示制度、优质食用农产品的推介制度。

### 4.8.2.3　《上海市食品安全企业标准备案办法》

为规范食品安全企业标准的备案工作，根据《中华人民共和国食品安全法》、《中华人民共和国食品安全法实施条例》和卫生部《食品安全企业标准备案办法》的有关规定，结合本市实际，上海市食品药品监督管理局 2010 年 7 月 13 日公布并实施本办法。本办法共二十六条，主要内容有：没有食品安全国家标准或者上海市地方标准，或食品生产企业制定严于食品安全国家标准或者上海市地方标准的食品安全企业标准时，应当向本市食品药品监督管理部门备案；上海市食品药品监督管理局（以下简称市食品药品监管局）负责本市食品安全企业标准备案管理工作，市食品药品监管局负责生食水产品、保健食品、特殊膳食用食品、辐照食品的企业标准备案工作，区（县）食品药品监督管理局承担其他食品的企业标准备案工作；各级食品药品监督管理局应指定专门部门，配备专职专业人员开展食品安全企业标准的备案工作；申请备案的企业标准应符合相关标准法规要求；申请企业标准备案时，食品生产企业应当提交企业标准备案登记表、企业工商营业执照复印件、生产许可证复印件、企业标准文本及电子版、企业标准编制说明及电子版、产品技术要求的检验报告、其他材料；食品药品监督管理部门受理企业标准备案后，应当在受理之日起 10 个工作日内对企业提供的材料进行审核，必要时应到现场审核，通过审核存档，并公布。

#### 4.8.2.4　《上海市清真食品管理条例》

为了尊重少数民族的风俗习惯，保障清真食品供应，加强清真食品管理，促进清真食品行业发展，增进民族团结，根据《城市民族工作条例》，结合本市实际情况，2000年 8 月 11 日上海市人民代表大会常务委员会通过并公布《上海市清真食品管理条例》，2001 年 1 月 1 日生效。条例共六章三十条，主要内容有：适用于本市行政区域内清真食品的生产、储运、销售及其监督管理活动；市民族事务所行政主管部门负责组织和监督本条例的实施；市商业行政主管部门负责清真食品的行业规划和生产、经营管理工作。市工商行政管理、财政、税务、卫生、房屋土地、工业经济等行政主管部门依照各自的职责，协同实施本条例；生产、经营清真食品的，应当事先向市或者区、县民族事务行政主管部门申领清真标志牌。未取得清真标志牌的，不得生产、经营清真食品；生产、经营清真食品的，应当按照食用清真食品少数民族的饮食习惯屠宰、加工、制作。

#### 4.8.2.5　《上海市超市熟食卤味销售和加工卫生操作规范（试行）》

为进一步规范超市（卖场）熟食卤味销售加工行为，提高本市超市（卖场）熟食卤味的食品安全水平，2006 年上海市食品药品监督管理局制定了《上海市超市熟食卤味销售和加工卫生操作规范（试行）》。主要内容有：超市采购熟食卤味应组织有关食品安全质量管理人员对生产企业进行实地考察，选择具有合法资质、一定规模的生产企业，与其签订食品安全协议，索取卫生许可证，并不定期抽查生产企业实际生产情况；采购的熟食卤味必须采用定型包装或符合卫生要求的专用密闭容器包装，并采用专用车辆运输，并于适当温度下存放；销售场所、专间（柜）等设施应符合相关卫生要求；从业人员应当取得健康体检证明和食品卫生培训合格证明后方可上岗操作；销售和加工过程卫生要求；档案要求等。

此外还有以下食品法规：《上海市食品药品监督管理局缺陷食品召回管理规定（试行）》、《上海市食品安全地方标准管理办法（征求意见稿）》、《上海市家畜屠宰管理规定》、《餐饮服务单位食用油使用指南》、《上海市集体用餐配送监督管理办法》等。

### 4.8.3　香港食品地方法规

香港的食物环境卫生署是卫生福利及食物局辖下的一个行政部门，负责确保食物安全，并为香港市民提供清洁卫生的居住环境。涉及食品的工作有：确保预先包装发售的食物有正确的标签引入和推广"食品安全重点控制"方法，以确保食物安全；对食物进行风险评估，调查和处理食物事故；管制高风险食物的入口，签发出口食物卫生许可证明书；管制食用动物的入口；提供肉类检验服务；采取防治措施，防止媒传疾病的传播，调查媒传疾病事故。

香港食品法律法规主要有《基本食物法例》《内地冰鲜鸡蛋输入香港指南》《香港入口食物指引》《香港入口冰冻甜点指引》《香港入口野味》《香港入口乳类饮品指引》《香港入口海产指引》《食物回收指引》《食物卫生守则》《经消毒低酸度包装食物卫生守则》《申请动物制食品卫生证书指引》等。

## 4.8.4　河南食品地方法规

### 4.8.4.1　《河南省食品安全事故应急预案》

进一步健全应对食品安全事故的救援体系和运行机制，规范和指导应急处置工作，有效预防、积极应对、及时控制食品安全事故，高效组织应急救援工作，最大限度减少食品安全事故造成的危害，保障公众身体健康与生命安全，维护正常的社会秩序，根据相关法律法规，2009 年制定《河南省食品安全事故应急预案（试行）》。2012 年 3 月制定并颁布了《河南省食品安全事故应急预案》，预案适用于河南省行政区域内食物（食品）链各环节发生的，造成社会公众大量病亡或可能对人体健康构成潜在重大危害，并造成严重社会影响的重大食品安全事故。主要内容有：事故分级、组织机构及其职责、应急保障、监控预警、信息处理、应急响应、后期处理、奖惩等。

### 4.8.4.2　《河南省生猪屠宰管理条例实施办法》

为了加强生猪屠宰管理，保证生猪产品质量，保障人民身体健康，根据国务院《生猪屠宰管理条例》和国家有关法律、法规，结合河南省实际情况，2000 年制定本办法。本办法共二十五条，主要内容有：县级以上商品流通行政主管部门负责本行政区域内生猪屠宰的行业管理和生猪屠宰活动的监督管理；乡镇定点屠宰厂（场）生猪屠宰活动，由乡镇人民政府具体管理，并接受县级商品流通行政主管部门的指导；申请设立定点屠宰厂（场），必须提交书面申请和有关技术资料，经市、县商品流通行政主管部门会同有关部门审核，报同级人民政府批准后，方可取得定点屠宰厂（场）资格；定点屠宰厂（场）的屠宰检疫，由动物防疫监督机构负责。

### 4.8.4.3　《河南省生活饮用水卫生监督监测计划》

为进一步加强生活饮用水卫生监督执法工作，切实维护人民群众的健康权益，保证人民群众饮水卫生安全，依据《生活饮用水卫生监督管理办法》《生活饮用水卫生标准》等法律法规，2010 年制定了《2010 年生活饮用水卫生监督监测计划》。计划共五部分内容：监督检查内容依据、监测内容与方法、组织分工、时间安排、工作要求。

### 4.8.4.4　《河南省畜产品质量安全管理办法》

为保障畜产品质量安全，维护公众健康，根据《中华人民共和国农产品质量安全法》等有关法律、法规，结合河南省实际，2007 年 6 月 26 日省政府第 185 次常务会议通过

《河南省畜产品质量安全管理办法》，自 2007 年 9 月 1 日起施行。本办法共二十五条，主要内容有：适用于本省行政区域内的畜产品质量安全管理活动；县级以上人民政府应当加强对本行政区域内畜产品质量安全工作的领导，建立健全畜产品质量安全服务体系，提高畜产品质量安全水平，支持无公害畜产品生产，鼓励生产者申请无公害畜产品产地认定和产品认证，并安排畜产品质量安全经费用于开展畜产品质量安全工作；畜牧兽医行政主管部门负责本行政区域内畜产品质量安全的监督管理工作；畜禽养殖场应当按照国家规定的标准和技术规范饲养畜禽，并建立畜禽养殖档案；畜禽屠宰企业应当建立畜产品生产记录；畜产品批发市场应当与进入市场的畜产品经营者签订质量安全协议，并建立质量安全信用管理制度；畜牧兽医行政主管部门应当对可能影响畜产品质量安全的兽药、饲料和饲料添加剂等畜禽生产投入品制定监督计划，定期进行监督抽查，并公布抽查结果；畜牧兽医行政主管部门应当建立畜产品质量安全监测制度，制定并组织实施畜产品质量安全监测计划，对生产或者销售的畜产品进行监督抽查；畜牧兽医行政主管部门对经检测不符合畜产品质量安全标准的畜产品有权查封、扣押，并依法处理。

此外还有以下食品法规：《河南省清真食品管理办法》《河南省保健食品广告发布企业信用管理规定（试行）》《河南省食品工业调整振兴规划》《河南省餐饮业食品索证管理规定》《河南省实施＜粮食流通管理条例＞办法》。

**案例分析：** 浙江温州制售病死猪肉案

【事件回放】2010 年 7 月，浙江温州市公安局治安支队破获一起制售病死猪肉案。经查，2009 年 7 月至 2010 年 5 月期间，犯罪嫌疑人盛晓敏、陆和蓉、陆宝云等合伙，收购病死猪肉，并制作成炸排骨、煮排骨、酱油肉等各类猪肉制品。警方同时查明，盛某向陈某等多名犯罪嫌疑人销售病死猪肉，陈某将这些猪肉制成各类猪肉制品对外销售。

犯罪过程中，犯罪嫌疑人以 3000 元/吨的价格收购病死猪肉，以 4000～6000 元/吨的价格销售给熟肉加工者，以 14 元/公斤的价格销售制成品。经浙江省动物疫情控制中心检测，病死猪肉中含有"高致病性猪蓝耳病病毒"。

【原因分析】我国刑法中，适用病死猪肉犯罪的条款主要有：第 140 条，生产、销售伪劣产品罪；第 143 条，生产、销售不符合安全标准的食品罪；第 144 条，生产、销售有毒、有害食品罪。

若适用第 140 条，需证实销售额达 5 万元以上或查处商品案值 15 万元以上，但"黑作坊""黑工厂"大多无账可查；伪劣产品案值低，一般难以一批查证 15 万元以上。

若适用第 143 条，需证实"含有可能导致严重食物中毒事故或者其他严重食源性疾患的超标准的有害细菌或污染物"，而这也难以及时证实，且食品存在腐烂变质、二次污染可能，不易封存保管留待日后鉴定。

若适用第 144 条，需证实食品中存在有毒有害物质，这要相应的技术设备才能鉴定。目前，一些地方设备不足、经费缺口很大，没有实力解决检测鉴定的问题。如福建制售病死猪肉案中，猪肉样本送有关部门鉴定，却拿不出有质量问题的检测报告；对其"下家"的追责依据，是在加工时加入亚硝酸钠超标，而非制售病死猪肉行为本身。

据了解，当前制售病死猪肉案件，大多以"生产、销售伪劣产品罪"论处。除非数额特别巨大的案件，一般刑罚较轻，判处几年徒刑以及一定数额罚款。一些犯罪分子服完刑后重操旧业，还有一些不法分子"不怕轻刑、不怕轻罚"，屡犯不止，甚至"边罚边犯"。

【事件解决】2011 年 1 月 13 日，鹿城检察院以生产、销售伪劣产品罪对盛晓敏、陆和蓉、陆宝云等 12 人提起公诉。鹿城法院审理查明，12 人销售病死猪肉金额在 6 万元至 80 多万元不等，其中盛晓敏涉案的销售金额最高，达 80 多万元。此外，盛晓敏之前曾犯盗窃罪和交通肇事罪，犯本案时仍在缓刑期内。法院认为，盛晓敏、陆和蓉、陆宝云等人在生产、销售食品过程中，以不合格产品冒充合格产品，其行为均已构成生产、销售伪劣产品罪。

综合考虑各被告人的销售金额、主次作用、立功表现等因素，法院对 12 名涉案人员分别处以 10 年至 1 年不等有期徒刑。其中，盛晓敏获刑最高，被判处有期徒刑 9 年，处罚金人民币 100 万元，并撤销其 2 年 6 个月缓刑，合并执行有期徒刑 10 年。

【启示】有关部门要加大监管及执法力度，建立健全行政执法和刑事司法相衔接的机制；同时，针对食品安全违法犯罪新特点、新趋势，适时调整法律、法规，以确保人民群众的食品安全，营造出安全放心的餐饮环境。

思考题

1. 我国现行食品监督管理体制。
2. 食品安全法的主要内容有哪些？
3. 农产品质量安全法的主要内容有哪些？
4. 产品质量法及刑法中适用于食品违法刑事犯罪的罪名有哪些？
5. 《乳品质量安全监督管理条例》对我国乳品监管的意义。
6. 《食品安全国家标准管理办法》的主要内容。
7. 《食品生产许可管理办法》的基本内容是什么？
8. 《餐饮服务食品安全监督管理办法》的基本内容是什么？
9. 简述建立我国食品地方法规的必要性和意义。

# 第5章 国际食品标准与法规

**导读**

近年来，频频出现的食品安全问题很多都涉及国际或国外食品标准差异。一边是国外认为存在安全隐患，另一边是有关部门回应未超国家标准，如新近发生的"雀巢婴幼儿米粉事件"，来自瑞典研究机构的数据表明，雀巢等品牌生产的部分婴儿食品含有砷、铅等重金属，存在安全隐患。然而中国疾病预防控制中心通报，这些品牌在华产品检出的砷、铅等重金属，均未超出中国标准。还有2010年麦当劳的麦乐鸡在美国被发现含有两种化学物质，"聚二甲基硅氧烷"和"特丁基对苯二酚"。但是麦当劳中国公司称，这两种物质含量均符合现行中国食品添加剂使用标准。以原料奶为例，我国标准规定每毫升细菌含量不得超过200万个，但这一标准在国际上得不到承认；再如，国际标准中有奶牛"体细胞"的检测项目，这是判断牛是否健康的重要标准，而我国却没有相关规定；我国允许的"农残"量要比欧盟和美国高出数倍；植物奶油被曝光有危害，但我国没有强制性的限量标准；"蜂胶造假"事件中造假者在树胶里添加芦丁、槲皮素等黄酮类物质，人为提高总黄酮含量，反而"符合"了蜂胶国家标准…，类似食品标准"内外有别"的现象并不少见。数据显示，多年以来我国食品出口合格率均保持在99.8%以上，而内销食品在"多年整顿"的背景下，合格率却只有90%左右。虽然只有9个百分点的差距，但却暴露出食品安全标准"内外有别"的尴尬。一方面，我国的食品需要"摸高"才能进入国外市场，导致"一流产品出口、二流产品内销"。另一方面，在宽泛标准产生的"洼地"效应下，一些在国外被认定为"不合格"的洋食品，能堂而皇之地进入我国市场。有些产品在国外被查出安全问题后，面对中国公众的质疑，却因中国的低标准而造成我们执法机关监管乏力，让不法分子钻空子的情况。因此，不管是为了提高我国出口食品质量，还是为了减少国外劣质食品流入中国，我们都应该了解并熟悉掌握国际食品标准与法规，为我国农产品及食品进出口贸易提供技术支持与法律保障。

## 5.1 国际食品法典

### 5.1.1 国际食品法典委员会（Codex Alimentarius Commission，CAC）

20世纪40年代后期成立联合国粮农组织和世界卫生组织之后，有关食品法规的发展方向成为国际社会关注的要点。从事食品经营和贸易的人员、消费者以及各方专家越来越寄希望于FAO和WHO能作为"领头羊"，理顺各种阻碍贸易而且不能为消费者提供充分健康保障的错综复杂的食品法规。1953年，WHO的主管机构——世界卫生大会提出，食品中广泛使用化学物质已成为新的公共卫生问题，因此建议两个组织应开展有关研究。其中一项是将食品添加剂的使用作为研究的重点。于是，1955 年 FAO 和 WHO 召开了第一次食品添加剂联合会议。这次会议决定成立 FAO/WHO 食品添加剂联合专家委员会（JECFA）。这是 FAO 和 WHO 首次就食品安全标准问题进行研究合作。与此同时，一些国际非政府组织（NGO）建立了许多产品专业委员会，他们也在认真研究某一食品类别的标准，如果汁、速冻蔬菜水果以及乳品等，其工作成为日后成立的相关食品法典产品委员会的基础，有些非政府委员会则直接演变为某一法典委员会。

在食品法典成立过程中，1960 年和 1961 年是两个历史性的时期。1960 年 10 月，第一届 FAO 欧洲地区会议提出了一个广泛认同的观点："作为保护消费者健康，确保食品质量和减少贸易壁垒的重要手段，特别是在迅速形成的欧洲共同市场的形势下，需要就基本食品标准及有关问题（包括标签要求、检验方法等）达成国际协定。"此次会议还认为："协调各种组织不断增加的食品标准计划将是十分重要的问题。"

在此次地区会议过去四个月后，FAO 开始与 WHO、欧洲经济委员会（ECE）、联合国经济合作发展组织（OECD）以及欧洲食品法典理事会共同讨论有关建立一个国际食品标准计划的意向。1961 年 11 月，FAO 第 11 次会议通过决议决定成立食品法典委员会，并敦促 WHO 尽快共同建立 FAO/WHO 联合食品标准计划。1962 年，FAO/WHO 联合食品标准会议召开，决定成立国际食品法典委员会（CAC）实施该计划，共同制定食品法典。1963 年 5 月，世界卫生大会第 16 次会议批准，并且通过了 CAC 章程。

CAC 作为世界上第一个政府间协调国际食品标准法规的国际组织，其宗旨是保护消费者健康和促进国际公平食品贸易。在其成立的四十余年来，食品法典标准在诸多方面发挥着重要作用，取得了显赫的成就。

自从 1961 年开始制定国际食品法典以来，负责这一工作的 CAC 在食品质量和安全领域的工作已为世人所瞩目。在过去的四十余年间，CAC 关注着所有与保护消费者健康和维护公平食品贸易有关的工作。遵循联合国粮农组织和世界卫生组织的良好传统，CAC 一直不断地促进食品科学技术方面的研究和讨论，这也是不懈努力制定食品法典的一部分工作。这项工作将全球的食品安全意识提升到前所未有的高度。因而，食品法典也就成为食品标准发展过程中唯一的和最重要的国际参考基准。食品法典的主要成就体现在：在公平贸易的原则下，促进国际食品贸易的发展。

### 5.1.1.1　CAC 简介

食品法典委员会（Codex Alimentarius Commission，CAC）是联合国粮农组织（FAO）和世界卫生组织（WHO）于 1961 年建立的以保障消费者的健康和确保食品贸易公平为宗旨的一个政府间协调食品标准的国际组织，受 FAO 和 WHO 领导。委员会的章程和程序规则的制定、修订均需经这两个组织批准。

CAC 目前已有 185 个成员国和欧共体以及众多政府间组织和来自国际科学团体、食品工业和贸易界及科技界以及消费者组织的观察员，其成员国覆盖了世界人口的 99%，并且发展中国家的数目已迅速增长并占绝大多数，这些事实进一步表明 CAC 在全世界的影响越来越大。CAC 作为一个单一的国际参考组织，一贯致力于在全球范围内推广食品安全的观念和知识，关注并促进消费者保护。自成立之日起，CAC 在食品安全领域做了大量工作。

CAC 是一个真正的国际组织，委员会每两年，在粮农组织总部所在地罗马和世界卫生组织总部所在地日内瓦之间轮换召开一次会议。每个成员国的首要义务是出席大会会议，各成员国政府委派官员召集组成本国代表团，代表团成员包括企业代表、消费者组织、学术研究机构的代表，非委员会成员国的国家有时也可以观察员的身份出席会议。

大多数国际政府组织和国际非政府组织均可作为观察员列席委员会大会。与各成员国所不同的是，"观察员"不具备大会通过决议的最终表决权，除此之外，食品法典委员会允许观察员随时提出他们的观点。

为便于成员国间的继续接触，委员会与各国政府合作，设立了法典咨询点，很多成员国设立了本国的法典委员会以协调国家间的各项活动。

### 5.1.1.2　CAC 组织和管理

食品法典委员会 CAC 的组织机构包括全体成员国大会、常设秘书处、执行委员会和附属技术机构（各类分委员会）及联合专家委员会：

1）全体成员国大会

食品法典委员会（CAC）主要的决策机构是食品法典委员会每两年一次在罗马和日内瓦轮流召开的全体成员国大会，审议并通过国际食品法典标准和其他相关事项。委员会的日常工作由在罗马粮农组织总部的一个由 6 名专业人员和 7 名支持人员组成的常设秘书处来承担。食品法典委员会秘书处负责简洁陈述 FAO/WHO 标准的进展，为委员会提供行政支持以及与会员国食品法典联络处联系。

委员会从其成员中选举出 1 名主席和 3 名副主席，每两年换届一次。在主席缺席的情况下，由副主席主持委员会的会议，并视委员会工作的需要情况行使其他职能。这些被选出的官员，为委员会的一个普通会期（两年）提供服务，并可连任两届。

2）执行委员会

CAC 下设执行委员会，在 CAC 全体成员国大会休会期间，执行委员会代表委员会开展工作行使职权。执行委员会由主席和副主席连同委员会选出的 7 名成员组成，非洲、亚洲、欧洲、拉美和加勒比、近东、北美、西南太平洋各 1 人。

3）附属技术机构

CAC 的技术附属机构是 CAC 国际标准制定的实体机构，这些附属机构分成一般专题委员会、商品委员会、地区协调委员会和政府间特设工作组四类，每类委员会下设具体专业委员会，目前共有 30 个委员会，其中 6 个委员会处于休会状态，随时可能被激活，CAC 标准通过这 30 个附属机构制定完成。一般专题委员会负责拟订有关适用于所有食品的食品安全和消费者健康保护通用原则的标准。商品委员会（纵向）负责拟定有关特定商品的标准。地区协调委员会负责处理区域性事务。目前有 10 个一般专题委员会，11 个商品委员会，6 个地区协调委员会，3 个政府间特设工作组。2006 年 7 月 5 日在瑞士日内瓦举行的国际食品法典委员会第 29 届会议上，我国成功当选国际食品添加剂法典委员会主持国，这是自 1963 年国际食品法典委员会成立以来，我国首次担任其附属委员会的主持国。CAC 组织机构及各委员会设置如图 5-1 所示。

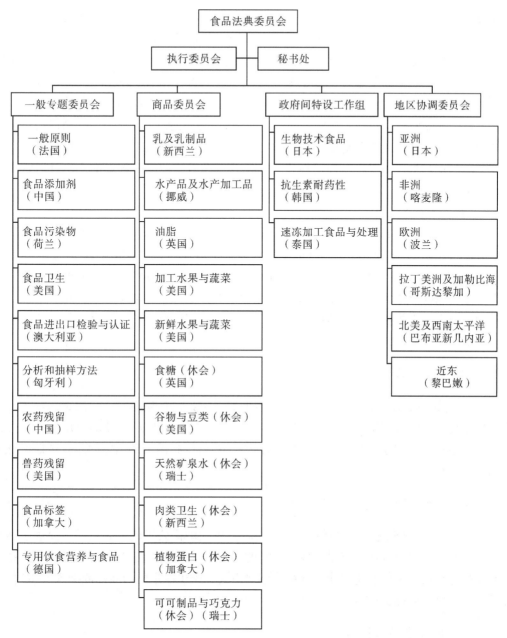

图 5-1　CAC 组织机构

近年来随着食品安全情况的变化，CAC 各委员会有的被分解了，有的被废除了，有的处于休会状态，CAC 具体情况可查询 http：//www. codexalimentarius. net/web/committees. jsp。所有这些委员会都是政府间的标准协调机构，每个分委员会由一个成员国主持，主持国根据需要每一年或两年召开一次会议，都由具有广泛代表性的国家参与，一些法典分委员会的规模几乎与 CAC 全体会议一样庞大。在获得每个区域多数成员支持的基础上，委员会为六个地理区域的每个区域任命协调员。区域协调员为会议而任命且最多能连任两个任期。他们的作用是协助和协调区域协调委员会制订提交给委员会的草案性标准、准则及建议工作。他们还负责向执行委员会和委员会反映其区域成员国以及得到承认的区域性政府间组织和非政府组织对目前正讨论事项的意见。区域协调员以观察员的身份参加执行委员会。所有分委员会和协调委员会的报告需提交 CAC 大会审议讨论。区域、商品以及综合主题的各个委员会的经费开支全部或部分由东道国负担，但行政管理的费用仍由食品法典秘书处支持。成员国负担自身参加会议的费用。除此之外，委员会成立政府间特设工作组（而非食品法典的委员会），以作为一种精简委员会组织结构的手段，并借此提高附属机构的运行效率。政府间特设工作组的职权范围在起始时就予以规定，且仅限于某一即期性任务。特设工作组的期限是预设的，而且通常不应超过 5 年。

#### 4）联合专家委员会

CAC 有 FAO/WHO 食品添加剂联合专家委员会（JECFA）、FAO/WHO 农药残留联席会议（JMPR）和 FAO/WHO 微生物风险评估联席会议（JEMRA）三个联合专家委员会。JECFA 负责食品添加剂、污染物、兽药残留，JMPR 负责农药残留，JEMRA负责微生物风险评估。其他专家磋商会可根据需要建立。委员会和专家磋商会由粮农组织和世界卫生组织提供经费和管理，独立于食品法典。JECFA 和 JMPR 在粮农组织和世界卫生组织中都有各自的联合秘书处。

### 5.1.1.3　CAC 的战略目标

CAC 的战略目标是达到对消费者最高水平的保护，包括食品安全和质量。具体目标为：建立良好的法规框架，促进科学原则与风险分析获得最广泛一致的应用，促进食品法典和多边法规基本原则及公约的衔接和促进 CAC 标准在国家和国际都能获得最广泛的应用。

### 5.1.1.4　CAC 的主要职能或作用

CAC 的主要职能或作用包括：保护消费者健康和确保公正的食品贸易；促进国际组织、政府和非政府机构在制定食品标准方面的协调一致；通过或与适宜的组织一起决定、发起和指导食品标准的制定工作；解决将那些由其他组织制定的国际标准纳入 CAC 标准体系；修订已出版的标准。

## 5.1.2　国际食品法典

食品法典（Codex Alimentarius）是拉丁词汇的译义，即涉及食品的一套标准和法规。它的演变历史可以追溯到古代，早期的世界历史文献显示一些当权者采用编纂法规的形式来保护消费者不会受到食品销售中不良行为的侵害，如亚西利亚（Assyrian）的板片上记载了用以确定正确称量和度量谷物的方法；埃及的书卷中描述了某些食品的标识；在古雅典，人们需检验啤酒和葡萄酒的纯度和卫生；而罗马人有一套组织完善的国家食品管理系统，保护消费者不会受到掺假或不良食品的伤害。在中世纪的欧洲，一些国家通过了各种有关蛋、香肠、奶酪、啤酒、葡萄酒和面包质量和安全的规定，这些古代条例有的至今还存在。19 世纪下半叶，食品化学成为一门重要学科，人们开始掌握各种技术根据食物的简单成分的化学参数来确定某种食品的纯度。1897～1911 年，奥匈帝国年间，世界上第一部包涵各种类型食品的标准及产品规定的全集——《奥匈食品法典》（Codex Alimentarius Austriacus）形成了。尽管它还缺乏法律效力，但在法庭上需要确定某产品特性时，它作为参考依据。今天，"食品法典"一词就是来源于奥匈帝国的这部法规。

20 世纪早期，食品贸易者开始担心由于各国同时而又单独制定互不相同的食品标准和法规体系，不可避免地会带来贸易上的障碍。为了解决这个问题，他们组成各种贸易团体，给政府施压，要求协调不同的食品标准，以促进那些符合规定质量和安全要求的食品的正常贸易。成立于 1903 年的国际乳品联合会（IDF）就是这样一个组织，它从事着国际乳与乳制品的标准化工作，并成为后来成立 CAC 以及制定其制标程序的推动力量。

与此同时，随着食品科技的迅速发展，一些更为灵敏的分析手段出现，人们对食品的营养、质量和健康危害的认识也飞速发展。起初，消费者的担心还仅仅是"看得见"的方面——不够重量、大小不一、误导性的标识或是质量差等；但后来他们关注的包括了"看不见"的方面，即不能通过感官确定的健康危害，例如，微生物、农药残留、环境污染物以及食品添加剂等。随着各种国际和国内消费者组织的涌现，世界各国政府面临不断增加的压力，要求他们保护人们免受质次和有害食品的影响。在这样的背景下食品法典委员会成立并确定编纂食品法典成为其主要任务。

### 5.1.2.1　标准制定原则和协商一致决策

CAC 法典标准制定遵循下列原则：保护消费者健康；促进公正国际食品贸易；以科学危险性评价（定性与定量）为基础：JECFA，JMPR，微生物危险性评价专家咨询会议；考虑其他合理因素：经济、不同地区和国家的情况等。

CAC 标准是基于协商一致的决策，CAC 程序手册规定"委员会应作一切努力就以协商一致方式通过或修改标准达成协议。只有在这种达成一致意见的努力失败的情况下，通过标准的决定才可通过投票作出"。投票是根据出席会议人员表决的简单多数票。尽管还未采用准确的达成一致的定义，但要求委员会采用一种"积极达成一致"的程序，包括为阐述有争议问题的科学依据所开展的进一步的研究，确保会议的充分讨论，出现不同意见时组织有关方面举行非正式会议（会议参加权对各利益方和观察员开放，以确保透明度），重新定义审议中的主题事项的范围以去掉无法达成共识的议题，强调有关事项不提交给委员会，直至达成一致。

### 5.1.2.2　标准制定程序

1) 一般制定程序

CAC 按照严密、公开和透明的程序开展法典标准的制修订工作，通过一个设计高度完备的八步骤程序来进行标准的制订和通过。

步骤 1：参照"确定工作重点的标准"，委员会决定应拟订一项标准和应由哪个附属委员会或其他机构承担此项工作。

步骤 2：秘书处或委员会安排准备"标准草案"建议稿的起草工作。对于农药或兽药的最大残留限量标准，考虑专家委员会（食品添加剂联合专家委员会、农药残留联席会议等）的科学意见。如涉及乳及乳制品标准，则考虑国际乳品业联合会的意见。

步骤 3：将"标准草案"建议稿分发给成员国和观察员征求意见。

步骤 4：委员会考虑这些意见并决定修改"标准草案"建议稿。

步骤 5：该"标准草案"建议稿提交食品法典委员会或执行委员会，由其通过成为一项标准草案，并考虑成员国就拟议标准草案对其经济利益的影响所提意见。

步骤 6 和 7：重复步骤 3 和 4，进行第二轮的磋商和由有关的委员会进行修改。

步骤 8：由委员会通过，草案即成为一项法典的标准。

2）加速制定程序

必要时可以采用一项加速程序，主要由步骤 1 到步骤 5 组成，其最后为文本通过成为一项食品法典标准。这一般是发现立即需要某一项标准时，或在对审议中的问题已有广泛共识时才采用。委员会、执行委员会或附属机构（取决于委员会或执行委员会随后进行的确认）根据表决的三分之二多数票可采用加速制定程序。

### 5.1.2.3　法典目标

纵观世界，越来越多的消费者和政府部门开始了解食品的质量和安全问题，认识到选择食物的必要性。目前消费者通常会要求其政府采取立法的措施确保只有具备一定质量的安全食品才能销售，而且要将食源性健康危害降至最低水平。CAC 通过其制定法典标准和对所有有关问题进行探讨，大大地促使食品问题作为一项实质内容列入政府的议事日程。

1）加强对消费者保护

CAC 普遍认同的工作原则是确保人们有权获得安全、高质量和适宜食用的食品。食源性疾病是最令人烦恼的，因为它重则致命，同时还有其他后果。食源性疾病暴发将损害贸易和旅游业，出现收入减少、失业和各种诉讼。低质量的食品还会损害供应商在国际和国内的商业信誉，而食物腐败还会造成浪费，并严重影响贸易和消费者的信心。

近些年来，联合国大会、FAO/WHO 关于食品标准、食品中化学品和食品贸易研讨会（与 GATT 合作）、FAO/WHO 国际营养会议以及 FAO 食品高峰会议等都积极敦促各成员国采取措施保障食品的安全和质量。CAC 首当其冲成为完成这一使命的重要国际机构，通过其制定的一套系统的食品安全质量标准、法规，指导各国建立科学有效的食品管理体系，加强对消费者健康的保护。

2）促进广泛的社会参与

CAC 的任务随着法典的制定不断发展。制定一部食品法典不仅是紧迫的，而且由于科学研究和产品开发不断延续，它也是无止境的。为使食品标准的制定和所形成的体系更为可信和具权威性，要求进行广泛的咨询，收集和评估资料，然后确认最终的结果，有时还要在同样具有科学合理性的不同观点之间提出客观的权衡意见。

3）形成一部科学性的标准

食品法典本身是一项伟大的成就。尽管它是非常重要的，但如果认为它是 CAC 工作的唯一成果就错了。随着食品法典的制定，另一项重要的成就是唤起全球社会认识到食物危害的危险以及食品质量的重要性，因而了解制定标准的意义。CAC 通过提供一个有关食品问题的国际联络中心和对话论坛来发挥其重要的作用。CAC 在制定标准和操作规范的过程中，出版了众多享有盛誉的科学文章，召开了各种专家咨询会和由食品和其他有关领域精英人士参加的国际会议。世界各国的反响是建立长期有效的食品法律体系和以法典为基础的标准体系，以及建立和加强食品管理机构，以监测这些规定的实施情况。现在，食品法典已具有作为国际的参考基准的良好声誉。

4）促进国际食品公平贸易

协调各国食品法规，使之与国际标准和建议接轨，这是世界贸易组织（WTO）有关协定的重要条款。由于国际食品法典在科学性、权威性和协调性方面有着独树一帜的地位，因而作为 WTO 有关食品贸易方面重要的参考基准。各国食品标准法规如无特殊理由应与 CAC 制定的法典标准相一致，只有这样，才能消除不必要的贸易技术壁垒，保护各国消费者利益。

### 5.1.2.4　标准制定覆盖范围

食品法典是国际公认的、一本由委员会采纳并以一种统一形式提出的国际食品标准汇集。食品法典委员会的程序手册中指出：“食品法典包括预期出售给消费者的所有主要食品的标准，无论是加工的、半加工还是未加工的食品。食品法典包括食品卫生、食品添加剂、农药残留、污染物、标签及其说明以及分析和取样方法等方面的规定。食品法典标准包括对食品的各种要求，旨在确保消费者获得的食品完好、有益健康、没有掺假，标签及描述正确。”

食品法典目前制订的范围有：①有关存在于食品中的农药残留、添加剂、污染物（包括微生物污染物）最高限量的食品安全标准；②关于过程及程序以准则形式出现的标准（如业务守则、危害分析与关键控制点）；③可能与健康有关的标识标准（如过敏源、营养标识），用以保护消费者免受欺诈（如重量及标准、日期标记），或供消费者参考（如清真、有机标识）；④商品/产品标准，此类标准是明确说明该商品是什么（如沙丁鱼），或它如何制作以及它可能包含什么（如切达干酪、腌牛肉）；⑤作为经常按特性分级的商品标准一部分的质量标识（如不同种类芦笋的颜色）。

### 5.1.2.5　标准体系模式和现有标准

标准体系结构模式采用横向的通用原则标准（也就是由一般专题（横向）委员会负责拟订有关适用于所有食品的食品安全和消费者健康保护通用原则的标准）和纵向特定商品标准（由商品委员会（纵向）负责拟定有关特定商品的标准）相结合的网格状结构。

标准体系内容结构有下列要素架构：横向的通用标准包括食品卫生（包括卫生操作规范）、风险分析、食品添加剂、农药残留、污染物、标签及其说明、分析和取样方法等方面的规定。纵向的产品标准涉及水果、蔬菜、肉和肉制品、鱼和鱼制品、谷物及其制品、豆类及其制品、植物蛋白、油脂及制品、婴儿配方食品、糖、可可制品、巧克力、果汁及瓶装、食用冰等 14 类产品。食品法典的各卷标准分别用英文、法文和西班牙文出版，各个标准均可在万维网上阅览。

## 5.1.2.6 食品法典的内容

第一卷 第一部分：一般要求

第一卷 第二部分：一般要求（食品卫生）

第二卷 第一部分：食品中的农药残留（一般描述）

第二卷 第二部分：食品中的农药残留（最大残留限量）

第三卷：食品中的兽药残留

第四卷：特殊功用食品（包括婴儿和儿童食品）

第五卷 第一部分：速冻水果和蔬菜的加工过程

第五卷 第二部分：新鲜水果和蔬菜

第六卷：果汁

第七卷：谷类豆类（豆荚）和其派生产品和植物蛋白质

第八卷：脂肪和油脂及相关产品

第九卷：鱼和鱼类产品

第十卷：肉和肉制品；汤和肉汤

第十一卷：糖、可口产品、巧克力和各类不同产品

第十二卷：奶及奶制品

第十三卷：取样和分析方法

各卷总的包括了一般原则、一般标准、定义、法典、货物标准、分析方法和推荐性技术标准等内容，每卷所列内容都按一定顺序排列以便于参考。如第一卷 第一部分一般要求内容如下：

食品法典的一般要求；

叙述食品法典的目的；

地方法典在国际食品贸易中的作用；

食品标签；

食品添加剂——包括食品添加剂的一般标准；

食品的污染物——包括食品污染物和毒素的一般标准；

辐射食品；

进出口食品检验和出证系统。

## 5.1.2.7 成员国家对法典标准的接受

食品标准是保护消费者健康和最大可能地方便国际贸易的先决条件，基于此，乌拉圭回合《卫生与植物卫生协议措施（SPS）》和《技术性贸易壁垒协议（TBT）》均鼓励采用一致的国际食品标准。只有在所有国家都采纳相同的标准时，才能达到保护消费者和方便贸易的目的。食品法典的一般准则指明成员国应"接受"法典标准，接受的程度可略有不同，这取决于该标准是商品标准、一般标准或是关于农药、兽药残留、食品添加剂问题方面的标准。然而，准则一般提倡成员国最大限度地接受法典标准；同时，在

一般准则中对接受的方法也有明确的规定，不同成员国的接受方法也由法典委员会按一般准则据具体情况而定。而全球性对法典所有活动所产生的浓厚兴趣，清楚地表明了法典的运作规则在全球得到了普遍接受，在保护消费者和方便国际贸易方面的进程趋于一致。然而在实际操作中，很多国家很难从法律观念上来接受法典标准。法律制度、政治制度和行政体制的差异，有时受国家态度的影响及权力至上观念的存在，阻碍了法典标准被接受和一致性的进程。

尽管有这么多困难，但在方便贸易的强大国际动力的推动下，使得各成员国标准与法典标准趋于一致的工作取得了巨大进展。调整本国食品标准和部分相关标准（尤其是那些与安全有关的标准），使其与食品法典标准一致的国家在不断增加，特别是在一些不可见的指标方面，如：添加剂、污染物和残留等。

## 5.2　国际标准化组织（ISO）

### 5.2.1　ISO 简介（International Organization for Standardization，ISO）

国际标准化组织是当今世界上最大、最权威的标准化机构，是非政府性的，由各国标准化团体组成的世界性联合会。其宗旨是在全球范围内促进标准化工作的发展，以利于国际资源的交流和合理配置，扩大各国在知识、科学、技术和经济领域的合作，其主要活动是制定国际标准。

#### 5.2.1.1　ISO 基本概况

国际标准化活动最早开始于电子领域，于 1906 年成立了世界上最早的国际标准化机构——国际电工委员会（IEC）。其他技术领域的工作原先有成立于 1926 年的国家标准化协会的国际联盟（International Federation of the National Standardizing Associations，简称 ISA）承担，重点在于机械工程方面。1946 年 10 月 14 日至 26 日，中、英、美、法、苏等 25 个国家的 64 名代表集会于伦敦，正式表决通过建立国际标准化组织。1947 年 2 月 23 日，ISO 章程得到 15 个国家标准化机构的认可，国际标准化组织宣告正式成立。ISO 这一新组织于 1947 年 2 月 23 日正式成立，总部设在瑞士的日内瓦。ISO 于 1951 年发布了第一个标准——工业长度测量用标准参考温度。

"ISO" 并不是首字母缩写，而是一个词，它来源于希腊语，意为"相等"。从"相等"到"标准"，内涵上的联系使"ISO"成为组织的名称。

按照 ISO 章程，其成员分为正式成员和通信成员。正式成员是指最有代表性的全国标准化机构，且每一个国家只能有一个机构代表其国家参加 ISO。通信成员是指尚未建立全国标准化机构的发展中国家（或地区）。通信成员不参加 ISO 技术工作，但可了解 ISO 的工作进展情况，经过若干年后，待条件成熟，可转为正式成员。目前共有成员团体 157 个，其中正式成员 106 个，通信成员 40 个，捐助成员 11 个。技术组织 3183 个，其中技术委员会 208 个，分委员会 531 个，工作组 2378 个，临时专题小组 66 个。ISO 的工作语言是英语、法语和俄语，总部设在瑞士日内瓦。

ISO 的主要出版物:《ISO 国际标准》《ISO 技术报告》《ISO 标准目录》《ISO 通报》《ISO 年刊》《ISO 联络机构》《国际标准关键词索引》。

### 5.2.1.2　ISO 的组织结构

ISO 的组织机构包括全体大会、理事会、政策发展委员会、技术委员会、中央秘书处、主要官员、正式团体、通信成员、捐助成员、特别咨询组、技术管理局、标样委员会、技术咨询组等。

1）全体大会

全体大会由主要官员和各成员团体指定的代表组成。通信成员和捐助成员可以观察员的身份参加全体大会。它一般每年举行一次,其议事日程包括 ISO 年度报告、ISO 有关财政和战略规划及司库关于中央秘书处的财政状况报告。全体大会由主席主持。全体大会建立咨询委员会,称为全体大会的政策发展委员会。它对全体正式成员和通信成员开放。

2）理事会

理事会由主要官员和 18 个选举出的成员团体组成,负责 ISO 的日常运行。理事会任命司库、12 个技术管理局的成员、政策发展委员会的主席,决定中央秘书处每年的预算。

3）政策发展委员会

ISO 全体大会下设四个政策发展委员会,分别是:

合格评定委员会（Committee on conformity assessment,CASCO）,主要制订有关产品认证、质量体系认证、实验室认可和审核员注册等方面的准则;

消费者政策委员会（Committee on consumer policy,COPOLCO）,主要制订指导消费者利用标准保护自身利益的指南;

情报服务委员会（Committee on information systems and services,INFCO）,下设一个情报网（ISONET）,将各国的标准化情报工作连接起来,向各界用户提供信息服务;

发展委员会（Committee on developing country matters,DEVCO）,是一个专门从事帮助发展中国家工作的机构,管理 ISO 发展计划,提供经费和专家,帮助发展中国家推进标准化工作。

4）技术委员会

ISO 技术工作是高度分散的,ISO 通过它的 3183 个技术机构开展技术活动。其中技术委员会（TC）共 208 个,分技术委员会（SC）共 531 个,工作组（WG）2378 个,特别工作组 66 个。在这些委员会中,世界范围内的工业界代表、研究机构、政府权威、消费团体和国际组织都作为对等合作者共同讨论全球的标准化问题。管理一个技术委员会的主要责任由一个 ISO 成员团体（诸如 AFNOR、ANSI、BSI、CSBTS、DIN、SIS 等）担任,该成员团体负责日常秘书工作,并指定一至二人具体负责技术和管理工作,委员会主席协助成员达成一致意见。

5）中央秘书处

ISO 的财政经费主要用于中央秘书处的活动各技术委员会秘书处的技术工作。其财政来源主要来自成员团体的会费（60％）和每年标准及其他出版物的发行收入（40％）。成员团体的会费由分摊给他们的单位数和每个单位的金额（以瑞士法郎计算）决定。每个成员团体的会费单位数根据该国国民生产总值（GNP）和进出口额来定。每个财政年度的单位值由理事会决定。

### 5.2.1.3　国际标准的形成过程

一个国际标准是 ISO 成员团体达成共识的结果。它可能被各个国家等同或修改采用而成为该国的国家标准。

国际标准由技术委员会（TC）和分技术委员会（SC）经过六个阶段形成：

第一阶段：申请阶段；

第二阶段：预备阶段；

第三阶段：委员会阶段；

第四阶段：审查阶段；

第五阶段：批准阶段；

第六阶段：发布阶段。

若在开始阶段得到的文件比较成熟，则可省略其中的一些阶段。例如某标准文本是由 ISO 认可的其他国际标准化团体所起草，则可直接提交批准，而无须经历前几个阶段。

截至 2008 年 12 月 31 日，ISO 已制定出国际标准共 17 765 个，主要涉及各行各业各种产品（包括服务产品、知识产品等）的技术规范。

ISO 制定出来的国际标准除了有规范的名称之外，还有编号，编号的格式是：ISO＋标准号＋［杠＋分标准号］＋冒号＋发布年号（方括号中的内容可有可无），例如：ISO8402：1987、ISO9000-1：1994 等，分别是某一个标准的编号。

## 5.2.2　ISO 食品标准

### 5.2.2.1　ISO 22000 标准的概述

众所周知，食品安全一直受到各国政府和消费者的关注。作为食品企业，也迫切需要一个科学、规范和有效的管理体系标准来指导保障食品安全，世界范围内消费者都要求安全和健康的食品，食品加工企业因此不得不贯彻食品安全管理体系，以确保生产和销售安全食品，以满足各方面的要求。因此，各种食品安全标准应运而生，比如 HACCP（危害分析与关键控制点）、BRC（英国零售业联盟审核标准）、IFC（国际食品标准）、EUREPGAP（欧盟食品零售组织良好操作规范）、SOF 2000CM（食品质量与安全标准）和 PD GMP（荷兰饲料生产安全与质量管理标准）等。面对众多的标准，不仅消费者难以分辨通过不同标准认证的食品之间的差异，生产企业也对此无所适从，只好根据不同零售商和市场的要求，按照不同的标准进行多次认证，从而避免造成不必要的花费和重复劳动。为了帮助这些食品加工企业去满足市场的需求，同时也为了证实这些企业已经建立和实施了食品安全管理体系，且有能力提供安全食品，开发一个可用于审核的标准成了一种强烈需求。于是 ISO 22000 国际标准应运而生。

2001 年，国际标准化组织的 ISO/TC34 农产食品技术委员会成立第 8 工作组（WG8），着手制定国际标准 ISO 22000，从而为改变现状提供了机会，同时也为整个食品供应链实施 HACCP 提供了有效工具。HACCP 计划需要一些基础条件的支持，否则只能是空中楼阁；同样，只凭借良好的基础条件，也不能保证完全消除食品安全隐患，因为良好的卫生控制等方案和程序的实施，并不能代替危害分析和关键点控制。在 ISO 22000 中将这些基础条件定义为"必备方案"，包括基础设施维护方案和操作性必备方案。标准中明确指出，食品危害是通过 HACCP 计划和必备方案两种措施予以控制，并应根据食品安全危害程度来确定特定的控制措施。HACCP 作为一种系统方法，是保障食品安全的基础。它对食品生产、贮存和运输过程中所有潜在的生物的、物理的、化学的危害进行分析，制定一套全面有效的计划来防止或控制这些危害。ISO 22000 进一步确定了 HACCP 在食品安全体系中的地位，统一了全球对 HACCP 的解释，帮助企业更好地使用 HACCP 原则。所以专家认为，ISO 22000 在某种意义上就是一个国际 HACCP 体系标准。

1）ISO 22000 标准的开发要达到的主要目标

符合 CAC 的 HACCP 原理；协调自愿性的国际标准；提供一个用于审核（内审、第二方审核、第三方审核）的标准；构架与 ISO 9001：2000 和 ISO 14001：1996 相一致；提供一个关于 HACCP 概念的国际交流平台。

2）ISO 22000 的意义

ISO 22000 不仅仅是通常意义上的食品加工规则和法规要求，还是寻求一个更为集中、一致和整合的食品安全体系。它将 HACCP 体系的基本原则与应用步骤融合在一起，既是描述食品安全管理体系要求的使用指导标准，又是可供认证和注册的可审核标准，为我们带来了一个在食品安全领域将多个标准统一起来的机会，也成为在整个食品供应链中实施 HACCP 技术的一种工具。

3）ISO 22000 的特点

（1）统一和整合了国际上相关的自愿性标准。

（2）遵守并应用 HACCP 7 项原则建立了食品安全管理体系，囊括了 HACCP 的所有要求。

（3）既是建立和实施食品安全管理体系的指导性标准，也是审核所依据的标准，可用于内审、第二方认证和第三方注册认证。

（4）将 HACCP 与必备方案，如卫生操作标准程序（SSOP）和良好操作规范（GMP）等结合，从不同方面来控制食品危害。

（5）结构与 ISO 9001 和 ISO 14001 保持一致。

（6）提供了一个全球交流 HACCP 概念、传递食品安全信息的机制。

4）适应范围

该标准涉及食品供应链上的各个组织，包括饲料生产者、初级食物生产者、食品制造商、储运经营者、转包商、零售商和餐饮服务企业以及相关组织，如设备生产、包装材料、清洁剂、添加剂和辅料的生产组织等，是在整个食品供应链中实施 HACCP 技术的一种工具。

#### 5.2.2.2　ISO 22000 标准的意义

（1）与贸易伙伴进行有组织的、有针对性的沟通；

（2）在组织内部及食品链中实现资源利用最优化；

（3）减少冗余的系统审计而节约资源；

（4）加强计划性，减少过程后的检验；

（5）有效和动态地进行食品安全风险控制；一个企业在质量上有四个层次：Quality Vision（观点），Quality Mission（使命），Quality Policy（政策），Quality Objective（目标），这是由远而近、由虚变实的过程，这些都是企业行为，而 ISO 强调了后两个。

（6）所有的控制措施都将进行风险分析；

（7）对必备方案进行系统化管理；

（8）关注最终结果，该标准适用范围广泛；

（9）可以作为决策的有效依据；

（10）聚焦于对必要的问题的控制。

#### 5.2.2.3　ISO 22000 标准的内容

（1）良好操作规范等必备方案要求；

（2）HACCCP 原则要求；

（3）管理体系要求。

### 5.2.3　ISO 质量管理体系

#### 5.2.3.1　ISO 9000 的概述

ISO 质量管理体系即"ISO 9000"，这不是指一个标准，而是一族标准的统称。根据 ISO 9000-1：1994 的定义："'ISO 9000 族'是由 ISO/TC176 制定的所有国际标准。" TC176 即 ISO 中第 176 个技术委员会，它成立于 1980 年，全称是"品质保证技术委员会"，1987 年又更名为"品质管理和品质保证技术委员会"。TC176 专门负责制定品质管理和品质保证技术的标准。

TC176 最早制定的一个标准是 ISO 8402：1986，名为《品质－术语》，于 1986 年 6 月 15 日正式发布。1987 年 3 月，ISO 又正式发布了 ISO 9000：1987、ISO 9001：1987、ISO 9002：1987、ISO 9003：1987、ISO 9004：1987 共五个国际标准，与 ISO 8402：1986 一起统称为"ISO 9000 系列标准"。

此后，TC176 又于 1990 年发布了一个标准，1991 年发布了三个标准，1992 年发布了一个标准，1993 年发布了五个标准；1994 年没有另外发布标准，但是对前述"ISO 9000 系列标准"统一作了修改，分别改为质量术语标准 ISO 8402，质量保证要求标准 ISO 9000-1、ISO 9000-2、ISO 9000-3、ISO 9000-4，质量保证模式标准 ISO 9001、ISO 9002、ISO 9003，质量管理指南标准 ISO 9004-1、ISO 9004-2、ISO 9004-3、ISO 9004-4，质量技术指南标准 ISO 9005、ISO 9006、ISO 90011-1、ISO 90011-2、ISO 90011-3、

ISO 90012-1，并把 TC176 制定的标准定义为"ISO 9000 族"。1995 年，TC176 又发布了一个标准，编号是 ISO 10013：1995。至此，ISO 9000 族一共有 19 个标准。

2000 年废止了 94 版，公布了 ISO 9000：2000 基本原理和术语、ISO 9001：2000 质量管理体系要求、ISO 9004：2000 质量管理体系业绩改进指南、ISO 19011：2000 质量和环境审核指南。2008 年 10 月 31 日正式发布 ISO 9000：2008，增加了外包过程的控制、过程的监视和测量、不合格品的控制等。

### 5.2.3.2　ISO 9000 认证步骤

简单地说，推行 ISO 9000 有如下五个必不可少的过程：①知识准备－立法－宣贯－执行－监督、改进；②企业原有质量体系识别、诊断；③任命管理者代表、组建 ISO 9000 推行组织；④制订目标及激励措施；⑤各级人员接受必要的管理意识和质量意识训练。

### 5.2.3.3　ISO 9000 标准的意义

ISO 9000 标准诞生于市场经济环境，总结了经济发达国家企业的先进管理经验，为广大企业完善管理、提高产品/服务质量提供了科学的指南，同时为企业走向国际市场找到了"共同语言"。ISO 9000 系列标准明确了市场经济条件下，顾客对企业共同的基本要求。企业通过贯彻这一系列标准，实施质量体系认证，证实其能力满足顾客的要求，提供合格的产品/服务。这对规范企业的市场行为，保护消费者的合法权益发挥了积极的作用。

ISO 9000 系列标准是经济发达国家企业科学管理经验的总结，通过贯标与认证，企业能够找到一条加快经营机制转换、强化技术基础与完善内部管理的有效途径，主要体现于以下几个方面：①企业的市场意识与质量意识得到增强。②稳定和提高产品实物/服务质量。③提高整体的管理水平。④增强市场竞争能力。⑤为实施全面的科学管理奠定基础。

ISO 9000 系列标准是由国际标准化组织（ISO）发布的国际标准，是百年工业化进程中质量管理经验的科学总结，已被世界各国广泛采用和认同。由第三方独立且公正的认证结构对企业实施质量体系认证，可以有效避免不同顾客对企业能力的重复评定，减轻了企业的负担，提高了经济贸易的效率，同时国内的企业贯彻 ISO 9000 标准，按照国际通行的原则和方式来经营与管理企业，这有助于树立国内企业"按规则办事，尤其是按国际规则办事"的形象，符合我国加入 WTO 的基本原则，为企业对外经济与技术合作的顺利进行营造一个良好的环境。我国关于成功运行 ISO 9000 系列标准的例子比比皆是，如天津塘沽阀门厂是我国第一家获得英国政府工贸部授予 ISO 9001 质量体系证书的企业。该厂获证后与多家公司结成了贸易伙伴关系，出口创汇 142.2 万美元，比获证前的同时期增长 95.1%。又如青岛琴岛海尔集团（现在的青岛海尔集团）在通过了 ISO 9000 系列标准认证后，"琴岛海尔"冰箱进入德国及其他国家的市场，揭开了中国电冰箱史上辉煌的一页。

# 5.3　其他国际组织

## 5.3.1　联合国粮食及农业组织（Food and Agriculture Organization of the United Nations，简称粮农组织 FAO）

### 5.3.1.1　组织简介

联合国粮食及农业组织于 1943 年开始筹建，1945 年 10 月 16 日在加拿大魁北克宣告成立。粮农组织是战后成立最早的国际组织。1946 年，粮农组织与联合国签订协议，并经两机构大会批准，成为联合国系统内的一个专门机构。粮农组织的宗旨是：提高各国人民的营养水平和生活水准；提高所有粮农产品的生产和分配效率；改善农村人口的生活状况，促进农村经济的发展，并最终消除饥饿和贫困。

### 5.3.1.2　组织机构

粮农组织现有 179 个成员国和 1 个成员组织（欧盟）。各成员国政府通过大会、理事会行使其权力。两年一度的大会是成员国行使决策权的最高权力机构。大会的主要职责是选举总干事、接纳新成员、批准工作计划和预算、选举理事国、修改章程和规则，并就其他重大问题作出决定，交由秘书处贯彻执行。

大会休会期间，由 49 个成员国组成的理事会在大会赋予的权力范围内处理和决定有关问题。理事会下设 8 个委员会：计划、财政、章法、农业、渔业、林业、商品问题和世界粮食安全委员会。自 1973 年恢复我国在粮农组织的合法席位后，中国就一直是该组织的理事国。

粮农组织在总干事领导下，由秘书处负责执行大会和理事会决议，并负责处理日常工作。粮农组织在全世界共有 4300 名职员，其中总部 2300 人。粮农组织总部秘书处下设总干事办公室、经济与社会部、农业部、林业部、渔业部、持续发展部、技术合作部、行政与财务部、一般事务与信息部。粮农组织在亚太、非洲、拉丁美洲及加勒比海、近东、欧洲等设有 5 个区域办事处，在华盛顿、纽约、布鲁塞尔、东京分别设有驻北美、联合国、欧盟、日本等 4 个联络处，还设有南部与东部非洲、太平洋岛、加勒比、北美、中欧与东欧等 5 个分区域办事处。此外，粮农组织还设有 74 个国家代表处，负责处理与 100 多个国家的日常事务。

### 5.3.1.3　主要职能

粮农组织的主要职能是：搜集、整理、分析和传播世界粮农生产和贸易信息；向成员国提供技术援助，动员国际社会进行投资，并执行国际开发和金融机构的农业发展项目；向成员国提供粮农政策和计划的咨询服务；讨论国际粮农领域的重大问题，制定有关国际行为准则和法规，谈判制定粮农领域的国际标准和协议，加强成员国之间的磋商和合作。可以说，粮农组织不仅是一个信息中心、开发机构、咨询机构，还是一个制定粮农国际标准的中心。

粮农组织的活动包括四大领域：使人们能够获得信息；分享政策专业知识；为各国提供一个会议场所；将知识送到实地。

### 5.3.1.4 粮农组织的工作重点

粮农组织早期着重粮农生产和贸易的情报信息工作，以后逐渐将工作重点转向帮助发展中国家制定农业发展政策和战略以及为发展中国家提供技术援助。

（1）加强世界粮食安全。针对 20 世纪 70 年代初期国际市场上粮食供应紧张、价格猛涨的情况，粮农组织在 1973 年的第 17 届大会上提出以建立国际粮食储备为中心内容、确保粮食供应的世界粮食安全政策。接着，在 1974 年的世界粮食大会上通过了《关于世界粮食安全的国际约定》，得到发达国家和发展中国家的支持。粮农组织成立了世界粮食安全委员会，每年召开一次会议以回顾世界粮食安全状况，并讨论改善世界粮食安全的政策和措施。迪乌夫先生 1994 年上任后，决定将粮农组织的工作重点转向帮助低收入缺粮国家提高农业产量，加强粮食安全。粮农组织于 1994 年设立了帮助低收入缺粮国改善粮食安全的"特别行动计划"。为了加快实现全球粮食安全，粮农组织于 1996 年召开了世界粮食首脑会议，各国承诺到 2015 年将目前世界 8 亿饥饿和营养不良人口减少一半。

（2）促进环境保护与可持续发展。随着人口增长压力的加大，农业的进一步发展和集约化程度的不断提高以及城市化和工业化的迅速发展，农业资源和环境所受到的压力将越来越大。如何既保护环境又加强粮食安全是一个日益引起各国政府重视的问题。因此，粮农组织把加强资源与环境保护，实现农业可持续发展作为今后的工作重点。

（3）推动农业技术合作。从 1976 年起，粮农组织建立了"技术合作计划"，从其正常预算中拨出 14%，以后要求增至 17% 作为技术合作基金，为发展中国家提供小额、急需的技术援助。这种援助的规模虽较小（一般不超过 25 万美元），但手续简便，见效较快，受到广大发展中国家的欢迎。此外，粮农组织还设立了"发展中国家间技术合作计划"，以重点加强发展中国家间的农业技术交流与合作，推动其农业的进一步发展。

### 5.3.1.5 组织出版物

粮农组织的出版物有《粮农状况》（State of Food and Agriculture）年度报告、《谷物女神》（Ceres）双月刊。其中《粮农状况》被粮农组织理事会看作是向成员国提出建议的依据。

## 5.3.2 世界卫生组织（World Health Organization，WHO）

世界卫生组织是联合国下属的一个专门机构，只有主权国家才能参加，是国际上最大的政府间卫生组织，现有 193 个会员国。1946 年国际卫生大会通过了《世界卫生组织组织法》，1948 年 4 月 7 日世界卫生组织宣布成立。于是每年的 4 月 7 日也就成为全球性的"世界卫生日"。

### 5.3.2.1 组织简介

世界卫生组织的前身可以追溯到 1907 年成立于巴黎的国际公共卫生局和 1920 年成

立于日内瓦的国际联盟卫生组织。二战后，经联合国经社理事会决定，64 个国家的代表于 1946 年 7 月在纽约举行了一次国际卫生会议，签署了《世界卫生组织组织法》。1948 年 4 月 7 日，该法得到 26 个联合国会员国批准后生效，世界卫生组织宣告成立。同年 6 月 24 日，世界卫生组织在日内瓦召开的第一届世界卫生大会上正式成立，总部设在瑞士日内瓦。

世界卫生组织的宗旨是使全世界人民获得尽可能高水平的健康。该组织给健康下的定义为"身体、精神及社会生活中的完美状态"。世界卫生组织的主要职能包括：促进流行病和地方病的防治；提供和改进公共卫生、疾病医疗和有关事项的教学与训练；推动确定生物制品的国际标准。截至 2009 年 5 月，世界卫生组织共有 193 个成员国。

世界卫生组织是联合国系统内卫生问题的指导和协调机构。它负责对全球卫生事务进行领导，拟定卫生研究议程，制定规范和标准，阐明以证据为基础的政策方案，向各国提供技术支持，以及监测和评估卫生趋势。

### 5.3.2.2　会徽意义

世界卫生组织的会徽（图 5-2）由 1948 年第一届世界卫生大会选定。该会徽由一条蛇盘绕的权杖所覆盖的联合国标志组成。长期以来，由蛇盘绕的权杖被认为是医学及医学界的标志。它起源于埃斯科拉庇俄斯的故事，古希腊人将其尊崇为医神，并且其崇拜涉及蛇的使用。希腊是蛇徽的发源地，从古到今，蛇徽遍布希腊各地。到了近代，美国、英国、加拿大、德国以及联合国世界卫生组织都用蛇徽作为自己的医学标志。20 世纪 50 年代前，中国中华医学会的会徽上也有蛇徽。

图 5-2　世界卫生组织会徽

### 5.3.2.3　组织机构

（1）世界卫生组织大会是世卫组织的最高权力机构，每年 5 月在日内瓦召开一次。主要任务是审议总干事的工作报告、规划预算、接纳新会员国和讨论其他重要议题。执委会是世界卫生大会的执行机构，负责执行大会的决议、政策和委托的任务，它由 32 位有资格的卫生领域的技术专家组成，每位成员均由其所在的成员国选派，由世界卫生大会批准，任期三年，每年改选三分之一。根据世界卫生组织的君子协定，联合国安理会 5 个常任理事国是必然的执委成员国，但席位第三年后轮空一年。常设机构秘书处下设非洲、美洲、欧洲、东地中海、东南亚、西太平洋 6 个地区办事处。

（2）执行委员会为 WHO 最高执行机构，每年举行两次全体会议。

（3）秘书处为 WHO 常设机构。

（4）地区组织，WHO 分 6 个地区委员会及地区办事处。

（5）驻国家代表或规划协调员，WHO 的专业组织有顾问和临时顾问、专家委员会（咨询团有 47 个，成员有 2600 多人，其中中国有 96 人）、全球和地区医学研究顾问委员会和合作中心。

### 5.3.2.4　规划和经费

WHO 的工作规划分为中期和年度规划。

WHO 的经费来源：一是会员国交纳的会费，构成"正常预算"。二是泛美卫生组织、促进组织志愿基金、儿童基金会、控制药品滥用基金、环境规划署、紧急活动、难民事务高级专员署、救灾署、世界银行等提供的专款及其他收入。

### 5.3.2.5　组织任务

指导和协调国际卫生工作；

根据各国政府的申请，协助加强国家的卫生事业，提供技术援助；

主持国际性流行病学和卫生统计业务；

促进防治和消灭流行病、地方病和其他疾病；

促进防治工伤事故及改善营养、居住、计划生育和精神卫生；

促进从事增进人民健康的科学和职业团体之间的合作；

提出国际卫生公约、规划、协定；

促进并指导生物医学研究工作；

促进医学教育和培训工作；

制定有关疾病、死因及公共卫生实施方面的国际名称；

制定诊断方法的国际规范的标准；

制定不发展食品卫生、生物制品、药品的国际标准；

协助在各国人民中开展卫生宣传教育工作。

### 5.3.2.6　参与成员国

所有接受世界卫生组织宪章的联合国成员国都可以成为该组织的成员。其他国家在其申请经世界卫生大会简单的投票表决，多数通过后，就可以成为世界卫生组织的成员国。在国际关系事务中不能承担责任的地区，根据世界卫生组织成员国或其他能够对该地区的国际关系承担责任的权威基于该地区自身利益制定的申请，该地区可以作为预备成员进入世界卫生组织。世界卫生组织成员国按照区域分布（截至 2011 年 4 月，世界卫生组织共有 193 个成员国，6 个观察员）。

非洲地区办公室（ARFO），美洲地区办公室（PAHO），东南亚地区办公室（SEARO），欧洲地区办公室（EURO），东地中海地区办公室（EMRO），西太平洋地区办公室（WPRO）。非成员国观察员：罗马教廷，列支敦士登，马耳他骑士团，巴勒斯坦，国际红十字会。

### 5.3.2.7　组织出版物

主要出版物有：《世界卫生组织月报》，每年 6 期，英、法、阿、俄文；《疫情周报》，英、法文；《世界卫生统计》，季刊，英、法、中、阿、俄、西文；《世界卫生》，月刊，英、法、俄、西、德、葡、阿文。

## 5.3.3　世界贸易组织（World Trade Organization，WTO）

### 5.3.3.1　组织简介

图 5-3　WTO 官方标志

WTO 是一个独立于联合国的永久性国际组织，1995 年 1 月 1 日正式开始运作，负责管理世界经济和贸易秩序，总部设在瑞士日内瓦莱蒙湖畔。1996 年 1 月 1 日，它正式取代关贸总协定临时机构。世贸组织是具有法人地位的国际组织，在调解成员争端方面具有更高的权威性。它的前身是 1947 年订立的关税及贸易总协定。与关贸总协定相比，世贸组织涵盖货物贸易、服务贸易以及知识产权贸易，而关贸总协定只适用于商品货物贸易。世贸组织与世界银行、国际货币基金组织一起，并称为当今世界经济体制的“三大支柱”。目前，世贸组织的贸易量已占世界贸易的 95% 以上。其宗旨是促进经济和贸易发展，以提高生活水平、保证充分就业、保障实际收入和有效需求的增长；根据可持续发展的目标合理利用世界资源、扩大货物和服务的生产；达成互惠互利的协议，大幅度削减和取消关税及其他贸易壁垒并消除国际贸易中的歧视待遇。

WTO 作为正式的国际贸易组织在法律上与联合国等国际组织处于平等地位。它的职责范围除了关贸总协定原有的组织实施多边贸易协议以及提供多边贸易谈判场所和作为一个论坛之外，还负责定期审议其成员的贸易政策和统一处理成员之间产生的贸易争端，负责加强同国际货币基金组织和世界银行的合作，以实现全球经济决策的一致性。WTO 协议的范围包括从农业到纺织品与服装，从服务业到政府采购，从原产地规则到知识产权等多项内容。

### 5.3.3.2　组织机构

WTO 的组织机构分三个层次：

最高层是部长会议，这是 WTO 体系的最高决策机构，至少每两年召开一次会议。下设总理事会和秘书处，负责世贸组织日常会议和工作。

第二层是总理事会，总理事会也是贸易政策审核机构，在发生贸易争端时，总理事会起争端裁决的作用，相当于国际法庭。总理事会设有货物贸易、非货物贸易（服务贸易）、知识产权三个理事会和贸易与发展、预算两个委员会。总理事会还下设贸易政策核查机构，它监督着各个委员会并负责起草国家政策评估报告。对美国、欧盟、日本、加拿大每两年起草一份政策评估报告，对最发达的十六个国家每四年一次，对发展中国家每六年一次。

第三层是理事会和各专门委员会。理事会有三个，它们分别是货物贸易理事会、知识产权贸易理事会和服务贸易理事会。各专门委员会有贸易和环境委员会、贸易和发展委员会、地区贸易委员会、付款限制平衡委员会、预算财务和行政委员会，以及接纳新成员工作组、贸易和投资关系工作组、政府采购透明性工作组。在货物贸易理事会中，设有市场准入委员会，农业委员会，动植物检疫委员会（SPS）、贸易技术壁垒委员会（TBT）、补偿和补贴委员会、海关许可委员会、原产地原则委员会、进口许可证委员会、贸易投资方法委员会、安全委员会、纺织品监管工作组、国有贸易企业工作组和装船前检验工作组。在服务贸易理事会中，设有金融服务委员会、特别承诺委员会、专业服务工作组和服务贸易总协定规则工作组。WTO的各个成员有权参加上述工作机构的会议，位于日内瓦的WTO总部承担这些机构的秘书处的日常工作。每个成员都有固定的部门代表成员政府负责参加WTO的工作并由相对稳定的人员负责有关文件的处理。通过这些机制，WTO将全世界的贸易和个人联在一起，形成一个巨大的工作网。

世贸组织成员分四类：发达成员、发展中成员、转轨经济体成员和最不发达成员。2007年1月，越南成为世贸组织第150个正式成员。

### 5.3.3.3　基本原则

WTO协定覆盖范围广阔，它涉及农业、纺织品、服装、银行业务、电信、政府采购、工业标准、食品卫生条例和知识产权等领域。但无论是哪一个领域，其所遵循的基本原则都是一致的，这些原则构成了国际贸易体系的基础世贸组织的基本原则体现在它的各项协议、协定之中，主要有：

（1）最惠国待遇原则：是指在货物、服务贸易等方面，一成员给予其他任一成员的优惠和好处，都须立即无条件地给予所有成员。

（2）国民待遇原则：是指在征收国内税费和实施国内法规时，成员对进口产品、外国企业与服务和本国产品、企业、服务要一视同仁，不得歧视。

（3）互惠互利原则（也称权利与义务的平衡原则）。WTO管理的协议是以权利与义务的综合平衡为原则，这种平衡是通过成员互惠互利地开放市场的承诺而获得的，也就是你给我多少利益，我也测算给你多少实惠。互惠包括双边互惠和多边互惠。

（4）扩大市场准入原则。WTO倡导成员在权利与义务平衡的基础上，依其自身的经济状况，通过谈判不断降低关税和取消非关税壁垒，逐步开放市场，实行贸易自由化。

（5）促进公平竞争与贸易原则。WTO禁止成员采用倾销或补贴等不公平贸易手段扰乱正常贸易的行为，并允许采取反倾销和反补贴的贸易补救措施，保证国际贸易在公平的基础上进行。

（6）鼓励发展和经济改革原则。在各项协议中允许发展中成员方在相关的贸易领域，在非对等的基础上承担义务。

（7）贸易政策法规透明度原则。要求各成员将实施的有关管理对外贸易的各项法律、法规、行政规章和司法判决等迅速加以公布，以使其他成员政府和贸易经营者加以熟悉；

各成员政府之间或政府机构之间签署的影响国际贸易政策的现行协定和条约也应加以公布；各成员应在其境内统一、公正和合理地实施各项法律、法规、行政规章、司法判决等。

## 5.3.4　国际乳制品联合会（International Dairy Federation，IDF）

图 5-4　国际乳制品联合会会徽

### 5.3.4.1　概述

IDF 是国际乳品联合会缩写，是唯一能代表乳品行业利益的、独立的、非营利性的世界级组织，为世界各国乳业发展提供权威、独立的专业意见。IDF 为乳业链中的所有相关行业提供最优秀的科学和技术专家资源，拥有会员国数量达到 56 个并且该数字还在增加。目前 IDF 的会员国乳产量占全球乳产量的 86% 左右。IDF 的使命就是代表全球乳业通过提供全球最好的科学技术和知识资源来促进乳及乳制品质量的进步和提高，使之为消费者带来营养、健康和愉悦。历届 IDF 世界乳业大会均受到世界各国乳品企业、乳业界人士、学术界人士和政府部门的高度关注，是世界乳品业的最重要的国际会议。

IDF 是乳业技术专家的中心，是世界上推动行业发展与创新最具实力的联合会之一。主要职能有：科学知识研究，信息交流，讨论全球乳业发展，制定国际乳业标准。

### 5.3.4.2　组织机构及出版物

组织机构有：董事会、总委员会、执行委员会以及会员联盟。

IDF 已有两类主要的出版物，一是不定期的连续性出版物——国际乳业联合会公报。这种公报每期一般只涉及一个专题，各个专题可以是科学技术方面的，也可以是市场销售情况或年度统计数字；另一类主要出版物是国际乳业联合会标准。IDF 标准是国际乳业联合会集中了世界上最优秀的企业家及食品专家的意见而制订的，有些方面的内容是 IDF 的专家与国际标准化组织、美国官方分析化学师协会、联合国粮农组织和世界卫生组织的专家共同制订的。IDF 与上述组织共同制订的标准有些也由这些组织单独发布，例如 FAO 发布的有些国际标准同时也是 IDF 标准或 AOAC 标准。由于 IDF 标准的权威性，许多国家一直用于指导本国的乳品工业。

### 5.3.4.3　中国与国际乳品联合会

1995 年 9 月 14 日中国正式加入国际乳品联合会（IDF）成为其会员国，同年在中国组建了 IDF 中国国家委员会并设立秘书处。IDF 中国国家委员会秘书处设在国家乳业工程技术研究中心内，是我国作为会员国以主人翁姿态参加国际乳业活动的重要交叉点，是 IDF 和其他会员国在中国的联络点。IDF 中国国家委员会秘书处自成立以来，一直致力于促进中国乳业同其他乳业发达国家间的技术交流与沟通，在把接收到的国际乳品专业技术信息和服务及时转达给行业领导和会员单位，向国际组织反映一些与中国有密切关系的重要国际规则的意见以及我国乳业合理利用国际专业技术领域的会议，专家资源和资料资源等方面起着重要的作用。

2010 年，因中国乳制品行业标准大幅度低于国际通行标准，国际社会联合对中国乳品出口发出警示。国际儿童保护组织致函安理会，对中国儿童的健康状况表示担忧，同时要求西方乳品出口国本着人道主义的原则，大幅度降低对华出口奶品价格。

## 5.3.5　国际葡萄与葡萄酒组织（Organisation Internationale de la Vigne et du Vin，OIV）

国际葡萄与葡萄酒组织（法文名称 Organisation Internationale de la Vigne et du vin，英文名称 International Vine and Wine Organization，OIV）是一个由符合一定标准的葡萄及葡萄酒生产国组成的政府间的国际组织，主要任务是协调各成员国之间的葡萄酒贸易、讨论科研成果、制定符合国际葡萄酒发展潮流的技术标准等。1924 年 11 月 29 日创建于法国巴黎，原名国际葡萄·葡萄酒局，当时的法国、英国、意大利、美国等 33 个主要葡萄酒生产国成为葡萄酒局成员国。该组织是国际葡萄酒业的权威机构，在业内被称为"国际标准提供商"，是 ISO 确认并公布的国际组织之一，OIV 标准亦是世界贸易组织（WTO）在葡萄酒方面采用的标准。世界产葡萄国家 95％以上都参加了该组织，目前拥有法国、意大利等 49 个成员国，我国也是其成员国之一。

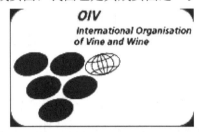

图 5-5　国际葡萄与葡萄酒组织标志

### 5.3.5.1　OIV 的作用

OIV 研究关于葡萄的种植，葡萄酒、葡萄汁、食用葡萄和葡萄干的生产、贮存、销售和消费的科学、技术和经济问题。其活动根据情况由成员国的专家进行领导、布置和协调，由研究人员、教学人员、技术人员和专业人员同有关的国际组织进行联系。他们的结论由该组织的正式机构审查讨论，然后将意见报告成员国并公之于众。这些意见都引起了生产者和消费者的极大兴趣。OIV 在多年的活动中，搜集了所有关于葡萄和葡萄酒的现状及历史的技术资料。它的会议宗旨是深入讨论疑难问题，并就一些重大问题统一意见。

### 5.3.5.2　OIV 的机构

OIV 的机构与联合国的一个研究院相仿，只有国家才能成为其成员。它的主要机构至少每年开一次会。这些机构是：代表大会，理事会，财务委员会，技术委员会和另外三个专业委员会（葡萄种植委员会，酿酒委员会，葡萄及葡萄酒经济委员会）。代表大会、三个委员会和分委会由各成员国指定的代表和专家参加的会议产生。理事会由 OIV 的主席和四名副主席组成，他们都由代表大会选举产生。财务委员会由代表大会指定六到七名成员组成。技术委员会由主席、副主席和三个委员会的书记及分委会的书记组成，共十五名成员。秘书处由代表大会选举的人领导，他履行一个国际组织秘书长的职务。

### 5.3.5.3　OIV 的活动

1）技术性会议

（1）机构会议　委员会、分委会及专家小组在巴黎或发出邀请的成员国举行会议，主要解决成员国所研究的技术与经济问题，这些问题往往由报告人进行演讲或写成通信，并经常被介绍到各个国家或在专门报刊上发表。

（2）葡萄及葡萄酒国际会议。除一些年会以外，每三年在某一发出邀请的成员国举行一次国际葡萄与葡萄酒会议，由所有技术人员参加，解决引起广泛兴趣的问题。

（3）报告会、讨论会和专题会议。每当需要深入讨论一个重要问题时，可组织讨论会、报告会和专题会议。并在可能的情况下，在与此问题有关的国家举行。

2）关于分析和评价葡萄酒方法统一化的国际协定

在 OIV 的倡导下，1954 年 10 月 13 日在巴黎召开了签订关于统一葡萄酒分析和评定方法的协议的国际会议，并确定经常性地研究这些方法以定期审核。执行这些协议便于国际交流并可提出适合签字国的参考方法。

3）出版刊物

在 OIV 的活动范围内，还出版刊物，这对葡萄和葡萄酒生产部门起了很大积极作用。《OIV》是技术经济月刊，发表一些内容丰富而准确的稿件（评论，报告）。《OIV 手册》每五年出版一次，这是一册巨著，发表相当数量的资料和世界上葡萄立法、生产和贸易情况；此外，还发行《葡萄与葡萄酒词典》（七种文字），《葡萄种植学汇编》（五百个品种），《研究所目录》《世界葡萄酒酿造词典》《葡萄酿造处理》等书刊。

4）资料

资料处为各成员国政府和群众服务，由以下部门组成：一个室，一个拥有 80 种杂志的收集组，一个相当大的图书卡片组。

### 5.3.5.4　OIV 的主要任务

（1）通知各成员国有关葡萄酒界生产者、消费者和其他参与者能够选取的总计测量度。

（2）帮助葡萄和与葡萄有关的产品领域内有实力的企业，其他国际性和跨国性组织。

（3）义务协调已存在的实践和标准。准备制定新的国际性标准以提升葡萄酒和葡萄产品的生产和贸易条件，并帮助刺激消费者对葡萄酒的消费欲望。

其任务若按国际局所制定的协定详细叙述如下：

（1）汇集、研究和公布展示葡萄酒领域有益成果的所有信息。

（2）建立一个验证葡萄酒卫生质量的全新科学实验的陈述计划，从而影响反对酒精中毒运动。

（3）在收集了所有必不可少的信息，包括学院、科学家、国际性会议或其他生产和销售葡萄酒人士所表达的愿望、观点之后，向 OIV 各成员国政府阐述有关保障葡萄酒业利益和提升国际葡萄酒贸易条件的标准。

（4）引起各国对有关国际协议的关注并有兴趣加入。这些协议包括：制定一个葡萄酒分解结果的提示标准；继续开展在索引一览表中概述不同国家所习惯采用的不同的分解研究方法。

（5）提交给各成员国所有确保生产者和消费者利益的正确提议：①对上等葡萄酒的保护；②确保产品的无害和真实，无论是从生产到消费，及所有适当的方式，特别是按照法律规定的产地证明的真实性；③通过没收非法产品和通过单独或协同的民事和适当的行动去禁止违法生产活动，以摆脱欺诈和不诚实的竞争，并通过支付对损害领域的赔偿与惩罚欺诈犯罪。

（6）在各国法律允许的范围内，主动发展葡萄酒贸易，并将与此必不可少的相关的所有适当信息传达给非政府组织、国家或国际组织。

（7）在任务的计划工作内，OIV 的普遍指示和它提供的服务，以及它在巴黎的总部，能够确保通过科学抉择所制定的（OIV）条款的履行。

### 5.3.5.5　怎样参加 OIV

所有愿意参加 OIV 的国家可以直接或间接地通过其驻巴黎的大使馆向法国外交部提出申请，因为法国是 1924 年筹备工作的托管人。法国外交部将这一申请转达其他成员国政府。在申请发出六个月内，多数成员国表示赞成，即可加入该组织。到目前为止，所有申请加入该组织的国家都已获批准。

成员国会费由参加国确定的份额组成，根据他们对葡萄酒活动方面的兴趣从一份到五份不等。每份额可获一票投票的权利，各国参加会议的代表由各国自己确定，而与票数无关。

OIV 现有成员国 46 个：南非、阿尔及利亚、德国、澳洲、奥地利、比利时、保加利亚、智利、塞浦路斯、克罗地亚、西班牙、芬兰、法国、格鲁吉亚、希腊、匈牙利、爱尔兰、以色列、意大利、黎巴嫩、卢森堡、马其顿、马耳他、摩洛哥、墨西哥、摩尔达维亚、荷兰、新西兰、挪威、秘鲁、葡萄牙、捷克共和国、罗马尼亚、俄罗斯、塞尔维亚和黑山、斯洛伐克、斯洛文尼亚、瑞典、瑞士、土耳其与乌拉圭等。2001 年 4 月 3 日的国际条约也使一些地区和 OIV 给组织成为观察员。2012 年 1 月，我国宁夏成为国际葡萄与葡萄酒组织首个省级政府观察员。

### 5.3.5.6　葡萄酒的原产地标志及其保护

原产地标志是标明某一产品原产地的地理名称（包括国家、地区或确定地点），该产品的基本特征取决于其产地。在标定区域内生产同一种产品的所有企业都可使用原产地标志。与其他产品一样，原产地的气候、地质、土壤以及葡萄品种等自然因素和栽培管理措施、葡萄酒的酿造工艺等人为因素决定了葡萄酒的质量及其特征和风格。因此，在众多的消费者心目中，标明葡萄原料以及葡萄酒的产地的地理名称，即"原产地标志"，能代表该葡萄酒的质量及其风格。这也是原产地标志能够成为区分不同葡萄酒的重要手段的原因。由于葡萄酒种类繁多，且其质量等级以及商品价值变化很大。所以，各国政府以及有关国际组织（公约）都必须保证原产地标志的使用应遵循既定的法规。这些法规应既能保障葡萄酒生产经营者之间的合法竞争，同时又能使消费者根据产品所提供的正确信息，在众多的产品中选择自己理想的葡萄酒。

## 5.3.6　国际有机农业运动联盟（International Federation of Organic Agriculture Movements，IFOAM）

### 5.3.6.1　简介

国际有机农业运动联盟（International Federation of Organic Agriculture Movements，IFOAM），于 1972 年 11 月 5 日在法国成立，成立初期只有英国、瑞典、南非、美国和法国 5 个国家的 5 个单位的代表。经过 20 多年的发展，目前，IFOAM 组织已成为当今世界上最广泛、最庞大、最权威的一个拥有来自 115 个国家 570 多个集体会员的国际有机农业组织。

### 5.3.6.2　宗旨

IFOAM 主张在世界范围内开展有机农业，并且提供全球范围内的学术交流与合作的舞台。

IFOAM 在发展有机农业系统过程中，提供一个包括保证环境持续发展和满足人类需求的综合途径。

IFOAM 利用各会员的专长，为人们日常生活的需要打开一道方便之门。

IFOAM 的功能主要是在世界范围内建立一种发展有机农业运动的协作网。

### 5.3.6.3　组织性质

IFOAM 是一个民间的联盟，其主要的活动是由 IFOAM 理事会、各委员会和一些特别工作组来进行。

### 5.3.6.4　组织机构及其下设机构

IFOAM 全体会员大会是 IFOAM 的基础，选举任期三年的世界理事会理事，世界理事会则在会员推荐的基础上任命各委员会、工作组和特别任务组的委员和成员。IFOAM 还根据需要设立地区小组和专业组。

IFOAM 内的正式机构：①IFOAM 规范管理委员会（The Norms Management Committee），包括标准委员会和认可准则委员会；②发展委员会（The Development

Committee)，主要任务是推动发展中国家有机农业的发展；③I-GO 项目战略委员会（The Program Strategy Committee of the "IFOAM Growing Organic" Program）；④非洲有机服务中心及 FAO 联络办公室（The Africa Organic Service Center and the FAO Liaison Office）；⑤各工作组和临时任务组（Working Groups and temporary Task Forces）；⑥IFOAM 地区工作小组（IFOAM Regional Groups）；⑦政府关系委员会（The Government Relations Committee），其任务是为了 IFOAM 的利益而与世界各国政府合作工作。

### 5.3.6.5　IFOAM 的主要目标

在会员之间交流知识和专业技能，并向人们宣传有机农业运动。

在世界范围内，在议会、政府和一些制定政策的会议上（例如在联合国的咨询机构），倡导开展有机农业运动。

制定和定期修改国际"IFOAM 有机农业和食品加工的基本标准"。制定一个真正的有机农业质量保证书。IFOAM 的颁证资格授权计划保证了世界范围内颁证程序的可靠性。

### 5.3.6.6　IFOAM 制定的有机农业的国际基本标准

IFOAM 制定的有机农业的国际基本标准包括以下四方面：

（1）前提条件：凡标上"有机"标签的产品，生产者和农场必须属于 IFOAM 成员。不属于 IFOAM 的个体生产者不可以声明他们是按 IFOAM 标准进行生产的。IFOAM 标准包括农场审查和颁证方案的建议。

（2）目标（即基本标准的框架）：生产足够数量具有高营养的食品。维持和增加土壤的长期肥力。在当地农业系统中尽可能利用可再生资源。在封闭系统中尽可能进行有机物质和营养元素方面的循环利用。给所有的牲畜提供生活条件，使它们按自然的生活习性生活。避免由于农业技术带来的所有形式的污染。维持农业系统遗传基质的多样性，包括植物和野生物生境的保护。允许农业生产者获得足够的利润。考虑农业系统较广泛的社会和生态影响。根据上述框架各国组织必须要制定发展自己的标准。

（3）采用的方法和技术可采用遵循自然生态平衡的某些技术，强调指出禁止使用农用化学品，例如合成肥料、杀虫剂等。

（4）原来不是有机产品，可进行转换，让其变为有机产品，在一定时期内按标准要求进行转换，由每个有机农业颁证机构确定转换过程的时间，并定期（每年）进行评价。

综合以上标准，概括起来：禁止使用农用化学品，提倡用自然、生态平衡的方法从事农业生产和管理。

1989 年我国加入 IFOAM，2002 年中国绿色食品发展中心成立了我国第一个有机食品认证机构"中绿华夏有机食品认证中心"。目前，我国加入 IFOAM 的单位和组织有：中国绿色食品发展中心，国家环境保护总局有机食品发展中心，浙江农业大学农业生态研究所，黑龙江省农业厅环保站，江苏瑞康有机食品公司，唐山有机农业研究中心，河南有机银杏开发公司等。2011 年 5 月 17 日，经 IFOAM 执行理事会全体成员的严格审核，鲜享农业有幸获批成为 IFOAM 会员单位。

## 5.4　部分发达国家和地区食品标准与法规

我国对外贸易主要集中于美国、日本和欧盟等发达国家，了解和研究这些国家所实施的技术法规和各种认证制度及其对我国的影响，对协调我国贸易与环境政策，促进对外贸易可持续发展具有重要意义。

### 5.4.1　欧盟食品标准与法规

欧盟的技术法规和标准，历史长、要求严，并且随着欧盟的经济一体化进程，其食品标准与法规逐渐由分散走向统一。技术规定和标准的统一不仅有利于产品在内部市场的自由流通，也有利于以统一的技术标准来协调成员国之间的生产合作，进而提高各国的生产效率和竞争力。同时这也意味着欧盟对国外产品的进口更加严格。

欧洲共同体早在 1985 年即通过立法程序，决定对涉及安全、健康和环境保护与消费者保护的产品，统一实施单一的 CE（欧洲共同体市场）安全合格认证标志制度。1993年一个没有内部边境的欧洲统一大市场——欧洲联盟建成。于是在欧盟建成前的欧共体理事会和 1994 年由欧盟理事会与欧洲议会陆续通过了 17 个实施 CE 标志的产品的技术协调指令。这些指令具体规定了适用范围、投放市场和自由流通、基本安全要求、标准的采用及处理、合格评定程序、合格声明与技术文件档案、CE 标志、安全保护条款以及各成员国将指令转换为本国法律的转换期限、实施日期与开始实施后给予宽限的过渡期限等，是使用 CE 标志时必须直接面对和认真执行的规定和技术要求。

#### 5.4.1.1　欧盟食品安全标准体系及相关机构

欧盟食品安全体系涉及食品安全法律法规和食品标准 2 个方面的内容。欧共体指令是欧共体技术法规的一种主要表现形式。1985 年前，欧共体的政策是通过发布欧共体的统一规定（即指令）来协调各国的不同规定，而欧共体指令涉及所有的细节问题，又要得到各成员国的一致同意，所以协调工作进展缓慢。为简化并加快欧洲各国的协调过程，欧共体于 1985 年发布了《关于技术协调和标准化的新方法》（简称《新方法》），改变了以往的做法，只有涉及产品安全、工作安全、人体健康、消费者权益保护的内容时才制定相关的指令。指令中只写出基本要求，具体要求由技术标准规定，这样，就形成了上层为欧共体指令，下层为包含具体要求内容、厂商可自愿选择的技术标准组成的 2 层结构的欧共体指令和技术标准体系。该体系有效地消除了欧共体内部市场的贸易障碍，但欧共体同时规定，属于指令范围内的产品必须满足指令的要求才能在欧共体市场销售，达不到要求的产品不许流通。这一规定对欧共体以外的国家，常常增加了贸易障碍。而技术标准则是自愿执行的。

上述体系中，与欧共体新方法指令相互联系，依照新方法指令规定的具体要求制定的标准称为协调标准，CEN、CENELEC 和 ETSI 均为协调标准的制定组织。协调标准被给予与其他欧洲标准统一的标准编号。因此，从标准编号等表面特征看，协调标准与欧洲标准中的其他标准没有区别，没有单独列为一类，均为自愿执行的欧洲标准。但协调标准的特殊之处在于，凡是符合协调标准要求的产品可被视为符合欧共体技术法规的基本要求，从而可以在欧共体市场内自由流通。

欧洲标准（EN）和欧共体各成员国国家标准是欧共体标准体系中的两级标准，其中欧洲标准是欧共体各成员国统一使用的区域级标准，对贸易有重要的作用。欧洲的标准化机构主要有欧洲标准化委员会（CEN）、欧洲电工标准化委员会（CENELEC）和欧洲电信标准协会（ETSI）。这 3 个组织都是被欧洲委员会（European Commission）按照83/189/EEC 指令正式认可的标准化组织，他们分别负责不同领域的标准化工作。CEN-ELEC 负责制定电工、电子方面的标准；ETSI 负责制定电信方面的标准；而 CEN 负责制定除 CENELEC 和 ETSI 负责领域外所有领域的标准。

欧洲标准化委员会成立于 1961 年，在法国标准化组织协会（AFNOR）支持下工作。1975 年移址比利时布鲁塞尔，并正式成为一个国际性的非营利科技组织，目前共有 20名成员。当时建立欧洲标准化委员会的宗旨，是以协调或制定产品或材料的共同标准方式，减少欧洲国家间的技术性贸易壁垒，实现货物流通便利化。该机构的作用随着 1983年欧共体开始重视建立统一市场而得到加强。

欧洲标准化机构与国际标准化机构既有合作又有竞争。欧洲标准化委员会与国际标准化组织（ISO）签订了技术合作协议即维也纳协议，欧洲电工标准化委员会也与国际电工委员会（IEC）签订了合作协议即德累斯顿协议。欧洲标准化机构在起草新标准时，积极采用国际标准作为欧洲标准。目前欧洲标准化委员会采纳的欧洲标准中，32% 是直接采用 ISO 的标准，其他两个标准化机构也在积极将国际标准引用为欧洲标准。

欧洲标准化机构与欧委会及其成员国政府机构没有直接关系。如欧洲标准化委员会与欧委会相互之间的工作来往，主要是接受欧委会起草欧洲标准的授权，根据这些授权起草的欧洲标准占其起草标准总量的 20%。它与成员国政府机构的工作来往，主要是由成员国市场监督机构的人员担任标准起草小组的主席等职。

欧盟委员会和欧共体理事会是欧盟有关食品安全卫生的政府立法机构。其对于食品安全控制方面的职权分得十分明确。欧盟委员会负责起草和制定与食品质量安全相应的法律法规，如有关食品化学污染和残留的 32002R221—委员会法规 No221/2002；还有食品安全卫生标准，如体现欧盟食品最高标准的《欧共体食品安全白皮书》；以及各项委员会指令，如关于农药残留立法相关的委员会指令 2002/63/EC 和 2000/24/EC。而欧共体理事会同样也负责制定食品卫生规范要求，在欧盟的官方公报上以欧盟指令或决议的形式发布，如有关食品卫生的理事会指令 93/43/EEC。欧盟委员会和欧共体理事会在控制食品链的安全方面只负责立法，而不介入具体的执行工作。

### 5.4.1.2　欧盟的贸易技术壁垒体系

欧盟的贸易技术壁垒体系包括以下几个方面：

1）欧共体指令

1985 年 5 月 7 日，欧盟理事会批准并发布了《关于技术协调和标准化的新方法》。该办法规定，欧盟发布的指令是对成员国有约束力的法律，欧盟各国需制定相应的执行法令。指令的内容仅限于卫生和安全有关的基本要求，只有涉及产品安全、工业安全、人体健康、消费者权益保护的内容时才制定相关的指令。指令只规定基本要求，具体要求由技术标准规定。技术标准由厂商根据市场决定，可以采用国际标准，也可以采用欧洲标准、协会标准或行业标准。目前，欧盟已形成了双层结构的技术性贸易措施管理体系，其上层是约 300 个具有法律效力的欧盟指令，下层是上万个技术标准。该体系有效地消除了欧盟内部的贸易壁垒，但对欧盟以外的国家造成了贸易障碍。欧盟规定，进口产品必须满足指令的要求才能在欧盟市场销售。由于这些指令和技术标准要求很高，即使美国的一些产品也难以达到要求。美国指责欧盟对美国的激素牛肉和转基因食品等许多出口产品制定限制性指令，构成了贸易壁垒，阻碍了美国产品进入欧盟市场。

2）欧洲统一标准

为加快欧洲经济一体化的进程，协调欧洲各国的技术标准，欧盟曾力图统一欧洲各国的技术标准。但由于技术复杂、产品种类多样、技术更新速度不一，再加上各成员国自然环境与文化的差异，标准统一过程缓慢，效果并不理想。1990 年 8 月，欧共体为了推进欧洲标准化进程，发布了欧洲标准化等"绿皮书"，在标准化方面采取了以下措施：①最大限度地采用国际标准作为欧洲标准，加速制定尚无国际标准的欧洲标准，要求欧共体各成员国把欧洲标准纳入本国标准；②加速制定保障人体健康、人身安全、环境和消费者利益的欧洲标准。在欧共体各成员国制定有关法令条例时，要优先引用这些标准，产品要满足这些标准的基本要求；③欧共体各成员国制定的国家标准和技术法规要有高度的透明度，以便相互了解，及时协调、检查、修改或撤销可能形成贸易技术壁垒的标准和技术法规。

3）强制推行欧盟"CE"标志

在欧盟市场上，"CE"标志是强制认证标志，不论是欧盟内部企业生产的产品，还是其他国家的产品，要想在欧盟市场上自由流通，就必须加贴"CE"标志，以标明产品符合欧盟《技术协调与标准化新方法》指令的基本要求，这是欧盟法律对产品提出的一种强制性要求。欧盟对 40％的产品要求通过"CE"认证。"CE"标志将逐渐取代各成员国的符合性标志，"CE"标志是表明产品符合欧洲指令的唯一标志，成员国将"CE"标志纳入到其国家法规和行政管理程序中去。欧盟对食品质量安全控制有着自己的一套较为有效、严密的体系。一方面，欧盟制定了一系列有关食品的法律，涵盖了食品安全方方面面的内容，十分繁杂、详细。欧盟现有 25 个成员国，每个国家都有本国现行的关于食品安全的法律体系，其中的具体规定是很不相同的；另一方面，欧盟建立了适应市场经济发展的国家技术标准体系下，并达到了完善阶段，在完善的技术标准体系下，标准已深入社会生活的各个层面，为法律法规提供技术支撑，成为市场准入、契约合同维护、贸易仲裁、合格评定、产品检验、质量体系认证等的基本依据。在当今全球化的市场中，欧洲标准已得到了世界的认同。因此，欧盟较完善的法律法规和标准体系使欧盟的食品安全管理取得了较好的效果。

### 5.4.1.3　欧洲标准化委员会的食品标准化概况

自 1998 年以来，欧洲标准化委员会 CEN 致力于食品领域的分析方法，为工业、消费者和欧洲法规制定者提供了有价值的经验。新的欧洲法规为 CEN 提供了更多的支持，

ECN 致力于跟踪和实施这些改革方针。截至 2002 年 12 月底，CEN 已经制定欧洲标准 7650 个，协调文件 4 个，暂行标准 395 个。

CEN 的技术委员会（CEN/TC）具体负责标准的制、修订工作，各技术委员会的秘书处工作由 CEN 各成员国分别承担。截至 2002 年底，CEN 共设有 239 个技术委员会。此外，作为一种新推出的形式，CEN 研讨会提供了在一致基础上制定相关规范的新环境，如 CEN 研讨会协议、暂行标准、指南或其他资料。到目前为止，CEN 已经发布了 260 多个欧洲食品标准，主要用于取样和分析方法，这些标准由 7 个技术委员会制定，与食品安全有关的技术委员会有：TC174（水果和蔬菜汁——分析方法）、TC194（与食品接触的器具）、TC275（食品分析——协调方法）、TC307（含油种子、蔬菜及动物脂肪和油以及其副产品的取样和分析方法）等。

CEN 与 ISO 有密切的合作关系，于 1991 年签订了维也纳协议。维也纳协议是 ISO 和 CEN 间的技术合作协议，主要内容是 CEN 采用 ISO 标准（当某一领域的国际标准存在时，CEN 即将其直接采用为欧洲标准），ISO 参与 CEN 的草案阶段工作（如果某一领域还没有国际标准，则 CEN 先向 ISO 提出制定标准的计划）等。CEN 的目的是尽可能使欧洲标准成为国际标准，以使欧洲标准有更广阔的市场。40％的 CEN 标准也是 ISO 标准。

### 5.4.1.4　欧盟食品安全标准体系及特点

欧盟已经建立了一套比较完善的技术法规和标准体系，该体系以深入到食品生产全过程的法律法规为主，辅之以严密的食品标准，具有强制性、实用性和修订及时的特点。欧盟委员会制定的有关食品安全方面的法规数量较多，贯穿于整个标准体系的每一个部分，由于技术法规具有立法性，在保证产品的安全性及环保要求方面具有强制性和权威性，因此技术法规是对企业行为起到指引作用的一个主要的法律规范。欧盟技术标准是为了通用或反复使用的目的，由公认的机构批准，供共同和反复使用的非强制性实施的文件时对技术法规的有效补充。尽管从理论上讲，技术标准本身不具备强制执行的性质，但一旦与技术法规相配套而成为市场准入的必备条件后，其强制性质也就不言而喻了。

由于农药和杀虫剂的使用管理缺乏协调，2004 年底欧盟委员会通过了一项在欧盟范围内对植物源和动物源产品中的农药残留允许最高含量的统一化的建议，该建议使得现行的规定趋于一致和简便化了。在指令草案生效的过程中，对农药全部的最高含量的短暂的"启动期"后将得到统一，并且今后只能在欧洲的层面上加以确定。同年年底，欧洲议会和欧盟理事会通过了欧盟关于统一限定动植物产品中杀虫剂最高残留量的修改法规。新法规中增加的主要内容之一是对同类杀虫剂使用累积残留作出了明确规定，即不但要求对某一种杀虫剂残留进行限量，而且要对同一产品中同类杀虫剂的残留进行累积限量。新法规不但可以加强在该领域的统一管理，也将促进欧盟范围内的食品流通。

为保证消费者买到放心食品，欧盟还改进了一些食品的标签内容，使之更加全面。消费者从标签上便可对所购食品的来源及加工过程一目了然。如 2002 年开始执行的牛肉标签新规定，就要求包括牛的出生地、育肥地、个体号（表明肉类产品与家畜个体间的联系）、屠宰地和分割地等情况。

在食品添加剂的使用上，欧盟也正在酝酿修订新规则，以降低硝酸盐和亚硝酸盐的含量，减少肉类食品中的可致癌物。欧盟科技人员经过长期跟踪研究，正在酝酿统一限定食品中的多环芳香烃含量，以减少食物中的致癌因素，改变目前成员国各自为政的局面。此外，用于食品凝胶成形的添加剂也将在欧盟内进一步受到限制。目前，欧洲食品安全局下属的营养产品、营养及致敏科学组通过一项规定，要求必须在食品标签上列明该食品所含各类致敏物。

欧盟近年在食品安全方面的措施更是无所不包。欧盟食品安全局成立时间虽不长，但已成为欧盟内最有实力的机构之一。欧盟最新出台的 6 类规定，对食品生产厂家的生产、投放市场的卫生条件、厂库设备条件、工作人员的健康及着装、食品加工与包装、保鲜与运输及产品卫生的监控等各个环节，都提出了十分严格的要求。综上所述，欧盟近几年将进一步统一规定，加强食品卫生安全管理。

### 5.4.1.5　欧盟食品标准与法规

#### 1）欧盟白皮书

欧盟委员会于 2000 年 1 月 12 日在布鲁塞尔正式发表了食品安全白皮书。欧盟食品安全白皮书长达 52 页，包括执行摘要和 9 章的内容，用 116 项条款对食品安全问题进行了详细阐述，制订了一套连贯和透明的法规，提高了欧盟食品安全科学咨询体系的能力。白皮书提出了一项根本改革，就是食品法以控制"从农田到餐桌"全过程为基础，包括普通动物饲养、动物健康与保健、污染物和农药残留、新型食品、添加剂、香精、包装、辐射、饲料生产、农场主和食品生产者的责任，以及各种农田控制措施等。在此体系框架中，法规制度清晰明了，易于理解，便于所有执行者实施。同时，它要求各成员国权威机构加强工作，以保证措施能可靠、合适地执行。

白皮书中的一个重要内容是建立欧洲食品管理局，主要负责食品风险评估和食品安全议题交流；设立食品安全程序，规定了一个综合的涵盖整个食品链的安全保护措施；并建立一个对所有饲料和食品在紧急情况下的综合快速预警机制。欧洲食品管理局由管理委员会、行政主任、咨询论坛、科学委员会和 8 个专门科学小组组成。另外，白皮书还介绍了食品安全法规、食品安全控制、消费者信息、国际范围等几个方面。白皮书中各项建议所提的标准较高，在各个层次上具有较高的透明性，便于所有执行者实施，并向消费者提供对欧盟食品安全政策的最基本保证，是欧盟食品安全法律的核心。

#### 2）178/2002 号法令

178/2002 号法令是 2002 年 1 月 28 日颁布的，主要拟订了食品法律的一般原则和要求、建立 EFSA 和拟订食品安全事务的程序，是欧盟的又一个重要法规。178/2002 号法令包含 5 章 65 项条款。范围和定义部分主要阐述法令的目标和范围，界定食品、食品法律、食品商业、饲料、风险、风险分析等 20 多个概念。一般食品法律部分主要规定食品法律的一般原则、透明原则、食品贸易的一般原则、食品法律的一般要求等。EFSA 部分详述 EFSA 的任务和使命、组织机构、操作规程；EFSA 的独立性、透明性、保密性和交流性；EFSA 财政条款；EFSA 其他条款等方面。快速预警系统、危机管理和紧急事件部分主要阐述了快速预警系统的建立和实施、紧急事件处理方式和危机管理程序。程序和最终条款主要规定委员会的职责、调节程序及一些补充条款。

　　3）其他欧盟食品安全法律法规

　　欧盟现有主要的农产品（食品）质量安全方面的法律有《通用食品法》《食品卫生法》《添加剂、调料、包装和放射性食物的法规》等，另外还有一些由欧洲议会、欧盟理事会、欧委会单独或共同批准，在《官方公报》公告的一系列 EC、EEC 指令，如关于动物饲料安全法律的、关于动物卫生法律的、关于化学品安全法律的、关于食品添加剂与调味品法律的、关于与食品接触的物料法律的、关于转基因食品与饲料法律的、关于辐照食物法律的等。

　　4）欧盟食品安全法案

　　一项由 84 条法律建议组成的食品安全行动计划于 2003 年 1 月 1 日开始全面启动，标志着统一的欧盟食品安全法将全面实施。欧盟国家内统一的食品安全法案的措施主要包括：①建立欧盟统一、独立的食品管理机构，为食品安全提供科学的、独立的、透明的意见，实施快速预警系统和危险通告；②完善食品安全各个环节，强化从农业生产到消费整个过程的监控体系；③各国建立国家级食品安全的监控制度；④建立同消费者及其他有关方（包括食品输出国）的对话制度。

　　欧盟食品安全法案的基本原则是：①由于欧盟内一部分国家已实行无签证的制度，必须建立全面统一的食品安全原则。②明确食品生产和消费过程中各当事人责任，并采取一定的措施保障食品安全。③对动植物食品的成分必须有可追溯性和检验手段及法定依据。④对各种食品实行风险分析评估制度及采用有效的监管和信息交流。⑤建立对食品安全的科学建议的独立性、权威性及透明度原则。⑥对食品安全的风险管理建立防范预警体系。

　　为了实施和贯彻上述原则和措施，欧盟决定建立独立的食品管理机构。

　　欧盟食品安全行动计划的新的法律框架已经构建。一整套严密的、清晰的食品安全法规，将明确欧盟各国食品法共同原则，将食品安全作为欧盟食品法的主要目的。各国尚存的未被统一或有矛盾的食品法案将都被限制在这统一法律的框架内。

　　在食品安全的监管方面，欧盟将制定监管规定，将监管工作渗透到食品生产的各个环节，强制企业承担遵守食品安全法规的责任。国家机关必须对此负责监管，欧盟的食品安全专业委员会和兽医办公室进行合作共同实施检查和监管。欧盟还明确建立全面监管体系和统一的质量标准。

　　为强化食品安全风险防范，必须保证消费者的知情权和选择权。主要是：对食品安全风险报道必须及时、透明，并建立与消费者信息反馈体系。要重视消除消费者的忧虑，为之提供食品安全全面咨询。提供专家与消费者的对话平台，方便消费者国际对话。欧盟强化对易伤害群体（老、弱、孕、残）的食品安全风险交流。强制实行标签制度，让消费者在知情情况下选择食品。除标签制度法律化外，欧盟还要求供应商和生产商在食品上标明所有成分，而不允许只注明如大于 25％ 的成分标示。欧盟还将审核有关功效注明（例如营养品对正常身体官能的益处）和营养标准（例如食品中某项营养成分的有无及含量）及适当使用方法。消费者的知情范围除生物、化学和物理营养成分以外，还应该涉及食品的营养价值。欧盟将低糖食品、补充食品及高营养食品作为推荐标准。

该项食品安全行动将强化国际食品健康标准，规定了进口食品及动植物食品至少要达到欧盟内部生产的同样卫生标准。欧盟出口产品的安全标准也要达到欧盟内销产品水平，并与第三世界国家建立多边和双边的协议，强调采纳欧盟标准的重要性。

## 5.4.2　美国食品标准与法规

美国经济实力居世界首位，市场容量大，进口范围广，对商品质量要求高，市场变化快，销售季节性强，是我国主要的贸易伙伴。

### 5.4.2.1　标准体制的特点

美国是一个技术法规和标准的大国，美国标准体制的一个特点是技术法规和标准名目繁多，是一个名副其实的标准大国。美国制定的包括技术法规和政府采购细则在内的标准有 5 万多个；私营标准机构、专业学会、行业协会等非政府机构制定的标准也在 4 万个以上，其中还不包括一些约定俗成的事实上的行业标准。美国法规在世界上是比较健全和完善的，它是由联邦政府各部门颁布的综合性的长期使用的法典，按照政治、经济、工农业、贸易等各方面分为 50 卷，共 140 余册。每卷根据发布的部门分为不同的章，每章再根据法规的特定内容细分为不同的部分。

美国标准体制的另一个特点是在于其结构的分散化。联邦政府负责制定一些强制性的标准，主要涉及制造业、交通、食品和药品等。此外，相当多的标准，特别是行业标准，是由工业界等自愿参加制定和采用的。美国的私营标准机构就有 400 多个。美国标准体制的分散化，导致了美国标准的贸易保护主义色彩。因为标准制定的分散化为标准的制定提供了多样化渠道，使制定者能根据一些特殊要求作出灵活反应，及时从标准角度出台限制性措施。

美国标准体制的第三个特点是合格评定系统既分散又复杂。美国普遍采用所谓"第三方评定"，其合格评定系统的主体是专门从事测试认证的独立实验室，美国独立实验委员会有 400 多个会员，其中如美国保险商实验室（UL）是美国著名的安全评定机构，美国的一些大连锁店基本上不销售未取得 UL 安全认证的电器。在这种分散的合格评定结构中，美国政府部门的作用是认定和核准各独立实验室的资格，或指定某些实验室作为某行业合格评定的特许实验室，使得这些实验室颁发的证书具有行业认证效力。综上所述，美国的技术法规和标准不但名目繁多、要求也高，再加上评定系统的复杂，连美国公司有时都不容易应付，更何况那些想进入美国市场的外国公司了。对外国公司来说，接受美国指定实验室的检测，势必将耗费大量的时间和金钱，使进入美国市场的难度和贸易成本大大增加。

### 5.4.2.2　美国食品安全法律体系

美国是一个十分重视食品安全的国家，有关食品安全的法律法规在美国非常繁多，如《联邦食品、药物和化妆品法》、《食品质量保护法》和《公共卫生服务法》等。这些法律法规覆盖了所有食品和相关产品，并且为食品安全制定了非常具体的标准以及监管程序。在美国，如果食品不符合安全标准，就不允许其上市销售。另外，美国从事食品生产、加工与销售的企业，不存在无照企业或者家庭作坊式企业，因此掺假现象极少。

国会颁布的食品安全法令对执法机构广泛授权，但同时也限制了其执法行为。法令的唯一目的就是为达到特定的目标，食品安全机构依据法令发布特定的法规，进行特定的指导，采取特定的措施。当必须强调新技术、新产品和健康风险时，执法机构有充分的灵活性对法规进行修改和补充，而不需要制定新的法令。

美国进行食品管制的政府机构是美国食品和药物管理局（FDA）、农业部食品安全检验署（FSIS）、农业部动植物卫生检验署（APHIS）以及环境保护署（EPA）。食品和药物管理局相当于最高执法机关，由超过两千多名医生、律师、药理学家、化学家等专业人员组成，具有很高的专业技术水准。食品和药物管理局承担着最多的食品安全工作，每年监控的产品价值高达1万亿美元。FDA主管所有进入美国市场的食品、药品、添加剂、化妆品、洗涤用品和医疗设备。进口产品必须保证从原材料采购到生产、包装、销售、运输各个环节都不受污染，不发生霉变，不掺有任何违反FDA规定的成分，保证人类健康、卫生与安全。FDA将对进口商品进行抽样检测，如果检测结果不符合其标准，该产品将不准入境。而对于预先获得FDA认证的产品进口商一般在出具认可证后即可放行。FDA是从USDA（美国农业部）中分离出来的，从USDA中移交出来后，肉类、家畜和蛋类产品的法规也从其他食品产品的法规中独立了出来。除肉类、家禽、蛋类、酒精饮料和大众性饮用水外，其他所有食品要受FDA的监督管理。

美国实行多部分联合监管制度，在地方、州和全国的每一个层次监督食品的原料采集、生产、流通、销售、企业售后行为等各个环节。地方卫生局和联邦政府的许多部门都雇用流行病学专家、微生物学家、食品检查员以及其他食品科研专家，采取专业人员进驻食品加工厂、饲养场等方式，对食品供应的各个环节进行全方位的监管，构成了覆盖全国的联合监管体系。联邦和地方食品安全执法机构则通过签署协议、人员培训交流等方式加强相互之间的协调和联络。与这种监管体系相对应的是涵盖食品产业各个环节、数量繁多的法律和产业标准。

美国食品行业标准和相关法律的制定，是建立在先进的食品科研水平上和每年投入数亿美元科研经费的基础上。依托先进的技术手段和多年的资料积累，美国在食品危险性评估控制技术、新产品安全性评估方面取得了长足的进展。

科学的行业标准和法规为食品安全打下了坚实的基础，违反这些标准和法律会受到严惩。在美国，从事食品生产、销售的企业一般都是实力雄厚的大企业，企业行为都非常规范。食品企业一旦被发现违反法律会面临严厉的处罚和数目惊人的罚款。

### 5.4.2.3　美国的食品法规

美国超市里的食品不管是当地生产还是进口自世界各地，无一例外都用统一的格式标明营养成分、食用期限、可快速追查产品来源的编号、生产地区、厂家等等。肉类、海鲜等食品则有黑体"警告"二字打头的警示性标签，说明如果保存或加工不当可能滋生致病微生物。一些常用的调料或者食用油则用标签提醒消费者，产品的维生素C、维生素A、钙和铁等成分含量很少或者没有。这些警示标签和营养声明在字体大小、格式、印刷上都是整齐划一，印刷在包装袋的显著位置。这些标签的背后是美国食品产业严格的安全标准。

美国的食品产业庞大，每年的内销食品额达 2400 多亿美元，进口食品额达 150 多亿美元，但食品业在安全方面有着出色的记录，被认为是世界上最安全的食品供应国，美国人在日常生活中对食品安全的信任度也很高。这种安全感来源于时刻高效运转的联合监管体系，完备的法律法规，先进的检测手段，完备的安全评估技术以及每年数亿美元的科研投入，当然还有美国人强烈的法律意识。

美国的食品标准与法规体系主要包括以下三个方面：

1）美国食品法规

美国食品安全授权法令主要包括：美国食品、药品和化妆品管理法（FFDCA）、美国肉类检查法（FACA）、禽类产品检查法（PPIA）、蛋类产品检查法（EPIA）、食品质量保护法（FQPA）、公众健康服务法（PHSA）等。这些安全法规实施的特点是：

（1）立法执法各司其职。美国政府的三个法规机构——立法、司法和执法，在确保美国食品与包装安全中各司其职。国会发布法令，确保食品供应的安全，从而在国家水平上建立对公众的保护。执法部门和机构通过颁布法规负责法令的实施，这些法规在"联邦登记"（Federal Register，FR）中颁布，公众可得到这些法规的电子版。

（2）科学、决策、权利分开。美国食品安全体系的特点是以科学为基础的决策，权利和决策分开，美国食品安全法律授权之下的机构所做出的决策在法庭解决争端时有法律效力。

（3）授权执法即时修改。美国的食品法包括食品、药品和保健品法、包装和标签法，并被列入联邦法规第 21 章。整个食品工业都必须了解并自愿遵守。建立食品法律法规的目的是保证食品符合微生物指标、物理指标和化学指标；保证市场竞争正当、公平。

美国大部分食品法的精髓来自 1938 年建立的 FDCA（《食品、药品和化妆品法》，Food，Drug and Cosmetic Act），至今仍在不断地修订。按时间顺序美国食品法的发展过程如下：

1906 年：纯净食品及药品法规

1938 年：FDCA

1957 年：家禽产品检验法规

1958 年：FDCA 中增添食品添加剂法规

1959 年：FDCA 中增添食用色素法规

1966 年：食品包装及标签法规

1969 年：白宫关于食品、营养与健康的研讨会

1970 年：蛋的检验法规

1977 年：美国参议院特别委员会关于营养与人类需求方面的美国膳食目标

1990 年：营养标签与教育法

1991 年：美国工业奖励法

2002 年：公共健康安全生物恐怖主义预防法

除此之外还有许多附加法规，如联邦肉类检查规范、联邦家禽产品检查法规、联邦贸易委托法规、婴儿食品配方法规、营养标识和教育法规等。

2）食品产品标签要求

1938 年的 FDCA（食品、药品和化妆品法），1966 年的 FPLA（良好包装和标签法）及 1990 年的 NLEA（营养标签与教育法）都建立了食品产品标签应遵循的法规。其目的是让消费者在购买商品时能方便地了解产品的必要信息，同时知道该产品的食用方法。标签的具体要求可以在文件中找到：21CFR101（FDA 限制性食品），QCFR317（肉类产品），QCFR381（家禽类产品）。

管理食品标签的法律法规及政策非常复杂，而且根据特定销售对象（如直接消费者、食品经销商、食品加工商等）、包装（货运大包装、多层包装、单位量包装或非包装即食食品等）、销售方法（自销、商店经销或餐饮机构经销的即食食品等）不同而不同。许多必需的标签说明在包装袋上的位置及型号尺寸都有明确规定，如产品名称、总含量、营养成分、成分说明、生产商名字及地址、包装商及批发商名字。现在，致过敏物也应当写在标签上。

在绝大多数营养标签上，下面几条是必须的：营养事实；适合的用量；每份食品的热值；来自脂肪的热值；总脂肪、饱和脂肪酸酯、胆固醇、钠、总糖、膳食纤维、蔗糖及蛋白质的每日摄入百分含量；维生素 A、维生素 C、钙和铁的每日摄入百分含量。

某种维生素或矿物质如果被添加到食品中或声明某产品添加了某维生素或矿物质，那么该维生素或矿物质的每日摄入量必须标明。对多不饱和、单不饱和脂肪酸，其他多糖、糖醇、可溶或不溶性膳食纤维及钾的说明是自愿的。

营养事实的说明方式有很多种，包括标准式、表格、合计、二维列表、简化式、缩写式及线条图案，但它们在提出过程中必须经过论证。

自 2006 年 1 月 1 日起，美国开始实施《2004 年食品过敏源标识和消费者保护法规》。该法规规定，除美国农业部管辖的肉制品、禽肉制品和蛋制品外，所有在美国销售的包装食品，必须符合有关食品过敏源标注要求，其中过敏源主要指以下 8 种产品：牛奶、蛋、鱼类、甲壳贝类、树坚果类、小麦、花生、大豆。对于鱼类、甲壳贝类、树坚果类三类食品必须标注具体的食品名称。此法规涵盖了大约 90% 的导致过敏的食物。但初级农产品如在自然状态下的新鲜蔬菜和水果不受法规约束。

3）食品产品检验标准

检验标准可以帮助消费者在购买时做出自己有见地的选择。一个标准会给一种食品在市场上一个普通的或常用的名字，任何一种产品，冠以这种名字就必须符合相应标准的要求。而这些要求通常是在其实际的或评估出的经济因素上建立的。

检验标准可以帮助食品生产商建立他们必须符合的最低要求，以使各厂家能在一个"公平的舞台"上竞争。例如，花生酱中，花生含量必须大于等于 90%，否则只能叫"花生酱制品"，而不叫"花生酱"；葡萄酱中，葡萄汁含量必须大于等于 45%，否则只能叫"葡萄酱制品"，而不叫"葡萄酱"。

## 5.4.3　日本食品标准与法规

日本的技术法规和标准多而严，而且往往与国际通行标准不一致。日本市场规模大、消费水平高，对商品质量要求高，市场日趋开放，进口的制成品比重也在提高。日本的技术标准不仅数量多，而且很多技术标准不同于国际通行的标准。一种产品要进入日本市场，不仅要符合国际标准，还必须符合日本标准。日本对进口商品规格要求很严，在品质、形状、尺寸和检验方法上均规定了特定标准。日本进口商品规格标准中有一种是任意型规格，即在日本消费者心目中自然形成的产品成分、规格、形状等。日本对绿色产品格外重视，通过立法手段，制定了严格的强制性技术标准，包括绿色环境标志、绿色包装制度和绿色卫生检疫制度等。进口产品不仅要求质量符合标准，而且生产、运输、消费及废弃物处理过程也要符合环保要求，对生态环境和人类健康均无损害。在包装制度方面，要求产品包装必须有利于回收处理，且不能对环境产生污染。在绿色卫生检疫制度方面，日本对食品药品的安全检查卫生标准十分敏感，尤其对农药残留、放射性残留、重金属含量的要求严格。

### 5.4.3.1　日本食品卫生管理体制

日本的食品卫生监督管理由中央和地方两级政府共同承担，中央政府负责有关法律规章的制定，进口食品的检疫检验管理，国际性事务及合作；地方政府负责国内食品卫生及进口食品在国内加工、使用、市场销售的监管和检验。

（1）对饮食业、食品加工业等涉及公共卫生行业的设施和设备制定必要的标准，此标准类似于我国国家商检局颁布的出口食品厂、库注册卫生要求和实施细则，对企业周围的环境、车间布局、建筑结构、工艺流程、卫生设施、设备、加工人员、工器具的卫生、质量保证体系等都有明确的规定，并实施许可证制度，未取得卫生许可证一律不准营业。日本新制定的国家标准有 90% 以上采用国际标准化组织等的标准，但是仍有不少技术规定和标准与国际通行标准不一致。如日本要求进口化妆品与其指定的化妆品成分标准（JSCL）、添加剂标准（JSFA）和药理标准（JP）一致，只要其中一项不合要求，产品就将被拒之门外。

日本对很多产品的技术标准是强制性的，进口货物入境时须经日本官员检验的判定。另外，日本对商品规格要求很严，如果产品不满足相关规格标准，也不可能进入日本市场。

（2）监督检查。在各级政府卫生机构中设立食品卫生监察员，监察员必须具有规定的学历并经过专门培训，由厚生大臣或都道府县知事任命，负责对营业设施和加工厂进行监督检查；经营、加工企业要配置食品卫生管理员负责对营业或制造、加工过程中的卫生状况进行监督管理。

设立规定的试验室，以对产品进行必要的理化、细菌、农残等项目的实验室检验，结果单需保存 3 年。

对于违反卫生规格标准加工、制造、使用和销售无合格证的产品时，或就其设施、设备、检验能力来看，担心其以后制造的产品还会继续出现危害人身安全时，或认为必要时，卫生主管机构就可进行强制性检查，对于同类产品生产或销售企业，经营者在接到卫生当局采取必要措施的通知后，应在规定的不超过 2 个月期限内，进行全面自查并申请接受检查。

（3）卫生管理。在日本设有许多大型食品批发市场，一些中小型批发市场及零售商的货源主要来自大型批发市场。因此，管理好大型批发市场的食品卫生就能有效地保障人民的生命健康。在大型食品批发市场设立食品卫生检查所也便于检验人员及时对进出的食品监督检验，如东京中心批发市场的食品卫生检验人员每天每夜里就对进场交易的水产品、肉类、蔬菜、瓜果等鲜活商品进行检查，不良商品不准进场。在每天正常营业时，检查人员进行实验室检验，如生物学的检查和理化检查。

### 5.4.3.2　日本食品卫生管理机构

1) 食品安全委员会

食品安全委员会在 2003 年 7 月设立，直属内阁，主要职能包括实施食品安全风险评估、对风险管理部门（厚生劳动省、农林水产省等）进行政策指导与监督，以及风险信息沟通与公开。该委员会的最高决策机构由 7 名委员组成，他们都是民间专家，由国会批准并由首相任命。委员会下辖"专门委员会"，分为三个评估专家组：一是化学物质评估组，负责对食品添加剂、农药、动物用医药品、器具及容器包装、化学物质、污染物质等的风险评估；二是生物评估组，负责对微生物、病毒、霉菌及自然毒素等的风险评估；三是新食品评估组，负责对转基因食品、新开发食品等的风险评估。此外，委员会还设立"事务局"负责日常工作，其雇员多数来自农林水产省和厚生劳动省等部门。

日本法律明确规定食品安全管理部门是农林水产省和厚生劳动省。随着风险评估职能的剥离而专职风险管理，两部门对内部机构进行了大幅调整。

2) 厚生省

食品卫生课：制定食品和器具的卫生规定标准；检查产品和卫生设施；出口粮食的标准制定和保健检查；糕点卫生和卫生师法的实施；食物中毒的防止；食品卫生检查员；食品卫生调查委员会。

乳肉卫生课：奶、肉等动物性食品卫生、规格、标准的制定和检查；屠宰场法、屠宰及检验法、死毙牲畜处理场、狂病预防法等法律的实施；人畜共患病的调查研究。

指导课：与环境卫生有关的经营管理的改进；环境卫生行政上必要的调查、指导；与环境卫生有关经营合理化法律的实施；公共场所卫生管理；中央环境卫生合理化审议会。

检疫所：从事进口食品检疫检验，此外，检疫所还负责进出境人员和运输工具的检疫，空、海港区域内的卫生状态的管理，防止传染病的侵入和蔓延。

食品化学课：添加剂、包装容器、玩具（婴幼儿接触后有可能损害身体健康的）、洗涤剂（用于洗涤蔬菜、水果、餐具的）卫生、规格、标准的制定和制品检查；因食用含有或附着农药的食物而引起中毒的预防。

新开发食品对策室：营养标签标准的制定；特殊营养食品的管理。

3) 农林水产省

植物防疫课：病虫害发生的预测；进出口植物检疫；农药的管理及农药生产、流通、消费的促进、改善、调整；植物防疫所；农药检验所；农业资材审议会。

卫生课：家畜、家禽、蜜蜂的卫生；有关进出口动物、畜产品的检疫；畜禽疾病的防治；饲料添加剂的指定及规格标准制定；兽医师及兽医师许可审议会等。

牛奶奶制品课和食肉鸡蛋课：牛奶、奶制品、畜产品包括罐头的生产、流通、消费的促进、改善和调整等业务。

日本对进口农产品、畜产品以及食品类的检疫防疫制度非常严格，对于入境农产品，首先由农林水产省下属的动物检疫所和植物防疫所从动植物病虫害角度进行检疫。同时，由于农产品中很大部分用作食品，在接受动植物检疫之后，还要由日本厚生劳动省下属的检疫所对具有食品性质的农产品从食品角度进行卫生防疫检查等。

消费经济课：有关农、林、牧、水产品的消费的促进、改善和调整的全面事务；有关农林水产省所管事务中所有涉及消费者利益的事务；日本农林规格标准、农林产品品质标示标准的制定；关于农林产品规格化及品质标示合理化的法律、生活消费用品安全法的实施；农、林、牧、水产品、饮食产品、油脂输出检验标准的制定和出口检验；农林规格检验所；农林产品规格调查委员会。

### 5.4.3.3　日本国内食品卫生检验和管理

日本国内食品检验和管理，在厚生省、农林水产省等中央政府机构领导下由地方政府卫生机构完成，其组织机构为：

食品保健课：负责对营业场所考核、颁发营业许可证，食品规格标准的制订，食品中毒的预防、食品卫生行政事务的管理。

食品环境指导监督课：负责大规模食品制造、销售场所的监视指导；食肉卫生检查所进行牲畜及肉类的检查。

卫生研究所：负责对食品进行化验，并对卫生指标如微生物、农残、兽药残留、重金属等进行调查研究。

保健所：负责对饮食店、食品贩卖店等的营业许可、监视指导。

市场卫生检查所：是政府设在大型批发市场的检验机构，负责批发市场的食品卫生监视指导、试验检查。

市场卫生检查所的主要职能有：①监视指导，对违反卫生和不良的食品进行监督管理。②试验检查，对食品进行新鲜度、毒性、微生物、农药和兽药残留的实验室检验。③调查研究，对水产品、水果蔬菜的产地生长期间施药情况及各种食品的卫生进行实地调查。④卫生教育，定期对经营者培训，为普通消费者提供普及卫生知识提供咨询。

### 5.4.3.4　日本食品安全法规及管理

日本食品安全体系分为法律法规和标准，食品安全法律主要包括食品安全基本法、食品卫生法等，以及伴随而生的有关法律的实施令和实施规则，对该法律加以补充说明和规范。日本是一个法制比较完善的国家，其法律条款的修订非常普遍，一旦发现某些条款与现实相左或不相适应，即以省令和告示的形式对该条款加以修订。日本食品标准体系分为国家标准、行业标准和企业标准三层。国家标准即 JAS 标准，以农产品、林产品、畜产品、水产品及其加工制品和油脂为主要对象；行业标准多由行业团体、专业协会和社团组织制定，主要是作为国家标准的补充或技术储备企业标准是各株式会社制定的操作规程或技术标准。

1) 日本食品安全管理的主要法律

(1)《食品卫生法》。

日本 1947 年制定了《食品卫生法》，1948 年制定了《食品卫生法实施规则》，1953 年颁布了《食品卫生法实施令》。《食品卫生法》是食品卫生管理的根本大法和基础，在本法中，明确规定禁止销售腐烂、变质或未熟的食品；含有或附着有毒、有害物质，疑为有害物质的食品；病原微生物污染或疑为污染而可能危及人体健康的食品；混入或加入异物、杂质或其他原因而危及人体健康的食品；病死畜禽肉；未附有出口国政府签发兽医证的畜禽肉、内脏及制品（火腿、腊肠、腊肉）；未经证实以作为食品添加剂为目的的化学合成品及含有此成分的制剂、食品；有毒器具；新开发的尚未证实对人体无害的食品并制定了处罚措施。所有食品和添加剂，必须在洁净卫生状态下进行采集、生产、加工、使用、烹调、储藏、搬运和陈列。自日本发现了疯牛病后，日本政府决定成立由科学家和专家组成的独立委员会——食品安全委员会，并由政府任命担当大臣，委员会将对食品安全性进行评价，下设常设事务局，同时还提出了全面改正《食品卫生法》、确保食品安全的"改革宣言"。据报道，该宣言强调《食品卫生法》的目的要从确保食品卫生改为确保食品安全，必须明确规定国家和地方政府在食品安全方面应负的责任。

2006 年 5 月 29 日，日本对《食品卫生法》做了进一步修改，添加了"肯定列表"制度的内容，"肯定列表制度"设定了进口食品、农产品中可能出现的 799 种农药、兽药和饲料添加剂的 5 万多个暂定限量标准，对涉及 264 种产品种类同时规定了 15 种不准使用的农业化学品。对于列表外的所有其他农业化学品或其他农产品，则制定了一个统一限量标准，如 0.01 ppm 即 100 吨农产品化学品残留量不得超过 1 克。

(2)《食品安全基本法》。

疯牛病事件之后，日本政府为了重新获得消费者的信心，修订了其基本的食品安全法律。日本参议院于 2003 年 5 月 16 日通过了《食品安全基本法》草案，该法为日本的食品安全行政制度提供了基本的原则和要素，又是以保护消费者为根本、确保食品安全为目的的一部法律，既是食品安全基本法，又对与食品安全相关的法律进行必要的修订。《食品安全基本法》为日本的食品安全行政制度提供了基本的原则和要素。要点如下：一是确保食品安全，二是地方政府和消费者共同参与，三是协调政策原则，四是建立食品安全委员会，负责进行风险评估，并向风险管理部门也就是农林水产省和厚生劳动省，提供科学建议。

除《食品卫生法》外，与此相关的主要法规还有：《产品责任法（PL 法）》《食品卫生小六法》《屠宰场法》《禽类屠宰及检验法》《关于死毙牲畜处理场法》《自来水法》《水质污染防止法》《植物检疫法》《保健所法》《营养改善法》《营养师法》《厨师法》《糕点卫生师法》及日本农林规格（JAS）、食品卫生检查指针、卫生试验法注解、残留农药分析、食品、添加剂等的规格标准、在食品或添加剂的制造过程中防止混入有毒有害载体的措施标准、关于奶制品成分规格的省令等。迄今为止，日本共颁布了食品安全相关法律法规 300 多项。

2) 日本食品安全相关标准的内容及制定

目前，日本食品安全相关的标准数量很多，并形成了比较完善的标准体系。不仅在生鲜食品、加工食品、有机食品、转基因食品等方面制定了详细的标准和标识制度，而且在标准制定、修订、废除、产品认证、监督管理等方面也建立了完善的组织体系和制度体系，并以法律形式固定下来。一般的要求和标准由日本的厚生劳动省规定，包括食品添加剂的使用、农药的最大残留等，适用于包括进口产品在内的所有食品。日本的农林水产省也参与食品管理，主要涉及食品标签方面和动植物健康保护方面，农林水产省还根据 JAS 法对有机食品标准负责。日本农产品标准主要分为两类：一类是质量标准；另一类是安全卫生标准，包括动植物疫病、有毒有害物质残留等。农产品标准的主要政府负责部门是农林水产省和厚生劳动省。

## 5.4.4　加拿大食品标准与法规

加拿大食品安全采取的是分级管理的模式。联邦、各省和市政当局都有管理食品安全的责任，大型国际食品企业也有相应的管理责任。各级机构分工明确、各司其职，相互合作、协同管理，共同构成了一个较为完善的管理体制。在加拿大，一个普遍接受的原则是食品安全人人有责，体现了参与的广泛性。

### 5.4.4.1　加拿大食品安全管理机构概况

1) 概况

在联邦一级的主要管理机构是加拿大卫生部（Canada Health，CH）、农业与农业食品部（Ministry of Agriculture and Agri-food）、加拿大海洋水产部（Ministry of Feshery and Seafood，Canada）、加拿大食品检察系统实施组织（Canadian Food Inspection System Implementation Group，GFISIG）。而在联邦这一级，对食品安全最主要的管理机构是成立于 1997 年的加拿大食品检验署（Canada Food Inspection Agency，CFIA），这是一个相对独立的联邦机构，但 CFIA 署长向农业和农业食品部报告工作。

卫生部负责制定食品的安全及营养质量标准，制定食品安全的相关政策，鉴定与评估食源性疾病及其健康威胁。

农业与农业食品部负责食品和动植物（包括肉类、水产、蛋制品、奶制品、水果、蔬菜、种子、木材、生物制品、加工食品等）的加工、生产、管理等，并组织有关科研。

海洋水产部负责与水产品养殖、加工等相关卫生标准制定与管理。

加拿大食品检察系统实施组织（GFISIG）通过听证制定政策，确立一般法律基础。

加拿大食品检验署（CFIA）强制执行相关政策和标准，负责管理联邦一级注册、产品跨省或在国际市场销售的食品企业，并对有关法规和标准执行情况进行监督。CFIA 另一项主要工作是对进出口食品实施监督检验。

省级政府的食品安全机构负责本省范围内的食品安全管理工作，对在本省销售的食品企业提供产品检验，其检验证书只在本省有效，食品须取得 CFIA 证书方可跨省销售。

市政当局负责向经营最终食品的饭店提供公共健康的标准，并对其进行监督。地方卫生局是具体负责部门，其业务同时受上一级卫生部门指导。

大型国际食品企业如可口可乐、卡夫等，自己有一整套食品生产及安全规范，有自己的标签体系，执行国际食品法典和美国 FDA 的相关标准。政府各级管理机构对这类企业实行与其他企业不同的监督管理模式。

同时，加拿大其他联邦政府的部门也参与相关的食品安全管理工作，如外交部、国际贸易部参与食品进出口贸易和国际的食品安全合作。此外，大学、各种专门委员会，如加拿大人类、动物健康科学中心，加拿大谷物委员会和圭尔夫大学等机构也参与食品安全的工作。

2）CFIA 的管理体制

在联邦一级的食品安全管理机构中，CFIA 是最主要的机构。CFIA 总部设在渥太华，有 4 个执行区，即大西洋区、魁北克区、安大略区和西部区，各区设立区域办公室，下设 18 个地区办公室，185 个现场办公室（包括入境边检站），408 个设在企业的办公室和 22 个实验室及研究机构，共有 4600 人，分级设立国家 FSEP（食品安全督促计划）/HACCP 协调员、四地区 FSEP/HACCP 协调员、FSEP/HACCP 专员和责任监督员。CFIA 负责如下法律的管理和执行：《加拿大食品检验署法》《加拿大农业产品法》《农业和农产食品行政货币处罚法》《消费品包装和标识法》有关食品的部分、《饲料法》《化肥法》《水产品检验法》《食品和药品法》有关食品的部分《动物卫生法》《肉品检验法》《植物保护法》《植物育种者产权法》《种子法》。CFIA 执法方法包括：检验、检查和其他核查措施；申报；检测、实验室分析和文件审查。

CFIA 是加拿大负责公共安全和边界安全管理机构的组成部分之一。加拿大边境服务署（Canada's Border Service Agency，CBSA）对所有入境的人和物进行管理，针对进口食品，CBSA 和 CFIA 分工协作管理。食品进口时，CBSA 按照分工，可以进行抽样、核放，属于需要 CFIA 审核检验的，则将相关信息发至 CFIA，获 CFIA 反馈指令后放行。对不同国家进口的食品，采取不同级别的管理模式，一般前五批必检。针对出口食品，要求任何出口产品一定要符合进口国法律法规，手续齐全即放，如果加拿大与其他国家间有相互的食品检验认证协议，CFIA 还应向出口食品颁发证书，以证明这些食品达到了这些进口国的有关要求。

3）CFIA 的主要职责

CFIA 的职责主要有三项，即提高食品安全（提高食品安全水平，促进公平的标签制度）、保证动物健康（促进动物卫生，防止动物疾病传染给人类）、保护植物资源（保护植物资源，保护植物和森林免遭病虫害的侵袭）。其中提高食品安全水平、保护消费者的健康是其最重要的职责。CFIA 的检验范围包括食品安全：鱼类、乳制品、蛋类、肉类卫生、蜂蜜、新鲜水果和蔬菜、加工产品、零售产品、消费者食品；动物卫生：兽医生物制品、动物的运输、饲料；植物保护：植物保护、种子、肥料。

CFIA 的日常工作涉及对各类食品进行检验；促进和推广 HACCP；在发生食品安全紧急情况和事故时，及时地作出反应；与其他国家政府合作，制定共同认可的食品安全操作方法和程序；规范食品标签；对不符合联邦法规要求的产品、设施、操作方法采取相应处罚措施等。CFIA 在食品生产流程中的监管职能为：投入阶段的业务活动包括注册、标签管理和食品成分核查、取样、调查和实验室分析。生产阶段的业务活动包括监察、调查、应急措施（检疫、消除、分区管理）和产品注册。加工阶段的业务活动包括检验设施和程序、审查和认可 HACCP 计划并核查执行情况，对违规现象进行处理、取样和标签核查。分销和运输阶段的业务包括检查、监察运输工具的结构、卫生状况、温度和湿度，检查、监察粮库和饲料厂卫生状况。消费者、零售、食品服务阶段的业务活动包括与其他公共卫生机构进行合作对投诉或问题进行调查，对产品实施回收并向公众通报险情，对零售产品的成分、标签、重量和容量进行检验。

CFIA 在促进和推广使用有效的操作规范方面发挥了突出的作用，主要促进和推广的规范有：HACCP 措施，鼓励企业建立并运行，同时提供 HACCP 系统认证，并对执行状况进行核实，使所有的食品法规都在 HACCP 系统下得以实施；质量管理计划（QMP），该计划是一个基于 HACCP 原理的规划，该规划自 1992 年起在加拿大的鱼产品加工部门强制执行；食品安全督促计划（FSEP），该计划是一个为农业食品部门制定的规划，该规划在肉类和家禽加工厂实行得比较普遍，在乳制品、蜂蜜、鸡蛋、蔬菜水果加工业内也广泛应用；在家禽领域，有 8 家企业（约占 13%）实施了现代化家禽检验规划，CFIA 还对《肉类检验法》起草了一个修正案，以便为该规划的强制实施提供必要的法律基础。

CFIA 还承担加拿大农业部的"加拿大食品安全调整规划（CFSAP）"的管理工作，并对该规划的实施提供科技支持。CFSAP 是由 CFIA 和农业部及食品行业的有关人员共同设计的，它对 CFIA 正在实施的 FSEP 和 QMP 具有很好的补充作用。CFIA 还向另外一个由加拿大农业联合会管理的规划"加拿大农场生产食品安全规划（COFFSP）"提供科学和技术方面的支持，它通过联邦政府和产业界的合作，鼓励生产者在农场的食品生产环节实施与 HACCP 原理相一致的食品安全措施。CFIA 对 CFSAP 和 COFFSP 计划的参与体现了其改进食品安全的承诺，即从初级产品生产到最终产品零售的多部门、跨行业的食品安全协作，最终实现从农场到餐桌的食品安全管理。

### 5.4.4.2　加拿大食品安全技术法规和标准体系

加拿大食品安全技术协调体系分为技术法规和标准两类。两者分工明确，属性不同。加拿大食品安全技术协调体系当中的技术法规有关食品的安全及营养质量要求，是强制性执行政府法规，内容包括农产品生产技术规范、质量等级、标签标识、安全卫生要求及农药、兽药、种子、肥料、饲料、饲料添加剂、植物生长调节剂、设备等农业投入品生产、经营和使用等。这些技术法规由政府部门组织。有时也会由政府授权自律性行业协会、社会团体组织各方面利益主体一道制定，最后以法律规章的形式公布。

加拿大主要的食品安全技术法规有 15 部相关法律，包括《食品药品法》《食品安全和检查法》《消费品包装和标签法》《加拿大农产品法》等，这些法律都是食品安全的基本要求和一般规定联邦政府及有关部门为实施法律制定了相应的配套法规，对农产品和食品的生产、加工、储藏和流通、农业投入品的生产、经营方面的食品安全控制技术法规如 GMP 等、食品安全限量和卫生规定、检测方法、标签标识、包装材料卫生要求都做了明确规定。这些条例主要有《食品药品条例》《加拿大谷物条例》等。

加拿大新的《有机食品法规》于 2009 年 6 月 30 日起正式开始实施。这项新规定对所有加拿大产及进口的有机食品制定了具体的标准，并要求所有在加拿大市场出售有机食品的生产商必须经过 CFIA 授权的认证机构的认证，否则将会受到严厉的处罚。

### 5.4.4.3　加拿大食品安全技术法规和标准体系的特点

（1）建立健全食品安全标准化的机构，加大资金投入实施各项食品安全行动计划等综合措施的实施，加拿大食品安全系统是在由多部门管辖下运行的。

（2）建立统一和平衡的食品安全标准实施体系。加拿大制定的《食品安全和检查法》是在对食品与药品法、农产品法、消费品包装和消费法、种子法、饲料法以及肉制品检验法和鱼产品检验法等与食品安全相关的法律当中有关食品及农产品安全、农业投入品检测的有关内容和条款进行整合和更新所形成的一部法律。

**案例分析：**（美国欧盟牛肉争端案例）

自 1981 年开始，欧盟相继通过一系列指令，对于农场牲畜使用荷尔蒙物质问题进行严格管制，并禁止使用荷尔蒙添加剂的牛肉进口到欧盟市场。1996 年 1 月 26 日，美国以欧盟的措施违反 SPS 协议等理由提出与欧盟进行磋商，在协商未果的情况下，请求成立专家组进行裁决。1996 年 7 月，加拿大也就同样的问题提出成立专家组的请求。

为此，争端解决机构成立了由相同三名专家组成的专家组分别对美国和加拿大的申诉进行审理，并于 1997 年 8 月 18 日同时分发了两份专家组报告。随后，欧盟、美国和加拿大分别对专家组报告提出上诉。1998 年 1 月 16 日，上诉机构做出裁决，修改了专家组报告的一些内容。1998 年 2 月 13 日，争端解决机构通过了上诉机构报告和经修改的专家组报告，要求欧盟修改其被上诉庭和专家组确认的违反 SPS 协定的措施。该案案情复杂，牵涉到 SPS 协议的适用程序和实体规则等多方面问题，具有很强的借鉴意义。

先由起诉方美国和加拿大提出初步证据，证明欧盟措施不符合 SPS 协议的规定，之后举证责任转移给欧盟。但在具体审理过程中则更加强调了作为采取 SPS 措施的一方，即欧盟的举证责任。

一国采取的卫生与植物卫生措施应以国际标准、准则和建议为依据，而如果一国采取高于国际标准保护水平的措施，则需遵守协议第 5 条各款的规定。为此专家组首先考察欧盟采取的措施是否以国际标准为依据，在得出否定的结论后，专家组就欧盟采取的高于国际标准保护水平的措施是否符合第 5 条各款的要求进行了重点考察和分析。

最终专家组裁定欧盟的措施没有以风险评估为依据，其在实施它认为适当的卫生保护水平时，在不同情况下存在任意的或不合理的差异，这种差别构成对国际贸易的歧视或变相限制，欧盟的措施违反了 SPS 协议规定。

**思考题**

1. 食品法典委员会的组织机构。
2. CAC 标准的制定程序。
3. ISO 22000 的主要内容及意义。
4. 欧盟食品法规体系。
5. 美国食品法规体系。
6. 对比发达国家食品标准与法规，考虑中国食品安全问题的症结何在？该如何解决？

7. 日本食品安全法规体系的变迁对完善我国食品安全体系有何借鉴？

8. 日本《肯定列表制度》对中国食品进出口的影响。

9. 对比发达国家食品安全体系与中国的异同，总结我国食品安全现状，对如何完善食品安全体系提出合理建议。

10. 总结主要发达国家食品安全监管法律体系建设经验借鉴。

# 第 6 章　食品安全的监管体制

**导读**

近年来，国内外发生了一系列危害人们生命和健康的食品安全方面的重大事件，事件发生频次和危害程度日益呈上升的趋势。疯牛病、二噁英、SARS、禽流感、苏丹红、三鹿奶粉、山西朔州假酒事件、重庆市"毛发水"酱油事件、南京冠生园"陈馅月饼"事件、安徽阜阳劣质奶粉事件、三鹿三聚氰胺奶粉事件、温州制售病死猪肉事件、陈化米事件、因食用含有"瘦肉精"的猪肉食物集体中毒事件，以及涉及因假酒、农药残留、食品或饲料中添加违禁物质造成的食物中毒，导致人员死亡和大批人员集体住院的事件时有发生。另外，农残、抗生素、激素、滥用食品添加剂等问题也让人民群众难以做到买得安心、吃得放心。因此，我们应正视我国食品安全的现状，认真分析产生食品安全问题的原因，增强全民族的食品安全意识，倡导科学合理的消费，坚决打击制假、售假的不法行为，加大食品安全的科技投入，强化食品安全管理，实行"从农田到餐桌"的全过程食品安全控制，制定食品安全的相关标准和法规，加强食品安全监督管理，才能使食品安全问题得到解决。

## 6.1　我国食品安全监督管理体系

### 6.1.1　食品行政执法

#### 6.1.1.1　食品行政执法的概念

食品行政执法是指国家食品行政机关、法律法规授权的组织依法执行适用法律，实现国家食品管理的活动。

国家行政执法机关实施行政管理时依法做出的直接或间接产生行政法律后果的行为，称为行政行为。行政行为可以分为抽象行政行为和具体行政行为。抽象行政行为是指行政机关针对不特定的行政相对人制定或发布的具有普遍约束力的规范性文件的行政行为；具体行政行为是指行政机关对特定的、具体的公民、法人或其他组织，就特定的具体事项，做出有关该公民、法人或组织权利义务的单方行为。

#### 6.1.1.2　食品行政执法的特征

1）执法主体的特定性

食品行政执法的主体只能是食品行政管理机关，以及法律、法规授权的组织。我国行政执法主体主要为国家卫生部门、质检部门、工商部门、农业部门及食品药品监督管理局等机构。2013年大部制改革新组建了国家食品药品监督管理总局，统合食安办、药监、质检、工商相应职责，对食品和药品的生产、流通、消费环节进行无缝监管。

　　2）执法对象的特定性

　　食品行政执法行为针对的对象是特定的、具体的公民、法人或其他组织，统称为食品行政相对人。

　　3）执法是一种职务性行为

　　食品行政执法是执法主体代表国家进行食品管理行使职权的活动。即行政主体在行政管理过程中，处理行政事务的职责权利。因此，执法主体只能在法律规定的职权范围内履行其职责，不得越权或者滥用职权。

　　4）执法行为依据的法定性

　　食品行政执法的依据只能是国家现行有效的食品法律、法规、规章以及上级食品行政机关的措施、决定、命令、指示等。

　　5）行政执法是单方法律行为

　　在食品行政执法过程中，执法主体与相对人之间所形成的行政法律关系，是领导与被领导、管理与被管理的行政隶属关系。食品行政执法主体仅依自己一方的意思表示，无须征得相对人的同意就可以作出一定法律后果的行为，行为成立的唯一条件是其合法性。

　　6）行政执法必然产生一定的法律后果

## 6.1.1.3　食品行政执法的依据

　　食品行政执法活动，是食品行政机关依法对食品进行管理，贯彻落实法律、法规等规范性文件的具体方法和手段。因此，食品行政执法的依据主要是现行有效的有关食品方面的规范性文件。此外凡是我国承认或参加的国际食品方面的条例、公约或者签署的双边或多边协议等，也是我国食品行政执法的依据。

## 6.1.1.4　食品行政执法的有效条件

　　食品行政执法的有效条件，即食品行政执法行为产生法律效力的必要条件，只有符合有效条件的食品行政执法行为才能产生法律效力。一般情况下，食品行政执法行为产生法律效力需要同时具备四个条件：①资格要件，资格要件是指作出食品行政执法行为的主体符合法定的条件。②职权要件，职权要件是指享有实施食品行政执法行为资格的主体，必须在自己的权限范围内从事行政执法行为才具有法律效力。③内容要件，内容要件是指食品行政执法行为的内容必须合法又合理，才能产生预期的法律效力。④程序要件，程序要件是指实施食品行政执法行为的方式、步骤、顺序、期限等，必须符合法律规定。

## 6.1.1.5　食品行政执法主体

　　1）食品行政执法主体的概念

　　食品行政执法主体是指依法享有国家食品行政执法权利，以自己的名义实施食品行政执法活动并独立承担由此引起的法律责任的组织。

2) 食品行政执法主体的分类

根据执法主体资格取得的法律依据不同，食品行政执法主体可以分为职权性执法主体、授权性执法主体。职权性执法主体是指根据宪法和行政组织法的规定，在机关依法成立时就拥有相应行政职权并同时获得行政主体资格的行政组织。职权性执法主体只能是国家行政机关，包括各级人民政府及其职能部门以及县级以上地方政府的派出机关。

授权性执法主体是指根据宪法和行政组织法以外的单行法律、法规的授权规定而获得行政执法资格的组织。《食品安全法》第四条规定：国务院设立食品安全委员会，其工作职责由国务院规定。2013 年国务院启动新一轮机构改革，备受争议的食品生产、流通、餐饮环节分段监管职能，得到整合。同时，国家确立了食品安全标准制定与执行分立的格局，明确由国家卫计委负责食品安全国家标准的制定和公布，新组建的国家食品药品安全监督管理总局，负责除种植、屠宰环节以外、食品安全从生产线到餐桌的整链条监管。鉴于机构调整完善尚需时日，以下暂按原体制介绍。

（1）食品卫生行政机关。

卫生行政机关是依据宪法和行政组织法规定而设立的履行卫生行政职能的国家行政组织，是最主要的食品行政执法主体。卫生行政机关包括国务院卫生行政主管部门，即卫生部，省、自治区、直辖市卫生厅（局），地（市）卫生局，县（县级市、区、旗）卫生局，统称为各级卫生行政机关。

国务院卫生行政部门承担食品安全综合协调职责，负责食品安全风险评估、食品安全标准制定、食品安全信息公布、食品检验机构的资质认定条件和检验规范的制定，组织查处食品安全重大事故。

（2）食品质量技术监督检验机关。

2001 年 4 月国家质量技术监督局与国家出入境检验检疫局合并，组建了中华人民共和国国家质量监督检验检疫总局（简称国家质检总局），它是我国食品行政执法主体之一，是主管全国质量、计量、食品生产、出入境卫生检疫，出入境动植物检疫和认证认可、标准化等工作，并行使行政执法职能的直属机构。

其在食品质量安全市场准入方面的职责有：①制定并颁布食品质量安全监督管理工作有关规章和规范性文件及《食品质量安全监督管理重点产品目录》、各类生产许可证实施细则；②制定《食品生产许可证》证书、食品市场准入标志的式样及使用方法，统一印制《食品生产许可证》；③负责受理并审查有特殊规定的食品生产加工企业提出的《食品生产许可证》申请；④审核批准并向符合规定条件的企业颁发《食品生产许可证》；⑤负责统一制定审查人员、检验人员资格管理制度并组织实施；⑥负责制定承担食品检验任务的检验机构的基本条件和取得资格的程序及管理规定，并审定省级以上（含省级）承担食品检验任务的检验机构；⑦统一公告承担检验任务的机构名单，取得《食品生产许可证》企业名单和撤销《食品生产许可证》企业名单等有关信息；⑧负责对《食品生产许可证》审查、发证工作的监督检查，组织对无证生产销售违反行为的查处，受理食品生产许可证工作的有关投诉，处理食品生产许可证争议事宜；⑨统一编制管理软件，建立食品市场准入制度信息管理系统。

在进出口食品安全管理方面的职责有：①研究拟定进出口食品和化妆品安全、质量监督和检验检疫的规章、制度及进出口食品、化妆品检验检疫目录；②组织实施进出口食品、化妆品的检验检疫和监督管理；③收集国内外有关食品安全、卫生质量信息，组织实施相关食品卫生风险分析评估和紧急预防措施；④负责重大进出口食品卫生质量事故查处和食源性污染源处理工作。

（3）工商行政主管机关。

国家工商行政管理总局是国务院主管市场监督管理和有关行政执法工作的直属机构，也是食品行政执法主体之一，主管食品流通。其主要职责是：①研究拟定工商行政管理的方针、政策、组织起草有关法律、法规草案，制定并颁发工商行政管理规章；②依法组织监督市场竞争行为，查处垄断、不正当竞争、走私贩私、传销和变相传销等经济违法行为；③依法组织监督市场交易行为，组织监督流通领域商品质量，组织查处假冒伪劣等违法行为，保护经营者、消费者合法权益；④依法对各类市场经营秩序实施规范管理和监督；⑤负责商标注册和商标管理工作，保护商标专用权，组织查处商标侵权行为，加强驰名商标的认证和保护。

（4）食品药品监督管理机关。

食品药品监督管理机关是新设立的履行综合监督消费环节食品、药品、保健品、化妆品安全管理的国家行政组织，是主要的食品行政执法主体。食品药品监督管理机关包括国务院食品药品监督管理行政主管部门，即中国国家食品药品监督管理局（SFDA）以及省、自治区、直辖市、地（市）、县（县级市、区、旗）食品药品监督管理局，统称为各级食品药品监督管理行政机关。其主要执法职责是：①依法组织对餐饮服务活动实施监督管理；②组织起草消费环节食品、保健品、化妆品安全管理方面的法律、行政法规；组织制定消费环节食品、保健品、化妆品安全管理的综合监督政策、工作规划并监督实施；③依法行使消费环节食品、保健品、化妆品安全管理的综合监督职责，组织协调有关部门承担的消费环节食品、保健品、化妆品安全监督工作。

（5）法律、法规授权的其他组织。

现实生活中，法律、法规授权的食品执法组织，主要是各级食品监督管理、卫生防疫机构、质量技术监督、工商管理等。

（6）联合执法主体。

根据《食品安全法》第四条规定，国务院设立食品安全委员会，会同其他部门如质量技术监督机关、公安机关、农业行政和工商管理机关等共同进行食品行政执法时，这些部门和机关就成为联合执法主体，或者称为共同执法主体。

## 6.1.2　食品行政执法监督

### 6.1.2.1　食品行政执法监督的概念

食品行政执法监督是指有权机关、社会团体和公民个人等，依法对食品行政机关及其执法人员的行政执法活动是否合法、合理进行监督的法律制度。

#### 6.1.2.2　食品行政执法监督的特征

1）监督主体的广泛性

广义上的执法监督是指全社会的监督，包括特定的国家权力机关、行政机关、司法机关等直接产生法律效力的监督，也包括社会团体和公民个人等不直接产生法律效力的民主监督。

2）监督的对象是确定的

食品行政执法监督的对象是食品行政执法机关和执法人员。

3）监督的内容完整、法定

监督主体对食品执法主体及执法人员行使职权、履行职责的一切执法活动都实行监督；对执法行为的合法性、合理性、公正性等也都进行监督。

#### 6.1.2.3　食品行政执法监督的种类

1）权力机关的监督

国家权力机关对行政机关的监督方式有3种：法律监督、工作监督、人事监督。

权力机关对食品行政机关的监督，属于全面性的监督，不仅监督食品行政行为是否合法，而且监督其工作是否有成效。监督方式有：听取和审议工作报告；审查和批准财政预决算；质询和询问；视察和检查；调查、受理申诉、控告和检举；罢免和撤职等。

2）司法机关的监督

司法机关的监督是指人民检察院和人民法院依法对食品行政行为实施的监督。检察机关的监督主要是对食品行政机关的工作人员职务违法犯罪行为进行监督。人民法院的监督主要是通过对行政诉讼案件的审判，对食品行政机关的执法活动进行监督。

3）食品行政机关的监督

食品行政机关的监督是指食品行政机关内部、上级行政机关对下级行政机关的监督。食品行政机关内部的监督是经常、直接的监督。监督的方式包括：工作报告；调查和检查；审查和审批；考核；批评和处置等。

4）非国家监督

上述3种情况下的监督一般称为国家监督。非国家监督包括执政党的监督、社会团体和组织监督、社会舆论监督、公民个人监督等。

#### 6.1.2.4　食品行政执法监督的内容

食品行政执法监督的内容主要有以下两个方面：①对实施宪法、法律和行政法规等情况进行监督监督主体对各级食品行政执法机关的执法活动是否合法和适当进行监督。②对执法人员的执法活动等情况进行监督，监督主体对食品行政执法人员在执法过程中，是否行政失职、行政越权和滥用职权等进行监督。

# 6.2　我国食品安全市场准入与许可制度

## 6.2.1　食品质量安全（QS）市场准入制度

市场准入是指货物、劳务与资本进入市场程度的许可。市场准入制度是现代市场经济中出现的一个新概念，是指各国政府或授权机构，对生产者、销售者及其商品（或资本）进入市场所规定的基本条件，以及相应的管理制度。市场准入制度是一种行政许可，它通过政府行政手段对生产者、销售者进行生产与销售的基本条件限制，从而达到保护消费者利益的目的。市场准入制度一般应用于与人民生命财产安全、生活质量保障等息息相关的行业，食品行业就是其中之一。

食品质量安全市场准入制度是指为保证食品的质量安全，具备规定条件的生产者才允许进行生产经营活动，具备规定条件的食品才允许生产销售的监督制度。其内容包括食品生产许可、强制检验及市场准入标识标示。

准入制度简单说就是：国家质检总局根据食品质量达到安全标准所必须满足的基本要求，从原材料、生产设备、工艺流程、检验设备与能力等 10 个方面制定了严格具体的要求，只有同时通过这"十关"审核的企业才允许生产食品，检验合格后才能加贴 QS 标志进入市场。从源头上提高了生产企业进入食品行业的准入门槛，一大批无法满足准入要求的小型企业和小作坊只有选择关门或者转产。对已经获得生产资格的食品企业，准入制度还明确制定了巡查、年审、强制检验、监督抽查、回访等后续监管措施具体措施，确保获证食品合格率和放心度，一旦发现质量问题，企业只有一次机会整改，再次发现就会面临"死刑"。

### 6.2.1.1　我国食品质量安全市场准入制度的实施状况

2002 年 7 月，国家质量监督检验检疫总局开始在全国实施食品质量安全市场准入依据《关于印发小麦粉等 5 类食品生产许可证实施细则的通知》（国质检监函［2002］192 号），首先将小麦粉、小米、食用植物油、酱油、食醋 5 类食品列入国家食品质量安全市场准入产品目录。2003 年 7 月，国家质量监督检验检疫总局又依据《关于印发肉制品等 10 类食品生产许可证审查细则的通知》（国质检监函［2003］516 号）公布了肉制品、乳制品、饮料、调味品（糖、味精）、方便面、饼干、罐头、冷冻食品、速冻面米食品、膨化食品第二批国家食品质量安全市场准入产品目录。目前，已纳入食品质量安全市场准入的食品类别有 28 大类。

实施食品质量安全市场准入制度，是一种政府行为，由国家质量监督检验检疫总局负责全国生产加工领域的食品质量安全的监督管理工作；各省、自治区、直辖市质量技术监督局按照国家质检总局的统一部署，在其职责范围内，负责本行政区域内的食品质量安全监督管理工作，根据有关规定和要求开展相应的工作。

目前，中国 28 类 525 种食品均已实施了食品质量安全市场准入管理，共有 10.7 万家食品生产企业获得食品生产许可证，获证企业食品的市场占有率达到同类食品的 90%

以上。实施食品质量安全市场准入制度以来，我国食品安全有了较大改善。

### 6.2.1.2　食品质量安全市场准入制度的基本内容

食品质量安全市场准入制度的实施建立在坚持事先保证和事后监督相结合；实行分类管理、分步实施；实行国家质检总局统一领导，省局负责组织实施，市局、县局承担具体工作的组织管理基本原则。

2003 年 7 月 18 日公布施行的《食品生产加工企业质量安全监督管理办法》中明确规定实施食品质量安全市场准入制度的基本原则：对食品生产企业实施生产许可证制度；对企业生产的食品实施强制检验制度；对实施食品生产许可制度的产品实行市场准入标志制度。检验合格食品加贴 QS 标识。食品市场准入标志由"质量安全"（quality safety）英文字头"QS"和"质量安全"中文字样组成，也称"QS"标志。标志主色调为蓝色，字母"Q"与"质量安全"为蓝色，字母"S"为白色。但 2005 年 9 月 1 日中华人民共和国国家质量监督检验检疫总局令（第 79 号）颁布《食品生产加工企业质量安全监督管理实施细则（试行）》，原国家质检总局 2003 年 7 月 18 日颁布的《食品生产加工企业质量安全监督管理办法》同时废止。

根据国家质量监督检验检疫总局《关于使用企业食品生产许可证标志有关事项的公告》（总局 2010 年第 34 号公告），企业食品生产许可证标志以"企业食品生产许可"的拼音"Qiyeshipin Shengchanxuke"的缩写"QS"表示，并标注"生产许可"中文字样。与原有的英文缩写 QS（quality safety 质量安全），表达意思有所不同（图 6-1）。

图 6-1　新旧版"QS"标志对比

《食品生产加工企业质量安全监督管理实施细则（试行）》第五章第四十七条"实施食品质量安全市场准入制度的食品，出厂前必须在其包装或者标识上加印（贴）QS 标志。没有 QS 标志的，不得出厂销售。"企业食品生产许可证标志由食品生产加工企业自行加印（贴）。企业使用企业食品生产许可证标志时，可根据需要按式样比例放大或者缩小，但不得变形、变色。

### 6.2.1.3　食品质量安全市场准入申请流程

2003 年 7 月 18 日国家质量监督检验检疫总局发布《食品安全加工企业质量安全监督管理办法》规定，凡在中华人民共和国境内（内地各地区的经济特区，暂不包括中国香港、中国澳门和台湾省）从事以销售为目的的食品生产加工活动的企业（含个体经营者），必须按照国家食品质量安全市场准入制度的规定，具备保证食品质量安全必备的生产条件，向所在地的市（地）级或者省级质量技术监督部门提出食品生产许可证申请，并按照规定程序获取《食品生产许可证》，所生产加工的食品必须经检验合格并加印（贴）"QS"标志（食品质量安全市场准入标志）后，方可出厂销售。持国家工商行政管理部门颁发的营业执照的食品企业，应当到省级质量技术监督部门办理食品生产许可证的申请。进出口食品按照国家进出口商品检验检疫及有关监管办法执行。

未申领《食品生产许可证》的食品企业，也可以委托取得食品生产许可证的生产加工企业进行定牌加工生产，但需按规定在产品或包装上正确标注被委托方的名称和食品生产许可证标记和编号。《食品生产许可证》采用英文字母 QS 标记加 12 位阿拉伯数字编号方法。QS 为英文 quality safety 的缩写，编号前 4 位为受理机关编号，中间 4 位为产品类别号，后 4 位为获证企业序号。凡取得食品生产许可证的食品，企业必须在食品的包装和标签上标注生产许可证标记和标号。

1）食品质量安全市场准入程序

按规定，食品质量安全市场准入程序主要有以下几个步骤：①食品企业申报；②申报材料审查；③食品企业必备条件现场审查；④食品企业产品发证检验；⑤合格食品企业，名单和材料的汇总上报；⑥国家质量监督检验检疫总局的审核批准。

2）食品质量安全市场准入的申请材料

食品生产加工企业申请《食品生产许可证》时，需按国家质检总局的规定，向许可机关同时申报食品质量安全市场准入，并提供以下书面申请材料。

按照要求填写的《食品生产许可证申请书》［到所在市（地）质量技术监督部门领取］（两份）；企业营业执照、食品卫生许可证、企业代码证的复印件，不需办代理码证书的企业，提供企业负责人身份证复印件（以上各项材料均需两份）；企业生产场所布局图（一份）；企业生产工艺流程图（标注有关键设备和参数）（一份）；企业质量管理文件（一份）；如产业执行企业标准，还应提供经质量技术监督部门备案的企业产品标准（一份）；有效的委托检验协议（不具备自行出厂检验能力的企业需提供）（一份）；申请书中规定应当提供的其他材料。

3）食品质量安全市场准入《审查通则》和《审查细则》

2005 年 7 月 1 日国家质量监督检验检疫总局发布了《食品质量安全市场准入审查通则》（以下简称《审查通则》），适用于所有生产加工食品企业的质量安全市场准入审查；同时，对每一大类食品又制定了具体的审查细则《×××食品生产许可证审查细则》（以下简称《审查细则》）。《审查通则》和《审查细则》相互配合使用，共同完成对某一类食品企业的质量安全市场准入审查。

《审查通则》主要有以下三部分内容：

（1）食品生产企业应当具备的保证食品质量安全的 10 个必备条件，及对食品生产加工企业必备条件现场审查和食品质量安全检验工作的一些要求。即食品生产企业应当具备的环境条件要求、生产设备要求、原辅材料要求、生产加工要求、产品要求、人员要求、检验要求、包装及标识要求、储运要求和质量管理要求。

（2）《食品生产加工企业必备条件现场审查表》（以下简称《现场审查表》）。

《现场审查表》是《审查通则》的一个最重要的组成部分。《现场审查表》主要包括：质量管理职责、生产资源提供、技术文件管理、采购质量控制、过程质量管理、产品质量检验。这六大部分有35个必备条件，46项审查内容。

（3）《审查通则》中附有审查工作中使用的其他五种表格。

《食品生产加工企业必备条件现场审查工作计划表》《企业必备条件现场审查工作计划表》《食品生产加工企业必备条件现场审查报告》《食品生产加工企业不合格项改进表》《食品生产加工企业必备条件审查工作廉洁信息反馈表》《产品抽样单》。

《审查细则》是针对每一类实施食品质量安全市场准入的食品而制定的，根据各类食品的生产特点，重点在硬件方面对食品生产加工企业提出了具体的要求。《审查细则》中主要有审证单元、企业生产场所、生产设备、出厂检验设备及食品检验项目和抽样方法等内容。

《×××食品生产许可证审查细则》通用格式内容有：发证产品范围及审证单元；必备的生产资源；生产场所；必备的生产设备；产品相关标准；原辅材料的有关要求；必备的出厂检验设备；检验项目；抽样方法；其他要求。

4）食品质量安全市场准入审查

食品质量安全市场准入审查组依照《审查通则》和《审查细则》完成以下几项工作。

食品质量安全市场准入审查组接受质量技术监督部门的聘用，对食品生产加工企业的审证材料进行书面审查工作，确保申请材料的完整性、有效性和符合性。

完整性是指对规定的申报材料，企业是否全部提供，如《食品生产许可证申请书》、企业营业执照和食品卫生许可证等证照的复印件、企业生产场所布局图、企业生产工艺流程图、企业质量管理文件、企业产品标准等材料是否齐全完整。

有效性是指企业提供的相关材料是否合法有效。如企业提供的生产许可证、营业执照、组织机构代码证是否在有效期内，企业营业执照上载明的经营范围是否符合覆盖申请取证的产品的范围。

符合性是指企业提供的材料是否能够表明企业具备《实施细则》或者《审查通则》和《审查细则》规定的基本要求。

对食品生产加工企业保证产品质量必备条件进行现场审查，并做出现场审查结论。现场审查工作过程主要为召开预备会议、召开首次会议、进行现场审查、审查组内部会议、召开末次会议五个步骤。

对现场审查合格的申证企业进行现场抽样、封样，以及将样品送到检验机构。

质量技术监督部门对进入市场的食品企业及食品质量安全的常规监督管理主要有五项工作，包括日常监督检查、定期监督检查、产品监督抽查、年审和换件审查。

5）食品质量安全市场准入制的监督管理

食品质量安全市场准入制的监督检查由县级以上质量技术监督部门组织实施。产品监督抽查主要是指家质检总局组织的产品质量国家定期监督抽查、专项监督抽查和县以上质量技术监督部门组织的产品质量监督抽查。

监督检查食品生产加工企业在加工过程中原料、包装材料及必备生产条件等是否符合规范；监督检查食品生产加工企业食品生产许可证编号和食品质量安全市场准入标志的正确使用情况；为了保护消费者的权益，检查统计对食品生产加工企业的质量投诉或举报情况及相应的措施。

## 6.2.2　食品生产许可管理

### 6.2.2.1　食品许可证

食品许可证制度是指一个国家或地区的政府部门，为规范本国或本地区食品企业生产、保护消费者利益而采用的一种行政许可制度。政府部门根据本国或本地区的具体情况，制定出相应的标准，并通过对企业强制实施，以达到繁荣和规范市场、保护消费者利益的目的。

**1. 食品许可证实施的意义**

目前我国食品市场的显著特点是：生产经营主体数量庞大、经营分散、环节较多，食品安全监管体系、质量标准体系需要健全，执法监管力度也需要进一步加大。针对市场上食品假冒伪劣、以次充好、非法添加非食品原料等问题，《中华人民共和国食品安全法》按照预防为主、科学管理、明确责任、综合治理的指导思想，进一步明确了食品许可证的责任、义务、程序和范围，对食品安全监督管理提出了更高的要求，从根本上提升了食品安全保障机制水平，对依法规范食品生产经营活动，切实增强食品安全监管工作的规范性、科学性和有效性，对保障人民群众身体健康与生命安全具有重大意义。

**2. 食品许可证的分类**

我国的工业产品生产许可证制度起源于 20 世纪 80 年代，其中涉及食品生产领域的主要包含两种：一个是食品生产许可证，另一个是食品卫生许可证。其中食品卫生许可证涵盖了所有的食品生产经营活动。1995 年 10 月实施的《中华人民共和国食品卫生法》第二十七条规定："食品生产经营企业和食品摊贩，必须先取得卫生行政部门发放的卫生许可证方可向工商行政管理部门申请登记。未取得卫生许可证的，不得从事食品生产经营活动。"食品生产许可证和食品卫生许可证分别由国家质量监督检验检疫总局和卫生部的国家食品药品监督管理局进行管理。

食品生产许可证与食品卫生许可证制度的实施曾使我国的食品安全状况得到了明显的改善，但也存在职责不清、疏于管理和行业跨度过大等问题。为加强我国食品生产经营的安全管理，2009 年 2 月颁布的《中华人民共和国食品安全法》强化了食品的许可证制度，并根据实际需要进行了有效分类。其中第二十九条明确规定：国家对食品生产经营实行许可制度。从事食品生产、食品流通和餐饮服务，应当依法取得食品生产许可、食品流通许可和餐饮服务许可。

《中华人民共和国食品安全法》第四条规定：国务院质量监督、工商行政管理和国家食品药品监督管理部门依照本法和国务院规定的职责，分别对食品生产、食品流通和餐饮服务活动实施监督管理。

根据以上规定，废除了原有的涉及食品生产流通等各个环节的统一的卫生许可证，而由食品生产许可、食品流通许可和餐饮服务许可取代，并采用"谁颁证谁管理"的原则，分别由国家质量监督检验检疫总局、国家工商行政管理总局和卫生部所属国家食品药品监督管理局实施单独管理。

许可证以分类管理的原则为基础确定监管范围。食品生产许可证主要针对食品生产企业，食品流通许可证主要针对从事食品流通环节的企业，而餐饮服务许可证主要针对餐饮服务企业及集体食堂。

从目前的实施情况来看，食品生产许可证基本沿用了原有的生产许可证措施，国家工商行政管理总局已于 2009 年 7 月 30 日颁布实施了《食品流通许可证管理办法》，国家食品药品监督管理局也就餐饮服务许可证的监管范围发出了通知，并于 2010 年 2 月 8 日颁布《餐饮服务许可管理办法》。

### 6.2.2.2 食品生产许可证

为加强食品企业的生产管理，我国于 2003 年 7 月 18 日公布施行《食品生产加工企业质量安全监督管理办法》，办法规定：从事食品生产加工的公民、法人或其他组织，必须具备保证产品质量安全的基本条件，按规定程序获得《食品生产许可证》，方可从事食品生产。没有取得《食品生产许可证》的企业不得生产食品，任何企业和个人不得销售无生产许可证的食品。2009 年 6 月 1 日实施的《中华人民共和国食品安全法》中规定了食品生产活动中实施食品生产许可管理制度，进一步明确、细化食品生产许可的职责范围、管理方式。

食品生产许可证制度的实施，是国家实施食品安全工程的具体举措。通过食品生产许可证制度的实施，可以有效促进我国食品企业生产条件的改善，提高产品质量，满足我国消费者日益增长的需求，满足食品安全的需要，保护消费者的利益，同时还可以缩小国内企业与世界先进生产企业的差距，突破技术壁垒，增加食品贸易出口份额。为了进一步规范食品生产许可证管理，充分发挥《食品安全法》针对食品生产许可管理的法律效应，国家质量监督检验检疫总局发布实施了《食品生产许可证管理办法》，使食品生产许可证管理步入了法制化轨道的同时，更加科学合理。

**1. 食品生产许可证管理机构及许可范围**

食品生产许可证是工业产品许可证制度的一个组成部分，是为保证食品的质量安全，由主管食品生产领域质量监督工作的国家质量监督检验检疫总局制定并实施的一项旨在控制食品生产加工企业生产条件的监控制度。县级以上地方质量技术监督部门在职责范围内负责本行政区域内的食品生产许可监督管理工作。该制度规定：从事食品生产加工的公民、法人或其他组织，必须具备保证产品质量安全的基本生产条件，按规定程序获得《食品生产许可证》，方可从事食品的生产。没有取得《食品生产许可证》的企业不得生产食品，任何企业和个人不得销售无证食品。

**2. 申请食品生产许可证的基本条件**

（1）食品生产加工企业应当符合国家有关政策规定的法律、法规条件，已取得营业执照和企业代码证书（不需办理代码证书的除外）。

（2）食品生产加工企业必须具备保证产品质量安全的环境条件。

（3）食品生产加工企业必须具备保证产品质量安全的生产设备、工艺装备和相关辅助设备，具备与保证产品质量相适应的原料处理、加工、储存等厂房或者场所。以辐射加工技术等特殊工艺设备生产食品的，还应当符合计量等有关法规、规章规定的条件。

（4）食品加工工艺流程应当科学、合理，生产加工过程应当严格、规范，防止生物性、化学性、物理性污染以及防止生食品与熟食品，原料与半成品、成品，陈旧食品与新鲜食品等的交叉感染；食品生产加工企业生产食品所用的原材料、添加剂等应当符合国家有关规定。不得使用非食用性原辅材料加工食品。

（5）食品生产加工企业必须按照有效的食品产品标准组织生产。食品质量安全必须符合法律法规和相应的强制性食品安全标准要求，无强制性标准规定的，应当符合企业明示采用的标准要求。

（6）食品生产加工企业负责人和主要管理人员应当了解与食品质量安全相关的法律法规知识；食品企业必须具有与食品生产相适应的专业技术人员、熟练技术工人和食品质量安全管理工作人员。从事食品生产加工的人员必须身体健康、无传染性疾病和影响食品质量安全的其他疾病。

（7）食品生产加工企业应当具有与所生产产品相适应的质量检验和计量检测手段。企业应当具备产品出厂检验能力，检验、检测仪器必须经计量检定合格后方可使用。不具备出厂检验能力的企业，必须委托国家质量监督检验检疫总局统一公布的、具有法定资格的检验机构进行委托检验。

（8）食品生产加工企业应当在生产的全过程建立标准体系，实行标准化管理，建立健全企业质量管理体系，实施从原材料采购、产品出厂检验到售后服务全过程的质量管理，建立岗位质量责任制，加强质量考核，严格实施质量否决权。

（9）用于食品包装的材料必须清洁，对食品无污染。食品的包装和标签必须符合相应的规定和要求。裸装食品在其出厂的大包装上能够标注使用标签的，应当予以标注。

（10）储存、运输和装卸食品的容器、包装、工具和设备必须安全，保持清洁，对食品无污染；符合各类食品《审查细则》的具体要求。食品经营者申请《食品生产许可证》时所提交的材料，应当真实、合法、有效，符合相关法律、法规的规定。申请人应当在《食品生产许可证申请书》等材料上签字盖章，并对其内容的合法性、真实性和有效性负责。

### 3. 食品生产许可证的申办程序

1）申请材料的要求

申请人向所在地区（县）质量技术监督部门申请核发食品生产许可证，按照下列目录提交申请材料：①食品生产许可证申请书（一式三份）；②营业执照（复印件，一式三份）；③企业代码证（不需办理代码证书的企业除外。复印件，一式三份）；④企业负责人（法定代表人）身份证（复印件，一式三份）；⑤企业生产场所布局图（一份）；⑥企业生产工艺流程图（一份）；⑦企业质量管理文件（一份）；⑧企业标准文本（执行企业标准的企业提供，一份）；⑨HACCP体系认证证书、出口食品卫生注册（登记）证（已获得的企业提供。复印件，一式三份）。

2）**申办程序**

（1）申报初审。企业将提交的申请材料送至市局初审。

（2）受理申请。如所提交材料齐全，且符合法定要求，立即受理并签发《行政许可申请受理决定书》。如所交材料存在可以当场更正的错误，申请人可当场更正，更正后，立即受理，并签发《行政许可申请受理决定书》；如所交材料不齐全或不符合法定要求，将在5个工作日内一次性告知申请人须补齐的全部内容，并发《行政许可申请材料补正告知书》，企业需在20个工作日内完成补正，逾期未补正的，视为撤回申请；如申请事项依法不需要取得食品生产许可的，或者不属于本部门受理的，应当即时告知申请人不受理，发给《行政许可不予受理决定书》，或者告知申请人向有关行政机关申请。

（3）现场核查。《行政许可申请受理决定书》发出后，由市局组成核查组，依照食品生产许可证审查通则和审查细则，在20个工作日内完成企业必备条件和出厂检验能力现场核查。对现场核查合格的企业，由核查组按照食品生产许可证审查通则和审查细则的要求在现场抽取和封存样品，并告知企业有资格承担该产品发证检验任务的检验机构的名单和联系方式，由企业自主选择。企业对不合格项的整改应当在核查之日起10日内完成。

（4）发证检验。企业应当在封样后7个工作日内将样品送达检验机构。检验机构收到样品后，应当按照规定的标准和要求进行检验，在15个工作日内完成检验工作（检验项目有特殊要求的除外）。企业对检验的结果有异议的，可以自接到检验结果之日起15日内，向组织检验的质量技术监督部门或者其上一级质量技术监督部门提出复检申请。受理申请的质量技术监督部门应当在5日内作出是否受理复检的书面答复。除国家标准规定不允许复检等客观情况外，对符合复检条件的，应当及时组织复检。复检应当采用核查组封存的样品，按照原检验方案进行检验、判定。承担复检的检验机构由受理复检申请的质量技术监督部门在有资质的检验机构中确定。

（5）材料上报。自受理之日起30个工作日内，市局将企业申请材料、现场核查和产品检验材料报省级质量技术监督部门。

（6）决定。上一级质检部门对市质量技术监督局上报的企业申请材料和审查结果进行审定，在20日内作出准予或者不予核发食品生产许可证的书面决定。

（7）证书颁发。自准予许可决定之日起10日内，向申请人颁发、送达食品生产许可证证书。

3）**办理许可证的期限要求**

（1）专家审查和产品检验期限。60日内组织完成专家审查，30日内（特殊产品除外）组织完成发证前的产品检验。

（2）决定期限。自受理申请之日起20日内（专家审查和产品检验期限不计算在内）。

（3）颁发证书期限。在上一级质检部门作出准予许可决定之日起10日内，将食品生产许可证证书颁发、送达申请人。

4) 食品生产许可证申请书文本基本内容

《食品生产许可证申请书》(以下简称《申请书》) 适用于企业发证、换证、迁址和增项等食品生产许可证申请。具有集团公司性质与其所属单位一起取证的，集团公司与所属单位分别填写《申请书》。增项包括增加产品单元、增加规格型号、产品升级、增加集团公司所属单位等。

(1) 封面内容。产品类别：填写列入食品生产许可证产品目录的产品名称；产品名称：填写实施细则的食品生产许可证产品名称；企业名称：填写企业营业执照上的注册名称，并加盖公章；联系电话：填写有效的企业联系电话；联系人：填写企业负责办理食品生产许可证工作的人员姓名；申请类别：根据企业申请的情况分别在发证、迁址、增项和其他后面的"口"中打"√"，集团公司增加所属单位在"增项"后的"口"中打"√"；申请日期：填写企业的实际申请时间，用大写数字填写，如二○○五年七月十五日。

(2) 申请企业的基本情况。企业名称、住所、经济类型等：填写企业营业执照上的注册名称、住所、经济类型等；生产地址：填写申请企业的实际生产场地的详细地址，要注明省 (自治区、直辖市)、市 (地)、区 (县)、路 (街道、社区、乡、镇)、号 (村)等；年总产值、年销售额、年缴税金额、年利润：填写企业上一年度实际完成的情况，新投产或实际生产期未满一年的企业，该四项指标可不填写。

(3) 申报产品的基本情况。涉及国家产业政策的情况：对照国家产业政策的要求，按企业实际情况填写；产品单元、产品品种、规格型号：按照产品《实施细则》填写；一次申报产品数量多的申请企业可附页，附页注明"申报产品基本情况附页"。

(4) 企业所属单位明细。申请表适用于企业、公司取证的情况。集团公司和其所属单位一起申请食品生产许可证的，由集团公司填写与其一起申请的所属单位的情况。与集团公司的关系：填写子公司、分公司、生产基地及其他情况。一页不够，可以增加页数，附页中注明"集团公司所属单位明细附页"。

## 4. 申请食品生产许可证应注意的问题

(1) 现阶段我国的食品企业生产许可证的申请，与市场准入一般是同时办理的，而其监管工作也是同步进行的。

(2) 部分食品生产企业在办理营业执照变更等过程中，工商部门要求企业提供所谓的《食品生产许可证》，应注意《全国工业产品生产许可证》为国家质量监督检验检疫总局规定统一规格印制的许可证书；食品生产企业取得食品生产许可后，质监部门向其颁发的《全国工业产品生产许可证》上以水印形式注明"食品"两字 (如为塑料包装容器，则水印注明"食品相关产品")。

(3)《中华人民共和国食品安全法》第二十九条中要求为取得食品生产许可，而非食品生产许可证。根据《食品安全法实施条例》第二十条规定，企业应"依照食品安全法的规定取得食品生产许可后，办理工商登记"，而不是"取得食品生产许可证"后，办理工商登记。也就是说，企业先要取得生产许可，然后办理工商登记，要明确企业法人主体，以便于进一步申请生产许可证。

（4）依据《中华人民共和国食品安全法》的规定，由质监部门负责食品生产的许可职责。因此，食品生产许可相关证书的名称、样式等，由质监部门决定。

（5）以前很多界定不清的产品不知道是否需要取证，依据《食品生产许可证管理办法》，明确了发证范围，即没有纳入生产许可目录及没有制定生产许可审查细则的加工食品，不实行生产许可管理。

（6）明确了食品生产许可证申请者的资质，必须是企业组织形式，必须获得法人营业执照。也就是说，个体工商户不能申办食品生产许可证。设立食品生产企业的申请者，应当以企业组织形式的名称提交申请。不以企业组织形式的名称提交的申请，不属于该办法调整的范围，不予受理。

（7）企业申请的程序有所变化，现场核查申请和产品检验申请相分离。先提出现场核查申请，核查合格后获得准予生产许可决定书，凭决定书向工商部门申领企业法人营业执照；然后可以组织调试生产批量食品，申请者调试生产出批量合格食品，应当向生产许可审查组织部门递交生产许可检验申请，抽样送检合格后依照职责划分报地方省局或国家总局发证。

（8）对企业名称发生变化的，生产地址名称发生变化的，食品品种、数量发生变化的，生产场所迁址的，生产场所周围环境发生重大变化的，设备布局和工艺流程发生变化的，生产设备、设施发生变化的，出厂检验方式由委托检验改为自行检验、自行检验改为委托检验、改变委托检验机构、自行出厂检验发生变化等情形的，企业应提出变更申请。

（9）对食品审查员的资格放宽，允许公务员取得审查员资格。无审查员资格的县级质量技术监督部门公务员，可以参加现场核查，但不参与决定核查结论。

### 5. 食品生产许可证的监督管理

各级质量技术监督部门依据《食品生产许可证管理办法》对食品生产行为及其相关活动进行监督检查。监督检查的主要内容有以下几点：

（1）企业需对其生产的食品质量安全负责，保证生产条件持续符合生产许可要求，并按规定向县级质量技术监督部门提交自查情况报告。企业对报告的真实性负责。

（2）接受委托生产食品的企业，不得超越其食品生产许可证许可生产的食品范围接受委托。接受委托的企业、属于食品生产企业的委托方应当向所在地的县级质量技术监督局报告。

（3）各级质量技术监督部门需建立食品生产许可证档案管理制度，将办理食品生产许可证的有关材料、证书管理情况和监督管理情况及时归档。档案材料的保存时限为四年。

（4）各级质量技术监督部门应当建立食品生产许可信息平台，便于公民、法人和其他社会组织查询。

（5）对获得食品生产许可证的企业（以下简称企业）规定条件没有发生重大变化的，不是必须要现场核查，也不再做发证检验。质量技术监督部门应当根据对该企业建立的食品质量安全监管档案，决定是否准予延续。对监管档案证明生产条件没有变化、食品质量稳定、无监督检查不合格记录、无违法违规行为的，准予延续。或有记录，但已得到整改的，准予延续。对有记录但没有整改或整改不到位的，不准予延续。必要时，需现场核查决定是否准予延续。延续换证如果没有需要提出变更申请的则不需要交纳审查费。

（6）在《中华人民共和国食品安全法》基础上，依据《食品生产许可证管理办法》，对取得食品生产许可证的企业出租、出借或者转让食品生产许可证证书、QS 标志和食品生产许可证编号的，责令限期改正，处以 1 万元以上、3 万元以下的罚款。

企业使用擅自变形、变色的 QS 标志或被委托企业、属于食品生产企业的委托方未向所在地的县级质量技术监督局报告将被责令限期改正；逾期不改正的或者情节严重的，责令停止生产销售，处以 3 万元以下的罚款。

申请者在调试生产期间，隐瞒不合格食品或不报告不合格食品处理情况的，责令改正，出厂销售的食品按无证生产从重处罚；拒不改正的，记录在企业信用档案中。

（7）有关食品生产许可的撤回、撤销、注销，本办法未作规定的，依据《中华人民共和国行政许可法》等有关法律法规执行。已经被撤回、撤销、吊销、注销食品生产许可或食品生产许可超过有效期仍继续生产加工食品的企业，按照《中华人民共和国食品安全法》第八十四条的规定进行处罚。

吊销食品生产许可的行政处罚须由县级以上地方质量监督部门决定。在决定吊销许可前，应当逐级上报食品生产许可证发证机关核准，上级质量技术监督部门可以撤销下级部门决定的生产许可。吊销前可以依法暂扣食品生产许可证。处罚决定生效后需及时通报同级工商行政管理部门等有关部门。

## 6.2.3　食品流通许可管理

食品流通许可证，是依据《中华人民共和国食品安全法》的有关规定，主要针对从事食品流通环节的企业，旨在加强流通环节食品安全监督管理，维护食品市场秩序，由中华人民共和国国家工商行政管理总局制定实施的食品安全保障性措施。在我国境内从事流通环节食品经营的企业，必须在申请获得许可证之后，方可从事食品流通经营。

食品流通许可证是国家工商行政管理总局依据《中华人民共和国食品安全法》的要求，对食品流通行业实施有效监管的重要举措。通过实施食品流通许可证制度可以促使食品流通企业完善服务设施，满足我国食品流通行业快速发展的需要，建立健全企业各项规章制度，有效规范食品流通企业，从而促进我国食品流通行业的总体发展。

食品流通许可证的申请与监管，主要依据《流通环节食品安全监督管理办法》及《食品流通许可证管理办法》执行，这两个文件均由国家工商行政管理总局制定，并于 2009 年 7 月 30 日起施行。

### 6.2.3.1　食品流通许可证管理机构及许可范围

根据《食品流通许可证管理办法》第六条规定：食品经营者应当在依法取得《食品流通许可证》后，向有登记管辖权的工商行政管理机关申请办理工商登记。未取得《食品流通许可证》和营业执照，不得从事食品经营。根据这一规定，食品流通许可证已成为新建食品流通企业申请营业执照及已建食品流通企业工商年检的重要依据。

管理办法中明确规定了食品流通许可的行政管理机构。管理办法第四条规定：县级及其以上地方工商行政管理机关是食品流通许可的实施机关，具体工作由负责流通环节食品安全监管的职能机构承担。地方各级工商行政管理机关的许可管辖分工由省、自治区、直辖市工商行政管理局决定。

管理办法还就食品流通许可证的许可范围做出了明确的规定：食品流通许可事项中的许可范围，包括经营项目和经营方式；经营项目按照预包装食品、散装食品两种类别核定；经营方式按照批发、零售、批发兼零售三种类别核定。

### 6.2.3.2　申请食品流通许可证的基本条件

食品经营者向许可机关申请领取《食品流通许可证》，应当符合食品安全标准，并符合下列要求。

（1）具有与经营的食品品种、数量相适应的食品原料处理和食品加工、包装、储存等场所，保持该场所环境整洁，并与有毒、有害场所以及其他污染源保持规定的距离；

（2）具有与经营的食品品种、数量相适应的设备或者设施，有相应的消毒、更衣、盥洗、采光、照明、通风、防腐、防尘、防蝇、防鼠、防虫、洗涤以及处理废水、存放垃圾和废弃物的设备或者设施；

（3）有食品安全专业技术人员、管理人员和保证食品安全的规章制度；

（4）具有合理的设备布局和工艺流程，防止待加工食品与直接入口食品、原料和成品交叉污染，避免食品接触有毒物、不洁物。食品经营者在申请《食品流通许可证》时，所提交的材料应当真实、合法、有效，符合相关法律、法规的规定。申请人应当对其提交材料的合法性、真实性、有效性负责。所需提交材料如下：①《食品流通许可申请书》；②《名称预先核准通知书》（复印件）；③与食品经营相适应的经营场所的使用证明；④负责人及食品安全管理人员的身份证明；⑤与食品经营相适应的经营设备、工具清单；⑥与食品经营相适应的经营设施、空间布局和操作流程的文件；⑦食品安全管理制度文本；⑧省、自治区、直辖市工商行政管理局规定的其他材料。新设立的食品经营企业申请食品流通许可，该企业的投资人为许可申请人；已经具有主体资格的企业申请食品流通许可，该企业为许可申请人；企业分支机构申请食品流通许可，设立该分支机构的企业为许可申请人；个人新设申请或者个体工商户申请食品流通许可，业主为许可申请人。申请人委托他人提出许可申请的，委托代理人应当提交委托书以及委托代理人或指定代表的身份证明。

### 6.2.3.3　食品流通许可证的审查与批准

县级及其以上地方工商行政管理机关作为许可机关受理申请人提出的食品流通许可证办理申请。

许可机关对申请人提出的申请决定受理后，会出具《受理通知书》，并自受理之日起20日内作出是否准予许可的决定，如有特殊情况，可以延长10日，同时会将延长期限的理由告知申请人；决定不予受理的，会出具《不予受理通知书》，并说明不予受理的理由。

许可机关作出准予许可决定后，出具《准予许可通知书》，并告知申请人自决定之日起 10 日内，领取《食品流通许可证》；作出准予变更许可决定的，会出具《准予变更许可通知书》，告知申请人自决定之日起 10 日内，换发《食品流通许可证》。

### 6.2.3.4　申请食品流通许可证应注意的问题

(1) 依据《食品安全法》第二十九条规定，下列情况不需要取得《食品流通许可证》。取得食品生产许可的食品生产者在其生产场所销售其生产的食品，不需要取得食品流通的许可；取得餐饮服务许可的餐饮服务提供者在其餐饮服务场所出售其制作加工的食品，不需要取得食品生产和流通的许可；农民个人销售其自产的食用农产品，不需要取得食品流通的许可。

(2) 申请材料不齐全或者不符合法定形式的，受理机构会当场或者 5 日内一次性告知需要补正的全部内容，对告之内容记录完整并及时补充。当场告知时，应当将申请材料退回申请人；申请材料中的错误进行当场更正时，申请人要在更正处签名或者盖章，注明更正日期；属于 5 日内告知的，应当收取申请材料并出具收到申请材料的凭据，逾期不告知的，自收到申请材料之日起即为受理。

(3) 食品经营者采购食品，应当查验供货者的许可证、营业执照和食品合格的证明文件。《食品安全法》第三十九条规定：食品经营企业应当建立食品进货查验记录制度，如实记录食品的名称、规格、数量、生产批号、保质期、供货者名称及联系方式、进货日期等内容。食品进货查验记录应当真实，保存期限不得少于两年。实行统一配送经营方式的食品经营企业，可以由企业总部统一查验供货者的许可证和食品合格的证明文件，进行食品进货查验记录。

(4) 食品集中交易市场的开办者、食品经营柜台的出租者和食品展销会的举办者，虽不需要申请留用许可，但在举办展会、开设交易市场等时，必须依法履行下列管理义务：

①审查入场食品经营者的《食品流通许可证》和营业执照。

②明确入场食品经营者的食品安全管理责任。

③定期对入场食品经营者的经营环境和条件进行检查。

④建立食品经营者档案，记载市场内食品经营者的基本情况、主要进货渠道、经营品种、品牌和供货商状况等信息。

⑤建立和完善食品经营管理制度，加强对食品经营者的培训。

⑥设置食品信息公示媒介，及时公开市场内或者行政机关公布的相关食品信息；食品集中交易市场的开办者、食品经营柜台的出租者和食品展销会的举办者发现食品经营者不具备经营资格的，应当禁止其入场销售；发现食品经营者不具备与所经营食品相适应的经营环境和条件的，可以暂停或者取消其入场经营资格；发现经营不符合食品安全标准的食品或者有其他违法行为的，应当及时制止，并立即将有关情况报告辖区工商行政管理机关。

⑦其他应当履行的食品安全管理义务。

⑧鼓励食品集中交易市场的开办者、食品经营柜台的出租者、食品展销会的举办者和有条件的食品经营企业配备必要的检测设备，对食品进行自检或者送检。

### 5.2.3.5　食品流通许可证的监督管理

（1）《食品流通许可证》分为正本和副本。正本、副本具有同等法律效力。《食品流通许可证》含名称、经营场所、许可范围、主体类型、负责人、许可证编号、有效期限、发证机关及发证日期。《食品流通许可证》编号由两个字母和十六位数字组成，即字母SP＋六位行政区划代码＋两位发证年份＋一位主体性质＋六位顺序号码＋一位计算机校验码，具体编号规则另行制定。

食品经营者取得《食品流通许可证》后，在经营场所显著位置悬挂或者摆放《食品流通许可证》正本，并妥善保管，不得伪造、涂改、倒卖、出租、出借，或以其他形式非法转让。

（2）县级及其以上地方工商行政管理机关应当依据法律、法规规定的职责，对食品流通经营者进行监督检查。监督检查的主要内容有以下几点。

①食品经营者是否具有《食品流通许可证》。

②食品经营者的经营条件发生变化，不符合经营要求的，经营者是否立即采取整改措施；有发生食品安全事故潜在风险的，经营者是否立即停止经营活动，并向所在地县级工商行政管理机关报告；需要重新办理许可手续的，经营者是否依法办理；食品流通许可事项发生变化，经营者是否依法变更许可或者重新申请办理《食品流通许可证》。

③有无伪造、涂改、倒卖、出租、出借，或者以其他形式非法转让《食品流通许可证》的行为。

④聘用的从业人员有无身体健康证明材料。

⑤在食品储存、运输和销售过程中有无确保食品质量和控制污染的措施。

⑥法律、法规规定的其他情形。

县级及其以上地方工商行政管理机关对食品经营者从事食品经营活动进行监督检查时会将监督检查的情况和处理结果予以记录，由监督检查人员和食品经营者签字确认后归档。此外，还需对食品经营者建立信用档案，记录许可颁发、日常监督检查结果、违法行为查处等情况。

工商行政管理机关在办理企业年检、个体工商户验照时，应当按照企业年检、个体工商户验照的有关规定，审查《食品流通许可证》是否被撤销、吊销或者有效期限是否届满。

（3）许可申请人隐瞒真实情况或者提供虚假材料申请食品流通许可的，工商行政管理机关不予受理或者不予许可，申请人在1年内不得再次申请食品流通许可。被许可人以欺骗、贿赂等不正当手段取得食品流通许可的，申请人在3年内不得再次申请食品流通许可。被吊销食品生产、流通或者餐饮服务许可证的，其直接负责的主管人员自处罚决定做出之日起5年内不得从事食品经营管理工作。食品经营者聘用不得从事食品生产经营管理工作的人员从事管理工作的，由原发证部门吊销许可证。

①如经营者在经营过程中出现下列情形之一的，依照法律、法规的规定予以处罚。

法律、法规没有规定的，责令改正，给予警告，并处以 1 万元以下罚款；情节严重的，处以 1 万元以上、3 万元以下罚款：第一，未经许可，擅自改变许可事项的；第二，伪造、涂改、倒卖、出租、出借《食品流通许可证》，或者以其他形式非法转让《食品流通许可证》的；第三，隐瞒真实情况或者提交虚假材料申请或者取得食品流通许可的；第四，以欺骗、贿赂等不正当手段取得食品流通许可的。

②依照《中华人民共和国行政处罚法》的规定，对主动消除、减轻危害后果，或者有其他法定情形的，可以从轻或者减轻处罚；对违法情节轻微并及时纠正、没有造成危害后果的，不予处罚。食品经营者对工商行政管理机关的处罚决定不服的，可以依法申请行政复议或者提起行政诉讼。

③食品经营者在营业执照有效期内被依法注销、撤销、吊销食品流通许可，或者《食品流通许可证》有效期届满的，应当在注销、撤销、吊销许可或者许可证有效期届满之日起 30 日内申请变更登记或者办理注销登记。

④工商行政管理机关应当依法建立食品流通许可档案。借阅、抄录、携带、复制档案资料的，依照法律、法规及国家工商行政管理总局有关规定执行。任何单位和个人不得修改、涂抹、标注、损毁档案资料。工商行政管理机关工作人员玩忽职守、滥用职权、徇私舞弊的，依法追究有关人员的行政责任；构成犯罪的，依法追究其刑事责任。

⑤工商行政管理机关应当加强与同级食品安全综合协调部门的工作联系，及时通报食品流通许可有关信息。

## 6.2.4　餐饮服务许可管理

餐饮服务许可证是国家食品药品监督管理局依据《中华人民共和国食品安全法》、《餐饮服务许可管理办法》的要求，对餐饮服务行业实施有效监管的重要举措。通过实施餐饮服务许可证制度可以有效规范餐饮服务，提高餐饮服务企业硬件服务设施，并建立健全企业食品安全各项规章制度，从而向消费者提供更加安全的食物。

### 6.2.4.1　餐饮服务许可证管理机构及许可范围

按原有的《食品卫生许可证管理法》要求，餐饮服务企业必须办理卫生许可证，其监管工作由卫生部负责，各地卫生监督所具体实施。2010 年 2 月 8 日颁布，自 2010 年 5 月 1 日开始实施的《餐饮服务许可管理办法》及《餐饮服务食品安全监督管理办法》，废止了《食品卫生许可证管理法》。同时，按照《餐饮服务许可管理办法》的要求，餐饮服务企业的监督管理工作转由国家食品药品监督管理局负责，地方各级食品药品监督管理部门负责本行政区域内的餐饮服务许可管理工作。

餐饮服务许可证是我国加强餐饮行业食品安全监管的重要举措。依据《餐饮服务许可管理办法》的规定，国家食品药品监督管理局负责餐饮服务许可证政策的制定及监管。餐饮服务许可证是我国首次实施的针对餐饮行业食品安全的保障性措施，较之前的食品卫生许可证更加富有针对性，充分体现了我国食品安全实施分类管理的主导思想。针对我国地域广阔、人口众多、餐饮服务类型多样的特点，国家食品药品监督管理局在《关于做好＜餐饮服务许可证＞启用及发放工作的通知》（国食药监许［2009］257 号）中，已将餐饮服务的许可范围进行了详细分类，分类方式如下。

（1）餐馆（含酒家、酒楼、酒店、饭庄等）：是指以饭菜（包括中餐、西餐、日餐、韩餐等）为主要经营项目的单位，包括火锅店、烧烤店等。特大型餐馆是指经营场所使用面积在3000m²以上（不含3000m²），或者就餐座位数在1000座以上（不含1000座）的餐馆；大型餐馆是指经营场所使用面积为500～3000m²（不含500m²，含3000m²），或者就餐座位数为250～1000座（不含250座，含1000座）的餐馆；中型餐馆是指经营场所使用面积为150～500m²（不含150m²，含500m²），或者就餐座位数为75～250座（不含75座，含250座）的餐馆；小型餐馆是指经营场所使用面积在150m²以下（含150m²），或者就餐座位数在75座以下（含75座）以下的餐馆。

如面积与就餐座位数分属两类的，餐馆类别以其中规模较大者计。

（2）快餐店：是指以集中加工配送、当场分餐食用并快速提供就餐服务为主要加工供应形式的单位。

（3）小吃店：是指以点心、小吃为主要经营项目的单位。

（4）饮品店：是指以供应酒类、咖啡、茶水或者饮料为主的单位。

（5）食堂：是指设于机关、学校、企事业单位、工地等地点（场所），供内部职工、学生等就餐的单位。

## 6.2.4.2　申请餐饮服务许可证的基本条件

从事餐饮服务的单位和个人（以下简称餐饮服务提供者）向食品药品监督管理部门提出餐饮服务许可申请需具备以下基本条件。

（1）具有与制作供应的食品品种、数量相适应的食品原料处理和食品加工、储存等场所，保持该场所环境整洁，并与有毒、有害场所以及其他污染源保持规定的距离。

（2）具有与制作供应的食品品种、数量相适应的经营设备或者设施，有相应的消毒、更衣、洗手、采光、照明、通风、冷冻冷藏、防尘、防蝇、防鼠、防虫、洗涤以及处理废水、存放垃圾和废弃物的设备或者设施。

（3）具有经食品安全培训、符合相关条件的食品安全管理人员，以及与本单位实际相适应的保证食品安全的规章制度。

（4）具有合理的布局和加工流程，防止待加工食品与直接入口食品、原料和成品交叉污染，避免食品接触有毒物、不洁物。

（5）国家食品药品监督管理局或者省、自治区、直辖市食品药品监督管理部门规定的其他条件。

餐饮服务经营者申请《餐饮服务许可证》时需提交以下材料，并保证材料的真实性和完整性：①《餐饮服务许可证》申请书；②名称预先核准证明（已从事其他经营的可提供营业执照复印件）；③餐饮服务经营场所和设备布局、加工流程、卫生设施等示意图；④法定代表人（负责人或者业主）的身份证明（复印件），以及不属于本办法第三十六条、第三十七条情形的说明材料；⑤食品安全管理人员符合本办法第九条有关条件的材料；⑥保证食品安全的规章制度；⑦国家食品药品监督管理局或者省、自治区、直辖市食品药品监督管理部门规定的其他材料。

### 6.2.4.3　餐饮服务许可证的审查与批准

食品药品监督管理部门受理申请人提交的申请材料后，需审核申请人提交的相关资料，并对申请人的餐饮服务经营场所进行现场核查。上级食品药品监督管理部门受理的餐饮服务许可申请，可以委托下级食品药品监督管理部门进行现场核查。根据申请材料和现场核查的情况，对符合条件的，作出准予行政许可的决定；对不符合规定条件的，作出不予行政许可的决定并书面说明理由，同时告知申请人享有依法申请行政复议或者提起行政诉讼的权利。

食品药品监督管理部门自受理申请之日起 20 个工作日内作出行政许可决定。因特殊原因需要延长许可期限的，经本机关负责人批准，可以延长 10 个工作日，并应当将延长期限的理由告知申请人。

许可机关作出准予行政许可决定后，需自作出决定之日起 10 个工作日内向申请人颁发《餐饮服务许可证》。

### 6.2.4.4　申请餐饮服务许可证应注意的问题

申请人提出餐饮服务许可申请时应注意以下几点问题。

（1）申请材料存在可以当场更正的错误的，应当允许申请人当场更正，申请人应当对更正内容签章确认。

（2）申请材料不齐全或者不符合法定形式的，应当当场或者在 5 个工作日内一次性告知申请人需要补正的全部内容，逾期不告知的，自收到申请材料之日起即为受理。因此，应对告知内容记录完整并及时补充。

（3）同一餐饮服务提供者在不同地点或者场所从事餐饮服务活动的，需分别申请办理《餐饮服务许可证》。餐饮服务经营地点或者场所改变的，应当重新申请办理《餐饮服务许可证》。

### 6.2.4.5　餐饮服务许可证的监督管理

（1）《餐饮服务许可证》样式由国家食品药品监督管理局统一规定。许可证内容包括单位名称、地址、法定代表人（负责人或者业主）、类别、备注、许可证号、发证机关（加盖公章）、发证日期、有效期限等内容。许可证格式为：省、自治区、直辖市简称＋餐证字＋4 位年份数＋6 位行政区域代码＋6 位行政区域发证顺序编号。

（2）《餐饮服务许可证》有效期为 3 年。临时从事餐饮服务活动的，《餐饮服务许可证》有效期不超过 6 个月。

（3）餐饮服务提供者取得《餐饮服务许可证》后，应当按照许可范围依法经营并在就餐场所醒目位置悬挂或者摆放《餐饮服务许可证》，不得转让、涂改、出借、倒卖或者出租。

（4）《餐饮服务食品安全监督管理办法》第三章中，明确了食品安全事故的处理措施：发生食品安全事故时，事发地食品药品监督管理部门应当在本级人民政府领导下，及时作出反应，采取措施控制事态发展，依法处置，并及时按照有关规定向上级食品药品监督管理部门报告。

在处理食品安全事故时，县级以上食品药品监督管理部门按照有关规定开展餐饮服务食品安全事故调查，有权向有关餐饮服务提供者了解与食品安全事故有关的情况，一般会同时要求餐饮服务提供者提供相关资料和样品，并采取以下措施。①餐饮服务提供者应当制定食品安全事故处置方案，定期检查各项食品安全防范措施的落实情况，及时消除食品安全事故隐患。②餐饮服务提供者发生食品安全事故，应当立即封存导致或者可能导致食品安全事故的食品及原料、工具及用具、设备设施和现场，在2小时之内向所在地县级人民政府卫生部门和食品药品监督管理部门报告，并按照相关监管部门的要求采取控制措施。③食品药品监督管理部门在履行职责时，有权采取《食品安全法》第七十七条规定的措施。快速检测结果表明可能不符合食品安全标准及有关要求的，餐饮服务提供者应当根据实际情况采取食品安全保障措施。

（5）《餐饮服务许可管理办法》还规定：申请人隐瞒有关情况或者提供虚假材料的，食品药品监督管理部门发现后不予受理或者不予许可，并给予警告，该申请人在1年内不得再次申请餐饮服务许可。已取得《餐饮服务许可证》的餐饮服务提供者不符合餐饮经营要求的，应当责令立即纠正，并依法予以处理；不再符合餐饮服务许可条件的，应当依法撤销《餐饮服务许可证》。以欺骗、贿赂等不正当手段取得《餐饮服务许可证》的，依法撤销许可，3年内申请人不得再次申请餐饮服务许可。食品药品监督管理部门发现餐饮服务提供者违反《中华人民共和国食品安全法》规定的，聘用不得从事餐饮服务管理工作的人员从事管理工作的，由原发证部门吊销许可证。申请人被吊销《餐饮服务许可证》的，其直接负责的主管人员自处罚决定做出之日起5年内不得从事餐饮服务管理工作。

## 6.3　食品安全管理

### 6.3.1　食品安全监督员

为充分发挥社会各界对食品安全的监督作用，进一步提高食品安全监管工作水平，更好地保障公众食品安全和身体健康，全国各地根据《中华人民共和国食品安全法》的规定和要求，实施食品安全群众监督员制度，开展食品安全社会监督工作。聘请群众监督员对于发挥社会力量参与食品安全监管、规范监管行为、确保食品安全具有十分重要的意义。

#### 6.3.1.1　食品质量安全监督员制度的主要内容

1）食品质量安全监督员制度的组织管理

国家质检总局负责制定与食品质量安全监督员制度相关的文件规定并组织实施；制定食品质量安全监督员队伍建设规划；统一制定食品质量安全监督员培训大纲、考试大纲、培训教材和考试题库；组织建立食品质量安全监督员动态管理信息系统。

省级质量技术监督部门负责本辖区食品质量安全监督员制度组织实施和管理工作，

组织开展食品质量安全监督员培训、考试工作，受国家质检总局委托颁发全国统一的食品质量安全监督员资格证书，佩带统一规定的胸牌上岗，并定期将制度实施情况报国家质检总局。

市（地）级、县级质量技术监督部门按照省级质量技术监督部门的要求，组织开展食品质量安全监督员岗位培训和轮训工作，对食品质量安全监督员进行聘用及日常管理，并定期将聘用和管理情况报上级质量技术监督部门。

2）食品质量安全监督员的工作职责与资质条件

食品质量安全监督员的工作职责主要包括 6 项基本制度的落实和对食品企业的日常监督管理，宣传食品安全法规和业务知识，指导、协助有关部门对有关人员进行食品安全知识培训。

为保证食品质量安全监督员的工作质量，应规定食品质量安全监督员的资质条件。

3）食品质量安全监督员的培训和考试

各级质量技术监督部门要严格按照有关法律、法规的规定，规范食品质量安全监督员培训和考试工作，对质量技术监督部门承担食品质量安全监督管理工作的人员，应加强培训和考评，主要内容包括聘用前培训、年度岗位培训及岗位轮训。

4）工作要求

建立食品质量安全监督员制度，是提高食品质量安全监督员的政治素质、业务水平、执法能力以及为经济健康发展服务水平的重要措施，培养和造就一支能适应新形势下食品质量安全监督管理工作需要的高素质、专业化的食品质量安全监督员队伍，保证安全监督员制度的有效实施。要按照国家质检总局的统一部署，积极稳妥地把食品质量安全监督员制度落实好、实施好。

## 6.3.1.2　地方食品安全监督员管理办法（以浙江省为例）

（1）为建立健全食品安全社会监督机制，保证浙江省食品安全群众监督员（以下简称群众监督员）充分履行工作职责，配合有关部门进一步做好食品安全监管工作，特制定本办法。

（2）群众监督员职责：①宣传食品安全相关知识、政策、法律法规，以及政府开展食品安全监管工作有关情况；②监督食品安全监管部门及其工作人员遵纪守法、廉洁自律、办事效率、服务质量等方面的情况；③提供食品种植养殖、生产加工、市场流通和餐饮服务等领域违法行为和相关违法案件的线索；④举报食品安全监管机构及其工作人员行政不作为和失职、渎职等行为；⑤反映社会各界对食品安全监管工作的意见和要求。

（3）群众监督员义务：①积极参加各级食品安全委员会办公室（以下简称食品安全办）召集的群众监督员会议以及组织的相关活动，认真履行监督职责；②及时、准确、客观、公正地向各级食品安全办反映食品安全监管工作中存在的问题，并提出改进意见和建议，同时协助食品安全办和有关监管部门调查、核实所反映的问题；③遵守纪律、保守秘密，不泄露与行政执法有关的活动内容。

（4）群众监督员纪律要求：①群众监督员开展监督工作必须持有《浙江省食品安全群众监督员证》；②群众监督员不得持证从事与履行职责无关的活动；③群众监督员不得

与被监督对象存在任何形式的利益关系，不得接受或者向被监督对象索取财、物等好处。

（5）群众监督员聘任条件：①拥护党的路线、方针、政策，具有一定的政策水平；②关心食品安全工作，热心社会监督工作，有较强的观察分析问题的能力和一定的食品安全知识；③坚持原则、公正廉洁、实事求是、联系群众，有一定社会影响力；④身体健康，符合群众监督员工作要求，年龄一般在 65 岁以下；⑤目前在职从事食品安全监管工作的人员除外。

（6）群众监督员聘用程序：①省食品安全办向全省公开发出聘请信息。②申请人可以在浙江食品安全信息网或浙江卫生信息网下载《浙江省食品安全群众监督员资格审查表》（见附表），填写后发送电子邮件到省食品安全办电子邮箱 sab@zjwst. gov. cn 或到各市、县（市、区）食品安全办现场申请。③各市级食品安全办成立群众监督员甄选小组，根据学历、年龄、文化水平、职业、工作经历等条件，对辖区内的群众监督员申请人进行初审，向省食品安全办提出拟聘用的推荐名单。④各市食品安全办原则上按照每个县（市、区）10 人的名额数进行推荐，个别辖区面积较大、情况较复杂地区，可适当放宽人数限制。⑤省食品安全办对各市推荐的拟聘用群众监督员进行审核确认，颁发省食品安全办统一印制的聘书及《浙江省食品安全群众监督员证》。

（7）群众监督员工作制度：①工作联系制度：省、市和县（市、区）食品安全办应当指定专人负责群众监督员的管理和联络工作；各县（市、区）食品安全办应定期向群众监督员发送与其履行监督职责有关的文件、简报、信息及有关学习资料；各县（市、区）食品安全办要采取电话、信函、手机短信、电子邮件、QQ 群和登门走访等形式与群众监督员保持联系，听取对食品安全工作的意见、建议和要求。②工作例会制度：各市、县（市、区）食品安全办应当定期召开群众监督员座谈会，通报工作情况、交流经验、探讨问题和布置任务，听取群众监督员的意见和建议。③通报反馈制度：各级食品安全办应及时向群众监督员反馈所提出意见、建议、投诉和举报的办理和落实情况，因特殊情况暂时落实不了的，应当将有关情况告知群众监督员，并作出解释。④培训表彰制度：编写《浙江省食品安全群众监督员培训教材》，通过网络远程培训或现场培训等方式，对群众监督员进行食品安全法律法规和相关知识培训；食品安全群众监督员工作属于社会志愿服务，无相应报酬。省、市和县（市、区）食品安全办对做出显著成绩的群众监督员可以采取一定方式予以表彰、奖励；对于举报重大食品安全隐患有功人员，参照《浙江省财政厅浙江省食品安全办关于印发浙江省举报食品领域违法犯罪行为有功人员奖励办法的通知》（浙财社字〔2005〕116 号）的有关规定给予奖励。

（8）群众监督员管理：①群众监督员每次聘期两年。②群众监督员有下列情形之一的，省食品安全办可以停止对其聘用：聘用期满未续聘的；聘用期内未履行职责或者违反有关法律法规规定、纪律要求的；因健康问题无法胜任群众监督员工作的；其他原因需要停聘的。详情见《浙江省食品安全群众监督员管理办法（试行）》。

## 6.3.2　食品召回

食品召回是指食品的生产商、进口商或者经销商在获悉其生产、进口或经销的食品存在可能危害消费者健康、安全的缺陷时，依法向政府部门报告，及时通知消费者，并从市场和消费者手中收回有问题产品，予以更换、赔偿等积极有效的补偿措施。实施食品召回制度的目的是及时收回缺陷食品，避免流入市场的缺陷食品对人身安全损害的发生或扩大，维护消费者的利益。

### 6.3.2.1　食品召回制度的意义

食品召回制度促使食品生产商、进口商和经销商在因召回而产生的经济损失与提高食品质量而增加的成本之间进行博弈，相关方不仅会加强自身的管理，同时会在产品质量上提高对供货商的要求，拒绝劣质食品，降低缺陷食品召回的可能性。

实施食品召回制度可以净化市场环境，维护社会稳定。

### 6.3.2.2　食品召回的内容概述

各国对食品召回管理方式主要有以下几方面内容。

（1）根据召回的方式不同进行分类管理。可分为主动召回与强制性召回。食品生产加工企业通过自相检查，销售商、消费者举报、投诉或有关监管部门通知等方式，获知其生产销售的食品存在危及人体健康和生命安全的隐患时，主动对某种产品进行召回；当厂商恶意隐瞒不安全食品、拒不采取纠正措施时，有政府实施强制性召回。

（2）根据召回范围不同进行分类管理。我国食品召回可分为批发级别召回，如对批发商、流通中心和进口商手中的食品进行回收。零售级别召回，如对超市、杂货店、餐馆等地点的食品进行回收；消费者级别召回，如对消费者手中的食品进行回收。英国的召回范围分为召回和撤回两类。召回是从食品的销售链中或者已销售的范围内收回不安全食品，并告知消费者；撤回是收回仅出现在食品的配送链中或在已销售的范围内收回不安全的食品。澳大利亚—新西兰的食品召回则分为流通领域和消费者两个层面。流通领域的召回是从货物配送中心、批发和主要的供给部门、生产立即出售食品或食品预加工等流通渠道收回不安全的食品；从消费者处召回是指从生产、产品发货链或网络中的各点（包括消费者）召回产品。

（3）根据缺陷发生的可能性及严重程度的评估进行分类管理。召回可分为三个级别：一级召回即针对那些有极大可能引起死亡或疾病、造成严重伤害的产品所进行的召回，如存在肉毒梭状芽孢杆菌、沙门氏菌、单核细胞增多性李斯特菌、有毒化学物和有害外来物尸体的食品，以及存在严重缺陷、已经构成潜在健康风险但未经进行正确标注或者掺假的食品；二级召回即针对那些有可能引起死亡或疾病、造成严重伤害后者有很大可能引起中度伤害、疾病的食品所进行的召回；三级召回即针对那些引起死亡或疾病、造成严重伤害可能性极小、引起中度伤害、疾病的可能性不大或者不可能引起伤害和疾病，只是违反相关法律规定的产品召回。对于存在质量缺陷、但尚未构成潜在健康风险的食品，或者需要进一步调查以确定是否需要进行回收的食品，可以进行撤回。

### 6.3.2.3　中国食品召回制度的建立和保障实施

**1. 食品召回制度建设历程**

2002 年 1 月，北京实行"违规食品限期追回制度"，开辟了我国食品召回的先河，

2004 年 4 月 7 日，原国家食品药品监督管理局、公安部、农业部、商务部、卫生部、国家工商行政管理总局、国家质量监督检验检疫总局、海关总署八部委联合印发了《关于加快食品安全信用体系建设的若干指导意见》、提出从 2004 年 4 月起至 2006 年 4 月，共 2 年时间在吉林辽源、黑龙江大庆等 5 个城市开展食品召回试点。2004 年国务院发布的《关于进一步加强食品安全工作的决定》提出"严格实行不合格食品的退市、召回、销毁、公布制度"。2005 年国家质检总局《食品生产加工企业质量安全监督管理实施细则（试行）》规定："对不合格食品实行召回制度。"2006 年上海市食品药品监督管理局出台了《缺陷食品召回管理规定（试行）》，这是我国首部较为系统的、具有操作性的关于食品召回的地方法规条款。2007 年 8 月 31 日，国家质检总局发布第 98 号局令，于当日发布并正式实施《食品召回管理规定》，意味着备受社会关注的我国不安全食品召回制度从此开始在我国正式实施。2009 年 2 月 28 日，《中华人民共和国食品安全法》由中华人民共和国第十一届全国人民代表大会常务委员会第七次会议审议通过，自 2009 年 6 月 1 日起试行。这些政策及法律法规的出台，彰显了政府加强食品安全监管的决心，是政府对我国食品安全调节和控制的一个重要手段，是政府对"国门"和"厂门"管理的"利剑"。

### 2. 食品安全法的发布及召回制度的制定与实施

我国发布的食品安全法针对食品安全领域存在的新情况、新问题，引入风险评估，坚持预防为主，实行全程监管，强调生产经营者是食品安全的第一责任人，为了有效保证消费者人身健康，及时预防食品安全事件发生，并有法可依，对发现问题的产品必须严格采取召回制度。为食品召回制度的顺利实施提供了法律支撑。

1）对问题产品应立即采取食品召回制度

《中华人民共和国食品安全法》规定，食品生产者发现其生产的食品不符合食品安全标准时，应当立即停止生产，召回已经上市销售的食品，通知相关生产经营者和消费者，记录召回和通知情况。食品经营者发现其经营的食品部符合食品安全标准，应当立即停止经营，通知相关生产经营者和消费者，并记录停止经营和通知情况。食品生产者应当对召回的食品采取补救、无害化处理、销毁等措施。食品生产经营者未依照规定召回或者停止经营不符合食品安全标准的食品的，有关监管部门可以责令其召回或者停止经营。

该条文的出现，结束了过去食品召回制度立法层级较低的问题，将其以基本法律形式确定下来，这对我国构建完善的食品召回法律制度体系具有非常重要意义。

2）食品安全标准应统一制定

《中华人民共和国食品安全法》规定，食品安全标准是强制执行标准。除食品安全标准外，不得制定其他的食品强制性标准。食品安全国家标准由国务院卫生行政部门负责制定、公布，国务院标准化行政部门提供国家标准编号。该制度解决了以前食品标准化管理及食品标准政出多门，缺乏有效统一管理的问题，避免了企业在执行食品召回制度过程中无的放矢的局面。

3）食品安全信息应统一公布

《中华人民共和国食品安全法》规定，国家建立食品安全信息统一公布制度。该制度避免了食品安全信息公布不规范、不统一、不科学造成消费者不必要的恐慌等问题，食品召回制度不仅需要企业的自励，更需要广大消费者的积极配合，是公众及时而又充分的了解掌握食品安全风险的相关信息。

### 3. 食品召回实施的要求及方法

1）食品召回实施的原则

食品召回的实施，必须完全、彻底、及时，包括进行有效的内部和外部沟通，停止不安全产品的继续生产和销售，针对缺陷食品产生的原因采取有效纠正措施。在食品召回时，应尽可能召回出现问题的所有食品，无须考虑食品类别，及时通知客户。及时召回有助于降低不安全食品危害的后果，降低生产者的法律责任和召回的经济成本。或采取科学的纠偏监控机制、可追溯系统以提高召回实施的有效性。

食品召回需要建立规范食品标识和可追溯性作为有效实施的保证。ISO22000 可追溯性系统规定"组织应建立可追溯性系统，确保识别产品批次及其与原料批次、加工和销售环节间的关系。按规定期限保持可追溯性记录，可对体系进行评价，对潜在不安全产品进行处理"。

为确保召回产品得到有效处置必须填写产品召回记录。明确表征召回的原因、召回的范围、聘雇的结果及处理意见等。这些记录应及时向最高管理者报告，作为管理评审依据。

为保持召回计划的有效性，每年由 HACCP 召回小组组长发起或应客户要求进行一次模拟召回演练。

2）企业进行食品召回实施时的原则及条件

①食用或消费的产品将严重损害消费者健康或导致死亡，如变质的食品，农药残留严重超标；②食用或消费特定产品尽管不会对消费者健康造成损害，但食品包装不符合标准或有问题、生产日期、批号等标识不符合要求；③根据国家相关法律要求需召回的产品。

3）食品召回实施时需收集掌握的信息

食品召回实施过程中要收集或掌握产品的有关信息。如与产品直接相关的产品名称和种类，批号或序列号，保存期（保质期）或"包装日期"，责任方及联系电话，产品的数量、发货日期和发货数量，国内外流通情况等信息。尤其是对出现问题产品的最先发现问题报告人的姓名和电话，报告日期，存在问题的性质，已收到类似报告的数量，对样品检验和调查的结果信息等。同时还应掌握有问题食品可能产生危害的类型和风险评估的结果，责任方建议采取的措施和召回级别等信息。

4）建立产品召回小组

要进行召回措施，企业必须成立召回管理小组，全面负责召回计划的实施。小组的成员应该包括生产、质量、物流、产品研发、营销和客户服务、公共关系等部门的负责人。召回小组的任务为内部和外部沟通，阻止不安全产品的继续生产和销售，针对缺陷产品生产的原因采取有效纠正措施。

5）企业实施食品召回的程序

（1）发现问题。当出现客户投诉、生产过程或产品出厂验货发现问题时都需通知召回小组及技术检测中心。初步检查不良产品并收集信息（原因、品名、产品批号及生产日期等）。

（2）确定召回计划。由企业的生产加工部、产品检测中心进一步收集信息，并找出问题真相和问题类型；确定不良产品数量及存放地；决定是否启动召回计划；选择相关方法和措施；确定召回计划。

（3）执行召回计划。启动方案，采取措施，按计划召回不良品；在食品被召回后，需对被召回食品进行隔离并标示清楚；确定评估人员，评估人员应包括生产、管理、检验等方面的人员，也可以外聘相关专家，对召回食品进行相应的评估工作；做出评估后要对需召回的相关批次食品提出处理意见，以供最高管理者决策；召回食品的处置根据评估结果可采取销毁、重新加工、改变预期用途等方式；向有关部门提供食品召回的书面通告。

## 4. 食品召回的保证措施

1）完善的法律制度和严格的执法制度

食品召回一方面靠企业的自觉行动，另一方面靠政府的监督。我国食品安全法中明确规定了责令召回制度，若食品生产经营者在有关主管部门责令其召回或者停止经营不符合食品安全标准的食品后，仍拒不召回或者停止经营者，最高可处以货值金额 10 倍的罚款，并吊销许可证。

2）有效的技术支撑

严格的检验监测体系。食品召回制度要求政府和企业的检测手段更高效、检测制度更完善。企业自检能力的提高有利于企业及时发现缺陷食品，及早实施召回计划，防止缺陷食品流入市场；政府抽检水平的提高有利于发现市场上缺陷食品的存在，指导企业实施召回行动，保护消费者权益。

以食品安全风险评估为基础确定召回级别。食品安全监管部门对所收集的各种食品潜在的危害信息进行分析评估——风险评估，并据此来确定所评价的产品是否召回以及召回的级别、避免因危害程度不易确定造成延误决策时间。

大规模的市场抽样检查。为了及时发现不安全食品，每年根据市场情况，制定各类食品的抽检计划。收集和分析食品样品，进行微生物和化学污染物、感染物和毒素检测的检验，从而发现缺陷产品。

3）企业诚信自律

企业发现食品存在安全方面的缺陷，勇于承认问题，在监管部门还没有下禁令时就发出产品召回令，撤回自己的产品；在食品召回过程中与主管部门合作，主动提交问题报告，召回缺陷食品。

4）相关部门通力合作，信息共享

美国的食品药品监督管理局与疾病控制预防中心有着密切的合作，双方在对方的机构里都有自己的常驻官员，在信息方面双方互通。另外，食品药品监督管理局还与农业部进行合作,监控兽药的使用,准确有效地对新上市的兽药进行审批,减少了兽药残留给食品安全带来的风险。欧盟建立了食品危害快速预警系统。该系统由欧盟委员会、欧盟食品安全管理局和各成员国组成,并建立了快速预警网络。我国质检、工商、食药局、农业、卫生等食品监管部门应合作建设风险监测评估体系,互相通报,实现信息共享。

5)建立消费者、协会、认证机构、企业和政府间相互沟通的机制

食品召回中,政府和社会的监督对企业是外在的约束,企业的责任意识是内在的决定因素。主体内在积极性的发挥有赖于消费者的支持,激励企业维护食品安全,为食品召回实施营造良好的社会氛围。各种形式的中介组织对于食品市场的监督以及相关信息和食品安全技术的推广具有重要的作用。行业协会可以约束行业内的企业,权威的质量认证机构可为企业提供社会声誉保障。

## 6.4 食品安全应急响应机制

### 6.4.1 国家重大食品安全事故应急预案

为了建立健全应对突发重大食品安全事故的救助体系和运行机制,规范和指导应急处理工作,有效预防、积极应对、及时控制重大食品安全事故,高效组织应急救援工作,最大限度地减少重大食品安全事故的危害,保障公众身体健康与生命安全,维护正常的社会秩序,依据《中华人民共和国食品安全法》、《中华人民共和国产品质量法》、《突发公共卫生事件应急条例》、《国家突发公共事件总体应急预案》和《国务院关于进一步加强食品安全工作的决定》,国务院于 2006 年 2 月 27 日发布《国家重大食品安全事故应急预案》,并于 2011 年 10 月 5 日对其进行了修订。

该预案围绕建立健全应对突发重大食品安全事故的救助体系和运行机制,规定了应急处理指挥机构及其职责、监测、预警与报告、应急响应、后期处置、应急保障等要素的具体内容和要求,适用于在食物(食品)种植、养殖、生产加工、包装、仓储、运输、流通、消费等环节中发生食源性疾患,造成社会公众大量病亡或者可能对人体健康构成潜在的重大危害,并造成严重社会影响的重大食品安全事故的应对处理,涵盖了从农田到餐桌的食品链全过程。

预案规定,各部门应按照各自职责,加强对食品安全日常监管,建立全国统一的重大食品安全事故监测、报告网络体系,设立全国统一的举报电话,并建立通报、举报制度。重大食品安全事故发生后,一级应急响应由国家应急指挥部或国家应急指挥部办公室组织实施,二级以下由省级人民政府负责组织实施,其主要内容如下:

#### 6.4.1.1 事故分级

食品安全事故,指食物中毒、食源性疾病、食品污染等源于食品,对人体健康有危害或者可能有危害的事故。食品安全事故共分四级,即特别重大食品安全事故、重大食品安全事故、较大食品安全事故和一般食品安全事故。事故等级的评估核定,由卫生行政部门会同有关部门依照有关规定进行。

### 6.4.1.2　应急处理指挥机构

食品安全事故发生后，卫生行政部门依法组织对事故进行分析评估，核定事故级别。特别重大食品安全事故，由卫生部会同食品安全办向国务院提出启动Ⅰ级响应的建议，经国务院批准后，成立国家特别重大食品安全事故应急处置指挥部（以下简称指挥部），统一领导和指挥事故应急处置工作；重大、较大、一般食品安全事故，分别由事故所在地省、市、县级人民政府组织成立相应应急处置指挥机构，统一组织开展本行政区域事故应急处置工作。

指挥部设置：指挥部成员单位根据事故的性质和应急处置工作的需要确定，主要包括卫生部、农业部、商务部、工商总局、质检总局、食品药品监管局、铁道部、粮食局、中央宣传部、教育部、工业和信息化部、公安部、监察部、民政部、财政部、环境保护部、交通运输部、海关总署、旅游局、新闻办、民航局和食品安全办等部门以及相关行业协会组织。当事故涉及国外、港澳台时，增加外交部、港澳办、台办等部门为成员单位。由卫生部、食品安全办等有关部门人员组成指挥部办公室。

### 6.4.1.3　监测预警、报告与评估

**1. 监测预警**

卫生部会同国务院有关部门根据国家食品安全风险监测工作需要，在综合利用现有监测机构能力的基础上，制定和实施加强国家食品安全风险监测能力建设规划，建立覆盖全国的食源性疾病、食品污染和食品中有害因素监测体系。卫生部根据食品安全风险监测结果，对食品安全状况进行综合分析，对可能具有较高程度安全风险的食品，提出并公布食品安全风险警示信息。

有关监管部门发现食品安全隐患或问题，应及时通报卫生行政部门和有关方面，依法及时采取有效控制措施。

**2. 事故报告**

（1）事故信息来源。

（2）报告主体和时限。

食品生产经营者发现其生产经营的食品造成或者可能造成公众健康损害的情况和信息，应当在2小时内向所在地县级卫生行政部门和负责本单位食品安全监管工作的有关部门报告。

发生可能与食品有关的急性群体性健康损害的单位，应当在2小时内向所在地县级卫生行政部门和有关监管部门报告。

接收食品安全事故病人治疗的单位，应当按照卫生部有关规定及时向所在地县级卫生行政部门和有关监管部门报告。

食品安全相关技术机构、有关社会团体及个人发现食品安全事故相关情况，应当及时向县级卫生行政部门和有关监管部门报告或举报。

有关监管部门发现食品安全事故或接到食品安全事故报告或举报，应当立即通报同级卫生行政部门和其他有关部门，经初步核实后，要继续收集相关信息，并及时将有关情况进一步向卫生行政部门和其他有关监管部门通报。

经初步核实为食品安全事故且需要启动应急响应的，卫生行政部门应当按规定向本级人民政府及上级人民政府卫生行政部门报告；必要时，可直接向卫生部报告。

（3）报告内容。

食品生产经营者、医疗、技术机构和社会团体、个人向卫生行政部门和有关监管部门报告疑似食品安全事故信息时，应当包括事故发生时间、地点和人数等基本情况。

有关监管部门报告食品安全事故信息时，应当包括事故发生单位、时间、地点、危害程度、伤亡人数、事故报告单位信息（含报告时间、报告单位联系人员及联系方式）、已采取措施、事故简要经过等内容；并随时通报或者补报工作进展。

**3. 事故评估**

（1）有关监管部门应当按有关规定及时向卫生行政部门提供相关信息和资料，由卫生行政部门统一组织协调开展食品安全事故评估。

（2）食品安全事故评估是为核定食品安全事故级别和确定应采取的措施而进行的评估。评估内容包括：污染食品可能导致的健康损害及所涉及的范围，是否已造成健康损害后果及严重程度；事故的影响范围及严重程度；事故发展蔓延趋势。

## 6.4.1.4　应急响应

### 1）分级响应

根据食品安全事故分级情况，食品安全事故应急响应分为Ⅰ级、Ⅱ级、Ⅲ级和Ⅳ级响应。核定为特别重大食品安全事故，报经国务院批准并宣布启动Ⅰ级响应后，指挥部立即成立运行，组织开展应急处置。重大、较大、一般食品安全事故分别由事故发生地的省、市、县级人民政府启动相应级别响应，成立食品安全事故应急处置指挥机构进行处置。必要时上级人民政府派出工作组指导、协助事故应急处置工作。

### 2）应急处置措施

事故发生后，根据事故性质、特点和危害程度，立即组织有关部门，依照有关规定采取下列应急处置措施，以最大限度减轻事故危害：

（1）卫生行政部门有效利用医疗资源，组织指导医疗机构开展食品安全事故患者的救治。

（2）卫生行政部门及时组织疾病预防控制机构开展流行病学调查与检测，相关部门及时组织检验机构开展抽样检验，尽快查找食品安全事故发生的原因。对涉嫌犯罪的，公安机关及时介入，开展相关违法犯罪行为侦破工作。

（3）农业行政、质量监督、检验检疫、工商行政管理、食品药品监管、商务等有关部门应当依法强制性就地或异地封存事故相关食品及原料和被污染的食品用工具及用具，待卫生行政部门查明导致食品安全事故的原因后，责令食品生产经营者彻底清洗消毒被污染的食品用工具及用具，消除污染。

（4）对确认受到有毒有害物质污染的相关食品及原料，农业行政、质量监督、工商行政管理、食品药品监管等有关监管部门应当依法责令生产经营者召回、停止经营及进出口并销毁。检验后确认未被污染的应当予以解封。

（5）及时组织研判事故发展态势，并向事故可能蔓延到的地方人民政府通报信息，提醒做好应对准备。事故可能影响到国（境）外时，及时协调有关涉外部门做好相关通报工作。

3）响应级别调整及终止

在食品安全事故处置过程中，要遵循事故发生发展的客观规律，结合实际情况和防控工作需要，根据评估结果及时调整应急响应级别，直至响应终止。

（1）级别提升。当事故进一步加重，影响和危害扩大，并有蔓延趋势，情况复杂难以控制时，应当及时提升响应级别。

（2）级别降低。事故危害得到有效控制，且经研判认为事故危害降低到原级别评估标准以下或无进一步扩散趋势的，可降低应急响应级别。

（3）响应终止。当食品安全事故得到控制，并达到以下两项要求，经分析评估认为可解除响应的，应当及时终止响应。

此外，预案还对重大食品安全事故的后期处置和应急保障进行了规定，善后处理和赔偿受害人，对在食品安全事故应急管理和处置工作中作出突出贡献的先进集体和个人，应当给予表彰和奖励；对迟报、谎报、瞒报和漏报食品安全事故重要情况或者应急管理工作中有其他失职、渎职行为的，依法追究有关责任单位或责任人的责任；构成犯罪的，依法追究刑事责任。详情见国务院颁布的《国家食品安全事故应急预案（2011 年 10 月 5 日修订）》。

## 6.4.2　各地食品安全突发事件应急预案

### 6.4.2.1　北京市食品安全突发事件应急预案

**1. 编制目的**

为建立健全本市食品安全突发事件应急体制和运行机制，有效预防、积极应对、及时控制食品安全突发事件及其风险，高效组织应急处置工作，提高综合处理食品安全突发事件的能力，保障人民群众身体健康与生命安全，维护正常的社会经济秩序，制定本预案。

**2. 编制依据**

以《中华人民共和国突发事件应对法》、《中华人民共和国食品安全法》（以下简称《食品安全法》）、《中华人民共和国食品安全法实施条例》、《中华人民共和国农产品质量安全法》、《中华人民共和国产品质量法》、《中华人民共和国动物防疫法》、《中华人民共和国传染病防治法》、《中华人民共和国进出口商品检验法》、《中华人民共和国进出境动植物检疫法》、《中华人民共和国国境卫生检疫法》、《国务院关于加强食品等产品安全监督管理的特别规定》、《生猪屠宰管理条例》、《突发公共卫生事件应急条例》、《国家重大食品安全事故应急预案》、《流通环节食品安全监督管理办法》、《餐饮服务食品安全监督管理办法》、《出入境口岸食品卫生监督管理规定》、《出入境口岸食物中毒应急处理预案》、《北京市实施＜中华人民共和国突发事件应对法＞办法》、《北京市食品安全条例》、《北京市食品安全监督管理规定》、《北京市突发事件总体应急预案（2010 年修订）》（京政发〔2010〕12 号）、《北京市人民政府办公厅转发市政府食品安全监督协调办公室关于进一步明确部分领域食品安全监管职责意见的通知》（京政办发〔2009〕95 号）等法律、法规、规章和相关文件规定为依据，严格依法行政，依法管理。

### 3. 事件分级

按照食品安全突发事件的危害程度、扩散性、社会影响和应急处置所需调动的资源力量，对经监测、评估认为造成公众健康危害或对公共安全、政治稳定和社会经济秩序产生影响的食品安全突发事件，由高到低分为特别重大（Ⅰ级）、重大（Ⅱ级）、较大（Ⅲ级）和一般（Ⅳ级）四个级别。

1) 特别重大食品安全突发事件（Ⅰ级）

危害特别严重、扩散性特别强、社会影响特别大，事态非常复杂，对本市食品安全、社会经济秩序和政治稳定造成严重危害或威胁，需要在国务院或国务院有关部门的领导下，由市委、市政府统一组织协调，进行紧急控制和处理，并符合下列条件之一的为特别重大食品安全突发事件：①对包括北京在内的 2 个以上省（区市）造成严重威胁，并有进一步扩散趋势的；②超出本市处置能力的；③发生跨境（香港、澳门、台湾）、跨国食品安全突发事件且涉及本市，造成特别严重社会影响的；④国务院认为需要由国务院或国务院授权有关部门负责处置的。

2) 重大食品安全突发事件（Ⅱ级）

危害严重、扩散性强、社会影响大，事态复杂，对本市或部分区域食品安全、社会经济秩序和政治稳定造成严重危害或威胁，需要组织全市各有关单位进行紧急控制和处理，并符合下列条件之一的为重大食品安全突发事件：①病患人数 100 人以上并且出现死亡病例的；②出现 10 人以上死亡病例的；③涉及 2 个以上区县范围，超出区县政府处置能力的；④市政府认定的其他重大食品安全突发事件。

3) 较大食品安全突发事件（Ⅲ级）

危害较严重、扩散性较强、社会影响较大、事态较为复杂、对本市一定区域内食品安全、社会经济秩序和政治稳定造成一定危害或威胁，需要调度个别部门参与并且调度区县力量和资源进行处置，并符合下列条件之一的为较大食品安全突发事件：事件影响范围涉及整个区县，给人民群众食品安全带来严重危害的；病患人数 100 人以上，但未出现死亡病例的；出现 10 人以下死亡病例的；市食品安全委员会办公室（市政府食品安全办公室，以下简称市食品办）认定的其他较大食品安全突发事件。

4) 一般食品安全突发事件（Ⅳ级）

危害性、扩散性、社会影响不特别显著，事态比较简单，仅对较小区域食品安全、社会经济秩序和政治稳定造成危害或威胁，需要区县政府组织有关部门力量进行处置，并符合下列条件之一的为一般食品安全突发事件：事件影响范围涉及一个区县行政区域内 2 个以上街道（乡镇），给人民群众食品安全带来危害的；病患人数 30 人以上、100 人以下，未出现死亡病例的；区县政府认定的其他一般食品安全突发事件。

### 4. 适用范围

本预案适用于本市行政区域内种植、养殖、生产加工、包装、仓储、运输、流通、餐饮服务等领域突然发生，危害或可能危害人民群众身体健康及生命安全，造成社会影响的食品安全突发事件。对列入本市其他专项、部门应急预案的事件，依照各相关预案规定执行。

对于境内外已获知的食品安全问题涉及本市的，市食品办应当会同有关部门进行调查核实，开展监测、分析、评估工作，并可根据调查核实和监测、分析、评估情况，确定事件等级，采取相关措施，有效应对。

对《国家重大食品安全事故应急预案》中规定的由国家食品安全事故应急指挥机构负责处置的事件，依照国家预案的规定执行。《国家重大食品安全事故应急预案》或本市其他专项应急预案启动后，需要同时启动本预案进行配合的，按照本预案规定的程序启动。

对于未达到一般级别且致病原因基本明确的食品安全突发事件，由事发地区县（特殊地区）食品办会同农业、质监、工商、卫生等部门以及疾病预防控制机构，按照《食品安全法》第七十二条、第七十四条的规定处理，不需启动应急预案进行处置。

### 5. 组织机构

1）市食品安全委员会

在市应急委领导下，市食品安全委员会负责食品安全突发事件的应对工作。市食品安全委员会主任（常务副市长）、副主任（分管副市长）负责食品安全突发事件的应急指挥工作，对重大问题进行决策；市食品安全委员会委员（市政府分管副秘书长和市食品办主任）协助做好相关应急工作，协调重大问题，检查各项工作落实情况，组织成员单位开展食品安全突发事件的具体应对工作。

2）市食品办

市食品办是市食品安全委员会的日常办事机构，设在市工商局，成员由各成员单位主管负责同志组成。市食品办具体承担市食品安全委员会的日常工作。

3）区县和特殊地区应急指挥机构

在市食品安全委员会、区县应急委（特殊地区管理机构）的领导下，区县和特殊地区食品安全委员会承担本区域内食品安全应急工作，负责食品安全突发事件应急处置工作。区县（特殊地区）食品办负责区县（特殊地区）食品安全委员会的日常工作。

4）专业技术机构和专家组

医疗、疾病预防控制以及各相关部门的食品安全相关技术机构作为食品安全突发事件应急处置专业技术机构，应在市食品办及有关食品安全监管部门组织下，开展食品安全突发事件应急处置相关工作。

市食品安全委员会聘请食品安全领域有关专家组成食品安全突发事件应急专家组（以下简称应急专家组），为本市食品安全应急体系建设提供意见，为食品安全突发事件的预警和处置提供决策咨询方案，对食品安全突发事件的应急处置开展评估，并提出改进建议。

### 6. 监测与预警

1）监测

本市建立食品安全突发事件风险管理体系和食品安全风险监测制度，建立健全食品安全隐患排查整改工作机制，实行食品安全风险分类、分级管理和动态监控。各区县（特殊地区）食品安全委员会、市食品安全委员会各相关成员单位应当根据各自职责分工，及时向市食品办通报食品安全风险监测信息。在食品安全突发事件的监测信息确认后，各相关单位应当及时部署，迅速采取措施，防止事件发生或事态进一步扩大。

2）预警

市食品办根据食品安全风险监测结果，组织有关单位对食品安全状况进行综合分析，并及时提出食品安全预警信息。

本市建立健全食品安全预警制度：市食品办负责全市食品安全预警的综合管理工作，各区县（特殊地区）食品安全委员会负责本区域内食品安全预警管理工作。

3）食品安全预警级别

按照食品安全突发事件发生的紧急程度、发展势态和可能造成的危害程度分为一级、二级、三级和四级，分别用红色、橙色、黄色和蓝色标示，一级为最高级别。

红色预警（一级）：预计将要发生特别重大食品安全突发事件，事件会随时发生，事态正在不断蔓延。

橙色预警（二级）：预计将要发生重大以上食品安全突发事件，事件即将发生，事态正在逐步扩大。

黄色预警（三级）：预计将要发生较大以上食品安全突发事件，事件已经临近，事态有扩大的趋势。

蓝色预警（四级）：预计将要发生一般以上食品安全突发事件，事件即将临近，事态可能会扩大。

4）预警发布和解除

蓝色、黄色预警由市食品办负责发布和解除，并报市应急办备案。橙色预警由市食品办提出预警建议报市应急办，经分管市领导批准后由市食品办发布和解除。红色预警由市食品办提出预警建议报市应急办，经市应急委主要领导批准后由市食品办发布和解除。在提出红色预警、橙色预警建议前，市食品办应当征求应急专家组的意见。

各区县（特殊地区）食品安全委员会可根据本区域内实际情况，发布本区域预警信息，并同时报区县应急委（特殊地区管理机构）和市食品办备案。

对于可能影响本市以外其他地区的食品安全预警信息，经市食品安全委员会批准后，及时上报国务院食品安全委员会办公室、卫生部等相关部门，并视情况向可能受到影响的相关省（区市）进行通报。

预警信息包括食品安全突发事件的类别、预警级别、起始时间、可能影响范围、警示事项、应采取的措施和发布机关等。

国家相关法律、法规或规范性文件对食品安全预警工作另有规定的，依照其规定执行。

## 7. 预警响应

预警信息发布后，市食品办、各区县（特殊地区）食品安全委员会、各相关部门应当立即做出预警响应。

（1）市食品办应当组织有关单位做好食品安全预警信息的宣传与相关情况通报工作；密切跟踪事件进展情况，组织有关部门和机构、技术人员和专家学者，适时对食品安全预警信息进行分析评估，研判发生食品安全突发事件可能性的大小、影响范围、强度以及级别；对相关信息的报道进行跟踪、管理，防止炒作和不实信息的传播。

（2）各区县（特殊地区）、各相关部门应实行 24 小时值守，保持通信联络畅通，做好应急响应准备，确保有关人员 2 小时内完成集结，确保防护设施、装备、应急物资等处于备用状态。

（3）对于可能对人体造成危害的食品及相关产品，相关食品安全监管部门依据《食品安全法》等相关法律规定，可以宣布采取查封、扣押、暂停销售、责令召回等临时控制措施，并同时公布临时控制措施实施的对象、范围、措施种类、实施期限、解除期限以及救济措施等内容。预警解除后，相关食品安全监管部门应当及时发布解除临时控制措施的信息。

市食品办可依据事件的发展、变化情况、影响程度和应急专家组的建议，经市食品安全委员会主任或市应急委主要领导批准后，适时调整预警级别，并及时通报各相关部门。

当确定食品安全突发事件不可能发生或危险已经解除时，预警信息应当按照"谁发布、谁解除"的原则，由发布单位按照预警信息发布程序报经批准后，宣布解除预警，并通报相关部门。

预警信息的发布、调整和解除可通过广播、电视、报刊、互联网、区域短信、警报器、宣传车或组织人员逐户通知等方式进行，对老幼病残孕等特殊人群以及学校等特殊场所和警报盲区应当采取有针对性的公告方式。

## 8. 应急处置与救援

### 1）食品安全突发事件信息报告与举报系统

市食品办会同各食品安全监管部门和有关单位建立食品安全突发事件信息报告与举报系统。各食品安全监管部门应当向社会公布受理食品安全突发事件报告、举报的电话。任何单位、个人有权利和义务向本市各级政府及有关部门报告食品安全突发事件及其隐患。任何单位和个人不得瞒报、缓报和谎报或者授意他人瞒报、缓报和谎报食品安全突发事件信息，不得阻碍他人报告。

2）责任报告单位和报告人

食品安全突发事件责任报告单位主要包括：种植、养殖、生产加工、包装、仓储、运输、流通、餐饮服务食品安全突发事件发生单位；与食品安全有关的专业技术机构、科研院所；食品安全突发事件发现单位、医疗救治机构、疾病预防控制机构；食品安全监管部门和其他有关单位。

食品安全突发事件报告人主要包括：行使职责的食品安全监管部门和相关单位的工作人员；食品生产经营者；消费者和了解食品安全突发事件相关信息的知情人。

责任报告单位和报告人应当按照早发现、早报告的要求，依据有关法律法规和相关规定履行报告义务。

3）报告时限与程序

报告分为初步报告、进程报告和终结报告。

发生食品安全突发事件后，事发单位应当事发 2 小时内向事发地相关食品安全监管部门报告，接收病人治疗的单位应当及时向事发地卫生行政部门报告。

食品安全监管部门及有关单位在发现或接到食品安全突发事件及相关信息或举报，经初步核实后应当立即向同级食品办做出初步报告；根据事件处理的进程做出进程报告；在事件处理结束后作出终结报告。对经核实不属于本部门职责的，应当立即电话通报同级食品办，并在 2 小时内以书面形式通报，同时由同级食品办责成监管职责部门处理。

市食品办接到一般级别事件报告后应及时报市应急办；接到较大以上级别事件报告后应立即报市应急办，详细信息不晚于事件发生后 2 小时上报。发生较大以上食品安全突发事件时，应当采取日报和零报告制度，直至事件结束。

发生在敏感时期、敏感地区、敏感人群的食品安全突发事件，不受分级标准的限制，食品安全监管部门及有关单位立即向同级食品办报告；必要时，可越级上报。市食品办在接到信息后应当立即向市应急办报告。

涉及港澳驻京机构、港澳台人员，外国在京机构、人员或市属驻外（港澳）派出机构、赴外（港澳台）人员的食品安全突发事件，应当立即向市政府外办（港澳办）、市外宣办和市台办通报。

4）报告内容和要求

初步报告应包括事件发生的时间、地点、发生单位、危害范围和程度（危害人数、发病人数和死亡人数）、先期处置情况（含病患人员救治情况）、事件报告单位、报告时间、联系人及联系方式，以及对事件原因的初步判断、采取的措施及调查控制情况等信息。

进程报告应包括事件的发展与变化、调查处置进程、事件初步原因，并对初步报告情况进行补充和修正。

终结报告应包括事件发生和调查处理情况、鉴定结论、追溯或处置结果情况、采取的措施和效果评价等。

**9. 先期处置**

（1）发生食品安全突发事件后，事发单位应当立即组织救治病人；妥善保护可疑的食品及其原料、工具、设备和现场，不得转移、毁灭相关证据；按照相应的处置方案，配合有关部门做好应急处置工作；同时，应当组织涉及该事件的人员配合有关单位的调查。

（2）接到食品安全突发事件后，有关部门和单位依据各自职责，开展先期处置，依法采取必要措施防止或者减轻事件危害，控制事态蔓延。

## 10. 指挥协调

在先期处置的基础上，由相关责任主体按照程序，启动应急预案的响应措施进行处置。当超出自身处置能力时，可向上一级应急指挥机构提出请求，由上一级应急指挥机构决定是否启动更高级别的响应措施进行处置。

一般食品安全突发事件（Ⅳ级）：由事发地区县（特殊地区）启动Ⅳ级响应，负责指挥协调应急处置工作。根据需要，市食品办负责指导、协助做好相关工作。

较大食品安全突发事件（Ⅲ级）：发生在东城、西城、朝阳、海淀、丰台、石景山6个区和天安门、北京西站、北京经济技术开发区等特殊地区的，由市食品安全委员会启动Ⅲ级响应，负责指挥协调应急处置工作。发生在其他区县和首都机场、燕山等特殊地区的，由事发地区县（特殊地区）启动Ⅲ级响应，负责指挥协调应急处置工作；市食品办负责指导、协助做好相关工作。必要时，市政府分管副秘书长或市应急办负责同志到现场，协调有关部门配合开展工作。根据需要，由主责部门和单位牵头组建现场指挥部。

重大食品安全突发事件（Ⅱ级）：由市食品安全委员会启动Ⅱ级响应，负责具体指挥和处置，由市应急委负责统一指挥应急处置工作。必要时，分管市领导或市政府分管副秘书长赶赴现场。根据需要，成立由市食品办、相关食品安全监管部门和有关单位、事发地区县应急委等组成的现场指挥部，其中：分管市领导或市政府分管副秘书长任总指挥，指挥协调应急处置工作；市食品办、相关部门和单位主管负责同志任执行总指挥，负责事件的具体指挥和调查处置工作。

特别重大食品安全突发事件（Ⅰ级）：由市食品安全委员会启动Ⅰ级响应，负责具体指挥和处置，由市应急委负责统一指挥应急处置工作。必要时，市长或分管市领导赶赴现场。根据需要，成立由市食品办、相关食品安全监管部门和有关单位、事发地区县应急委等组成的现场指挥部，其中：市长或分管市领导任总指挥，指挥协调应急处置工作；分管市领导或市政府分管副秘书长，市食品办、相关部门和单位主要负责同志任执行总指挥，负责事件的具体指挥和调查处置工作。

当食品安全突发事件危害程度已十分严重，超出本市控制能力，需要国家或其他省（区市）提供援助和支持时，由市应急委以市委、市政府名义将情况上报党中央、国务院请求支援。

当国家食品安全事故应急指挥机构启动，并根据有关规定启动相应级别的响应时，市相关部门、有关单位要在国家食品安全事故应急指挥机构的统一指挥下，配合做好各项应急处置工作。

全国及本市重要会议、重大活动和节假日期间，发生或可能发生食品安全突发事件，需要组织有关部门进行预防、控制和处理的，由市食品办根据具体情况确定响应级别，按照本预案规定启动相应程序。一般情况下，按Ⅳ级标准响应。

## 11. 现场指挥部

应急响应启动后，可根据现场实际情况，依据市食品安全委员会各成员单位的职责，成立综合协调、医疗救治、调查处置、检测评估、专家咨询、新闻发布等工作组，迅速开展应对工作。

（1）综合协调组。由市食品办牵头，包括市相关部门、事发地区县政府等。负责组织协调各工作组开展应急处置工作，汇集、上报突发事件信息，提供后勤保障，实施安全警戒、维护现场秩序、疏导周边交通等工作。

（2）医疗救治组。由市卫生局牵头，包括市药监局、相关医疗机构等。负责提出救治措施，建立救治绿色通道，开展医疗救治，协调紧缺药品、医疗设备的供给等工作。

（3）调查处置组。由事发单位的相应食品安全监管部门牵头，包括农业、质监、卫生、工商等监管部门和有关单位。负责采取控制措施，调查事件发生原因，追溯可疑食品，评估事件影响，认定事件性质和责任，做出调查处置结论，提出事件防范意见；监督、指导政府职能部门召回、下架、封存有关食品、原料及相关产品，严格控制流通渠道，防止危害蔓延扩大，并对责任单位依法进行行政处罚。

（4）检测评估组。由市食品办牵头，包括疾病预防控制机构、相关检测机构等。负责检测样本，从技术角度分析致病原因和事件发展趋势，提供检测与分析报告，为调查处理提供技术支持。

（5）专家咨询组。由市食品办牵头组建并负责联系。专家从应急专家组中选取，应包括食品卫生学、流行病学、临床医学、毒理学、化学、生物学、法学等领域的专家、学者和专业人员。负责为事件处置提供技术和法律支持，分析事件原因，评估事件造成的危害。

（6）新闻发布组。由市委宣传部牵头，包括市食品办、市政府外办、市外宣办、市网管办和相关食品安全监管部门等。负责制定新闻发布方案，指定新闻发言人，组织汇总信息，制定新闻口径，适时向媒体发布。

如事件涉及国外或港澳台地区，应成立涉外组或港澳台组，由市政府外办（港澳办）、市台办负责协调处理食品安全突发事件中涉及外籍人员、港澳台人员的应急工作；会同市委宣传部做好境外驻京媒体对食品安全突发事件报道的应对工作。

## 12. 应急处置措施

食品安全突发事件发生后，市、区县（特殊地区）食品办应针对其性质、特点和危害程度，立即组织有关部门，依照有关规定采取下列应急处置措施，最大限度减轻事件危害：

（1）卫生行政部门有效利用医疗资源，组织指导医疗机构开展食品安全突发事件患者的救治，防止或减少人员伤害。

（2）疾病预防控制机构开展流行病学调查与检测，查找事件发生的原因；对可疑食品、患者生物样品及其他需要采集的样品进行采集、检测；提出卫生处理建议。疾病预防控制机构开展流行病学调查工作时，相关部门和单位应按照疾病预防控制机构的要求予以支持和配合。

（3）相关食品安全监管部门应依法就地或异地封存与事件有关食品、原料和被污染的食品相关产品；待现场调查完结后，责令彻底清洗消毒被污染的食品用设备、工具及容器，消除污染；对确认属于被污染的食品及其原料，责令食品生产经营者依照《食品安全法》第五十三条的规定予以召回、停止经营并销毁；检验后确认未被污染的应予以解封。

（4）市食品办应及时组织分析事件发展态势，根据实际情况和需要，及时向中央有关单位、驻京部队以及事件可能波及的省（区市）政府食品安全相关部门通报信息。

（5）市食品办组织相关部门采取必要措施，防止因食品安全突发事件引发的次生、衍生危害。

参与食品安全突发事件调查的部门、机构有权向有关单位和个人了解与事件有关的情况，并要求其提供相关资料和样品。有关单位和个人应当配合食品安全突发事件调查处理工作，按照要求提供相关资料和样品，不得拒绝。任何单位或者个人不得阻挠、干涉食品安全突发事件的调查处理。

### 13. 响应级别调整

在食品安全突发事件处置过程中，要遵循事件发生发展的客观规律，结合实际情况和控制处置工作需要，及时调整应急响应级别，直至响应终止。

1）响应级别调整条件

由专家咨询组对食品安全突发事件相关危险因素消除或控制，事件中伤病人员救治、现场、受污染食品控制，食品与环境，次生、衍生事件隐患消除等情况进行分析评估，并根据评估结果及时调整应急响应级别。

当事件进一步加重，影响和危害扩大，并有蔓延趋势，应提高应急响应级别。在敏感时间、敏感地区和敏感人群发生的食品安全突发事件可相应提高应急响应级别。事件危害得到有效控制，且经研判认为事件危害降低到原级别评估标准以下或无进一步扩散趋势的，可降低应急响应级别。

2）响应级别调整程序

涉及较大、重大食品安全突发事件由市食品安全委员会组织进行分析评估论证。评估认为符合级别调整条件的，市食品安全委员会提出调整应急响应级别建议，报市政府批准后实施。涉及特别重大食品安全突发事件应急响应级别的调整，由市食品安全委员会提出建议，并上报国务院食品安全委员会办公室。

### 14. 应急结束

当食品安全突发事件得到控制，经分析评估认为可以解除应急响应的，由市、区县（特殊地区）食品办报请同级政府批准后终止响应。

特别重大或重大食品安全突发事件处置结束后，由市政府或市政府授权单位宣布应急结束。较大食品安全突发事件处置结束后，由市食品办或区县（特殊地区）食品安全委员会宣布应急结束。一般食品安全突发事件处置结束后，由区县（特殊地区）食品安全委员会宣布应急结束。

食品安全突发事件处置工作结束后，应将情况及时通知参与事件处置的成员单位和相关区县。必要时，通过新闻媒体向社会发布应急结束的消息。

此外，预案还对重大食品安全事故的后期处置和应急保障进行了规定，善后处理和赔偿受害人，对在食品安全突发事件应急管理和处置工作中作出突出贡献的集体和个人，应给予表彰和奖励；对缓报、谎报和瞒报食品安全突发事件重要情况或者在应急管理工作中其他失职、渎职行为，监察部门应依法追究有关责任单位或责任人的责任。因故意或过失导致食品安全突发事件发生或者危害扩大的，市食品办应当会同相关部门提请司法机关依法追究相关单位和个人的法律责任。构成犯罪的，公安部门依法追究刑事责任。详情见北京市政府颁布的《北京市突发食品安全事件应急预案（2011 年修订)》

### 6.4.2.2　广东省重大食品安全事故应急预案

**1. 编制依据**

依据《中华人民共和国食品卫生法》、《中华人民共和国产品质量法》、《突发公共卫生事件应急条例》、《国家突发公共事件总体应急预案》和《国家重大食品安全事故应急预案》，结合我省实际，制定本预案。

**2. 事故分级**

按食品安全事故的性质、危害程度和涉及范围，将重大食品安全事故分为特别重大食品安全事故（Ⅰ级）、重大食品安全事故（Ⅱ级）、较大食品安全事故（Ⅲ级）和一般食品安全事故（Ⅳ级）四级。

**3. 适用范围**

在食物（食品）种植、养殖、生产加工、包装、仓储、运输、流通、消费等环节中发生食源性疾患，造成社会公众大量病亡或者可能对人体健康构成潜在的重大危害，并造成严重社会影响的重大食品安全事故，适用本预案。重大食物中毒事故的应急响应与处置按《广东省突发公共卫生事件应急预案》实施。

**4. 应急处理指挥机构**

1）省重大食品安全事故应急指挥部

特别重大和重大食品安全事故发生后，省人民政府根据需要成立省重大食品安全事故应急指挥部（以下简称省应急指挥部），负责对特别重大、重大食品安全事故处理工作的统一领导和指挥。省应急指挥部办公室设在省食品药品监管局。省应急指挥部成员单位根据重大食品安全事故的性质和应急处理工作的需要确定。

2）各级应急指挥部

重大食品安全事故发生后，事发地县（市、区）级以上人民政府应当按照事故级别成立重大食品安全事故应急指挥部，在上级应急指挥机构的指导和本级人民政府的领导下，组织和指挥本地区的重大食品安全事故应急救援工作。重大食品安全事故应急指挥部由本级人民政府有关部门组成，其日常办事机构设在食品安全综合监管部门。

3）重大食品安全事故日常管理机构

省食品药品监管局负责全省重大食品安全事故的日常监管工作。各级食品安全综合监管部门负责本行政区域内重大食品安全事故应急救援的组织、协调以及管理工作。

4）专家咨询委员会

省食品安全专家委员会是省重大食品安全事故处置的专家咨询机构，各级食品安全综合监管部门负责组建本地区重大食品安全事故专家咨询机构，对食品安全事故应急工作提供咨询、建议和技术指导。

### 5. 监测、预警与报告

1）监测系统

省食品药品监管局会同有关部门建立全省统一的重大食品安全事故监测、报告、通报网络体系，加强食品安全信息管理和综合利用，构建信息沟通平台，实现互联互通和资源共享。建立畅通的信息监测和通报网络体系，形成统一、科学的食品安全信息评估和预警指标体系，及时研究分析食品安全形势，对食品安全问题做到早发现、早预防、早整治、早解决。各级食品安全综合监管部门负责本地区重大食品安全事故的日常监测工作。

2）预警系统

加强日常监管；建立通报制度；建立举报制度；应急准备和预防。

3）报告制度

省食品药品监管局会同有关部门建立、健全重大食品安全事故报告系统。各地、各部门应当按照重大食品安全事故报告制度的有关规定，主动监测，按规定报告。任何单位和个人对重大食品安全事故不得瞒报、迟报、谎报或者授意他人瞒报、迟报、谎报，不得阻碍他人报告。

重大食品安全事故发生（发现）单位报告：重大食品安全事故发生（发现）后，事故现场有关人员当立即报告单位负责人，单位负责人接到报告后，应当立即向当地人民政府、食品安全综合监管部门及有关部门报告，也可以直接向上级食品安全综合监管部门报告。

报告范围：对公众健康造成或者可能造成严重损害的重大食品安全事故；涉及人数较多的群体性食物中毒或者出现死亡病例的重大食品安全事故。

责任报告单位：食品种植、养殖、生产、加工、流通企业及餐饮单位；食品检验机构、科研院所及与食品安全有关的单位；重大食品安全事故发生（发现）单位；各级食品安全综合监管部门和有关部门。

责任报告人：行使职责的各级食品安全综合监管部门和相关部门的工作人员；从事食品行业的工作人员；消费者。

报告内容与时限要求：事发地人民政府或有关部门应在接到重大食品安全事故报告

后 1 小时内作出初次报告；根据事故处理的进程或者上级的要求随时作出阶段报告；在事故处理结束后 10 日内作出总结报告。

### 6. 重大食品安全事故的应急响应

#### 1) 分级响应

Ⅰ级应急响应由国家应急指挥部或办公室组织实施。Ⅱ、Ⅲ、Ⅳ级应急响应分别由省人民政府、地级以上市人民政府、县（市、区）人民政府决定启动和组织实施。

特别重大食品安全事故的应急响应（Ⅰ级）：特别重大食品安全事故发生后，省人民政府在迅速向国务院报告事故发生情况的同时，启动省重大食品安全事故应急预案，成立省应急指挥部，在国家重大食品安全事故应急指挥部的统一领导和指挥下，按照相应的预案全力以赴组织救援。

重大食品安全事故的应急响应（Ⅱ级）：重大食品安全事故发生时，省食品药品监管局接到报告后，立即组织有关单位和专家对事故进行调查确认以及评估，根据评估确认的结果，向省人民政府提出启动省重大食品安全事故应急预案的建议；省人民政府根据省食品药品监管局的建议和事故应急处理工作的需要，迅速启动省重大食品安全事故应急预案，成立省应急指挥部，组织应急救援；省应急指挥部办公室根据省应急指挥部的部署，组织指挥部成员单位迅速到位，立即启动事故处理机构的工作；迅速开展应急救援和组织新闻发布工作，并部署各地级以上市人民政府及相关部门开展应急救援工作；开通与事故发生地的地级以上市应急救援指挥机构、现场应急救援指挥部、相关专业应急救援指挥机构的通信联系，随时掌握事故发展动态；通知有关应急救援机构随时待命，为事发地人民政府或相关专业应急救援指挥机构提供技术支持；派出有关人员和专家赶赴现场参加、指挥现场应急救援，必要时协调专业应急力量参加救援；组织协调事故应急救援工作，必要时召集省应急指挥部有关成员和专家在省应急指挥部办公室或相关指挥机构一同协调指挥；及时向国家有关部门、毗邻或可能涉及的省（区、市）相关部门报告和通报情况。

较大食品安全事故的应急响应（Ⅲ级）：地级以上市人民政府应急响应；地级以上市食品安全综合监管部门应急响应；省级有关部门应急响应。

一般食品安全事故的应急响应（Ⅳ级）：一般食品安全事故发生后，县（市、区）人民政府负责组织有关部门开展应急救援工作。县（市、区）食品安全综合监管部门接到事故报告后，应当立即组织调查、确认和评估，及时采取措施控制事态发展；按规定向同级人民政府报告，提出是否启动应急救援预案的建议，有关事故情况应当立即向相关部门报告、通报。

地级以上市食品安全综合监管部门以及其他有关部门应当对事故应急处理工作给予指导、监督和有关方面的支持。

#### 2) 响应的升级与降级

当重大食品安全事故影响不断加重，食品安全事故危害特别严重，并有蔓延扩大的趋势，情况复杂难以控制时，应急指挥部办公室将有关情况和处理建议上报指挥部审定后，应及时提升预警和响应级别；对事故危害已迅速消除，并不会进一步扩散的，由应急指挥部办公室将有关情况和处理建议上报指挥部审定后，相应降低响应级别或者撤销预警。

3）指挥协调

进入Ⅰ级响应后，省应急指挥部在国家应急指挥部的统一领导和指挥下，按照预案组织相关应急救援力量实施应急救援。

进入Ⅱ级响应后，省应急指挥部统一领导和指挥协调事故的应急处置工作。省应急指挥部办公室根据重大食品安全事故的情况协调有关部门及其应急机构、救援队伍和事发地毗邻市人民政府应急救援指挥机构，相关机构按照各自应急预案提供增援或保障，有关应急队伍在现场应急救援指挥部统一指挥下，密切配合，共同实施救援和紧急处理行动。现场指挥部负责现场应急处置工作，接受省应急指挥部或者指挥部工作组的指挥，并及时向省应急指挥部报告情况，请示重大问题的处理指令。

重大食品安全事故应急预案启动后，上一级应急指挥部办公室应当指导事发地人民政府实施重大食品安全事故应急处理工作。

4）紧急处置

事态出现急剧恶化情况时，现场应急指挥部在充分考虑专家和有关方面意见的基础上，及时制定紧急处置方案，依法采取紧急处置措施。必要时，报应急指挥部决定。

5）响应终结

重大食品安全事故隐患或相关危险因素消除后，重大食品安全事故应急救援终结，应急救援队伍撤离现场。应急指挥部办公室组织有关专家进行分析论证，经现场检测评价确无危害和风险后，提出终止应急响应的建议，报应急指挥部批准宣布应急响应结束。

此外，预案还对重大食品安全事故的后期处置和应急保障进行了规定，善后处理和赔偿受害人，对在重大食品安全事故的预防、通报、报告、调查、控制和处理过程中，有玩忽职守、失职、渎职等行为的，依据有关法律法规追究有关责任人的责任。详情见《广东省重大食品安全事故应急预案》。

**案例分析：**（三鹿奶粉事件）

2008年9月11日晚卫生部指出，近期甘肃等地报告多例婴幼儿泌尿系统结石病例，调查发现患儿多有食用三鹿牌婴幼儿配方奶粉的历史，经相关部门调查，高度怀疑石家庄三鹿集团股份有限公司生产的三鹿牌婴幼儿配方奶粉受到三聚氰胺污染。

石家庄三鹿集团股份有限公司11日晚发布产品召回声明称，经公司自检发现2008年8月6日前出厂的部分批次三鹿婴幼儿奶粉受到三聚氰胺的污染，三鹿集团公司决定立即全部召回2008年8月6日以前生产的三鹿婴幼儿奶粉。9月12日河北省石家庄市政府公布，石家庄三鹿集团股份有限公司所生产的婴幼儿"问题奶粉"是不法分子在原奶收购过程中添加三聚氰胺所致。9月13日国务院启动国家重大食品安全事故Ⅰ级响应机制，成立应急处置领导小组，并会同河北省人民政府共同处理"三鹿奶粉"事件。9月14日河北省公安部门对"三鹿奶粉"事件进行调查，传唤了78名有关人员。截至9月15日8时，全国医疗机构共接诊、筛查食用三鹿牌婴幼儿配方奶粉的婴幼儿近万名，临床诊断患儿1253名（2名已死亡）。9月16日，经初步调查所获得的证据表明，三鹿奶粉事件目前主要发生在奶源生产、收购、销售环节。由此，席卷全国的三鹿奶粉风暴开始了。以该事件为导火索，伊利、蒙牛、光明等几乎所有乳产品行业的乳制品中都发现了三聚氰胺，这不仅导致我国废止了食品免检制度，还导致了石家庄市委书记、市长等一大批高官被免职，国家质量监督检验检疫总局局长辞职等事件。

### 思考题

1. 简述我国食品行政执法主体的分类。
2. 简述食品许可证实施的意义。
3. 食品质量安全市场准入制度的基本内容。
4. 食品生产许可证、食品流通许可证、食品餐饮许可证的特点是什么？
5. 我国食品召回程序。
6. 我国食品召回制度的保证措施。
7. 简述国家重大食品安全事故应急预案的主要内容。

# 第7章 第三方认证与审核

**导读**

"民以食为天，食以安为先"。安全的食物供给是人类生活的基本要求，也是延续和保障人类生命及健康的关键所在。检测、认证，实际上是食品质量与安全的一种凭证，面对消费者对食品质量与安全提出的高要求，为确保相应国家境内销售的食品质量安全，为保证自己销售的食品不出问题，各国和各采购商对食品生产加工企业提出了越来越多的要求，他们从关注食品的外观逐渐延伸至关注食品源头和整个食品加工过程，并且关注点越来越细，因此要求食品企业出示的检测结果和认证证书也越来越多。第三方检测及认证机构，他们独立于政府和食品企业，专门提供服务，以检验、审核、认证为主要业务，负责提供公正的检测报告，依据标准对食品企业进行严格审核并在相关国家机构的授权下为企业颁发认证证书。第三方认证活动是随着市场经济的发展而逐步发展起来的。认证作为一种制度，正在不断完善和发展，成为国际通行的规范和促进社会经济发展的重要手段，在推进国际贸易中发挥日益重要的作用。

## 7.1 第三方认证审核概述

### 7.1.1 第三方认证概念

#### 7.1.1.1 认证

认证是第三方依据程序对产品、过程或服务符合规定的要求给予书面保证（合格证书）（定义引自 ISO/IEC 指南 2：1991）。在《中华人民共和国认证认可条例》中，认证定义为：是指由认证机构证明产品、服务或管理体系符合相关技术法规、相关技术规范的强制性要求或标准的合格评定活动。根据认证的定义，认证包含以下 4 种含义。

（1）认证是由认证机构进行的一种合格评定活动。认证的实施主体是第三方，也就是认证机构，这里的认证机构是指具有可靠的执行认证制度的必要能力，并在认证过程中能够客观、公正、独立地从事认证活动的机构。它既要对第一方（通常意义上的供方）负责，又要对第二方（通常意义上的需方）负责；必须做到认证行为公开、公平、公正，不偏不倚；必须独立于第一方和第二方，具有独立法人资格；有义务维护供需双方的利益；与双方没有任何经济上的利害关系。认证为第三方认证。

（2）认证的对象是产品和管理体系。产品可分为服务、软件、硬件和流程性材料。体系可分为质量管理体系、环境管理体系、食品安全管理体系、健康安全管理体系等。相应地，有按照产品标准和技术规范实施的产品认证，按照管理体系标准进行的管理体系认证。

（3）认证的依据是相关技术法规或者标准。这里的技术法规是指规定执行的产品特性相关的工艺和生产方法，包括使用的规定在内的文件，在我国通常指强制性标准和技术规范。这里的标准是指公认机构批准的、非强制执行的、供通用或重复使用的产品或相关工艺生产方法的规则、指南或特性，在我国指非强制性标准。

（4）认证的内容是证明产品、管理体系符合技术规范要求或标准，即通过审核确定产品或管理体系符合标准、技术规范的要求，通过认证证书或认证标志给予证明并公示。相应地按照质量标准进行质量认证，按照环境标准进行环境认证，按照安全卫生标准进行的安全、卫生认证。

### 7.1.1.2　认可

在《中华人民共和国认证认可条例》中，认可定义为：是指由认可机构对认证机构、检查机构、实验室以及从事评审、审核等认证活动人员的能力和执业资格，予以承认的合格评定活动。它包括以下三层意思。

（1）认可是由认可机构进行的一种合格评定活动。我国的认可机构由国务院认证认可监督管理部门确定，独立开展认可活动。除国务院认证认可监督管理部门确定的认可机构外，其他任何单位不得直接或者变相从事认可活动。其他单位直接或者变相从事认可活动的，其认可结果无效。

（2）认证机构、检查机构、实验室可以通过认可机构的认可，以保证其认证、检查、检测能力持续、稳定地符合认可条件。从事评审、审核等认证活动的人员，应当经认可机构注册后，方可从事相应的认证活动。

（3）认可机构应当在公布的时间内，按照国家标准和国务院认证认可监督管理部门的规定，完成对认证机构、检查机构、实验室的评审，作出是否给予认可的决定，并对认可过程作出完整记录，归档留存。认可机构应当确保认可的客观公正和完整有效，并对认可结论负责。认可机构应当向取得认可的认证机构、检查机构、实验室颁发认可证书，并公布取得认可的认证机构、检查机构、实验室名录。

### 7.1.1.3　认证机构

第三方认证机构是指具有可靠的执行认证制度的必要能力，并在认证过程中能够客观、公正、独立地从事认证活动的机构。即认证机构是独立于制造厂、销售商和使用者（消费者）的、具有独立的法人资格的第三方机构。"第三方认证"这一角色由国家或政府认可的组织去担任，或者由国家或政府机关（组织）直接担任。

1）对认证机构的规定

按照《中华人民共和国认证认可条例》的规定，设立认证机构，应当经国务院认证认可监督管理部门批准，并依法取得法人资格后，方可从事批准范围内的认证活动。未经批准，任何单位和个人不得从事认证活动。设立认证机构，应当符合下列条件：有固定的场所和必要的设施；有符合认证认可要求的管理制度；注册资本不得少于人民币300万元；有 10 名以上相应领域的专职认证人员。

从事产品认证活动的认证机构，还应当具备与从事相关产品认证活动相适应的检测、检查等技术能力。

设立外商投资的认证机构除应当符合本条例第十条规定的条件外，还应当符合下列条件：外方投资者取得其所在国家或者地区认可机构的认可；外方投资者具有 3 年以上从事认证活动的业务经历。

设立外商投资认证机构的申请、批准和登记，按照有关外商投资法律、行政法规和国家有关规定办理。

境外认证机构在中华人民共和国境内设立代表机构，须经批准，并向工商行政管理部门依法办理登记手续后，方可从事与所从属机构的业务范围相关的推广活动，但不得从事认证活动。境外认证机构在中华人民共和国境内设立代表机构的申请、批准和登记，按照有关外商投资法律、行政法规和国家有关规定办理。

认证机构不得接受任何可能对认证活动的客观公正产生影响的资助；不得从事任何可能对认证活动的客观公正产生影响的产品开发、营销等活动。认证机构不得与认证委托人存在资产、管理方面的利益关系。

认证人员从事认证活动，应当在一个认证机构执业，不得同时在两个以上认证机构执业。

2）第三方认证机构的评价

第三方认证机构的资质，即经批准或被授权认可的业务范围，这是开展业务的必备条件。例如，出口到欧盟的产品最权威的安全认证标志是 GS，GS 是由德国政府机构授权的认证机构德国安全技术认证中心（ZLS）颁发。这些机构从事规定领域范围的认证业务，并接受该组织每两年的定期审查。每个认证机构禁止颁发超越其授权范围的证书，否则需承担法律责任。同理，通行全球的 CB 证书的颁发也必须受 IECEE 组织的授权、认可、定期核查、监督等，才可从事相关领域的测试、认证业务。

认证机构的服务质量。由于认证是技术服务，各机构所提供的服务水平由于管理水平、历史、经济实力等因素不同有较大的差异，特别是从事服务的项目工程师在技术、沟通乃至态度方面都会对认证机构的服务一致性方面提出挑战。通常说，品牌好、知名度高、经营历史悠久的认证机构在关键流程方面控制比较成熟，它们重视自身的品牌形象和服务质量，因此服务失败的概率较低。

认证机构的品牌认可度与接受度。已经满足以上两项要求的认证机构也未必是理想的对象。由于行业集群的相互影响，有些买家对认证机构的品牌会比较挑剔，只接受行业内最权威的、经验积累最充分的龙头认证机构。譬如，在北美地区，UL 是最负盛名的，尽管 ETL 也符合资质要求，但并非为所有买家接受。

## 7.1.2　第三方认证目的、意义和特点

### 7.1.2.1　目的

第三方认证最主要的目的是通过认证，可以为潜在顾客提供信任；并且减少重复的第二方审核，节省费用；通过认证注册；可以查证是否满足法律法规或其他要求。

随着工业化发展的进程，对产品质量安全的监管已从对终产品的监管转移到对过程

的监管，各种管理体系和产品认证等第三方认证随之而生，对食品行业而言，针对管理体系的认证有 HACCP、ISO 9001、ISO 22000、ISO 14001 等；针对产品的认证包括有机食品、绿色食品、无公害农产品等。第三方认证活动的重点在于预防体系的建立，目前已渗透到产品、服务、流通和使用的各个过程。企业通过认证不仅能够提高自身的管理水平，而且认证也是进入国际市场的敲门砖。认证活动之所以具有生命力，并得以迅速发展，主要原因在于：严格的程序做出的评价结论具有高度的可信度；由于认证为法律部门在推动法规实施时提供了紧急、有效的帮助，从而取得了政府对认证的依赖，提高了认证的权威地位；由于国际贸易的需求，商品进入国际市场，产品的质量、安全、健康、环保等是否符合相应的要求是参与国际贸易的各方关注的问题，通过认证来证明其符合性已成为一种行之有效并被广泛接受的方式。

## 7.1.2.2　意义

第三方认证是专业性较强的领域，正确把握其意义对于企业有效地开展工作具有十分重要的推动作用。具体来说，第三方认证制度的意义包括以下四个方面：①强化品质管理，提高企业效益；②获得了国际贸易"通行证"，消除国际贸易壁垒；③在产品竞争中立于不败之地；④有效地避免产品责任。

以食品认证而言，第三方认证作为一种食品安全保障模式，对食品质量安全控制实施具有广泛而深远的意义。

### 1）对消费者

通过食品认证，良好的食品质量安全控制手段可显著提高食品质量安全的水平，保障公众健康。同时食品认证的实施和推广，可提高公众对食品安全体系的认识，并增强自我保护的意识，增强公众对食品供应安全的信心，促进社会经济的良性发展。

### 2）对企业

食品认证不仅会增强消费者和政府对企业的信任感，而且会增强企业法律意识，降低风险支出。还会增加产品市场竞争机遇，形成良好的市场机制；通过食品认证会推进企业技术更新改进降低生产成本，有助提高产品质量特性；也会提高员工对食品安全参与积极性，降低企业的商业风险。

### 3）对政府

通过食品认证的实施将使政府在提高和改善公众健康方面，能发挥更积极的作用；改变传统的食品监管方式，使政府从被动的市场抽检，变为政府主动的参与企业食品安全体系的建立，促进企业更积极地实施安全控制的手段，并将政府对食品安全的监管，从市场转向企业。食品认证可保障食品贸易的畅通，更能提高政府管理信心，增强国内企业竞争力。

## 7.1.2.3　特点

### 1）客观公正性

第三方认证由独立于第一方和第二方、与企业无任何利益关系或利害关系、具备资质的第三方认证机构来执行。审核员独立于受审核方的活动，不带偏见。审核员在审核过程中保持客观公正，保证审核发现和审核结论建立在审核依据的基础上。

2）基于证据的审核方法

第三方认证审核是建立在可得到信息样本、合理抽样的基础上得出可信的和可重现的审核结论。抽样时运用统计学的方法合理策划，通过适当的抽样，来收集并验证与审核有关的信息。

3）科学统一性

第三方认证采用国际统一的认证标准，目前国际标准的认证已经成为市场的迫切需要，也成为一些国家设立的贸易壁垒。因此，通过实行这种国际惯例的做法，能够加强与世界各国的交流和联系，引进和借鉴先进的标准和经验，实现我国出口产品的国际接轨和多边互认。

4）审核关注点全面

第三方认证关注点全面，除关注管理体系标准之外，第三方认证还关注进出口国的法律法规以及其他相关方的要求。如国际标准化组织（ISO）发布的 ISO22000：2005《食品安全管理体系－对食物链中任何组织的要求》，不仅在引言中指出"本标准要求组织通过食品安全管理体系以满足与食品安全相关的法律法规要求"，而且标准的多个条款都要求与食品法律法规相结合，充分体现了遵守法律法规已经成为建立食品安全管理体系前提之一，也成为食品安全管理体系认证合格评定的重要内容。

## 7.1.3　第三方认证作用

### 7.1.3.1　认证作用

（1）建立国内外大市场，依照国际认证制度开展跨国的质量认证，有利于与国际接轨，对促进国际贸易发展具有重要的作用。

（2）质量认证是一种激励引导措施，是国家提高产品质量的重要手段，特别是国家对实施安全认证的产品实行强制性管理，有效地保护用户和环境的安全。

（3）企业要获准质量管理认证，必须通过认证机构对其产品进行检验和（或）对其质量体系进行严格的检查，因此，开展质量认证活动能促使企业建立健全质量体系，强化企业的质量管理工作。

（4）获准产品质量认证，准许企业在产品和包装上使用认证标志，因此，用户和消费者可以凭借认证标志选购自己满意的商品，有利于指导消费，同时也提高了产品信誉。

（5）配有认证标志的产品受到用户和消费者的信任，增强了市场竞争力。因此，质量认证会给生产者和销售者带来更大的经济效益。

（6）获准质量体系认证的企业，可使企业在国内外投标活动中，处于有力的竞争地位。

（7）获得质量认证可减少需方对供方的重复检测和（或）检查评定，节约大量社会费用。

### 7.1.3.2　第三方认证证书的作用

第三方认证证书的作用：首先具有市场的准入作用，因为认证服务是市场经济的产物和需求，它是实现市场贸易活动基本的资格性条件之一；其次具有信用和展示作用，为顾客消费活动提供引导和指南、消除双边或多边贸易壁垒，确保顾客放心使用产品，推进产品市场化，实现经济增长、消费增强、人际和谐；再次，具有保证性声明作用，由第三方认证机构对产品特性/管理体系等的水平/能力提供公平的书面证明，为经济活动做出公认的担保，有效促进社会信用和国家安全建设。这三项主要的作用为获证组织实现经济效益/绩效起到了显著的作用，也为经济和社会的发展起到了综合作用。

## 7.1.4　第三方认证分类

### 7.1.4.1　分类介绍

在认证实践中，第三方认证可以分为多种类型。如表 7-1 所示。

**表 7-1　认证的分类**

| 分类标志 | | 具体类型 |
| --- | --- | --- |
| 认证对象和使用的标准 | 产品认证 | 产品质量认证、产品安全认证 |
| | 管理体系认证 | 质量管理体系认证（ISO 9001）、环境管理体系认证（ISO 14001）、食品安全管理体系认证（ISO 22000）健康安全管理体系认证（OHSAS 18001）、信息安全管理体系（ISO 17799） |
| 认证的性质 | | 强制性认证、自愿性认证 |
| 认证的范围 | | 区域认证、国家认证、国际认证 |
| 认证标志 | | 合格标志认证、安全标志认证 |

**1. 按认证的对象和使用标准分类**

可分为产品认证和管理体系认证。

1) 产品认证

国际标准化组织（ISO）将产品认证定义为"是由第三方通过检验评定企业的质量管理体系和样品型式试验来确认企业的产品、过程或服务是否符合特定要求，是否具备持续稳定地生产符合标准要求产品的能力，并给予书面证明的程序。"

2) 管理体系认证

管理体系认证的对象是生产企业的管理体系，包括质量管理体系、环境管理体系等，体现的是企业的管理体系和保证能力的符合规定的要求。

在质量领域，常见的是产品质量认证和质量管理体系认证。产品质量认证是依据产品标准和相应技术要求，经过认证机构确认，并通过颁发认证证书和认证标志来证明某一产品符合相应标准和相应技术要求的活动。而质量管理体系认证是指依据国际通用的 ISO 9001《质量管理体系—要求》，经过认证机构对组织的质量管理体系进行审核，并以颁发认证证书的形式，证明企业的质量管理体系和质量保证能力符合相应要求，授予合格证书并予以注册，又称质量管理体系注册。

需要明确的是，在进行产品质量认证的同时，往往要进行企业质量管理体系的检查和认定。这意味着产品认证包括了质量管理体系的认证。

产品认证与质量管理体系认证在认证要素方面的不同如表 7-2 所示。

**表 7-2　产品质量认证与质量管理体系认证的比较**

| 认证类型 | 产品认证 | 质量管理体系认证 |
|---|---|---|
| 对象 | 特定产品 | 组织的质量管理体系 |
| 获准认证条件 | 产品质量符合指定标准要求质量管理体系符合指定的质量管理体系标准及特定的补充要求 | 质量管理体系符合申请认证的质量管理体系标准要求和必要的补充要求 |
| 证明条件 | 产品认证证书，认证标准 | 体系认证证书，认证标志 |
| 证明的使用 | 证书不能用于产品，标准可用于获准认证的产品上 | 证书和标志都不能在产品上使用，但可用于正确的宣传 |
| 性质 | 自愿/强制 | 自愿 |

#### 2. 按认证的性质分类

按认证的性质，认证可分为自愿性认证和强制性认证。

（1）自愿性认证是企业自愿申请接受认证，它适用于一般性产品和管理体系（除非法律或物品要求）。

（2）强制性认证是必须接受国家制定机构认证，它适用于有关人身安全、身心健康和具有重大经济价值、关系国计民生的产品的认证（如产品安全认证）。产品未经认证，不许销售，否则依法惩处。

《强制性产品认证管理规定》已经 2009 年 5 月 26 日国家质量监督检验检疫总局局务会议审论通过，并自 2009 年 9 月 1 日起施行。这个规定中列出了要认证的产品的目录、认证模式或类型组合、认证的组织、实施与监督管理等。这个认证的名称为"中国强制认证"（英文名称为"China Compulsory Certification"，缩写为"CCC"，即通常所简称的"3C"标志）。

#### 3. 按认证的范围分类

认证可分为国家认证、区域认证和国际认证。国家认证以本国批准颁布的技术标准为基础。区域认证以一个地区的参加国共同制定的标准为依据，如欧洲标准化委员认证委员会有自己的标准和认证标志。国际认证以国际标准（ISO 或 IEC 标准）为基础。

#### 4. 按认证标志分类

认证可分为合格标志认证和安全标志认证。合格认证是以技术标准、技术规范为基础的自愿认证，认证合格后，发给"合格认证标志"；安全认证标志是以安全标准为基础的强制性认证，认证合格后发给"安全认证标志"。合格认证和安全认证是密不可分的，只是具体要求不同。没有合格认证的产品则无从谈起安全认证，没有安全认证的产品通常也不可能获得合格认证。

#### 7.1.4.2　食品的产品认证

食品产品认证是指由第三方证实某一食品或食品原料符合规定的技术要求和质量标

准的评定活动。认证合格的产品，由授权的认证部门授予认证证书，并准许在产品或包装上按规定的方法使用规定的认证标志。食品产品认证是一种产品品质认证，是国际上通行的对食品进行评价的有效方法，已经成为许多国家的政府和机构用来保证食品产品质量和安全的重要调控和管理手段、有时它也是国际食品贸易各有关方面共同认可的技术标准。

除了贸易商的特殊规定外，食品产品认证多为自愿型的认证。食品产品认证是为了满足市场经济活动有关方面的需求，委托人自愿委托第三方认证机构开展的合格评定活动，范围比较宽泛。国内已经开展的自愿性食品产品认证包括国家推行的无公害农产品认证、绿色食品认证、有机食品认证等。另外，还有一些认证机构自行推行的认证形式，如安全饮品认证、葡萄酒认证，以及与食品相关的食品包装/容器类产品认证等。实行产品认证后，凡是认证合格的食品都带有特定的认证标志，这就向消费者提供了一种质量信息，即带有认证标志的食品是经过公证的第三方认证机构对其进行了审核和评价，证明其质量符合国家规定的标准和特殊要求，对消费者选购食品起到指导作用。同时，食品产品认证还可以促进企业的产品质量改进，提高产品的市场竞争力。针对我国的食品现状，食品的生产管理体系认证和食品的产品认证都是顺应趋势而又行之有效的良好途径。开展和建立健全优质农产品和食品产品认证和标志制度，是采取市场经济办法发展优质农产品的重要措施。发达国家都把对优质农产品进行认证和加贴相关标志作为质量管理的重要手段。

## 1. 无公害农产品认证

根据《无公害农产品管理办法》（中华人民共和国农业部、中华人民共和国国家质量监督检验检疫总局令第 12 号）的规定：无公害农产品，是指产地环境、生产过程和产品质量符合国家有关标准和规范的要求，经认证合格获得认证证书并允许使用无公害农产品标志的未经加工或者初加工的食用农产品。

无公害农产品管理工作，由政府推动，并实行产地认定和产品认证的工作模式。无公害农产品认证采取产地认定与产品认证相结合的模式，申请无公害农产品认证的产品其产地必须首先获得各级农业行政主管部门的产地认定，产品认证阶段由认证机构（即农产品质量安全中心）具体负责组织实施。无公害农产品认证仅限于列入无公害农产品认证目录的产品。

1) 产地条件与生产管理

无公害农产品产地应当符合下列条件：产地环境符合无公害农产品产地环境的标准要求；区域范围明确；具备一定的生产规模。

无公害农产品的生产管理应当符合下列条件：生产过程符合无公害农产品生产技术的标准要求；有相应的专业技术和管理人员；有完善的质量控制措施，并有完整的生产和销售记录档案。

从事无公害农产品生产的单位或者个人，应当严格按规定使用农业投入品。禁止使用国家禁用、淘汰的农业投入品。无公害农产品产地应当树立标示牌，标明范围、产品品种、责任人。

2）产地认定

省级农业行政主管部门根据本办法的规定负责组织实施本辖区内无公害农产品产地的认定工作。申请无公害农产品产地认定的单位或者个人（以下简称申请人），应当向县级农业行政主管部门提交书面申请，书面申请应当包括以下内容：申请人的姓名（名称）、地址、电话号码；产地的区域范围、生产规模；无公害农产品生产计划；产地环境说明；无公害农产品质量控制措施；有关专业技术和管理人员的资质证明材料；保证执行无公害农产品标准和规范的声明；其他有关材料。

县级农业行政主管部门自收到申请之日起，在10个工作日内完成对申请材料的初审工作。申请材料初审不符合要求的，应当书面通知申请人。申请材料初审符合要求的，县级农业行政主管部门应当逐级将推荐意见和有关材料上报省级农业行政主管部门。省级农业行政主管部门自收到推荐意见和有关材料之日起，在10个工作日内完成对有关材料的审核工作，符合要求的，组织有关人员对产地环境、区域范围、生产规模、质量控制措施、生产计划等进行现场检查。现场检查不符合要求的，应当书面通知申请人。现场检查符合要求的，应当通知申请人委托具有资质资格的检测机构，对产地环境进行检测。承担产地环境检测任务的机构，根据检测结果出具产地环境检测报告。省级农业行政主管部门对材料审核、现场检查和产地环境检测结果符合要求的，应当自收到现场检查报告和产地环境检测报告之日起，30个工作日内颁发无公害农产品产地认定证书，并报农业部和国家认证认可监督管理委员会备案。不符合要求的，应当书面通知申请人。无公害农产品产地认定证书有效期为3年。期满需要继续使用的，应当在有效期满90日前按照本办法规定的无公害农产品产地认定程序，重新办理。

3）无公害农产品认证

无公害农产品的认证机构，由国家认证认可监督管理委员会审批，并获得国家认证认可监督管理委员会授权的认可机构的资格认可后，方可从事无公害农产品认证活动。申请无公害产品认证的单位或者个人（以下简称申请人），应当向认证机构提交书面申请，书面申请应当包括以下内容：申请人的姓名（名称）、地址、电话号码；产品品种、产地的区域范围和生产规模；无公害农产品生产计划；产地环境说明；无公害农产品质量控制措施；有关专业技术和管理人员的资质证明材料；保证执行无公害农产品标准和规范的声明无公害农产品产地认定证书；生产过程记录档案；认证机构要求提交的其他材料。

认证机构自收到无公害农产品认证申请之日起，应当在15个工作日内完成对申请材料的审核。材料审核不符合要求的，应当书面通知申请人。符合要求的，认证机构可以根据需要派员对产地环境、区域范围、生产规模、质量控制措施、生产计划、标准和规范的执行情况等进行现场检查。现场检查不符合要求的，应当书面通知申请人。材料审核符合要求的、或者材料审核和现场检查符合要求的（限于需要对现场进行检查时），认证机构应当通知申请人委托具有资质资格的检测机构对产品进行检测。承担产品检测任务的机构，根据检测结果出具产品检测报告。认证机构对材料审核、现场检查（限于需要对现场进行检查时）和产品检测结果符合要求的，应当在自收到现场检查报告和产品检测报告之日起，30个工作日内颁发无公害农产品认证证书。不符合要求的，应当书面通知申请人。认证机构应当自颁发无公害农产品认证证书后 30 个工作日内，将其颁发的认证证书副本同时报农业部和国家认证认可监督管理委员会备案，由农业部和国家认证认可监督管理委员会公告。无公害农产品认证证书有效期为 3 年。期满需要继续使用的，应当在有效期满 90 日前按照本办法规定的无公害农产品认证程序，重新办理。在有效期内生产无公害农产品认证证书以外的产品品种的，应当向原无公害农产品认证机构办理认证证书的变更手续。无公害农产品产地认定证书、产品认证证书格式由农业部、国家认证认可监督管理委员会规定。

4）监督管理

农业部、国家质量监督检验检疫总局、国家认证认可监督管理委员会和国务院有关部门根据职责分工依法组织对无公害农产品的生产、销售和无公害农产品标志使用等活动进行监督管理。

认证机构对获得认证的产品进行跟踪检查，受理有关的投诉、申诉工作。任何单位和个人不得伪造、冒用、转让、买卖无公害农产品产地认定证书、产品认证证书和标志。

## 2. 绿色食品认证

绿色食品是指遵循可持续发展原则，按照特定生产方式生产，经专门机构认定，许可使用绿色食品标志，无污染的安全、优质、营养类食品。无污染、安全、优质、营养是绿色食品的特征。无污染是指在绿色食品生产、加工过程中，通过严密监测、控制，防范农药残留、放射性物质、重金属、有害细菌等对食品生产各个环节的污染，以确保绿色食品产品的洁净。绿色食品的优质特性不仅包括产品的外表包装水平高，而且还包括内在质量水准高；产品的内在质量又包括两方面：一是内在品质优良；二是营养价值和卫生安全指标高。绿色食品认证范围按产品级别分，包括初级产品、初加工产品、深加工产品；按产品类别分，包括农林产品及其加工品、畜禽类、水产类、饮品类和其他产品。

绿色食品认证程序，依据《绿色食品标志管理办法》，凡具有绿色食品生产条件的国内企业均可按以下程序申请绿色食品认证。境外企业另行规定。

认证申请规定：申请人向中国绿色食品发展中心（以下简称中心）及其所在省（自治区、直辖市）绿色食品办公室、绿色食品发展中心（以下简称省绿办）领取《绿色食品标志使用申请书》、《企业及生产情况调查表》及有关资料，或从中心网站（http://www.greenfood.org.cn）下载。

申请人填写并向所在省绿办递交《绿色食品标志使用申请书》、《企业及生产情况调查表》及以下材料：保证执行绿色食品标准和规范的声明、生产操作规程（种植规程、养殖规程、加工规程）、公司对"基地＋农户"的质量控制体系（包括合同、基地图、基地和农户清单、管理制度）、产品执行标准、产品注册商标文本（复印件）、企业营业执照（复印件）、企业质量管理手册、要求提供的其他材料（通过体系认证的，附证书复印件）。

受理及文审规定：省绿办收到上述申请材料后，进行登记、编号，5 个工作日内完成对申请认证材料的审查工作，并向申请人发出《文审意见通知单》，同时抄送中心认证处。申请认证材料不齐全的，要求申请人收到《文审意见通知单》后 10 个工作日提交补充材料。申请认证材料不合格的，通知申请人本生长周期不再受理其申请。申请认证材料合格的，执行现场检查、产品抽样。

现场检查和产品抽样规定：省绿办应在《文审意见通知单》中明确现场检查计划，并在计划得到申请人确认后委派 2 名或 2 名以上检查员进行现场检查。检查员根据《绿色食品　检查员工作手册（试行）》和《绿色食品　产地环境质量现状调查技术规范（试行）》中规定的有关项目进行逐项检查。每位检查员单独填写现场检查表和检查意见。现场检查和环境质量现状调查工作在 5 个工作日内完成，完成后 5 个工作日内向省绿办递交现场检查评估报告和环境质量现状调查报告及有关调查资料。现场检查合格，可以安排产品抽样。凡申请人提供了近一年内绿色食品定点产品监测机构出具的产品质量检测报告，并经检查员确认，符合绿色食品产品检测项目和质量要求的，免去产品抽样检测。现场检查合格，需要抽样检测的产品安排产品抽样：当时可以抽到适抽产品的，检查员依据《绿色食品产品抽样技术规范》进行产品抽样，并填写《绿色食品产品抽样单》，同时将抽样单抄送中心认证处。特殊产品（如动物性产品等）另行规定；当时无适抽产品的，检查员与申请人当场确定抽样计划，同时将抽样计划抄送中心认证处。申请人将样品、产品执行标准、《绿色食品产品抽样单》和检测费寄送绿色食品定点产品监测机构。现场检查不合格，不安排产品抽样。

环境监测规定：绿色食品产地环境质量现状调查由检查员在现场检查时同步完成。经调查确认，产地环境质量符合《绿色食品　产地环境质量现状调查技术规范》规定的免测条件，免做环境监测。根据《绿色食品　产地环境质量现状调查技术规范》的有关规定，经调查确认，必要进行环境监测的，省绿办自收到调查报告 2 个工作日内以书面形式通知绿色食品定点环境监测机构进行环境监测，同时将通知单抄送中心认证处。定点环境监测机构收到通知单后，40 个工作日内出具环境监测报告，连同填写的《绿色食品环境监测情况表》，直接报送中心认证处，同时抄送省绿办。

产品检测规定：绿色食品定点产品监测机构自收到样品、产品执行标准、《绿色食品产品抽样单》、检测费后，20 个工作日内完成检测工作，出具产品检测报告，连同填写的《绿色食品产品检测情况表》，报送中心认证处，同时抄送省绿办。

认证审核规定：省绿办收到检查员现场检查评估报告和环境质量现状调查报告后，3 个工作日内签署审查意见，并将认证申请材料、检查员现场检查评估报告、环境质量现状调查报告及《省绿办绿色食品认证情况表》等材料报送中心认证处。中心认证处收到省绿办报送材料、环境监测报告、产品检测报告及申请人直接寄送的《申请绿色食品认证基本情况调查表》后，进行登记、编号，在确认收到最后一份材料后 2 个工作日内下发受理通知书，书面通知申请人，并抄送省绿办。中心认证处组织审查人员及有关专家对上述材料进行审核，20 个工作日内做出审核结论。审核结论为"有疑问，需现场检查"的，中心认证处在 2 个工作日内完成现场检查计划，书面通知申请人，并抄送省绿办。得到申请人确认后，5 个工作日内派检查员再次进行现场检查。审核结论为"材料不完整或需要补充说明"的，中心认证处向申请人发送《绿色食品认证审核通知单》，同时抄送省绿办。申请人需在 20 个工作日内将补充材料报送中心认证处，并抄送省绿办。

审核结论为"合格"或"不合格"的，中心认证处将认证材料、认证审核意见报送绿色食品评审委员会。

认证评审规定：绿色食品评审委员会自收到认证材料、认证处审核意见后 10 个工作日内进行全面评审，并做出认证终审结论。认证终审结论分为两种情况：认证合格、认证不合格。结论为"认证合格"则颁证；结论为"认证不合格"，评审委员会秘书处在做出终审结论 2 个工作日内，将《认证结论通知单》发送申请人，并抄送省绿办。本生产周期不再受理其申请。

颁证规定：中心在 5 个工作日内将办证的有关文件寄送"认证合格"申请人，并抄送省绿办。申请人在 60 个工作日内与中心签订《绿色食品标志商标使用许可合同》，中心主任签发证书。

### 3. 有机食品认证

有机食品是指来自于有机农业生产体系的食品，有机农业是指一种在生产过程中不使用人工合成的肥料、农药、生长调节剂和饲料添加剂的可持续发展的农业，它强调加强自然生命的良性循环和生物多样性。有机食品认证机构通过认证证明该食品的生产、加工、储存、运输和销售点等环节均符合有机食品的标准。

为保障人体健康，防止农药、化肥等化学物质对环境的污染和破坏，由通过资格认可的注册有机食品认证机构依据有机食品认证技术准则、有机农业生产技术操作规程，对申请的农产品及其加工产品实施规定程序的系统评估，并颁发证书，该过程称为有机食品认证。认证以规范化的检查为基础，包括实地检查、可追溯体系和质量保证体系的实施。

有机食品认证范围包括种植、养殖和加工的全过程。有机食品认证的一般程序包括：生产者向认证机构提出申请和提交符合有机生产加工的证明材料，认证机构对材料进行评审、现场检查后批准。其认证程序如下：

（1）申请。申请人向分中心提出正式申请，领取《有机食品认证申请表》和交纳申请费。申请人填写《有机食品认证申请表》，同时领取《有机食品认证调查表》和《有机食品认证书面资料清单》等文件。分中心要求申请人按本标准 4 的要求，建立本企业的质量管理体系、质量保证体系的技术措施和质量信息追踪及处理体系。

（2）预审并制定初步的检查计划。分中心对申请人预审。预审合格，分中心将有关材料拷贝给认证中心。认证中心根据分中心提供的项目情况，估算检查时间（一般需要 2 次检查：生产过程一次、加工一次）。认证中心根据检查时间和认证收费管理细则，制定初步检查计划和估算认证费用。认证中心向企业寄发《受理通知书》《有机食品认证检查合同》（简称《检查合同》）并同时通知分中心。

（3）签订有机食品认证检查合同。申请人确认《受理通知书》后，与认证中心签订《检查合同》。根据《检查合同》的要求，申请人交纳相关费用的 50%，以保证认证前期工作的正常开展。申请人委派内部检查员（生产、加工各 1 人）配合认证工作，并进一步准备相关材料。所有材料均使用书面文件和电子文件各一份，拷贝给分中心。

（4）审查。分中心对申请人及其材料进行综合审查。分中心将审核意见和申请人的全部材料拷贝给认证中心。认证中心审查并做出"何时"进行检查的决定。当审查不合格，认证中心通知申请人且当年不再受理其申请。

（5）实地检查评估。全部材料审查合格以后，认证中心派出有资质的检查员。检查员应从认证中心或分中心处取得申请人相关资料，依据本准则的要求，对申请人的质量管理体系、生产过程控制体系、追踪体系以及产地、生产、加工、仓储、运输、贸易等进行实地检查评估。必要时，检查员需对土壤、产品抽样，由申请人将样品送指定的质检机构检测。

（6）编写检查报告。检查员完成检查后，按认证中心要求编写检查报告。检查员在检查完成后两周内将检查报告送达认证中心。

（7）综合审查评估意见。认证中心根据申请人提供的申请表、调查表等相关材料以及检查员的检查报告和样品检验报告等进行综合审查评估，编制颁证评估表。提出评估意见并报技术委员会审议。

（8）认证决定人员/技术委员会决议。认证决定人员对申请人的基本情况调查表、检查员的检查报告和认证中心的评估意见等材料进行全面审查，做出同意颁证、有条件颁证、有机转换颁证或拒绝颁证的决定。证书有效期为一年。当申请项目较为复杂（如养殖、渔业、加工等项目）时，或在一段时间内（如6个月），召开技术委员会工作会议，对相应项目作出认证决定：认证决定人员/技术委员会成员与申请人如有直接或间接经济利益关系，应回避。同意颁证：申请内容完全符合有机食品标准，颁发有机食品证书。有条件颁证：申请内容基本符合有机食品标准，但某些方面尚需改进，在申请人书面承诺按要求进行改进以后，亦可颁发有机食品证书。有机转换颁证：申请人的基地进入转换期一年以上，并继续实施有机转换计划，颁发有机转换基地证书。从有机转换基地收获的产品，按照有机方式加工，可作为有机转换产品，即"转换期有机食品"销售。拒绝颁证：申请内容达不到有机食品标准要求，技术委员会拒绝颁证，并说明理由。

### 7.1.4.3　食品企业的管理体系认证

目前食品企业相关管理体系认证有 ISO 9001 质量管理体系认证、ISO 22000 食品安全管理体系认证、ISO 14004 环境管理体系认证、GB/T 28001 职业健康安全管理体系认证、HACCP 认证、GMP 认证等。体系认证适用范围广，涉及食品的生产、加工、流通过程等的企业均可申请认证。

企业可以根据自己的实际情况，导入适用的管理体系标准，采用不同的步骤和方法，建立和完善自身管理体系。因管理体系标准具有很强的兼容性，管理体系的建立和实施一般包括管理体系的策划、标准培训、管理体系文件的编制、管理体系的运行和实施及改进完善等。

**1. ISO 22000 食品安全管理体系认证**

ISO 22000 涉及从农场到餐桌食品供应链全过程，是以 CAC 法典委员会在《食品卫生通则》附件中《危害分析及关键控制点 HACCP 体系及实施指南》为原理建立的食品安全管理体系标准。2005 年 9 月 1 日国际标准化组织颁布了 ISO 22000：2005《食品安全管理体系－对食物链中任何组织的要求》食品安全管理标准，试图改善全球众多食品安全管理标准各自为政的局面，为全球食品行业提供统一的食品安全管理框架，为食品安全审核及认证提供统一的认证标准，为全球食品贸易提供统一安全管理规范。ISO 22000 标准沿用 ISO 9001 及 ISO 14001 等通用管理体系标准结构，同时充分考虑了食品行业特殊规范，如 HACCP 的特殊要求。ISO 22000 适用于整个食品供应链中所有的组织，包括饲料加工、初级产品加工、到食品的制造、运输和储存、零售商和饮食业。另外，与食品生产紧密关联的其他组织也可以采用该标准，如食品设备的生产、食品包装材料的生产、食品清洁剂的生产、食品添加剂的生产和其他食品配料的生产等。

ISO 22000 的标准特点：遵守 HACCP 的基本原则；符合国际管理标准的架构，与其他的管理标准如 ISO 9001/ISO 14001 保持一致；为第一方、第二方、第三方审核和认证活动提供明确的技术规范和要求。

ISO 22000 认证的重要性：消费者或客户在持续不断地要求整个食品供应链中相关的组织能够表现并提供足够的证据证明其有能力确认和控制食品安全危害和其他可能对食品安全产生影响的因素。因此，许多国家各自都建立自己的食品安全管理体系。但这些标准的不一致使组织无所适从，为此协调了各国食品标准的国际食品标准 ISO 22000 就产生了。这个标准可以弥补 ISO9001：2008 对食品制作的不足及可同时共用。

ISO 22000 的主要内容：互动沟通，沟通是确保在整个食品链的每个步骤所有相关的食品安全危害得到确认和控制所必需的，包括食品链中上游和下游组织的沟通；系统管理，最有效的食品安全体系是在架构化的管理体系框架内建立、运作和改进的；危害控制，ISO 22000 动态地将 HACCP 的原则及其应用与前期要求整合了起来，用危害分析来确定要采取的策略以确保食品安全危害通过 HACCP 和前期要求联合控制。

ISO 22000 认证的意义：在不断出现食品安全问题的现状下，基于本标准建立食品安全管理体系的组织，可以通过对其有效性的自我声明和来自组织的评定结果，向社会证实其控制食品安全危害的能力，持续、稳定地提供符合食品安全要求的终产品，满足顾客对食品安全的要求；使组织将其食品安全要求与其经营目的有机地统一。食品安全要求是第一位的；它不仅直接威胁到消费者；而且还直接或间接影响到食品生产、运输和销售组织或其他相关组织的商誉；甚至还影响到食品主管机构或政府的公信度。因此，本标准的推广，是具有重要作用和深远意义的。

按照中国合格评定国家认可委员会《食品安全管理体系认证机构通用要求》（CNAS-CC61，2006 年 6 月 1 日发布，2006 年 7 月 1 日实施）"认证要求"的规定，ISO 22000 的认证步骤和要求如下：

1）认证申请

认证机构应保存评审和认证程序的详细说明，这些说明应包括认证要求和描述获证组织权利与义务的文件，这些说明应是最新的，并应提供给申请人及获证组织。

认证机构应要求组织：始终遵守认证的有关规定；为进行评审作出全部必要的安排，包括为进行审核、监督、复评和解决投诉而准备待审查的文件、开放所有区域、提供记录（包括内部审核报告）和准备相应的人员；仅就获准认证的范围做宣传；在宣传认证结果时不应损害认证机构的声誉。不应做使认证机构认为误导或未授权的声明；当接到暂停或撤销认证通知时（不论如何决定的），应立即停止涉及认证内容的广告，并按认证机构的要求交回所有认证文件；认证只能用来证明其食品安全管理体系符合了特定标准或其他规范性文件，不能用认证来暗示其产品或服务得到了认证机构的批准；确保不采取误导的方式使用或部分使用认证文件、标志或报告；在传播媒体中（例如文件、小册子或广告）对认证内容的引用，应符合认证机构的要求；当申请的认证范围涉及某一特定认证项目时，应向申请人作出必要的解释；要求时，应向申请人提供补充的申请信息。

认证机构应要求申请人提交一份正式填好的并由其正式授权的代表签署的申请书，申请书或其附件包括：申请认证的范围；申请人同意遵守认证要求，提供评审所需要的信息；在现场审核之前，申请人至少应提供下列信息：申请人简况，如组织的性质、名称、地址、法律地位、有关的人力和技术资源；有关食品安全管理体系及其覆盖的活动的一般信息；对拟认证体系和每个体系所适用的标准或其他规范性文件的说明；食品安全管理体系文件和必要的相关文件的副本。

从申请文件和食品安全管理体系文件评审中收集到的信息可用于现场审核的准备，并应按保密信息对待。

2）**审核准备**

审核之前，认证机构应对认证申请进行评审并保存记录，以确保：对申请人的各项认证要求，要清楚地予以确定、形成文件和得到理解；解决认证机构与申请人之间在理解上的差异；对于申请人申请的认证范围、运作场所及一些特殊要求（如申请人使用的语言等），认证机构有能力实施认证。

认证机构应制定评审活动的计划以便进行必要的安排。

认证机构应任命一个合格的审核组，代表认证机构对从申请人收集到的资料进行评价和实施审核。相关的技术专家可以以顾问身份参加认证机构的审核组。

认证机构应提前将审核组成员的姓名通知组织，并使其有足够的时间提出对所指派审核员和专家是否有异议。

应正式任命审核组，并发给适当的工作文件。审核计划和日期应得到组织的同意。给审核组的指令应清楚明确并通知组织，该指令同时应要求审核组核实组织的结构、方针和程序并确认能满足有关认证范围的所有要求，且程序得到实施并对组织的产品、过程和服务提供信任。

3）**审核**

审核组应依据适用的认证要求在确定的范围内评审组织的食品安全管理体系。

4）**审核报告**

认证机构可制订适合自己需要的报告程序，但这些程序至少应确保：审核组离开现场前与组织管理者召开一次会议，在会上审核组应提供口头的或书面的关于组织的食品安全管理体系是否符合规定的认证要求的说明，并给组织提供针对审核发现及其依据提出质疑的机会；审核组向认证机构提交说明组织的食品安全管理体系与所有认证要求符合性的审核发现报告；认证机构应及时将审核结果的报告提供给组织，以明确为符合所有认证要求所需纠正的不符合项；认证机构应请组织对报告提出意见，组织应阐明已采取具体的纠正措施或在规定时间内计划采取的纠正措施，以补救在评审中发现的与认证要求的不符合，同时还应通知组织是否需要进行全部或部分重审，或只要一份书面声明将在监督时确认其适应性；报告中至少应包括：审核日期、对报告负责的人员姓名、受审核的所有场所的名称和地址、已审核的认证范围或涉及范围，包括依据的适用标准、组织食品安全管理体系是否符合认证要求的评述及对不符合项的明确说明，适用时也可与以往对组织评审结果做有用的比较、解释与末次会议上提供给组织的信息的任何差异。

5）认证决定

认证机构应根据认证过程中和其他方面得到的信息对组织作出是否批准认证的决定。作决定的人员不应为参加该项审核的人员。

认证机构不应把批准、保持、扩大、缩小、暂停和撤销认证的权力授予外部人员或机构。

认证机构应为每个获得食品安全管理体系认证的组织提供认证文件，如授权人员签署的信件或认证证书。这些文件应表明认证所覆盖的组织及其每个场所的：名称和地址；批准的认证范围，包括食品安全管理体系认证所依据的食品安全管理体系标准和/或其他规范性文件，产品、过程或服务的类别、提供产品所依据的法规要求、产品标准或其他规范性文件、认证的生效日期和有效期。

认证机构应处理对获准认证范围的更改申请。认证机构应采用适当的程序，以决定是否批准更改并依此执行。

6）监督和复评程序

认证机构应以足够近的间隔实施定期的监督和复评，以验证获证组织的食品安全管理体系持续满足认证要求。

监督和复评程序应与本文件描述的对组织食品安全管理体系评审的有关程序相一致。

## 2. ISO 9001 质量管理体系认证

1）ISO 9001 质量管理体系概述

国际标准化组织（ISO）于 1979 年成立了质量管理和质量保证技术委员会（TC176），负责制定质量管理和质量保证标准。到目前为止，ISO9000 族标准已经经历了多个版本，即 1987 版、1994 版、2000 版、2008 版、2015 版。在 2015 年 9 月 23 日，国际标准化组织（ISO）正式发布了 ISO9001：2015 新版标准。此次发布的新版标准较之前版本变化巨大。新版标准发布后，到 2018 年 9 月有三年的体系转换周期，届时所有的 ISO9001：2008 证书都将废止失效。ISO9000 族标准包括下一组密切相关的质量管理体系核心标准，即：

—ISO 9000《质量管理体系基础和术语》

—ISO 9001《质量管理体系要求》

—ISO 9004《质量管理体系业绩改进指南》

—ISO 19011《质量和（或）环境管理体系审核指南》

ISO 9000 族标准是世界上许多经济发达国家质量管理实践经验的科学总结，且适用于各种类型、不同规模和提供不同产品的组织。实施 ISO 9000 族标准，可以促进组织质量管理体系的改进和完善，对提高组织的管理水平能够起到良好的作用。

ISO 9000 标准是系统性的标准，涉及的范围、内容广泛，且强调对各部门的职责权限进行明确划分、计划和协调，而使企业能有效地、有秩序地开展各项活动，保证工作顺利进行。ISO 9000 标准用于合同环境下的外部质量保证，可作为供方质量保证工作的依据，也是评价供方质量体系的依据；可作为企业申请 ISO9000 族质量体系认证的依据；是开发/设计、生产、安装和服务的质量保证模式；用于供方保证在开发、设计、生产、安装和服务各个阶段符合规定要求的情况。ISO 9000 标准对质量保证的要求最全，要求提供质量体系要素的证据最多，从合同评审开始到最终的售后服务，要求提供全过程严格控制的依据。要求供方贯彻"预防为主、检验把关相结合"的原则，健全质量体系，有完整的质量体系文件，并确保其有效运行。

ISO 9000 族质量保证模式标准强调管理层的介入，明确制订质量方针及目标，并通过定期的管理评审达到了解公司的内部体系运作情况，及时采取措施，确保体系处于良好的运作状态的目的。强调纠正及预防措施，消除产生不合格或不合格的潜在原因，防止不合格的再发生，从而降低成本。强调不断的审核及监督，达到对企业的管理及运作不断地修正及改良的目的。强调全体员工的参与及培训，确保员工的素质满足工作的要求，并使每一个员工有较强的质量意识。强调文化管理，以保证管理系统运行的正规性、连续性。如果企业有效地执行这一管理标准，就能提高产品（或服务）的质量，降低生产（或服务）成本，建立客户对企业的信心，提高经济效益，最终大大提高企业在市场上的竞争力。

质量管理体系认证机构分国内和国外两种，其中国内认证机构所认可是经中国合格评定委员会（CNAS）认可的认证机构，CNAS 是唯一代表中国政府在国际认可论坛（IAF）的认可机构，而国外如英国 UKAS 和美国的 ANAB 等机构与我国的 CNAS 是同样的机构，是各个国家代表政府在 IAF 中的认可机构，每个国家都有一个唯一的认可机构参与联合国的认可工作，负责各国的认可工作。中国认证机构需经过中国认证认可监督委员会 CNCA 的批准，并经过中国合格评定委员会认可后方可从事认证业务，并在证书上加带 CNAS 和 IAF 及认证机构的标志，作为认证证书的互认标识。国外的认证机构在中国从事认证业务，需由中国具有法人地位的单位分包从事认证业务，并经中国认证认可委员会 CNCA 的批准后认可在中国从事认证业务。所颁发的认证证书为其分包机构的认证证书，并将认证信息上报 CNCA 进行报备。

目前中国境内有很多的企业选择了国外的认证机构进行认证认可服务，如 UKAS 认可，很多的企业都有一个误区，"UKAS 认证"，其实不是这样的理解，UKAS 实际上与我国的 CNAS 机构一样，是 IAF 的成员国的认可机构，UKAS 与 CNAS 是分别代表不同国家的认可机构对认证机构进行认可，我国的认证机构所颁发的认证证书就全部都带有 CNAS 的标志，不能说我们要进行 CNAS 认证，所以企业应该正确地认识和选择适合的认证机构。

2）ISO 9001 质量管理体系认证流程

质量管理体系认证是由国家认可的认证机构依据审核准则，对受审核方的质量管理体系通过实施审核及认证评定，确认受审核方的质量管理体系的符合性及有效性，并颁发证书与标志的过程。

（1）认证程序：提出申请→受理申请→签订合同→制定审核方案→审核启动→文件评审/初访→现场审核准备→现场审核→审核报告编制、批准和分发→纠正措施的跟踪、验证→认证的评审、批准和发证→监督审核→复评。

（2）申请认证时递交的文件清单：申请方营业执照复印件；资质或许可证复印件（法律法规规定需要资质和许可证的行业）；商标注册证明复印件（如需在认证证书中表明商标时）；有效的管理体系文件（如管理手册、程序文件汇编）；生产/服务的主要过程的流程图；受审核方的主要生产设备及检测设备清单；多现场项清单；产品适用标准清单。

（3）初审审批与注册：认证机构对审核组提出的审核报告进行全面的审查，决定是否通过认证。若通过认证，则予以注册和发给注册证书。

（4）证后监督的要求：每年至少 1 次，2 次监督审核时间间隔不超过 1 年。审核人数为初审的 1/3，若受审核方要求延长证书有效期，最后 1 次监督审核可与复评相结合。

监督审核中发现问题的处置：若监督员发现不符合项，如对质量体系进行了更改且影响到注册资格；达不到规定要求，但还没有达到监督的程度；违反认证证书和标志的使用规则；未按时交纳认证费用；未在证书暂停期限内有效采取纠正措施；监督审核时发现严重不合格项；有严重违法行为；其他严重违反认证协议的情况等，应在审核组审核委托方同意的期限内（期限应与不符合严重程度一致）得到有效的纠正，否则应缩小、暂停或撤销认证。

（5）复评的要求：一般在初次审核（换证）后 3 年进行；复评人数约为初次审核的 2/3；复评宜对体系在上 1 个认证周期的绩效进行 1 次评价。

复评的报告和结论：如果复评时发现不符合项目在审核组规定的期限内得到有效的纠正，否则应缩小、暂缓或不推荐认证。

### 3. ISO 14000 环境管理体系认证

环境管理体系（EMS）是组织整个管理体系中的一部分，用来制定和实施其环境方针，并管理其环境因素，包括为制定、实施、实现、评审和保持环境方针所需的组织机构、计划活动、职责、惯例、程序、过程和资源。ISO14000 系列国际标准是国际标准化组织（ISO）汇集全球环境管理及标准化方面的专家，在总结全世界环境管理科学经验基础上制定并正式发布的一套环境管理的国际标准，涉及环境管理体系、环境审核、环境标志、生命周期评价等国际环境领域内的诸多焦点问题。旨在指导各类组织（企业、公司）取得和表现正确的环境行为。ISO 14000 系列标准共预留 100 个标准号。该系列标准共分七个系列，其标准号从 14001 至 14100，共 100 个标准号，统称为 ISO 14000 系列标准。目前正式颁布的有 ISO 14001、ISO 14004、ISO 14010、ISO 14011、ISO 14012 五个标准，其中 ISO 14001：2004《环境管理体系　规范及使用指南》是 ISO 于 2004 年 11 月 15 日颁布的新版标准，是系列标准的核心标准，也是唯一可用于第三方认证的标准，该标准已经在全球获得了普遍的认同。

ISO 14000 系列标准突出了"全面管理、预防污染、持续改进"的思想，作为 ISO 14000 系列标准中最重要也是最基础的一项标准，ISO 14001《环境管理体系　规范及使用指南》站在政府、社会、采购方的角度对组织的环境管理体系（环境管理制度）提出了共同的要求，以有效地预防与控制污染并提高资源与能源的利用效率。ISO 14001 是组织建立与实施环境管理体系和开展认证的依据。ISO 14001 标准是在当今人类社会面临严重的环境问题（如：温室效应、臭氧层破坏、生物多样性的破坏、生态环境恶化、海洋污染等）的背景下产生的，是工业发达国家环境管理经验的结晶，其基本思想是引导组织按照 PDCA 的模式建立环境管理的自我约束机制，从最高领导到每个职工都以主动、自觉的精神处理好自身发展与环境保护的关系，不断改善环境绩效，进行有效的污染预防，最终实现组织的良性发展。该标准适用于任何类型与规模的组织，并适用于各种地理、文化和社会环境。

ISO 14001 标准要求组织通过建立环境管理体系来达到支持环境保护、预防污染和持续改进的目标，并可通过取得第三方认证机构认证的形式，向外界证明其环境管理体系的符合性和环境管理水平。由于 ISO 14001 环境管理体系可以带来节能降耗、增强企业竞争力、赢得客户、取信于政府和公众等诸多好处，所以自发布之日起即得到了广大企业的积极响应，被视为进入国际市场的"绿色通行证"。同时，由于 ISO 14001 的推广和普及在宏观上可以起到协调经济发展与环境保护的关系、提高全民环保意识、促进节约和推动技术进步等作用，因此也受到了各国政府和民众越来越多的关注。许多国家，尤其是发达国家纷纷宣布，没有环境管理认证的商品，将在进口时受到数量和价格上的限制。如欧洲国家宣布，电脑产品必须具有"绿色护照"方可入境，美国能源部规定，政府采购只有取得认证厂家才有资格投标。

企业（或其他组织）如果想要获得 ISO 14001 证书，首先需要建立起环境管理体系（必要时可寻求咨询机构的帮助），在这个体系运行 3 个月之后，向第三方认证机构申请认证，认证机构按照公正、合理、规范的原则，对其建立起的环境管理体系进行审核，如果合格，认证机构将发给证书，如果不合格，认证机构将开出不符合项，企业进行纠正，然后企业进行跟踪审核，如果合格就颁发证书。目前，我国已有数十家环境管理体系认证机构，企业在选择认证机构时可以综合考虑这些认证机构的认证水平、认证人员的业务能力、认证机构的信誉和可能为组织带来的增值效应以及认证费用等因素，然后选择合适的认证机构。

环境管理体系认证是由国家认可的认证机构依据审核准则，对受审核方的环境管理体系通过实施审核及认证评定，确认受审核方的环境管理体系的符合性及有效性，并颁发证书与标志的过程。

其认证程序为：组织提交书面申请→申请评审、合同评审→鉴定认证合同→任命审核组长、组建审核组→第一阶段审核→第二阶段审核→对纠正措施的跟踪验证→完成审核报告做出推荐结论→认证评定→颁发认证证书→证后监督审核→保持认证→复评（有效期满）→换发认证证书。

1）信息交流

通过人员互访、电话、传真、电子邮件等方式相互了解，确定实施认证的初步意向和可行性。

2) 认证申请

有意向的申请组织填写《环境管理体系认证申请表》及其附件《认证信息调查表》，认证机构进行评审通过后与申请组织进一步联系，必要时进行现场访问，了解受审核方的基本情况和环境管理体系的建立与实施情况，并作出书面报价。

3) 签订合同

在获得申请组织明确的合同签订意向并通过了合同评审后，双方签订《环境管理体系认证服务合同》，认证机构指定审核组长自合同生效日起负责审核活动的开展与实施。

4) 第一阶段审核

受审核方将正式发布的环境管理体系手册、相关文件送交认证机构，由审核组长根据认证要求组织进行文件审查，并将审查结果书面告知受审核方。如有不符合处，受审核方应作修改直至满足相应要求为止。

5) 第二阶段审核

审核组将按照认证计划实施现场审核。审核要求覆盖申请认证全部范围并符合 ISO 14001 环境管理体系标准的全部要求。以抽样审核的方式进行。第二阶段审核将开出不符合项，并要求实施纠正。现场审核将给出书面的审核报告，宣布现场审核结果，告知是否予以推荐注册。

6) 不符合纠正与跟踪验证

纠正措施的跟踪验证可以通过评审受审核方递交的有关证据完成，必要时，也可以实施现场跟踪验证。因存在严重不符合项而未能通过现场审核时，应在被审核方完成整改后进行现场复查。复查工作按实际工作量另行收费。

7) 核准发证

认证机构技术委员会审议审核实施过程和审核报告并确定是否予以颁证。

由认证机构主任签署认证证书，证书有效期为三年。认证机构将在公告范围内公告证书的颁布。

8) 证后监督复评

第一次证书有效期内，每半年监察一次，三年期满换证后每年监察一次，持证方的组织机构、生产工艺、污染物治理设施和其他覆盖环境因素的行为或活动发生变化时，应及时通知认证机构，必要时，将增加监察次数。对于违反环境法律、法规造成严重危害的，将增加检查次数。复评的审核方法与初次审核相同，复评方案就考虑上一次审核的结果并至少包括环境管理体系文件的审核和现场的审核；复评应确保组织环境管理体系的所有要素之间统一协调；发生变更后，环境管理体系运行良好；环境管理体系得到有效的保持。认证机构根据复评结果，做出是否换发证书的决定。

9) 持证要求

为规范获证组织对认证证书的使用，认证机构对获证组织的证书使用有如下要求：证书的持有者只能用证书和认证标志证明其环境管理体系符合特定的标准，不得将标志直接用于产品，也不得以任何可能误导产品或服务合格的方式使用。当认证被暂停、撤销或注销后，不得继续进行任何涉及认证内容的广告宣传，并按要求交回所有的认证文件。

认证暂停的条件。有下列情况之一的，认证机构将暂停认证证书持有者使用认证证书和标志的资格：违反环境法律、法规，造成环境危害；认证证书持有者未经认证机构批准，对获准认证的环境管理体系进行了更改，且该项更改影响到体系认证资格；监督审核和复评时发现了不符合，如果纠正措施在限期内没有完成，严重的程度尚不构成撤销认证资格；认证证书持有者对证书和标志的使用不符合本中心的规定；证书持有者未按期交纳认证费用，且经指出后未予纠正。

认证撤销的条件。有下列情况之一的，认证机构将撤销认证证书的资格，收回认证证书：暂停认证资格的通知发出后，认证证书持有者未按规定要求采取适当纠正措施；违反环境法律、法规，造成严重环境危害；监督和复评时发现认证证书持有者环境管理体系存在严重不符合规定要求的情况，又未按照认证机构规定的期限完成纠正措施；认证证书持有者对证书和标志的使用严重不符合中心的规定，并造成极大影响。

认证注销的条件。有下列情况之一的应予认证注销：由于环境管理体系认证规则发生变更，体系证书持有者不愿或不能确保符合要求；在认证证书有效期届满时，认证证书持有者未在认证证书届满前 3 个月内向认证机构提出重新认证申请；认证证书持有者主动提出注销。

## 7.2　第三方认证审核实施

现以中国质量认证中心（CQC）的认证审核实施的程序为例进行介绍。

### 7.2.1　审核的策划

认证机构应根据受审核方的规模、生产过程和产品的安全风险程度等因素，对认证审核全过程进行策划，制定审核方案。具体来讲，各认证业务部审核管理人员负责验证认证申请评审表和申请所有资料，按照评审表界定的认证范围及专业代码，根据《初次审核/监督审核/复评人日安排办法》《多场所受审核方质量管理体系审核实施办法》（同时适用于产品认证的多场所审核）等文件规定对审核予以策划，策划包括：审核目的、审核准则、审核范围、审核组组成、审核人日、多场所抽样等，并以《审核通知书》的形式下达审核任务和通知申请方/受审核方。

#### 7.2.1.1　组建审核组

审核管理人员负责选择、确定审核组成员，并对是否需要聘请技术专家作出决定。选择审核组应考虑的因素：审核目的、审核范围、审核准则、预计审核的时间；是否是结合审核或联合审核；为达到审核目的，审核组所需要的整体能力，特别是专业能力（应具备审核范围的专业审核能力）；审核组的公正性；审核所用语言以及对受审核方社会和文化特点的理解等。

在审核组的组成与规模上要遵守相关的规定，如强制性产品认证检查组必须由经CNAT 注册的强制性产品检查员组成；质量管理体系认证组必须由经 CNAT 注册的质量管理体系审核员组成。初次审核时：组内应配备至少一名高级审核员；且应配备符合专业能力的专业审核员（到小类）；当专业能力不足时也可选择技术专家予以补充。监督审核时：组内可不需配备高级审核员，但应配备符合专业能力的专业审核员（到小类）；当专业能力不足时也可选择技术专家予以补充；实习审核员和技术专家不能独立成组，不占人数；且在审核组内不能独立承担审核任务；必须在审核员的指导下开展工作，技术专家应在在工作中始终提供技术支持。实习审核员数量不应超过同一审核组中正式审核员总数。自愿性产品认证检查组必须由经 CQC 注册的自愿性产品检查员组成；组内应配备至少一名具有专业能力（到产品）的检查员；当需使用技术专家时，技术专家不能单独成组；在审核组内不能独立承担审核任务，且在工作中始终提供技术支持。首次获得注册资格的 CQC 检查员，需经过三次审核后方能独立成组。如果审核组由一个人组成，该人必须满足对审核组的全部要求。

审核管理人员应在经过评定并认可的"审核（检查）员/技术专家一览表"内选择审核/检查组成员。审核管理人员应提前以《审核通知书》的形式将审核组成员通知受审核方，并得到申请方的确认。对各类认证审核组成员的选择和管理按《人力资源管理程序》、《CQC 自愿性产品认证检查员管理办法》、《强制性产品认证检查员管理办法》和《质量管理体系审核员管理办法》的要求执行。

## 7.2.1.2　审核通知

审核通知应于现场审核前告知受审核方。认证机构应向受审核方提供审核组每位成员的姓名。受审核方对审核组的组成提出异议且合理时，认证机构应调整审核组。

## 7.2.1.3　编制审核计划

审核组长应编制审核计划，在现场审核活动开始前，审核计划应经审核委托方确认和接受，并提交给受审核方。

## 7.2.1.4　现场审核时机安排

现场审核应安排在审核范围覆盖产品的生产期，审核组应在现场观察该产品的生产活动。

## 7.2.1.5　确保审核有效性

当受审核方体系覆盖了多个场所时，认证机构应对每一生产场所实施现场审核，以确保审核的有效性。

## 7.2.1.6　审核时间

认证机构应制定确定审核时间的文件。认证机构应根据受审核方的规模、审核范围、生产过程和生产安排等因素策划审核时间，确保审核的充分性和有效性。

## 7.2.2 文件评审

### 7.2.2.1 评审受审核方文件

在现场审核前应当评审受审核方的文件,如《质量手册》《程序文件》《作业标准》《不合格品记录》《检验记录》等,确定文件所述的管理体系或产品质量保证能力与审核准则的符合性。

### 7.2.2.2 文件评审原则

文件评审原则上由指定的审核组长进行;必要时由各认证部指定符合要求的人员进行,但文件评审结果最终需要得到审核组长的确认。文件评审责任人将评审结果写入《文件评审报告》并及时传递给申请方;受审核方在规定的期限内对文审报告提出的不符合项和问题进行整改,审核组对文件修改结果必须进行重新评审或验证;审核组长对文件评审结果负责。文件评审完毕并符合相关要求后才可实施现场审核。在现场审核中仍需要对管理体系或产品质量保证能力文件的符合性、充分性、适宜性和可操作性进行审核,并予以记录。文件评审具体执行《文件评审作业指导书》的相关要求。

## 7.2.3 现场审核准备

### 7.2.3.1 编制审核计划

审核组长根据《审核通知书》要求和文件审核情况编制《审核计划》,报各认证业务部审核管理人员审核,由部门负责人批准后实施。审核计划内容至少包括:①审核类型、审核目的、审核范围、审核准则;②审核组成员及分工;③现场审核日期、地点及审核日程安排;④审核组保密承诺及其他需要与受审核方沟通的内容等。

### 7.2.3.2 审核任务分配

审核组长在分配审核组成员的审核任务时,必须考虑审核组员的专业能力和审核经验,对于涉及专业和技术性的条款应分配经过 CQC 评定的具备专业能力的审核/检查员审核,或配备技术专家予以支持;CCC 认证非专业检查员不得进行有关产品一致性的检查。

### 7.2.3.3 审核计划和抽样计划的编制

对受审核方的质量管理体系/工厂质量保证能力实施多现场审核时,应按照《多现场受审核方质量管理体系审核实施办法》的规定编制审核计划和多现场抽样计划。

### 7.2.3.4 通知受审核方

审核计划经批准并加盖认证业务专用章后,审核组长应提前通知受审核方并征得同意;如有异议可协商调整。审核组长依据确认的审核计划组织实施现场审核。

#### 7.2.3.5　现场审核准备

正式进行现场审核前，审核组长负责召开审核组的审核准备会议。准备会议应至少进行如下内容：①审核组长向全体审核组成员介绍本次审核的要点，包括受审核方的基本情况，审核计划及组员分工要求、审核的重点及其他必要的信息，并发放现场审核所需资料；②组内的专业审核员或技术专家对全体审核组员进行简要专业引导，重点介绍本次审核涉及的主要过程/流程、需要确认的过程和关键过程、主要的监视、测量项目及要求、对人员、设备、环境等的特殊要求、相关的法律法规等专业知识等，并填写《现场专业培训记录》；③审核组全体成员填写《现场审核公正性保密声明》。

#### 7.2.3.6　编制检查表

审核员根据审核分工及准备会议的要求进行审核准备，编制检查表。检查表的编制要求执行《审核/检查员手册》。

#### 7.2.3.7　与受审核方的沟通

到达受审核方现场后而正式审核前，审核组长负责就审核安排和注意事项与受审核方相关人员进行沟通和说明，包括首、末次会议的安排，陪同人员的安排等等。必要时，可对审核计划进行调整。

#### 7.2.3.8　文件和信息的保密

审核所用工作文件，包括形成的审核记录，审核员应妥善保存到审核结束时全部移交给审核组长。审核组长负责按照认证审核卷内目录整理、归档相关文件和记录，在审核全部完成时移交审核管理人员。审核组成员不能出于审核之外的目的获取与记录受审核方涉及保密或知识产权相关的信息。

### 7.2.4　现场审核

#### 7.2.4.1　组长负责制

审核在客户现场进行。目的是评估客户管理体系的实施及其有效性。收集证据以证明管理体系符合标准和其他认证要求。现场审核实行审核组长负责制，审核组长负责审核全过程的管理和控制以及与受审核方相关人员的沟通。审核具体实施要求执行《审核员手册》。

#### 7.2.4.2　首次会议

会议是审核组全体成员和受审核方的联席会议，由审核组长主持，时间一般不超过30分钟。与会人员在《现场审核首/末次会议签到表》上签字。

首次会议主要内容包括：①介绍审核组成员和受审核方与会的主要成员及陪同人员；②确认审核计划，重申审核目的、审核准则和审核范围；③简要介绍审核方法和程序

（包括抽样方法及其风险性、不符合项的分级和判定原则、审核结论的种类等）；④商定审核期间提供必要的资源；⑤商定双方认为需要配合的有关事宜；⑥做现场审核保密承诺；⑦确认陪同人员的安排、作用；⑧请受审核方领导作简短发言等。

### 7.2.4.3　获取审核证据和形成审核发现

（1）全体审核员应认真执行审核计划，完成审核任务。当需要对审核计划进行调整时，应报告审核组长，必要时，由审核组长与受审核方协商，予以调整。

（2）审核员应客观、公正地进行现场审核，获取审核证据并如实记录于检查表中。审核记录应真实、明确、清晰，具有可追溯性和重复审核性。

（3）对审核中发现的不符合证据，应由审核组长组织全体审核员对照审核准则进行评价是否构成不符合的审核发现。一旦形成，开具《不符合报告》并征得受审核方授权代表签字确认。如果受审核方与审核组对审核证据和（或）审核发现有分歧，应努力予以解决。对于未得到解决的分歧，应当记录于审核记录中并在审核报告中予以描述。

（4）不符合的分级：分一般不符合和严重不符合，具体分级标准依照审核机构的《审核手册》相应规定。

### 7.2.4.4　处理审核发现

对于尚不能构成不符合但存在潜在问题或风险的审核发现，审核组应开具《观察项报告》。观察项不要求受审核方必须采取纠正措施，但审核机构应在下次监督审核时予以关注。

### 7.2.4.5　审核组内部沟通

审核组在现场审核时，应就审核信息进行充分的沟通，适当时，由审核组长召开审核组沟通会议。审核组内部沟通的主要内容包括：①汇总审核组成员从不同渠道所获得的信息并相互补充印证，以获得审核证据和形成审核发现；②评审审核发现，包括发现不符合实际情况的信息；③提出需要审核组其他成员进一步追踪的问题；④评审审核计划的进度和调整的需要；⑤评审审核组成员工作任务分工是否需要调整；⑥讨论审核过程中出现的异常情况等。

### 7.2.4.6　审核组与受审核方及审核委托方的沟通

（1）在审核过程中，审核组长应适时地就审核进展情况、审核发现的简况、审核中收集的证据表明存在紧急的或重大的风险、审核活动的调整等与受审核方沟通；必要时，向认证机构各认证业务部报告。

（2）对于审核中出现的以下情况，审核组应向认证机构相关认证业务部报告：①需要变更审核范围，特别是对拟认证范围的扩大（认证范围的缩小由审核组长决定）；②需要延长审核时间或变更审核组成员等；③审核中收集的证据表明存在重大的审核风险；④审核组难以判定的问题；⑤审核中遇到的审核组无法解决的障碍或困难等。

## 7.2.4.7　准备审核结论

（1）现场审核活动结束，末次会议召开前，审核组长应召开所有审核组成员参加的审核组工作会议，主要内容包括：①评审审核发现及其他适当的信息，对不符合项综合、归类和分析并最后确定；②提出现场审核结论性意见，可以分别是：推荐、有条件推荐、不予推荐；③对质量管理体系/工厂产品质量保证能力作综合性评价；④讨论审核后续活动，包括针对不符合的纠正措施的完成时限与验证方式。适当时，可以就受审核方已采取的措施或已制定的措施计划进行讨论。

（2）审核组长根据上述讨论的结果，准备在末次会议上的报告，可能时，起草审核报告。

（3）各审核员完成不符合报告的编制，并提交审核组长评审，签字。

（4）必要时，审核组在末次会议前应与受审核方管理者举行座谈会，通报审核情况，并确认不符合和审核报告的基本内容。当受审核方提出异议时，双方应协商解决。

## 7.2.4.8　末次会议

（1）末次会议由审核组长主持，审核组全体成员及受审核方相关人员参加。时间一般控制在30分钟左右。所有参会人员应在现场审核首末次会议签到表上签到。

（2）末次会议的主要内容包括：①重申审核目的、审核准则和审核范围，确认产品认证种类、型号或质量管理体系覆盖的产品和场所、认证范围和条款删减的合理性；②简要介绍审核情况，说明审核抽样的不确定性，提出审核发现，对质量管理体系/工厂保证能力作出综合评价（包括正面的和负面的评价，以及应关注或改进的区域），必要时，应对审核发现予以解释；③宣读并确认不符合报告；④宣布现场审核结论；⑤讨论对纠正措施的时间要求；⑥重申保密承诺和申诉、投诉和争议的规定；⑦适当时，介绍认证注册的程序、证书标志的使用要求以及对监督审核和复评的规定等，应保持《末次会议记录》。

## 7.2.4.9　纠正措施的确定及其跟踪和验证

（1）审核组长负责在末次会议前与受审核方商定纠正措施和纠正措施计划的完成时限。但纠正措施的完成时限需要与不符合的严重性及影响程度相适应。适当时：①对已经或即将造成严重后果（包括损失）的不符合，应立即进行纠正或补救，并尽快制定和完成纠正措施；②对构成严重不符合（不包括 a 类）的完成时限，最长不超过 3 个月；对构成一般不符合的完成时限，一般为 30 天，最长不超过 45 天。

（2）审核组长在离开受审核方前，负责将不符合报告的复印件及《纠正措施报告》交给受审核方并说明对纠正措施的要求及验证方式。

（3）审核组长负责组织审核组对纠正措施的完成情况及有效性进行跟踪和验证。根据不符合的严重程度以及纠正措施实施的客观证据的类型，验证的方式可以是以下一种或几种：①书面验证；②现场验证（部分或全面的复审）；③在以后的审核中对纠正措施的完成情况及其有效性进行验证（但必须提交纠正措施计划）；④不符合报告的纠正措施的验证结果记录于《不符合报告》"审核员对纠正措施完成效果的验证"栏内。

（4）只有受审核方针对所有的"不符合"都已采取纠正措施/计划，提供实施及有效性证据并经审核组验证后，审核/检查组长才可关闭不符合并最终完成审核报告。

（5）如果受审核方未在规定的时限内采取纠正措施/纠正措施计划，初次审核时，不能批准认证；监督审核时，视情况应考虑缩小、暂停或撤销认证。

### 7.2.4.10　审核中企业变更申请信息的处理

（1）在审核现场，企业要求变更如下申请信息时，审核组应将情况通报产品认证部（产品认证适用）。

企业要求变更申请信息：①企业要求变更申请型号；②企业要求变更商标；③企业要求变更受控部件；④其他与申请时提交资料不相符的信息。

（2）审核组首先判断企业的变更是否满足认证要求，如满足立即通知审核管理人员。

（3）审核组应要求企业填写"现场变更申请单"，写明情况加盖公章，并附上变更的相关材料（如商标注册证明、受控部件备案清单等），一同传真至认证中心，原件由审核组带回。

（4）审核管理人员接到"现场变更申请单"后，对是否需增加审核时间做出判断，将意见填入传递单，同时将信息传递给市场受理人员、检验管理人员进行评审会签。

（5）审核管理人员将中心会签意见通知审核组。

（6）审核组接到审核管理人员的通知后，在审核中要覆盖变更内容并在审核报告中做出描述，需增加抽样的在抽样单中做出变更说明。

（7）特殊情况下如审核组联系不到中心管理人员，由组长或专业检查员对变更要求进行判定，在审核范围上对变更要求进行覆盖，在审核报告中做出描述；审核组认为需要增加抽样的可先行现场封样，待联系上中心检验管理人员后再要求企业送检。

### 7.2.4.11　审核报告

（1）审核组长负责编制《审核报告》，并对审核报告的内容负责。

（2）审核报告应提供有关质量管理体系/工厂产品质量保证能力审核的完整、准确、简洁和清晰的信息，并包括或引用以下内容：①审核目的、审核范围、审核准则；②审核/检查组组长和成员；③现场审核活动的日期与地点；④审核过程综述，包括确认在审核范围内是否已达到审核目的和在审核范围内但没有覆盖到的区域；⑤确认的认证范围以及条款删减的合理性；⑥对质量管理体系/工厂产品质量保证能力的综合评价（包括正面的和负面的以及潜在的改进区域）和所开具的不符合分布情况。⑦审核结论；⑧审核组与受审核方之间没有解决的分歧意见；⑨对纠正措施完成时间的要求和跟踪验证的方式；⑩保密要求和报告分发范围等。

（3）审核组长应当在全部不符合关闭后的5日内向相关认证业务部提交审核报告及其他审核资料。如果不能按时提交，应向相关部门通报延误的理由并重新确定提交的日期。

（4）审核报告的评审和批准执行《认证评定工作程序》和《认证批准、保持、暂停和撤销程序》。经审批后的正式审核报告应于认证评定通过后 10 工作日内（初次认证）交受审核方。

（5）当批准的正式报告与审核组的报告有差异时，由技术委员会解释不同之处。

## 7.2.5　审核后续活动

审核组长在离开审核现场之前，请受审核方填写《管理体系认证证书确认表》或《产品认证证书确认表》并对其内容的中文部分予以确认。

审核组长在离开审核现场之前，应将《审核人员工作质量反馈表》交予受审核方，并告之填写和反馈的方法。

（1）资料归档。①审核组长或其委托人在审核结束且对纠正措施的实施结果经验证有效（当验证无效而不符合不能关闭时，审核报告中必须清晰地表明现场审核结论）后5 日内将全部审核资料完成，认证审核卷内目录核对、整理，签字移交各业务部审核管理人员。产品认证工厂质量保证能力现场检查案卷交至产品认证部后，由产品认证部组织对案卷进行审核结果评审，填写《审核结果复核记录》，符合后提交技术部进行综合评定。质量管理体系认证，组长将案卷交至体系认证部，由体系认证部组织认证评定工作。②体系认证部负责对质量管理体系认证资料的归档和管理；技术部负责对产品认证的所有资料的归档和管理。

（2）审核组长在评定过程中应随时接受评定人员的询问。

（3）监督审核与复评执行《认证监督与复评程序》。

（4）当受审核方自愿提出预审核要求时，具体执行《预审核规定》。

## 7.3　认证证书和认证标志

## 7.3.1　产品认证证书和认证标志

### 7.3.1.1　相关行政规定

依据《认证证书和认证标志管理办法》（国家质量监督检验检疫总局令第 63 号）的规定，认证机构应当按照认证基本规范、认证规则从事认证活动，对认证合格的，应当在规定的时限内向认证委托人出具认证证书。产品认证证书包括以下基本内容：①委托人名称、地址；②产品名称、型号、规格，需要时对产品功能、特征的描述；③产品商标、制造商名称、地址；④产品生产厂名称、地址；⑤认证依据的标准、技术要求；⑥认证模式；⑦证书编号；⑧发证机构、发证日期和有效期；⑨其他需要说明的内容。

获得产品认证的组织应当在广告、产品介绍等宣传材料中正确使用产品认证标志，可以在通过认证的产品及其包装上标注产品认证标志，但不得利用产品认证标志误导公众认为其服务、管理体系通过认证。当获得认证的产品发生重大变化时，获得认证的组织和个人应当向认证机构申请变更，未变更或者经认证机构调查发现不符合认证要求的，不得继续使用该认证证书。

### 7.3.1.2  无公害农产品认证证书和认证标志

无公害农产品指产地环境、生产过程和产品质量符合国家有关标准和规范的要求，经认证合格获得认证证书并允许使用无公害农产品标志的未经加工或者初加工的食用农产品。无公害农产品认证采取产地认定与产品认证相结合的模式，申请无公害农产品认证的产品其产地必须首先获得各级农业行政主管部门的产地认定，产品认证阶段由认证机构（即农产品质量安全中心）具体负责组织实施。无公害农产品认证仅限于列入无公害农产品认证目录的产品，目前列入认证目录的农产品种类达 815 个，其中种植业产品546 个，畜牧业产品 65 个，渔业产品 204 个。

目前无公害农产品标志有多种样式，如加贴在无公害农产品上或产品包装上的刮开式纸质标识，主要应用于鲜活类和需要进行捆扎的无公害农产品上的锁扣、捆扎带以及揭露式纸质标识、塑质标识等。

### 1. 认证证书

根据《无公害农产品管理办法》（中华人民共和国农业部、中华人民共和国国家质量监督检验检疫总局令第 12 号）的规定，无公害农产品标志应当在认证的品种、数量等范围内使用。获得无公害农产品认证证书的单位或者个人，可以在证书规定的产品、包装、标签、广告、说明书上使用无公害农产品标志。任何单位和个人不得伪造、冒用、转让、买卖无公害农产品产地认定证书、产品认证证书和标志（图 7-1）。

图 7-1  无公害农产品认证证书

证书由农业部农产品质量安全中心颁发，用以证明该产品符合无公害农产品的相关标准和要求，准予在产品或产品包装上加贴无公害农产品标志。

证书有效期三年，期满需要继续使用的，应当在有效期满 90 日前按照《无公害农产品认证程序》的要求，重新办理。农业部农产品质量安全中心将独立或配合其他有关部门对获证产品进行不定期的抽查、检验和鉴定。

获得证书者，有下列情况之一发生，农业部农产品质量安全中心将暂停其证书使用，并责令限期改正：①生产过程发生变化，产品达不到无公害农产品标准要求的；②经检查、检验、鉴定，不符合无公害农产品标准要求的。

获得证书者，有下列情况之一发生，农业部农产品质量安全中心将撤销其证书使用：①擅自扩大标志使用范围的；②未按认证产品数量加贴无公害农产品标志的；③转让、买卖认证证书和无公害农产品标志的；④产地认定证书被撤销的；⑤被暂停产品认证证书未在规定期限内改正的。

## 2. 认证标志

认证标志如图 7-2 所示。

图 7-2　无公害农产品认证标志

1）标志图案含义

标志图案（见样标）由麦穗、对勾和无公害农产品字样组成，麦穗代表农产品，对勾表示合格，金色寓意成熟和丰收，绿色象征环保和安全。

2）标志的种类、规格和尺寸

标志的种类按印制的质材分为纸质标志和塑质标志。纸质标志：即其使用的纸和其他原材料符合国家相关标准或行业标准，具有防水和环保的功能，可直接加贴在无公害农产品上或产品包装上的标志。塑质标志：即其使用的塑质和其他原材料符合国家相关标准或行业标准，具有防水和环保的功能，可加贴在无公害农产品内包装上或产品外包装上的标志。

标志的种类、规格、尺寸（直径）见表 7-3。

表 7-3　无公害农产品标志的种类、规格和尺寸

| 种类 | 纸质标志 | | | | | 塑质标志 | | | |
|---|---|---|---|---|---|---|---|---|---|
| 规格 | 1 号 | 2 号 | 3 号 | 4 号 | 5 号 | 2 号 | 3 号 | 4 号 | 5 号 |
| 尺寸（mm） | 10 | 15 | 20 | 30 | 60 | 15 | 20 | 30 | 60 |

3）标志的权威性

该标志是由农业部和国家认监委联合制定并发布的，由农业部农产品质量安全中心监制的，是加施于获得全国统一无公害农产品认证的产品或产品包装上的重要证明性标识。

4）标志的防伪及查询功能

标志除采用激光防伪、荧光防伪、微缩文字防伪、单色及凹版印刷技术等传统静态防伪外，还具有防伪数码查询功能的动态防伪技术。目前，标志防伪数码的查询功能已经开通，通过全国统一无公害农产品认证的企业所使用的标志，在标志的揭露层（即标志稳定粘贴在附着物上后，揭下标志面层，留下的底层）上有 16 位防伪数码，通过输入此防伪数码查询，不但能辨别标志的真伪，而且能了解到使用该枚标志的单位、产品、品牌及认证部门的相关信息。

5）标志的使用

获得全国统一无公害农产品认证证书的单位和个人，可以在认证证书规定的产品上或产品包装上加贴此标志，用以证明该产品符合全国统一无公害农产品标准。印制在包装、标签、广告、说明书上的无公害农产品标志图案，不能作为无公害农产品证明性标志使用。使用此标志的单位和个人，应当在无公害农产品认证证书规定的产品范围和有效期内使用，不得超范围和逾期使用，不得买卖和转让。

6）标志的监督、检查、处罚和举报

标志的使用受县级以上地方人民政府农业行政主管部门、质量技术监督部门以及农业部农产品质量安全中心的监督、管理和检查。对不符合使用规定的，农业部农产品质量安全中心将暂停或撤销其认证证书及标志使用权。任何伪造、变造、盗用、冒用、买卖和转让本标志的单位和个人，按照国家有关法律法规的规定，予以行政处罚；构成犯罪的，依法追究其刑事责任。任何单位和个人发现任何违反使用规定的，有向国家有关部门（农业部、国家认监委和农业部农产品质量安全中心）举报的权利和义务。

### 7.3.1.3　绿色食品认证证书和认证标志

#### 1. 绿色食品认证证书和认证标志

绿色食品认证证书和认证标志如图 7-4 和 7-5 所示。

图 7-4　绿色食品认证证书　　　图 7-5　绿色食品认证标志

**2. 绿色食品认证证书和标志的使用规定**

按照《绿色食品标志管理办法》及《中国绿色食品商标标志设计使用规范手册》的规定：绿色食品标志依法注册为证明商标，受法律保护。农业部依法对全国绿色食品及绿色食品标志进行监督管理。县级以上地方人民政府农业行政主管部门依法对本行政区域绿色食品及绿色食品标志进行监督管理。中国绿色食品发展中心负责全国绿色食品标志使用申请的审查、颁证和颁证后跟踪检查工作。省级人民政府农业行政主管部门所属绿色食品工作机构（以下简称"省级工作机构"）负责本行政区域绿色食品标志使用申请的受理、初审和颁证后跟踪检查工作。

绿色食品产地环境、生产技术、产品质量、包装贮运等标准和规范，由农业部制定并发布。承担绿色食品产品和产地环境检测工作的技术机构，由中国绿色食品发展中心指定并报农业部备案。县级以上地方人民政府农业行政主管部门应当鼓励和扶持绿色食品生产，将其纳入本地农业和农村经济发展规划，支持绿色食品生产基地建设。

1）标志使用申请与核准

申请使用绿色食品标志的产品，应当符合《中华人民共和国食品安全法》和《中华人民共和国农产品质量安全法》等法律法规规定，在国家工商总局商标局核定的范围内，并具备下列条件：产品或产品原料产地环境符合绿色食品产地环境质量标准；农药、肥料、饲料、兽药等投入品使用符合绿色食品投入品使用准则；产品质量符合绿色食品产品质量标准；包装贮运符合绿色食品包装贮运标准。

申请使用绿色食品标志的生产单位（以下简称申请人），应当具备下列条件：能够独立承担民事责任；具有绿色食品生产的环境条件和生产技术；具有完善的质量管理和质量保证体系；具有与生产规模相适应的生产技术人员和质量控制人员；具有稳定的生产基地。

申请人应当向省级工作机构提出申请，并提交下列材料：标志使用申请书；资质证明材料；产品生产技术规程和质量控制规范；预包装产品包装标签或其设计样张；中国绿色食品发展中心规定提交的其他证明材料。

省级工作机构应当自收到申请之日起 10 个工作日内完成材料审查，符合要求的，予以受理，并在产品生产期内组织有资质的检查员完成现场检查；不符合要求的，不予受理，书面通知申请人并告知理由。

现场检查合格的，省级工作机构应当书面通知申请人，由申请人委托符合第七条规定的检测机构对申请产品和相应的产地环境进行检测；现场检查不合格的，省级工作机构应当退回申请并书面告知理由。

检测机构接受申请人委托后，应当及时安排现场抽样，并自产品样品抽样之日起 20 个工作日内、环境样品抽样之日起 30 个工作日内完成检测工作，出具产品质量检验报告和产地环境监测报告，提交省级工作机构和申请人。

省级工作机构应当自收到产品检验报告和产地环境监测报告后 20 个工作日内提出初审意见。初审合格的，将初审意见及相关材料报送中国绿色食品发展中心。初审不合格的，退回申请并书面告知理由。

中国绿色食品发展中心应当自收到省级工作机构报送的申请材料之日起 30 个工作日内完成书面审查，并在 20 个工作日内组织专家评审。必要时，可以进行现场核查。

中国绿色食品发展中心应当根据专家评审的意见，在 5 个工作日内做出是否颁证的决定。同意颁证的，与申请人签订绿色食品标志使用合同，颁发绿色食品标志使用证书，并公告；不同意颁证的，书面通知申请人并告知理由。

绿色食品标志使用证书是申请人合法使用绿色食品标志的凭证，应当载明准许使用的产品名称、商标名称、获证单位及其信息编码、核准产量、产品编号、标志使用有效期、颁证机构等内容。绿色食品标志使用证书分中文、英文版本，具有同等效力。绿色食品标志使用证书有效期 3 年。证书有效期满，需要继续使用绿色食品标志的，标志使用人应当在有效期满 3 个月前书面提出续展申请。省级工作机构应当在 40 个工作日内完成续展材料初审。初审合格的，由中国绿色食品发展中心在 20 个工作日内做出是否准予续展的决定。

2）标志使用管理

标志使用人在证书有效期内享有下列权利：在获证产品及其包装、标签、说明书上使用绿色食品标志；在获证产品的广告宣传、展览展销等市场营销活动中使用绿色食品标志；在农产品生产基地建设、农业标准化生产、产业化经营、农产品市场营销等方面优先享受相关扶持政策。

标志使用人在证书有效期内应当履行下列义务：严格执行绿色食品标准，保持绿色食品产地环境和产品质量稳定可靠；遵守标志使用合同及相关规定，规范使用绿色食品标志；积极配合县级以上人民政府农业行政主管部门的监督检查及其所属绿色食品工作机构的跟踪检查。

未经中国绿色食品发展中心许可，任何单位和个人不得使用绿色食品标志，或者将绿色食品标志用于非授权产品及其经营性活动。

在证书有效期内，标志使用人的单位名称、产品名称、产品商标等发生变化的，应当向中国绿色食品发展中心申请办理变更手续。

产地环境、生产技术等条件发生变化，导致产品不再符合绿色食品标准要求的，标志使用人应当立即停止标志使用，并向中国绿色食品发展中心报告。

3）监督检查

标志使用人应当健全和实施产品质量控制体系，对其生产的绿色食品质量和信誉负责。

县级以上地方人民政府农业行政主管部门应当加强绿色食品标志的监督管理工作，依法对辖区内绿色食品产地环境、产品质量、包装标识、标志使用等情况进行监督检查。

中国绿色食品发展中心和省级工作机构应当建立绿色食品风险防范及应急处置制度，组织对绿色食品及标志使用情况进行跟踪检查。

省级工作机构应当对辖区内绿色食品标志使用人使用绿色食品标志的情况实施年度检查。检查合格的，在标志使用证书上加盖检查合格章。

标志使用人有下列情形之一的，由中国绿色食品发展中心终止其标志使用权，收回标志使用证书，并公告。情形如下：生产环境不符合绿色食品环境质量标准的；产品质量不符合绿色食品产品质量标准的；年度检查不合格的；未遵守标志使用合同约定的；违反规定使用标志和证书的。

任何单位和个人不得伪造、转让绿色食品标志和标志使用证书。

国家鼓励单位和个人对绿色食品和标志使用情况进行社会监督。

从事绿色食品检测、审核、监管工作的人员，滥用职权、徇私舞弊和玩忽职守的，依据有关规定给予行政处分；构成犯罪的，依法移送司法机关追究刑事责任。

### 7.3.1.4 有机食品认证证书和认证标志

1）有机食品认证证书和标志

有机食品认证证书和标志如图 7-6 和 7-7 所示。

图 7-6 有机食品认证证书

图 7-7 有机食品认证标志

2）有机食品认证证书和标志的使用规定

中绿华夏有机食品标志释义：采用人手和叶片为创意元素。我们可以感觉到两种景象：其一是一只手向上持着一片绿叶，寓意人类对自然和生命的渴望；其二是两只手一上一下握在一起，将绿叶拟人化为自然的手，寓意人类的生存离不开大自然的呵护，人与自然需要和谐美好的生存关系。有机食品概念的提出正是这种理念的实际应用。人类的食物从自然中获取，人类的活动应尊重自然的规律，这样才能创造一个良好的可持续的发展空间。

为加强对中绿华夏有机食品认证中心（以下简称 COFCC）发放的有机产品认证证书和认证标志的管理，规范认证证书和认证标志的使用，一句《中华人民共和国认证认可条例》《有机产品认证管理办法》《认证证书和认证标志管理办法》《有机产品认证实施规则》、GB/T19630《有机产品》等有关法规和标准，COFCC 在 2014 年 4 月 1 日发布并实施了《认证证书和认证标志管理规则》（编号：COFCC－GL－14）。因此，我国境内的有机食品认证证书和标志的使用均要按照 COFCC《认证证书和认证标志管理规则》的规定来执行。

## 7.3.2　质量管理体系认证证书和认证标志

### 7.3.2.1　认证

依据《认证证书和认证标志管理办法》（国家质量监督检验检疫总局令第63号）的规定，管理体系认证证书包括以下基本内容：①获得认证的组织名称、地址；②获得认证的组织的管理体系所覆盖的业务范围；③认证依据的标准、技术要求；④证书编号；⑤发证机构、发证日期和有效期；⑥其他需要说明的内容。

获得管理体系认证的组织应当在广告等有关宣传中正确使用管理体系认证标志，不得在产品上标注管理体系认证标志，只有在注明获证组织通过相关管理体系认证的情况下方可在产品的包装上标注管理体系认证标志。当获得认证的管理体系发生重大变化时，获得认证的组织和个人应当向认证机构申请变更，未变更或者经认证机构调查发现不符合认证要求的，不得继续使用该认证证书。

### 7.3.2.2　ISO 22000认证证书和认证标志

**1. 认证证书和标志示例**

ISO 22000认证证书和标志示例如图7-8和7-9所示。

图7-8　ISO 22000认证证书示例

图 7-9　ISO 22000 认证标志示例

**2. 证书及标志的使用规定**

按照中国合格评定国家认可委员会《食品安全管理体系认证机构通用要求》（CNAS-CC61）规定：认证机构应对食品安全管理体系认证标志和徽标的所有权、使用和展示实施适当的控制。如果认证机构授权组织使用符号或标志来表明其食品安全管理体系已获认证，组织只能按认证机构的书面授权使用指定的符号或标志，该符号或标志不可用在产品上，或用于其他会被理解为表示产品符合的情况。

对在广告和有关宣传材料中发现对认证制度的不正确的宣传或证书与标志的误导使用，认证机构应采取适当的措施进行处理。这种措施可包括纠正措施、撤销证书、公布违规行为以及必要时采取其他的法律措施。

按照 2007 年 3 月 1 日起施行的由国家认监委制定的《食品安全管理体系认证实施规则》的规定，ISO 22000 食品安全管理体系认证证书的有效期为 3 年。认证证书式样应当符合相关法律、法规要求。有下列情形者将暂停、撤销或注销认证证书：

1）暂停认证证书的使用

获证组织未按规定使用认证证书；监督结果证明获证组织的体系或体系覆盖的产品不符合认证依据要求，但不需要立即撤销认证证书时，认证机构应当暂停其使用认证证书。

2）撤销认证证书

监督结果证明获证组织的体系或体系覆盖的产品不符合认证依据要求，需要立即撤销认证证书；认证证书暂停使用期间，未采取有效纠正措施；出现严重食品安全卫生事故；不接受认证机构对其实施的监督等情形下，认证机构应当撤销其认证证书。

3）注销认证证书

认证依据变更，获证组织不能满足变更后的要求；认证证书超过有效期，获证组织未申请复评；获证组织申请注销等情况下，认证机构应当注销其认证证书。

**7.3.2.3　ISO 9001 认证证书和认证标志**

**1. 认证证书和认证标志示例**

质量管理体系认证证书和认证标志如图 7-10 和 7-11 所示。

图 7-10　质量管理体系认证证书

图 7-11　质量管理体系认证标志

**2. 对证书和标志的使用规定**

　　认证机构审查审核组提交的审核报告，对符合规定要求的批准认证，向申请者颁发体系认证证书，证书有效期三年；对不符合规定要求的亦应书面通知申请者。

　　认证机构应公布证书持有者的注册名录，其内容应包括注册的质量保证标准的编号及其年代号和所覆盖的产品范围。通过注册名录向注册单位的潜在顾客和社会有关方面提供对注册单位质量保证能力的信任，使注册单位获得更多的订单。

　　认证机构要求获得质量管理体系认证的组织必须接受如下监督管理：①标志的使用。体系认证证书的持有者应按体系认证机构的规定使用其专用的标志，不得将标志使用在产品上，防止顾客误认为产品获准认证。②通报。证书的持有者改变其认证审核时的质量管理体系，应及时将更改情况报认证机构。认证机构根据具体情况决定是否需要重新评定。③监督审核。认证机构对证书持有者的质量管理体系每年至少进行一次监督审核，以使其质量管理体系继续保持。④监督后的处置。通过对证书持有者的质量管理体系的监督审核，如果证实其体系继续符合规定要求时，则保持其认证资格。如果证实其体系不符合规定要求时，则视其不符合的严重程度，由认证机构决定暂停其使用认证证书和标志或撤销其认证资格，收回其认证证书。⑤换发证书。在证书有效期内，如果遇到质量管理体系标准变更，或者质量管理体系认证范围发生变更，或者证书的持有者变更时，证书持有者可以申请换发证书，认证机构决定作必要的补充审核。⑥注销证书。在证书有效期内，由于体系认证规则或体系标准变更或其他原因，证书的持有者不愿保持其认证资格的，体系认证机构应收回其认证证书，并注销认证资格。

## 7.3.2.4　ISO 14001 认证证书和认证标志

**1. 认证证书和认证标志示例**

　　环境管理体系认证证书和认证标志示例如图 7-12 和 7-13 所示。

图 7-12　环境管理体系认证证书

图 7-13　环境管理体系认证标志

## 2. 认证证书的使用须知

（1）可以在各种宣传品上，如产品说明书、广告、信笺及名片上使用 ISO 14001 证书。

（2）可以在展销会或其他业务洽谈会场合宣传和展示 ISO 14001 证书，或向需方提供证书复印件或照片，在宣传时仅就获准认证的范围作出声明。

（3）ISO 14000 证书的使用必须完整，不可进行证书内容涂改。不能以任何误导的方式使用认证文件、认证标志和审核报告，或其中任何部分，并暗示产品或服务得到认证。

（4）不可以将认证标志直接用在产品上或消费者所见的产品包装之上，或以任何其他可解释为表示产品符合性的方式使用。不可以在试验室测试或计量报告中使用认证标志或证书。

（5）如获得认证的组织在宣传品上使用相应的认可标志时，应注意认可标志与认证机构的认证标志必须以能显示两者关系的恰当排列方式同时使用。

（6）利用各种宣传媒体进行认证宣传时，应遵守认证机构的规定，不得进行使人误解或未授权的声明。

（7）当获得认证的组织被认证机构暂停/撤销认证资格时，该组织应立即停止使用所有引用 ISO 14001 证书的广告材料。在认证范围被缩小时，修改所有广告材料。

（8）在引用环境管理体系证书时，不得暗示认证机构对产品（包括服务）或过程进行了认证。

（9）不得暗示此证书适用于认证范围以外的活动。

（10）在使用认证证书资格时，不得使认证机构和认证制度声誉受损，失去公众信任。

**案例分析**

请根据所述情况判断不合格项并写出不符合 GB/T 22000 标准的条款号和内容。

某食品企业生产珍珠奶茶饮料，以 GB/T 22000 为标准建立了工厂的食品安全管理体系，并申请进行 ISO 22000 的认证。审核员在现场审核过程中，查看配料和添加剂的贮存仓库时发现，配料和添加剂均放置于垫板上，其中甜蜜素、焦糖液、淀粉等包装袋上的标签已经没有了，无法查看到产品的生产日期和保质期限，仓管员及品管检验员告诉审核员说：原箱标签已丢失。审核员问："如何确在原料在保质期内使用？"检验员回答："使用前仓管员会请我过去肉眼检验一下，一般都没问题。"

不符合报告情况如下：

受审核部门：生产部。

审核所用标准条款和内容：7.9 组织应建立可追溯性系统，确保能够识别产品批次及其与原料批次、加工和分销记录的关系。

不符合项的严重程度：一般。

不符合项/观察项描述：在配料和添加剂贮存仓库，甜蜜素、焦糖液、淀粉等无法查到生产日期和保质期限的标识，无法确保能够识别产品批次与原料批次的关系。不符合 GB/T 22000 中"7.9 组织应建立可追溯性系统，确保能够识别产品批次及其与原料批次、加工和分销记录的关系"的规定。

**思考题**

1. 第三方认证的目的及意义是什么？
2. 产品认证和质量管理体系认证的区别是什么？
3. 食品的产品认证有哪些类别？
4. 第三方认证审核是怎样进行的？
5. ISO 22000 认证标志和证书的使用规定是什么？

# 参 考 文 献

艾志录，鲁茂林. 2006. 食品标准与法规. 南京：东南大学出版社.

蔡建，李延辉. 2010. 食品质量与安全. 北京：中国计量出版社.

陈锦，王振平. 2005. 我国食品安全法律体系. 中国食品药品监管，(6)：28-30.

陈运涛. 2008. 质量管理. 北京：清华大学出版社.

陈宗道，刘金福，陈绍军. 2011. 食品质量与安全管理. 北京：中国农业大学出版社.

刁恩杰. 2008. 食品安全与质量管理学. 北京：化学工业出版社.

樊永祥. 2010. 国际食品法典标准对建设我国食品安全标准体系的启示. 中国食品卫生杂志，22 (2)：121-129.

房庆，刘文，王菁. 2004. 我国食品安全标准体系的现状与展望. 世界标准化与质量管理，(12)：4-8.

胡秋辉，王承明. 2009. 食品标准与法规. 北京：中国计量出版社.

黄冠胜，刘昕，王力舟，等. 2006. 技术法规与国际贸易. 中国标准化，(2)：11-14.

季任天. 2007. 食品安全管理体系实施与认证. 北京：中国计量出版社.

李春田. 2005. 标准化概论（第四版）. 北京：中国人民大学出版社.

李里特. 2009. 农产品标准化是现代农业和食品安全的基础. 标准科学，(1)：18-21.

李亚涛. 2009. 第三方检测认证企业流程改进案例研究. 广州：中山大学.

李在卿，邓峰. 2008. 食品安全管理体系与质量环境管理体系整合实务. 北京：中国轻工业出版社.

厉国，林祥田. 2010. 中美食品安全标准体系建设的比较研究. 中国卫生监督杂志，17 (5)：434-438.

刘畅. 2010. 日本食品安全规制研究. 长春：吉林大学.

陆兆新. 2004. 食品质量管理学. 北京：中国农业出版社.

马丽卿. 2009. 食品安全法规与标准. 北京：化学工业出版社.

孟菲. 2011. 我国与国际组织和发达国家食品安全标准的对比分析. 粮食加工，36 (5)：1-4.

钱富珍. 2005. 食品安全国际标准研究之国际食品法典委员会（CAC）组织机制及其标准体系研究. 上海标准化，(12)：21-25.

钱志伟. 2008. 食品标准与法规. 北京：中国农业出版社.

沈同. 2005. 国家标准制定的规则、要素及应注意的问题. 北京：国家粮食局标准制修订培训班资料.

孙晓康，陈渭，袁华南. 2004. 企业标准体系实施指南. 北京：中国标准出版社.

王世平. 2010. 食品标准与法规. 北京：科学出版社.

吴才毓. 2009. 食品安全监管体系综述. 现代经济信息，(9)：146-147.

吴澎，赵丽芹，张森. 2010. 食品法律法规与标准. 北京：化学工业出版社.

伍劲松. 2010. 食品安全标准的性质与效力. 华南师范大学学报（社会科学版），(3)：12-17.

席兴军，刘俊华. 2006. 加拿大食品安全标准及技术法规的现状和特点. 中国标准化，(6)：71-73.

徐平平，王传娟. 2010. 行政监管采用第三方认证结论的探讨. 认证技术，(8)：43-45.

张建新. 2002. 食品质量安全技术标准法规应用指南. 北京：科学技术文献出版社.

张建新，陈宗道. 2006. 食品标准与法规. 北京：中国轻工业出版社.

张水华，余以刚. 2010. 食品标准与法规. 北京：中国轻工业出版社.

中国合格评定国家认可中心. 2006. 食品安全管理体系评价准则、认证制度和认可制度. 北京：中国标准出版社.

中华人民共和国卫生部. 2012. 食品安全国家标准"十二五"规划.

中华人民共和国卫生部食品安全综合协调与卫生监督局网站/通告公告. http：//www. moh. gov. cn/publicfiles//business/htmlfiles/mohwsjdj/s2911/index. htm.

周才琼. 2009. 食品标准与法规. 北京：中国农业大学出版社.

朱晓莺. 2007. 第三方管理体系认证机构认证有效性研究. 上海：复旦大学.

GBT 1.1—2009 标准化工作导则 第1部分：标准的结构和编写. 2009. 北京：中国标准出版社.

GB/T 13017—2008《企业标准体系表编制指南》.

GB/T 15496—2003《企业标准体系　要求》.

GB/T 15497—2003《企业标准体系　技术标准体系》.

GB/T 15498—2003《企业标准体系管理标准和工作标准体系》.

GB/T 19273—2003《企业标准体系　评价与改进》.

Ronald H Schmidt，Gary E Rodrick. 2006. 食品安全手册. 石阶平，夏向东，崔野韩，等译. 北京：中国农业大学出版社.

Robert Prevendar，Jochen Boehlke，安东文，等. 2008. 第三方检测、认证服务提供专业的技术保障. 食品安全导刊，(5)：26-29.